犬と猫の
皮膚再建術と創傷管理

編著

Jolle Kirpensteijn
DVM, PhD, DipACVS, DipECVS

and

Gert ter Haar
DVM, PhD, DipECVS, MRCVS

Department of Clinical Sciences of Companion Animals
Faculty of Veterinary Medicine
University of Utrecht
The Netherlands

翻訳

山本 剛和

緑書房

Reconstructive Surgery and Wound Management of the Dog and Cat
Copyright © 2013 CRC Press, a member of Taylor & Francis Group
Printed in China

Japanese translation rights arranged with CRC Press (a member of Taylor & Francis Group)
through Tuttle-Mori Agency, Inc., Tokyo

CRC Press 発行の Reconstructive Surgery and Wound Management of the Dog and Cat の日本語に関する翻訳・出版権は株式会社緑書房が独占的にその権利を保有する。

ご 注 意

本書中の診断法，治療法，薬用量については，最新の獣医学的知見のもとに，細心の注意をもって記載されています。しかし，獣医学の著しい進歩からみて，記載された内容がすべての点において完全であると保証するものではありません。実際の症例へ応用する場合は，使用する機器，検査センターの正常値に注意し，かつ用量等はチェックし，各獣医師の責任の下，注意深く診療を行ってください。本書記載の診断法，治療法，薬用量による不測の事故に対して，著者，翻訳者，編集者ならびに出版社は，その責を負いかねます。

（株式会社　緑書房）

序　文

　本書の企画は，数年前，我々が外科のレジデントに対して講義を行っている頃に生まれた。構想としては，Michael PavleticとSteven Swaimの成書にあるような非常に優れた図版による，ゴールドスタンダードセットに匹敵するほどの図表を含めたカラーアトラスにすること，さらに，より理解しやすいよう各々の再建方法を段階的に，本物の組織を使用して説明することとした。MichaelとStevenは，親しい友人であるだけでなく，本書にとって計り知れない知識の源となっている。我々は，この2人の形成外科のパイオニアによって進むべき道を示されたことに心から感謝している。すべての読者が，その蔵書の1つに彼らの書物を加えることをお勧めする。

　本書の主な目的は，高画質の写真を用いて図説しながら，外傷や腫瘍摘出により皮膚欠損を生じた犬や猫への治療の一助となるよう，形成外科手技の概要を提供することである。もしも皮膚再建外科に興味を持ち，実際の手技を見ることが最良の勉強法と考えるなら，本書の鮮明な図版と段階的な説明により，現在の獣医療，外科で実施されているすべての手技を知ることが可能である。多くのアイディアとレシピが書かれた料理本を思い浮かべてほしい。料理と同じように，外科手術というものはすべての人が同レベルに熟練できるような技術ではない。さらに，状況はそれぞれに異なり，常に一定ということはない。

　本書を賢く使ってほしい。そうすることでインスピレーションが得られ，ひとつひとつの創閉鎖を毎回異なる挑戦として考えることができるだろう。すべての動物，すなわち，すべての創傷は異なる。だからこそ，形成外科はとてもやりがいがあるのだ。

Jolle Kirpensteijn
Gert ter Haar

謝　辞

　このようなアトラスを作成するには，非常に多くの人々の助言と貢献が不可欠である。本書を完成させることができたのは，多くの人々の協力と支援のおかげである。

　まず，親愛なる5人の学生に感謝を述べる。Marijn van Delden，Sjef Buiks，Tjitte Reijntjes，Guido Camps，そしてTosca van Hengelが本書の作成に尽力してくれた。彼らは，学術研究訓練の一環として獣医学および医学の論文検索や，実際の外科手術の準備，そして我々による厳しい監督下での手術の実施に丸3カ月間を費やしてくれた。彼らの熱意，献身，忍耐および理論に基づいた技術なくして，本書を完成させることはできなかっただろう。

　次に，Joop Famaに特別な感謝を述べる。彼は独力で本書にあるすべての写真を撮影し，非常に優れた働きをしてくれた。写真を撮るだけでなく，その後のデータ処理や編集などの作業に，彼は信じ難いほどの時間を費やした。Joopの協力がなければ，本書は今ここにはなかっただろう。

　また，我々はHarry van Engelenおよび動物看護師たちにも感謝を述べなければならない。たとえ急な依頼であっても，彼らは必要な術前準備をすべてしてくれたし，さらに作業の後片付けまでしてくれた！

　Rick Sanchezの貢献に対しても，非常に感謝している。彼の専門領域における詳細な見識および簡潔な知識がなければ，第6章のクオリティはこれほど高いものにはならなかっただろう。

　また，度重なる締め切り期限の延長に対しても非常に辛抱強く，その完成を信じてくれた，Manson Publishing Ltd.（当時）のJill Northcottにも感謝を述べたいと思う。Peter Beynonは優れた編集作業を，Bouvien Brocksは最終確認をしてくれた。Kate NardoniとCathy Martinは，本書を当初の計画よりもずっと美しい装丁に仕上げてくれた。我々は彼らにも感謝している。そして，彼らと一緒に仕事ができたことを光栄に思う。

推薦の辞

　創傷管理と形成外科は，小動物臨床獣医師がたびたび遭遇する難題である．これに取り組むためには科学と技術の両者が必要であり，臨床獣医師はその努力がもたらす美容的および機能的な結果について理解していなければならない．本書はそれを成し遂げるための情報を提供する．

　著者の小動物外科に対する興味と能力が，本書の基礎となっている．Jolle Kirpensteijn 氏は，その小動物腫瘍外科と形成外科に関する専門的知識により，世界的に高名である．彼の世界小動物獣医師協会（WSAVA）会長としての功績は，その名声を証明するものである．彼の経験と，大学および国際的水準での教育能力は，彼がこの種の本を書くのに非常に適任であることを示している．Gert ter Haar 氏の資格は，彼の興味と獣医外科学，特に耳，鼻，咽喉部の外科に関する高い能力を反映している．彼の国際獣医耳鼻咽喉協会における役職は，彼のその後の名声を決定づけるものとなった．かように，本書の出版は非常に優秀な2人の専門医の手によっている．

　本書では，形成外科の前段階ともいえる創傷管理に必要な手技と医療材に関する情報を臨床獣医師に提供し，さらに実際に再建を行う際に必要となる様々な手技を段階的に解説している．加えて，基礎的な解剖や創傷治癒，および管理法や再建法への発展，そして術後の創傷管理にまで言及している．すなわち，トピックとテクニックに関して包括的であるのみならず，非常に組織的に整理されているのである．たとえば，各再建法は解剖学的に分類されている．臨床獣医師が体の特定の部位の創傷に関して参照したいとき，本書の当該分野を見てその再建方法を知ることができる．

　著者らは，様々なフラップが再建に利用できるということを繰り返し強調している．フラップはそれ自体で血流が維持される可能性が高いため，移植時および治癒期間全体を通じて生存率が高いのが利点である．

　"百聞は一見に如かず"の言葉どおり，高画質な写真を用いた段階的な解説により，本書は非常に使いやすいものとなっている．

Steven F. Swaim DVM, MS
Professor Emeritus
Department of Clinical Sciences and
Scott-Ritchey Research Center
College of Veterinary Medicine
Auburn University, Alabama, USA

翻訳をおえて

　本書は，オランダのユトレヒト大学獣医学科のJolle Kirpensteijn氏とGert ter Haar氏により執筆された『Reconstructive Surgery and Wound Management of the Dog and Cat』の翻訳である。本書の特徴は，それぞれの形成外科的手技が，実際の症例を用いた良質な写真により順を追って丁寧に解説されている点である。豊富な写真と，これに対応した簡潔でわかりやすい解説により，実際に手術を行う獣医師にとって非常にイメージしやすい内容となっている。

　本文中の解剖学的用語は複数の医学辞典，獣医学辞典を参考にし，最も適切と思われる用語を使用した。しかし，適切な訳語が見当たらず，日本語表記が確定していないと思われる用語は，無理に訳さず英語のままとしたものもある（たとえば，direct cutaneous artery and veinなどは慣習的に"直達性皮膚動静脈"などと訳されることが多いようであるが，本書では英語表記を採用した）。

　また，「flap」という用語に関しても言及しておきたい。flapという用語は通常「皮弁」と訳されることが多いが，実際には筋弁や筋皮弁などもflapと呼ばれる。そこで，これらとの混同を避けるためにflapは基本的に「フラップ」とし，skin flapあるいは明らかに皮弁を指している場合には「皮弁」とした。その他，必要がある場合（各flapの名称として定着している場合など）にはそれぞれ皮弁，筋弁，筋皮弁などの用語を使って区別をした。また，日本の医学領域では通常，ドナーサイトとの連続性（血行）が保たれた状態の弁状移植片を「フラップ」，ドナーサイトから完全に分離された遊離移植片を「グラフト」と呼んで区別することが多いが，本書ではこれらが混同して使用されていたため，「フラップ」と「グラフト」を日本の習慣に倣って区別した。ただし，第4章で扱う微小血管性外科手技を利用したフラップ移植に関しては，遊離移植片であっても「フラップ」を用いた。また，axial pattern flapという用語は「有軸皮弁」「軸走皮弁」「主軸栄養血管型皮弁」など様々に訳されているが，英語のままの方がかえって意味がわかりやすく，また，ヒトの形成外科分野では「アキシャル（アクシアル）パターンフラップ」という呼称が一般的に使用されているため，本書でもカタカナ表記とした。

　私事で恐縮であるが，英語の書物を丸々1冊翻訳するというのは初めての経験であり，また，本業である診療時間の合間を縫いながらの慣れない翻訳作業ということもあって，作業がなかなか進まないこともあった。しかし，その都度，適切な助言や助力を与えてくれた緑書房編集部の酒井瑞穂氏および元緑書房編集部の松原芳絵氏には，大変感謝している。

　すべての創傷は異なっており，教科書どおりのアプローチができない場合も少なくない。しかし，そのような場合でも，本書を開けばきっと何がしかのヒントが見つかるはずである。そして，外傷，火傷，腫瘍切除などにより生じる皮膚欠損に苦しむ動物たちが少しでも減ることを願ってやまない。

2014年9月

動物病院 エル・ファーロ

院長　山本 剛和

目　次

序文 ……………………………………………… 3
謝辞 ……………………………………………… 3
推薦の辞 ………………………………………… 4
翻訳をおえて …………………………………… 5
執筆者 …………………………………………… 8
略語表 …………………………………………… 8

第1章
イントロダクション …………………………… 9
Gert ter Haar, Sjef C. Buiks, Marijn van Delden,
Tjitte Reijntjes, Rick F. Sanchez and Jolle Kirpensteijn

解剖学 …………………………………………… 10
血液供給 ………………………………………… 10
皮膚のテンション ……………………………… 12
減張縫合パターン ……………………………… 13
皮弁とその分類 ………………………………… 13
頭部の再建術 …………………………………… 15
眼瞼の再建術 …………………………………… 15
頸部および体幹部の再建術 …………………… 17
前肢の再建術 …………………………………… 17
後肢の再建術 …………………………………… 18
創傷閉鎖テクニック …………………………… 18
形成および再建外科を行う際に起こり得る
　合併症 ………………………………………… 18

第2章
犬と猫における創傷管理の新しいプロトコール
 ……………………………………………………… 21
Tosca van Hengel, Gert ter Haar and Jolle Kirpensteijn

イントロダクション …………………………… 22
創傷の治癒 ……………………………………… 22
創傷管理 ………………………………………… 28
犬および猫の創傷管理のためのプロトコール … 42
費用対効果および患者と飼い主のベネフィット … 44
おわりに ………………………………………… 45

第3章
一般的な再建術 ………………………………… 49
Sjef C. Buiks, Marijn van Delden and Jolle Kirpensteijn

三角形の創 ……………………………………… 50
正方形の創 ……………………………………… 51
蝶ネクタイ法 …………………………………… 52
ウォーキングスーチャー ……………………… 54
減張切開 ………………………………………… 56
メッシュ状減張切開 …………………………… 58
伸展（U字型）皮弁 …………………………… 59
ダブル伸展（H字型）皮弁 …………………… 62
V-Y形成術 ……………………………………… 64
Z-形成術 ………………………………………… 65
"読書をする人"形成術 ………………………… 68
転移皮弁 ………………………………………… 70
はめ込み皮弁 …………………………………… 72
回転皮弁 ………………………………………… 75

第4章
無血管性および微小血管性の再建術 ………… 77
Guido Camps and Jolle Kirpensteijn

イントロダクション …………………………… 78
無血管性および微小血管性の皮膚外科の背景に
　関する情報 …………………………………… 78
無血管性メッシュグラフト …………………… 79
微小血管性フラップ移植 ……………………… 82
おわりに／要約 ………………………………… 92

第5章
顔面および頭部の再建術 ……………………… 95
Sjef C. Buiks and Gert ter Haar

片側の改良型鼻部回転皮弁 …………………… 96
両側の改良型鼻部回転皮弁 …………………… 98
全層口唇伸展皮弁（下口唇） ………………… 100
全層口唇伸展皮弁（上口唇） ………………… 102
全層頬部回転皮弁 ……………………………… 104

上口唇と頬部の入換転移皮弁 …………… 106
顔面動脈アキシャルパターンフラップ …………… 108
浅側頭動脈アキシャルパターンフラップ ………… 110
後耳介動脈アキシャルパターンフラップ ………… 112
耳介の欠損に対する有茎皮弁 …………… 114

第6章
眼瞼の再建術 …………… 117
Rick F. Sanchez

H-形成術 …………… 118
Z-形成術 …………… 121
半円形皮弁 …………… 126
菱形フラップ …………… 128
改良型交差眼瞼フラップ …………… 131
口唇-眼粘膜皮膚皮下血管叢回転フラップ …… 134
上眼瞼再建のための浅側頭動脈アキシャル
　パターンフラップ …………… 139
眼瞼内反症の再建と上眼瞼および下眼瞼に及ぶ
　外眼角眼瞼内反症の整復のための
　アローヘッド法 …………… 144
上眼瞼内反／睫毛乱生症の整復のための
　Stades法 …………… 146
犬の下眼瞼外反症および大眼瞼の整復のための
　Kuhnt-Szymanowski/Fox-Smith法の
　Munger-Carter フラップへの改変 …………… 149

第7章
頸部および体幹部の再建術 …………… 153
Marijn van Delden, Sjef C. Buiks and Gert ter Haar

浅頸アキシャルパターンフラップ …………… 154
胸背アキシャルパターンフラップ …………… 156
頭側浅腹壁アキシャルパターンフラップ ………… 160
体幹皮筋フラップ（筋皮弁） …………… 163
広背筋フラップ（筋皮弁） …………… 166
外腹斜筋フラップ（筋弁） …………… 170
大腿筋膜張筋フラップ（筋弁） …………… 173

外陰形成術 …………… 176
陰嚢フラップ …………… 178
尾フラップ（テールフラップ）
　／外側尾動脈アキシャルパターンフラップ …… 180

第8章
前肢の再建術 …………… 183
Sjef C. Buiks, Tjitte Reijntjes and Jolle Kirpensteijn

外側胸動脈アキシャルパターンフラップ ………… 184
浅上腕アキシャルパターンフラップ …………… 186
（前肢）腋窩フォールド皮弁 …………… 189
尺側手根屈筋フラップ（筋弁） …………… 193
指節骨フィレット法（第一指／狼爪［P-1］） …… 196
指節骨フィレット法（第二～四指） …………… 200
肉球融合術 …………… 204
部分的肉球移植術 …………… 207

第9章
後肢の再建術 …………… 209
Tjitte Reijntjes and Jolle Kirpensteijn

深腸骨回旋アキシャルパターンフラップ ………… 210
尾側浅腹壁アキシャルパターンフラップ ………… 213
側腹フォールド皮弁 …………… 216
膝部アキシャルパターンフラップ …………… 220
前部縫工筋フラップ（筋弁） …………… 222
後部縫工筋フラップ（筋弁） …………… 224
逆行性伏在導管フラップ …………… 227
肉球（足底球）移植術 …………… 230

索引 …………… 233

執筆者

Sjef C. Buiks DVM[*1]
Guido Camps MS[*1]
Marijn van Delden DVM[*1]
Gert ter Haar DVM, PhD, DipECVS, MRCVS[*1*2]
Tosca Hengel DVM[*1]
Jolle Kirpensteijn DVM, PhD, DipACVS, DipECVS[*1]
Tjitte Reijntjes DVM[*1]
Rick F. Sanchez DVM, DipECVO, MRCVS[*2]

[*1]Department of Clinical Sciences
 of Companion Animals
 Faculty of Veterinary Medicine
 University of Utrecht
 Utrecht, The Netherlands

[*2]Department of Veterinary Clinical Sciences
 Royal Veterinary College
 University of London
 Hertfordshire, United Kingdom

略語表

ASA／acetylsalicylic acid：アセチルサリチル酸
ATP／adenosine triphosphate：アデノシン三リン酸
EDTA／ethylenediamine tetra-acetic acid：エチレンジアミン四酢酸
EGF／epidermal growth factor：上皮成長因子
FGF／fibroblast growth factor：線維芽細胞成長因子
GM-CSF／granulocyte-macrophage colonystimulating factor：顆粒球 - マクロファージコロニー刺激因子
HBOT／hyperbaric oxygen therapy：高圧酸素療法
IFN／interferon：インターフェロン
IL／interleukin：インターロイキン
IM／inflammatory mediator：炎症伝達メディエーター
IP／inducible protein：誘導性タンパク質
LLLT／low-level laser therapy：低出力レーザー療法
LRS／lactated Ringer's solution：乳酸リンゲル液
MCP／monocyte chemoattractant protein：単球走化性タンパク質
MIP／macrophage inflammatory protein：マクロファージ炎症性タンパク質
MMP／matrix metalloproteinase：マトリクスメタプロテイナーゼ
MRSA／methicillin-resistant *Staphylococcus aureus*：メチシリン耐性 *Staphylococcus aureus*
NAP／neutrophil-activating peptide：好中球活性化ペプチド
NSAID／nonsteroidal anti-inflammatory drug：非ステロイド性抗炎症剤
PDGF／platelet-derived growth factor：血小板由来成長因子
PF4／platelet factor 4：血小板因子 4
PMN／polymorphonuclear cell：多形核細胞
PSIS／porcine small intestinal submucosa：小腸粘膜下組織
SFAF／skin fold advancement flap：皮膚の弛みを利用した伸展皮弁
SSD／silver sulfadiazine：スルファジアジン銀
TAO／triple antibiotic ointment：3 種抗生物質軟膏
TCC／tripeptide-copper complex：トリペプチド - 銅複合体
TGF／transforming growth factor：トランスフォーミング増殖因子
TNF-α／tumour necrosis factor alpha：腫瘍壊死因子 -α
TNP／topical negative pressure (therapy)：局所陰圧（療法）
VEGF／vascular endothelial growth factor：血管内皮成長因子

第1章
イントロダクション

Gert ter Haar, Sjef C. Buiks, Marijn van Delden, Tjitte Reijntjes,
Rick F. Sanchez and Jolle Kirpensteijn

- 解剖学
- 血液供給
- 皮膚のテンション
- 減張縫合パターン
- 皮弁とその分類
- 頭部の再建術
- 眼瞼の再建術
- 頸部および体幹部の再建術
- 前肢の再建術
- 後肢の再建術
- 創傷閉鎖テクニック
- 形成および再建外科を行う際に起こり得る合併症

この20年間で，犬と猫における創傷管理と皮膚再建術は劇的に進歩し，創傷の再建や閉鎖術を扱った多くの論文や教科書，マニュアルなどが出版された。

本書の目的は，皮膚再建術に関するより深い知識や理論的背景に関する情報を読者に提供することではなく，犬や猫において最もよく使用される再建術を詳細かつ段階的に説明することである。ただ，本書に書かれた情報を理解し，使用するために必要となる基礎的な知識についても取り上げる。

皮膚の血液供給と皮膚テンションライン（張力線）に関連した，皮膚の基礎的な解剖学と生理学については本章で述べる。小動物の再建外科で用いられる，様々なタイプのフラップやスキングラフトの分類などを含む，再建に関する用語の一般的解説もまた本章で述べる。これらフラップやスキングラフトの概要，およびこれらを体の各部位へ使用するために留意すべき情報も同様に紹介する。

解剖学

犬および猫の皮膚は，ヒトの皮膚とは極めて異なっている。皮膚の厚さ，毛の発育および循環などは，動物種や犬，猫の品種により幾分異なる[1,2]。

皮膚は主に表皮と真皮の2つの層からできている[3〜5]。最外層の主な構成物である表皮は血管走行のない角化重層扁平上皮である。より厚みがあり，血管走行のある真皮は表皮の下層にあり，弾性線維の組織で構成され，支持と栄養供給の機能を有している。真皮は皮下織（subcutis or hypodermisとも呼ばれる）というルーズな結合織の層の上に位置しており，この層は脂肪組織や（存在する部位では）体幹皮筋，direct cutaneous artery（※訳注：和訳で「直達性皮膚動脈」との記載がある）およびvein（直達性皮膚静脈）により構成されている。この層はほとんどの犬や猫では特に豊富であるが，その量や皮膚の弾力性は，品種や動物の身体的コンディションにより異なると思われる[1,3]。体表の位置によっても構造の違いがみられる。たとえば，鼻と肉球は厚く防護的な角質層を有しているのに対し，内股の皮膚はとても薄く被毛もまばらである。さらに，ほとんどの皮膚領域には，毛包や皮脂腺などの特殊化された付属器が存在している[6]。眼瞼は顔の皮膚から連続した，背側および腹側からなる皮膚の襞であり，これらの自由縁は互いに外眼角および内眼角において接する[7]。組織学的に，眼瞼は以下の4つの部分にわけることができる。通常の皮膚からなる最外層，眼輪筋からなる層，眼瞼縁付近の瞼板を含む実質層，そして眼瞼結膜の最内層である[7]。

血液供給

筋皮動静脈は，ヒトでは皮膚に分布する主要な血管であるが，犬や猫においてはわずかな役割を果たしているのみである。通常は，ヒトにおいて一般的に行われるわずかな皮膚を移植する際に役立つ程度であると解釈されている。

犬および猫では，direct cutaneous arteryが皮膚の広い範囲への血液供給を担っている。この血管は皮下織内を皮膚と平行に走っており，穿通枝動脈から起始している（図1）。皮膚表面に対し垂直に走行している筋皮動脈は穿通枝動脈から分岐し，皮膚の細部へ分布している（図1）。

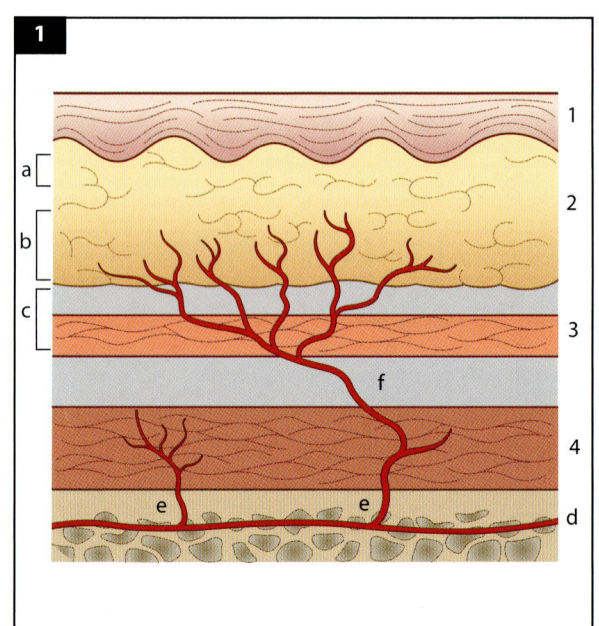

図1　動物（犬と猫）の皮膚およびその下層組織への特徴的な血管供給の模式図。1：表皮，2：皮下織，3：皮下筋，4：骨格筋，a：浅部血管叢（superficial plexus），b：中間部血管叢（middle plexus），c：深部／皮下血管叢（deep or subdermal plexus），d：区動脈，e：穿通枝動脈，f：direct cutaneous artery。骨格筋に血管供給している穿通枝動脈は，それぞれ皮膚に垂直なdirect cutaneous arteryに血管供給した後，細い筋皮動脈として終わる。direct cutaneous arteryはさらに分岐して深部および中間部，浅部の血管叢を形成する[9]。

終末の動静脈はdirect cutaneous arteryから分岐し，皮下（深部）血管叢，皮膚（中間部）血管叢および乳頭下（浅部）血管叢を形成する（図1）[2〜4,8,9]。体幹皮筋の存在部位では，皮下血管叢は浅部および筋肉深部の両方へと走行する。体幹皮筋の存在しない四肢の中域および遠位では，皮下血管叢の血管は皮下脂肪層にまで走行する。浅部血管叢および中間部血管叢は真皮内に存在している。浅部血管叢に起始し表皮へ分布している毛細血管ループシステムは，ヒトやサル，豚と比較して犬や猫ではあまり発達していない[3]。

したがって，犬と猫の皮下血管叢は，皮膚再建外科において大きな重要性を有しており，特にdirect cutaneous arteryの侵入がみられないような部位でローカルフラップを作成するために皮下を剥離する際には，常にこれを温存するように注意しなければならない。

アキシャルパターンフラップは，皮膚組織の特定の部位に分布しているdirect cutaneous arteryおよびveinに基づいて形成される。これらの血管の終末枝は皮下血管叢に分布しており，アキシャルパターンフラップはローカルフラップに比べて血流が豊富であるため，獣医再建外科では広く使用されている。犬の主な外皮の血管系と表層の動脈を図2に示した[10]。

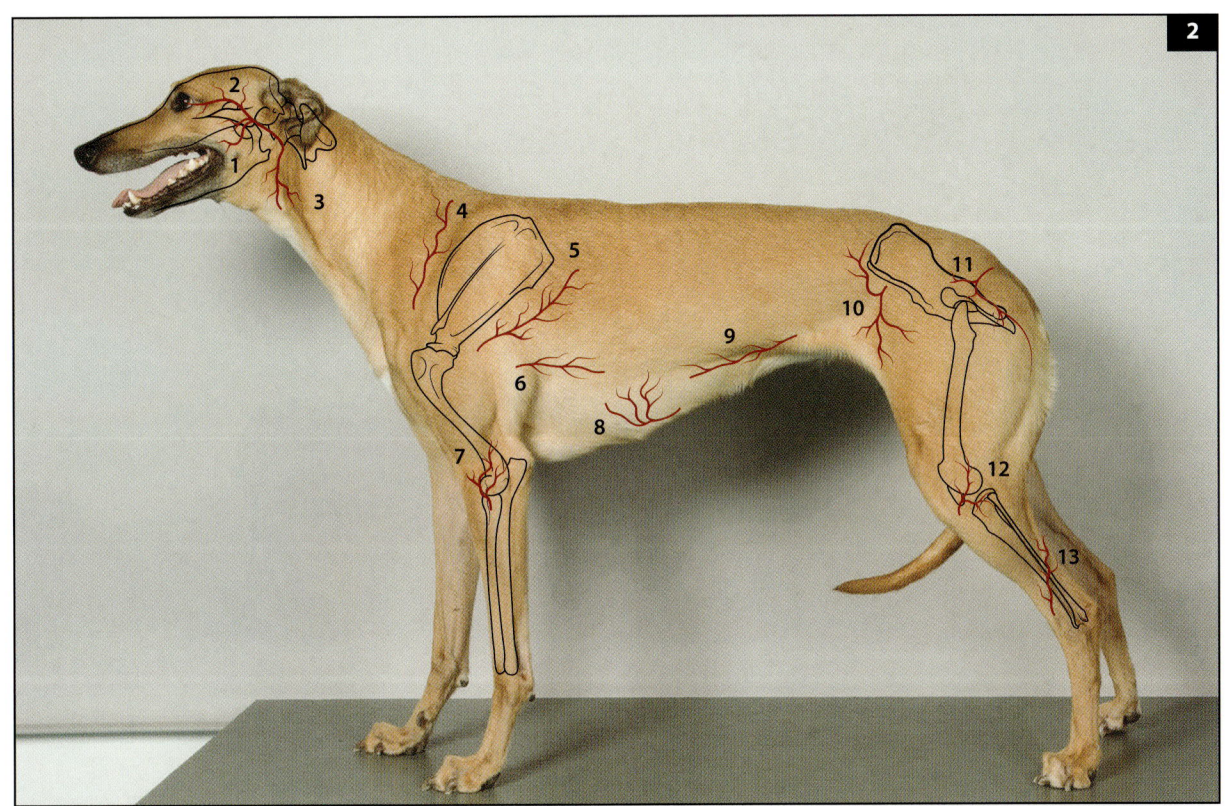

図2 アキシャルパターンフラップに利用できる犬の皮膚に分布する表層の動脈の局所解剖図。1：顔面動脈，2：浅側頭動脈，3：後耳介動脈，4：浅頸動脈の浅頸枝，5：胸背動脈の皮枝，6：外胸動脈，7：浅上腕動脈，8：頭側浅腹壁動脈，9：尾側浅腹壁動脈，10：深腸骨回旋動脈，11：外側尾動脈の皮枝，12：内側膝動脈，13：伏在動脈[10]

皮膚のテンション

　創縁にかかるテンションは，皮膚の再建が失敗する最も一般的な原因であり，欠損部を閉鎖するための皮膚が不足している場合に生じる。テンションのかかった創を閉鎖すると，特にそれが四肢末端などの場合には，それより遠位の血管およびリンパ管に障害を引き起こしたり，創縁の血液循環を減少させて治癒の遅延や創離開を引き起こす可能性がある[11,12]。眼瞼部の再建の場合は，テンションや瘢痕形成により眼瞼の運動が阻害され，角膜機能にも影響する可能性があるため，合併症が深刻化する。

　犬および猫の皮膚に弾力性があるのは，主として皮下織と骨，筋および筋膜との強固な固着を欠いていることによる。体のほとんどの部位，特に頸部や体幹部の皮膚はルーズで余裕があるが，四肢や尾，頭部，特に鼻梁周囲や鼻鏡および内眼角の皮膚には余裕がない。これは，この部位の皮膚における線維組織の直線的な配列に起因している。犬の局所解剖にしたがって，皮膚のテンションライン（張力線）の方向が決まる[1,5,13〜15]。皮膚の弛んだ犬種（例：シャー・ペイなど）では，再建外科を考慮する際にテンションラインはあまり重要ではない。

　頭部および頸部のテンションラインは，直下を走る筋肉の走行と類似している（図3）。体幹部のテンションラインは体軸と垂直になっており，胸腹部背側のテンションラインは体軸と平行になっている。また，四肢のテンションラインは一般的に，頭側面では肢の長軸と平行になっており，外側および尾側面では肢の長軸に対して垂直になっている（図3）[13]。

　一般的に，創閉鎖の際のテンションを最小限にするためには，常にテンションラインと平行に切開を加えるべきである。テンションラインと垂直または角度を付けて切開した場合は，創の歪みや離開，壊死などを引き起こす可能性がある[16]。テンションラインと平行な切開ができない場合には，閉鎖の際にテンションを緩和するための方法を用いるべきである。これらの方法には（シンプルなものからより高度なテクニックまで含まれるが），創縁の皮下を鈍的に剥離する方法や減張縫合パターンを

図3　犬の頭部，頸部，体幹部および四肢の皮膚テンションライン（張力線）[13]。体幹部のテンションラインが体軸に対して垂直であるのに対し，頭部および頸部ではその下を走る筋肉の方向と一致している。四肢のテンションラインは，一般的に頭側面では肢の長軸と平行で，外側面および尾側面では肢の長軸に垂直となっている。

選択する方法，減張切開を加える方法，または皮膚ストレッチやティシューエキスパンダーを用いる方法などが含まれる。仮に，創の一次閉鎖の際にこれらの方法を実施できない場合は，二期的治癒または皮弁やグラフトを用いた外科の再建を考慮すべきである。

減張縫合パターン

通常，創縁にかかる軽度なテンションは，皮下の丈夫な筋膜を含めた皮下縫合を行うことで緩和される。皮下の筋膜は皮下織や皮膚そのものよりもテンションに耐えることができる。軽〜中程度のテンションは，単純結節を並べたウォーキングスーチャーにより軽減することが可能である。この方法では，皮膚は創の辺縁部から（両サイドから）中心部に向かって徐々に伸展される。ウォーキングスーチャーは，皮下筋膜に糸をかけた部位よりも創中心部に近い位置で，体壁の筋膜に糸をかける（第3章参照）[1,5]。

最も一般的に使用される外的な減張縫合は垂直マットレス縫合であるが，その他にもラバーチューブのステントを使用した（あるいは使用しない）水平マットレス縫合，far-near-near-far縫合あるいはfar-far-near-near縫合なども同様に使用できる。一次閉鎖と二期的治癒に関しては，第2章で述べている。また，減張切開やV-Y形成術，Z-形成術などを含む手技については，第3章に記載している。

皮膚ストレッチやティシューエキスパンダーを用いた方法に関する考察は他書に譲る。

皮弁とその分類

創傷は一次閉鎖や遷延性一次閉鎖，あるいは二次閉鎖か二期的治癒により閉鎖し，治癒する（第2章参照）[1,17]。外皮の創傷に対する一次閉鎖あるいは二次閉鎖に役立つ皮弁は，いくつかの異なる基準（例：皮弁の部位，血液供給または幾何学的形状など）により分類することができる。皮弁の血液供給による分類では，皮下血管叢フラップとアキシャルパターンフラップに区別される。皮下血管叢フラップは皮弁基部からの局所的な血管分布を受けているが，アキシャルパターンフラップの場合はdirect cutaneous arteryおよびveinから血液供給を受けている。皮下血管叢フラップの類義語として"有茎皮弁"という用語が時折誤って使用されるが，有茎皮弁とは通常，筋皮動静脈から血液供給を受けた皮弁のことであり，この血管は先に述べたように犬や猫では重要性が低い[5]。この手技の背景となっている原理は，比較的余裕や弾力性のある部位の局所皮膚を用いて創の一次閉鎖を行うということである。（皮弁採取により）作られた二次的な創は，比較的テンションを伴わずに閉鎖することができる。

皮下血管叢フラップは実施しやすく，外見上の被毛もほぼ元の状態に再現される。しかし，この皮弁は可動部位や大きなテンションのかかる部位では使用できない。さらに，皮弁の血液供給の限界によりおのずと皮弁の長さが限定される。direct cutaneous arteryを含んだ皮弁は，これを含まない皮弁と比べて生着率が高い。皮弁の長さを延長したり，皮弁内の血管分布が不足したりすると，皮弁先端部の離開のリスクが上昇する。皮弁の基部を広くとることで，皮弁内にdirect cutaneous branchが入り込む可能性が増し，その結果として皮弁の生着率も上昇する。皮下血管叢フラップは，さらに伸展皮弁，回転皮弁，転移皮弁，はめ込み皮弁に分類される[18,19]。

- **伸展皮弁**は，隣接する皮膚に対して創から皮弁基部に向かってやや広がるように，かつテンションラインと平行に切皮し，創を覆うように伸展させて形成される。皮下を剥離し，創の軸方向へと伸展させて移動させるこの皮弁には，伸展（U字型）皮弁かfrench flapが用いられる。このタイプの皮弁の適応としては，四角形に近い形の創で，創付近の皮膚にテンションがかからない部位であることである。やや末広がりの切開を加えることで皮弁基部が幅広くなる。両側性の伸展（U字型）皮弁はダブル伸展（H字型）皮弁となり，テンションを軽減し，生存率を改善する。このタイプの皮弁の様々なバリエーションとして，V-Y形成術やZ-形成術，"読書をする人"形成術や回転皮弁などがある。
- **回転皮弁**は局所の皮下血管叢フラップで，境界線で接する欠損部を覆うように旋回させる。
- **転移皮弁**は長方形をした局所の皮下血管叢フラップで，これを転移させることで欠損部を皮膚で覆う。このとき，皮弁の一方の縁は欠損部の縁と一部が共有されている[5]。
- **はめ込み皮弁**は長方形の皮弁で，通常はこれを筒状に縫い，無傷の皮膚の上を通過させ，茎状の皮弁を欠損部に転移させる方法である。

skin fold advancement flap（皮膚の弛みを利用した伸展皮弁：SFAF）は四肢の近位もしくは尾側の余剰皮膚（skin fold）を利用した特別な皮下血管叢フラップで，鼠径部や胸骨部の欠損に対して使用される[20]。

アキシャルパターンフラップは特定のdirect cutaneous arteryおよびveinと神経を含んでおり，これらは皮膚組織の特定の部位に分布している。それゆえ，ランダムに選択されたローカルフラップはその血液供給を皮下血管叢に頼っているのに対し，アキシャルパターンフラップはより豊富な血液供給を受けている。フラップがこの血管でドナー床とつながった状態のまま，周囲の組織が供給を受けている動脈から切り離されたフラップを島状フラップと呼ぶ。半島状フラップは皮膚とその周囲の皮膚動脈（cutaneous artery）がつながった状態のものをいう[21]。

　欠損部と隣接した皮膚に作成された皮弁をローカルフラップと呼び，その例としては伸展皮弁や回転皮弁，転移皮弁などがある。皮弁のドナーサイトとレシピエントサイト（欠損部）の距離が離れているものを遠隔皮弁という。これらの皮弁は通常複数回に分けた再建と移動が必要であるが，動静脈の微小血管吻合により1回の手術で済ませることも可能である。はめ込み皮弁（筒状の茎形フラップ）は遠隔皮弁の1つの例である。筒状の茎形フラップは，間接的な遠隔フラップとしてレシピエントサイトへ届けるのに使用される（第3章参照）。ポーチ状フラップ（双茎）およびヒンジ（蝶番）形フラップ（単茎）はもう1つの遠隔皮弁であり，四肢の遠位末端の皮膚欠損の再建に利用される。

　第4章では，微小血管移植に関する最近の知見とその背景となる情報，およびレシピエント血管の位置について解説する。さらに，獣医学領域で使用できる最も成功率の高い手技について述べるとともに，この領域について出版された科学的論文の成果に関する詳細な概要を紹介する。これらの微小血管テクニックとは別に，血行のないスキングラフトも使用できる。これらはもっぱら，皮弁を直接平行移動させても再建できないような皮膚欠損に対して使用される（例：四肢など）。スキングラフトは表皮と真皮からなる切片として，ドナーサイト（およびドナー血管）から完全に分離された状態でレシピエントサイトへ移植される。犬や猫で使用されるスキングラフトのほとんどは，その動物自身から採皮される（自家移植）。同種異系移植（同種で異なる個体）や異種移植（異なる動物種）も報告されているが，通常はあまり使用されない。

　また，スキングラフトは全層グラフトと分層グラフトに分類される。全層グラフトは真皮層全体と表皮を含んでおり，分層グラフトに比べ，特殊な機器をもたない獣医師でも容易に採取することができる。スキングラフトはさらにグラフトの形状によりシート状，メッシュ状，帯状および種子状などに分類できる[11, 15, 17, 22]。これらの中で，ほとんどの創傷再建の場合には，扱いやすさや採取したグラフトの出来，術後の美容的外観などの点から全層メッシュグラフトを選択するのが好ましい。メッシュグラフトは，グラフトを貫通する互い違いに並んだ多数の平行な切開を加えて伸張するようにしたものである。さらにこの形状はレシピエント床から出る体液（血漿や血液，滲出液）の排出を促す。このメッシュグラフトの手技に関しては第4章で解説する。

　皮膚や皮下織以外の組織を含むフラップを複合皮弁と呼び，筋肉（筋皮弁）や軟骨，骨などを含む場合がある。筋肉のみをフラップとする場合は筋（肉）弁と呼ばれる。これらは非常に血行に富んでおり，組織量も多く，体幹部や腹部，肢部の欠損の再建に使用できる[23]。筋皮弁は，骨格筋とそれを覆っている皮膚とをともに挙上させた複合的なフラップである。これらのフラップはヒトの再建外科において広く使用されており，小動物における再建外科でも同様に臨床的に応用できる可能性を有している。犬や猫においていくつかの個別の筋肉は局所の機能を失うことなく活用できるものがあり，そのためこれらをフラップとして使用することができる。しかし，筋皮弁を実施するにはより高い技術力が要求される。多くのケースではローカルフラップやアキシャルパターンフラップ，あるいはフリーグラフトが筋皮弁の代わりに使用されている。筋弁や筋皮弁は主に体幹の再建に使用される。これらの詳細は，外腹斜筋フラップおよび大腿筋膜張筋フラップ，体幹皮筋フラップおよび広背筋フラップとともに第7章で解説する。広背筋フラップは，体幹部や肘関節までの前肢の欠損を閉鎖するのに適している。体幹皮筋フラップはより薄いフラップで，胸部や腹部の欠損もしくは前肢の遠位に生じた大きな創の閉鎖に利用できる。後者のフラップは，そのサイズや作成のしやすさ，伸展性や汎用性などの点から，非常に利便性の高いフラップである。前述したように，複合皮弁（である広背筋フラップ）を作成する際にはフラップの壊死を避けるために広背筋を同時に組み合わせるが，体幹皮筋フラップと広背筋フラップでは生着率に有意な差は認められていない[24]。

　最後に，軟部組織の欠損を埋めるために使用されるのが大網フラップである。筋弁の場合と同様に，大網は感染を防御したり癒合をコントロールしたり，血液循環やドレナージに寄与することで治癒を促進する。

　どの手技を選択するかは創のサイズや場所，およびこ

れに隣接するドナーサイトの皮膚の利便性に左右される。ほとんどの場合で，1種類以上のオプションが利用可能であり，創によってはいくつかのフラップを組み合わせる必要があるかもしれない[21, 23]。本書には，最も一般的に使用される再建手技が記されている。比較的容易で体のどの部位でも利用できるものは第3章で扱い，最初はシンプルなテクニックから徐々に複雑な手法までを解説した。続いて，解剖学的に特殊な部位の再建術については第5〜9章で扱い，頭側から尾側および近位から遠位へという順番で解説した。第5章と第6章では顔面部（それぞれ頭部および眼瞼）について，第7章では頸部と体幹部について，そして第8章と第9章ではそれぞれ前肢と後肢について，解説した。

頭部の再建術

顔面部の欠損の再建は，腫瘍の根治的切除後や外傷の閉鎖のため，あるいは熱傷や化学熱傷による皮膚への損傷の修復や様々な眼瞼の問題などに対して，しばしば必要となる。顔面部の欠損の再建術は非常に難易度が高くなる可能性があるが，飼い主にとっての美容的な重要性のみならず，眼や鼻孔，耳，口唇に極めて近い部位の欠損の修復では，これらの構造の正常な機能を温存しつつ二次的な問題を防ぐようにしなければならない[22]。眼瞼部の特殊性とその複雑性から，この部位の再建外科およびそれが眼球表面の問題にどのように影響するかという点に関しては，個別に章を設けて解説した（第6章）。

鼻梁は，局所の組織量が非常に少ないため，顔の他の部位よりも再建が難しい。筆者によって改良された鼻部回転皮弁の動物への応用（第5章参照）では，局所の組織を使うことによって，この困難な部位を美容的に閉鎖することを可能にした。この皮弁の片側性および両側性の両者の場合について解説した。

口唇の皮膚は，通常ルーズで余剰があり，特に犬ではその傾向が強く，ほとんどの口唇部の欠損は幾何学的閉鎖テクニックや局所の組織を伸展させることで容易に再建することができる。外科学の教科書のとおりに，単純な長方形と楔状切除術を行えば術者は特に問題を感じることはないであろう。下口唇および上口唇の全層口唇伸展皮弁や頬部の回転，および転移皮弁を使った口唇／頬部の再建術などは，より緻密な外科的手技であり，これについては第5章で解説する。

その他のほとんどの顔面の欠損は，局所で利用可能な組織を使うことで閉鎖できる。皮下血管叢フラップとアキシャルパターンフラップは，この目的のためには最も便利な手技である。皮下血管叢フラップの例として，この領域で最も一般的に使用されるのは転移皮弁，回転皮弁および伸展皮弁である。これらの手技については第3章で述べる。顔面部の大きな欠損創に利用できる3つのアキシャルパターンフラップには顔面動脈，浅側頭動脈および後耳介動脈アキシャルパターンフラップがあり，これらすべてについて第5章で解説する。浅頸アキシャルパターンフラップは患者によっては頭部尾側の再建術に使用できるが，より一般的には頸部領域に利用されるので，第7章で解説する。

そして最後に，前述した手技に加えて，皮下血管叢フラップを使って耳介を巻き込んだ欠損を閉鎖することが可能である。耳のわずかな剥離は二期的に治癒するが，創縁は収縮し，カップ状に湾曲するか折れ曲がった耳になる可能性がある。耳介の小さな剥離創の治療は純粋に美容目的となる（例：耳介の新たな輪郭形成のための周囲組織の切除など）。この皮弁については文献などで耳の大きな欠損を修復するための有茎皮弁として紹介されている。頸部の皮膚 and/or 頭部背側の皮膚を使う方法であるが，これは第5章で解説する。

眼瞼の再建術

獣医学に関連した文献には，眼瞼に対する外科的手技がそれぞれ20種類以上も記載されている。本書では，眼瞼の形成不全や外傷，腫瘍摘出などに伴う，眼瞼の大きな欠損の再建に関連したもののみに言及する。加えて，眼の形状や位置に応じた眼瞼の再建術についても同時に解説する。

眼瞼の再建術を行う際には，術者が考慮すべき，眼瞼の手術特有のポイントがいくつかある。眼瞼の組織は極めてデリケートで，非常に血液循環が良い。眼瞼は比較的早期に治癒するが，術後に明らかな腫脹が起きやすい。腫脹は通常は短期間で解決する問題であるが，これにより瞬きができなくなったり，厄介な睫毛乱生（皮膚の被毛が眼球に接触するなど）が生じたり，患者に不快感が生じることがある。このようなケースでは，腫脹が引くまでの間，一時的な瞼板縫合術が非常に有効であることが知られている。

眼瞼の再建術を行う際には，術者は眼瞼の機能と解剖学的構造を温存することを考慮しなければならない。眼瞼は，眼球が保護された状態を維持し，涙液層を広げ，角膜表面から異物を除去するという重要な機能を担って

いる。直接的な縫合閉鎖は，眼瞼の欠損が眼瞼の長さの25％未満の場合にのみ試みられるべきであり，このようなケースでは縫合閉鎖により眼瞼の機能は妨げられない[25]。より大きな欠損の閉鎖には，Z-形成術やH-形成術，菱形フラップや口唇-眼粘膜皮膚皮下血管叢回転フラップ，改良型交差眼瞼フラップ，浅側頭動脈アキシャルパターンフラップなど，その他の手技が必要となる。上眼瞼は下眼瞼より可動性があるため，このうちのいくつかの方法では再建術を完成させるために第3眼瞼か下眼瞼の組織を使った方がうまくいくように考案されている。

再建術は眼瞼縁を残し，できる限り解剖学的に正常な状態を残せる術式であることが好ましい。多くの手法が眼瞼周囲の皮膚の利用を採用しているものの，被毛の生えていない眼瞼縁の再建は難しい。この問題を解決するために，外科医によっては新たに形成した眼瞼縁の組織に結膜を縫い付ける方法を提唱している。それ以外には（Prof. M. Boevéによる個人的見解），新たな眼瞼縁として移動させた組織表面に45°の角度で切れ込みを入れることにより転移させた辺縁から毛包を除去する，という方法が推奨されている。マイボーム腺からの分泌物は蒸発による涙液層の損失を防ぐので，大幅な眼瞼縁の除去は眼球の乾燥を引き起こす可能性がある[26]。したがって，涙液層の性状を術前と術後に繰り返し確認する必要がある。

再建術はまた，眼球に対する眼瞼の不整列が経時的に進行したような場合にも推奨される（例：顔面の極端な部分的下垂や上眼瞼の内反および睫毛乱生など）。この不整列は角膜刺激や視力障害の原因となる。このようなケースにおける治療の目標は，解剖学的に正常な位置になるように眼瞼を再建し，眼球の大きさに合うように調整して，頭部の動きによって眼瞼が眼球からずれて離れたりしないようにすることである。

最後に，上眼瞼および下眼瞼の内側の結膜面に存在する涙点は鼻涙管システムの極めて重要な部分であり，可能な場合は常に温存するか再建すべきである。太めの非吸収糸などを使い，鼻涙管の全長にわたって縫合糸を通し，その周囲に再上皮化が起こるまでそのままの状態を維持するようにして涙点と涙小管の再建を行う。

その他の注意点は特に眼瞼の手術だけに特有のものではない。術後に生じるフラップの収縮はフラップの変形を起こす可能性がある。フラップサイズの多少の変化は他の部位ならばそれほど重要ではないが，眼瞼の場合には睫毛乱生や外反，内反，瞬きの障害，二次的な角膜の問題などを引き起こす可能性がある。これらは疼痛を伴う他，色素沈着または潰瘍性角膜炎および瘢痕化による視力の障害が引き起こされるかもしれない。したがって，眼瞼の再建術では常に欠損部にちょうどフィットすると思った大きさより少しだけ大きくなるように（組織が収縮してもいいように）創縁から約1mmの余裕をもってフラップを作成する[25]。

吸収糸と非吸収糸の両方が眼瞼再建術で使用されるが，しばしば2層縫合が必要となる。深部の縫合には吸収糸を用い，単純結節縫合か連続縫合のいずれかにて縫合する。皮膚は，縫合糸と眼までの距離および抜糸の際に患者がどれだけ協力的かを考慮して，吸収糸もしくは非吸収糸を選択する。本書では，深部の眼瞼結膜や眼瞼縁に近い部位での皮膚の閉鎖には6-0のポリグラクチンを使用している。眼瞼縁にそれほど近くない部分の皮膚では5-0のポリアミドかそれに類似した縫合材を使用している。一般的に，二分された眼瞼縁を並置する際には，8の字縫合による並置を行う前に，埋没縫合による瞼板の"ホールディング"縫合を行う。眼瞼が薄い場合には8の字縫合のみで組織を支持し，並置する場合もある。縫合針の種類は逆三角針か丸針を選択する。眼瞼の手術を行う際には，術者が細い縫合糸の入口および出口を視覚的に確認できるように，また涙点などの微細な構造を確認しやすいように，拡大鏡（2.5倍～4倍）の使用が推奨される。

そして最後に，手術に備えて皮膚を無菌状態にしておかなければならない。しかし，眼の周囲には石鹸成分を含んだ溶液の使用は避けるべきである。眼瞼および眼球表面に対する準備にはヨード剤を滅菌生理食塩水で希釈した溶液が一般的に使用される。眼瞼組織にはヨード剤と生理食塩水の比が1:10，結膜表面の場合は1:50で希釈したものを使用する。これより高濃度だと，結膜および角膜上皮に対して刺激をもたらす可能性がある。結膜組織は注意深く，かつ十分に洗浄すべきである。被毛や粘液などは滅菌綿棒を使用して注意深く取り除く。必要に応じて抗生物質の予防的および術後の投与を，局所および経口投与により実施し，皮膚を感染から防御しなければならない。

眼瞼の再建術は第6章で解説し，H-形成術やZ-形成術，半円形皮弁，菱形フラップ，改良型交差眼瞼フラップ，口唇-眼粘膜皮膚皮下血管叢回転フラップおよび浅側頭動脈アキシャルパターンフラップなどの手技を記載した。また，第6章では眼球に対する眼瞼の不整列の再建術についても解説する。ここで紹介する手技は，上眼瞼と下眼瞼を含んだ外眼角眼瞼内反症の整復のため

のアローヘッド法から上眼瞼内反／睫毛乱生症の整復のためのStades法およびKuhnt-Szymanowski/Fox-Smith法のMunger-Carterフラップ変法へと徐々に複雑な手法となる。

頸部および体幹部の再建術

　犬や猫では頸部や体幹部の皮膚がかなりルーズで余裕があるため，この部位の皮膚欠損の再建術は通常，比較的容易である。ほとんどのケースでは，欠損部はローカルフラップにより閉鎖することができる。しかし，腫瘍の根治的切除術の後や，広範囲の外傷の閉鎖，あるいは同部位の血液供給に問題がある場合の再建術などでは他の手技を使用する必要がある。さらに，体幹部尾側および会陰部の特定の部位の再建では移動できる皮膚が少ないため，より難しくなる。

　頸部や体幹部の再建に使用できるアキシャルパターンフラップとしては浅頸，胸背および頭側と尾側の浅腹壁フラップがある。最初の3つのフラップに関しては第7章で解説したが，尾側浅腹壁アキシャルパターンフラップは第9章に記載した。というのは，この多方面に使えるフラップは，主に後肢の皮膚欠損の閉鎖に利用されるからである。

　また，犬と猫の頸部および体幹部の再建に使用できる筋弁，筋皮弁に関しても第7章で解説した。これらの中には外腹斜筋フラップや大腿筋膜張筋フラップ，体幹皮筋フラップ，広背筋フラップなどが含まれる。

　会陰部の外科的損傷の再建術では，ローカルフラップに利用できる局所の皮膚がなく，フラップ壊死のリスクが高いため，多くの場合困難である。しかしながら，外側尾動脈に基づく尾フラップを使用して体幹部の尾背側や会陰部の大きな欠損を閉鎖することができる。陰嚢フラップは皮下血管叢フラップとして扱われるが，このフラップもまた会陰部の欠損の閉鎖に使用される。そして，外陰部周囲の皮膚炎に対する治療として，外陰部周囲の余剰皮膚を切除して外陰形成術を実施する場合があるが，この部位の余剰皮膚はまた隣接した皮膚欠損の閉鎖にも利用される。第7章の最後では，これら3つの手技について解説する。

前肢の再建術

　第8章でも触れるように，前肢の皮膚欠損の再建術は，皮膚の余裕がなく，ほとんどのアキシャルパターンフラップが肢の遠位部にまでは届かないという事実のために困難である。小さな外傷では，欠損部をローカルフラップで覆うことが可能である。しかし，腫瘍の根治的切除後や大きな外傷の閉鎖，あるいは血行のあまり良くない同部位の再建では，その他の手技を使用しなければならない。

　前肢の大きな皮膚欠損の再建に利用できるアキシャルパターンフラップには浅頸，胸背，頭側浅腹壁，外側胸動脈および浅上腕アキシャルパターンフラップがある。浅上腕アキシャルパターンフラップについては第8章で解説する。浅上腕アキシャルパターンフラップのバリエーションとしての半島状および島状フラップについても同時に解説する。

　前肢のフォールド皮弁は，前肢の薄い弾力性のある皮膚の弛みを利用した皮弁であり，アキシャルパターンフラップではなく皮膚の弛みを利用した伸展皮弁である。この皮弁は，純粋にその大きさにより微小な血管が皮弁内を走行しており，外側胸動脈を含む場合すらある。これは，上腕部や胸骨部など多方向に利用できる皮弁であるため，第8章で解説する。

　2つの大きな筋皮弁である体幹皮筋フラップおよび広背筋フラップは胸腰部の組織から作られ，前肢の欠損閉鎖に使用される。両者とも，特に薄く可動域の広い体幹皮筋フラップは，肘関節周囲の欠損を覆うのに利用される。これらの筋皮弁はもともと体幹部に起始しているため，体幹部の欠損の閉鎖にも利用される。これらの筋皮弁については第7章で触れる。尺側手根屈筋フラップは，他の手技を用いても成功しなかった慢性再発性の創や，皮膚および皮下織の欠損により骨が見えているような前腕部の大きな欠損創に対して使用することができる。この筋弁は皮弁と比較して骨の表面に対する生着率が高く，その場によく留まる。これに関しては第8章で解説する。

　前肢の足部（※訳注：前肢の手首より下）の欠損創の再建術は，特に困難である。これらの欠損創を閉鎖すべく多くの新しい術式が開発され，ローカルフラップよりも良い成績を残している。たとえば，肉球融合術や部分的肉球移植術および指節骨フィレット法などである。この方法は非常に汎用性が高く結果も良いため，特に記載する意義が大きい。この術式には第一指か第二指，および第五指を使うことができる。上記の術式はすべて第8章で解説する。

　最後に，四肢遠位の外傷において局所の組織を利用することが全くできないような場合，特に猫において，

メッシュグラフトを利用することが少なからずある。この手技については第4章で説明する。

後肢の再建術

後肢の皮膚欠損の再建術には，前肢と比較して多くのオプションがある。小さな創はローカルフラップを使って閉鎖することができる。しかし，前肢の場合と同様に，大きな欠損創ではその他の手技を使用する必要がある。

後肢の大きな皮膚欠損の再建に使用できるアキシャルパターンフラップには，深腸骨回旋，尾側浅腹壁，膝部および逆行性伏在導管フラップなどがある。後者の術式は静脈と動脈を近位で結紮し，血流を逆行させるというユニークな方法である。他の血管との吻合を介して，適切な血流が担保される。側腹フォールド皮弁は，前肢の転移皮弁と同じような方法で，後肢から脇腹にかけての薄く弾力のある皮膚の弛みを利用した皮弁である。この皮弁は大腿部や鼠径部の皮膚欠損など，多方面に利用できる。第9章では片側性および両側性の両方について述べる。後肢で使用できる筋弁には，前部および後部の縫工筋フラップがある。

後肢の足部（※訳注：足首より下）の欠損に対する再建術のオプションは前肢の場合と類似している。第8章で触れた術式に加えて，足底部の著しい損傷に対する一時救済的な処置としての肉球（足底球）移植術については，第9章で解説する。

創傷閉鎖テクニック

犬および猫で使用されている再建外科手技では多くの場合，新たな創の作成を伴うことになる。無菌的操作や適切な器具の選択，および組織の丁寧な取り扱いといった一般的な外科の基本は，外科的に創傷を作り出す場合にも同様である。さらに，再建外科手術では適切な縫合材料および縫合法の選択が重要である。縫合材料と縫合法の完全な議論に関しては，一般的な外科の教科書を参照してほしい。筆者らは，皮下織の並置が可能な範囲で最も細いサイズの吸収性モノフィラメント糸を好んで使用している。動物のサイズにもよるが，2-0～4-0の吸収性モノフィラメント糸（例：ポリグレカプロン）が推奨される。単純結節縫合と連続縫合のどちらも利用可能である。単純結節縫合は皮膚のテンションを軽減するために改良されたものもある。たとえば，前述したようなウォーキングスーチャーやマットレススーチャーなどである。

ほとんどのタイプのスキングラフトでは，非吸収糸を用いた単純結節縫合で皮膚を閉鎖するのが好ましい選択であり，繰り返しになるがブレード糸よりもモノフィラメント糸の方が好ましい。3-0～4-0の非吸収性モノフィラメント糸（例：ポリアミド）で一般的には十分である。しかし，場合によっては，直線的な創では皮下または表皮下の層を連続縫合により閉鎖することで，非常に良好な美容的外観が得られる。吸収性モノフィラメント糸が最も一般的に使用される。

そして最後に，組織用接着剤やスキンステープラーなどが再建術では使用される場合がある。しかし，一般的に大きな創を閉鎖しなければならないため，組織用接着剤はコストのために使用が限定される。スキンステープラーはその使いやすさと，安全性や美容的効果を損なうことなく短時間での閉鎖が可能であることから，段々と使用される機会が増えている。スキンステープラーによる皮膚閉鎖の外観は単純結節縫合した場合のそれと遜色ないが，皮下の連続縫合の場合よりは美容的にやや劣る。通常の縫合材料を使用した場合と比べて，大きな皮弁を縫合する場合にはスキンステープラー使用によるコスト上昇が，麻酔や手術時間延長に伴うコスト上昇を上回る。本書では，単純結節縫合とスキンステープラーによる縫合の両者を扱っている。

形成および再建外科を行う際に起こり得る合併症

形成・再建外科における創閉鎖の合併症は，一般的な軟部外科のそれと類似しており，創離開や感染，血腫や漿液腫の形成および過剰な瘢痕形成などがある。これに加えて，過剰なテンションを伴う四肢の創閉鎖では，創より遠位の組織の浮腫や循環障害を引き起こす可能性がある[15, 17, 21, 27, 28]。適切な術前のプランニングや皮膚の可動性の評価，繊細な外科的手技の使用および確実な止血を行うことにより，ほとんどの合併症は防ぐことができる。皮弁の生着率は，皮弁を受け取る創のサイズと位置が適切である場合，創が汚染も感染も起こしていない場合，および創が受傷から4～6時間以上経過していない場合に上昇する。また，皮弁で覆われるレシピエント床の適切な処理も重要となる。

再建術は腫瘍の摘出手術や新鮮外傷の受傷直後にも適応となる。その他のケースでは創をすぐに閉鎖せずに，汚染が解決され，局所の循環状態が改善され，健康な肉

芽床が形成されるまで待つことが推奨される場合もある。汚染あるいは感染を伴う創は2～3日の間，すべての組織が閉鎖に適した状態になるまで，投薬とバンデージにより管理（遷延性閉鎖）しなければならない（第2章参照）。感染は，過剰な皮膚のテンションの次に，皮弁脱落の主な原因となり得る。したがって，健康な肉芽床の増殖は形成外科において最も重要な側面の1つである。

もう1つの起こり得る合併症としては死腔の発生があり，これは膿瘍の形成や漿液腫，血腫の発生を引き起こす場合がある[15, 17, 21, 27, 28]。死腔の形成はドレーンの設置や皮下縫合，ウォーキングスーチャーおよびバンデージの利用により対処できる。筆者は，可能であればいつでも受動的ドレーンあるいは能動的ドレーンを使用すると同時に，ドレーン排出孔を作る際に皮弁基部の血管に損傷を与えないように注意することを推奨している。

皮弁の術後は，保護と（自傷による）損傷の予防と滲出液の吸収のため，可能な場合は常にバンデージで覆う。創と皮弁は，静脈あるいはリンパ管の閉塞による浮腫の有無，感染，色調の変化などがないか，術後定期的にチェックすべきである。テンションは減張切開を施すことで解除される。どんな皮弁でも，虚血による壊死はある程度生じる。部分的な層の壊死では，壊死組織は通常自然に融解し，皮弁の縁から急速に再上皮化がはじまる。必要に応じて，優しく創をデブリードマンするとよい。全層性の壊死では創のデブリードマンを実施し，適切な創傷管理（第2章参照）を実施するのが最も良い方法である。清潔な創は二期的治癒で治癒させるか，あるいは新たな再建手術による治癒を目指すこともできる。

参考文献

1. Swaim SF, Henderson RA (1997) (eds) *Small Animal Wound Management*, 2nd edn. Williams & Wilkins, Philadelphia, pp. 143-275.
2. Pavletic MM (1991) Anatomy and circulation of the canine skin. *Microsurg* 12: 103-112.
3. Dyce KM, Sack WO, Wensing CJG (1996) (eds) *Textbook of Veterinary Anatomy*. WB Saunders, Philadelphia.
4. Scott DW, Miller WH (1995) *Muller & Kirk's Small Animal Dermatology*, 5th edn. WB Saunders, Philadelphia, pp. 45-46.
5. Hedlund CS (2002) Surgery of the integument. In: *Small Animal Surgery*, 2nd edn. (eds TW Fossum, CS Hedlund, DA Hulse *et al.*) Mosby, St. Louis, pp. 134-228.
6. Young B, Heath JW (2000) *Wheater's Functional Histology*, 4th edn. Churchill Livingstone, Edinburgh, p. 157.
7. Samuelson DA (2007) Ophthalmic anatomy. In: *Veterinary Ophthalmology*, 4th edn. (ed KN Gelatt) Blackwell Publishing, Ames, pp. 37-148.
8. Pavletic MM (1993) The integument. In: *Textbook of Small Animal Surgery*, 2nd edn. (ed D Slatter) WB Saunders, Philadelphia, pp. 260-268.
9. Daniel RK, Williams HB (1973) The free transfer of skin flaps by microvascular anastomoses: an experimenal study and a reappraisal. *Plast Reconstr Surg* 52: 16-31.
10. Evans HE (1993) *Miller's Anatomy of the Dog*, 3rd edn. WB Saunders, Philadelphia.
11. Smeak D (2006) Reconstruction techniques using tension relieving and axial pattern flaps. *Proceedings of 13th ESVOT Congress*, pp. 146-150.
12. Anderson D (1997) Practical approach to reconstruction of wounds in small animal practice. Part 2. *In Pract* 19: 537.
13. Oiki N, Nishida T, Ichihara N *et al.* (2003) Cleavage line patterns in Beagle dogs: as a guideline for use in dermatoplasty. *Anat Histol Embryol* 32: 65-69.
14. Irwin DH (1966) Tension lines in the skin of the dog. *J Small Anim Pract* 7：593-598.
15. Hedlund CS (2006) Large trunk wounds. *Vet Clin North Am Small Anim Pract* 36: 847-872.
16. Straw R (2007) Reconstructive surgery in veterinary cancer treatment. *Proceedings of the World Small Animal Veterinary Association*, Sydney.

17. Pavletic MM (2010) *Atlas of Small Animal Wound Management and Reconstructive Surgery*, 3rd edn. Wiley–Blackwell, Ames, pp. 31–50.
18. Gregory CR, Gourley IM (1990) Use of flaps and/or grafts for repair of skin defects of the distal limb of the dog and cat. *Probl Vet Med* **2**: 424–432.
19. Pope ER, Swaim SF (1986) Wound management in cats. *Vet Med* **81**: 503.
20. Hunt GB, Tisdall PL, Liptak JM *et al.* (2001) Skin-fold advancement flaps for closing large proximal limb and trunk defects in dogs and cats. *Vet Surg* **30**: 440–448.
21. Dupré G (2007) Complications in plastic and reconstructive surgery. Who is guilty: the patient, the owner, the vet? *Proceedings of the 56th Congresso Internazionale Multisala SCIVAC*, Rimini, pp. 207–208.
22. Pope ER (2006) Head and facial wounds in dogs and cats. *Vet Clin North Am Small Anim Pract* **36**: 793–817.
23. Szentimrey D (1998) Principles of reconstructive surgery for the tumor patient. *Clin Tech Small Anim Pract* **13**: 70–76.
24. Pavletic MM, Kostolich M, Koblik P *et al.* (1987) A comparison of the cutaneous trunci myocutaneous flap and latissimus dorsi myocutaneous flap in the dog. *Vet Surg* **16**: 283–293.
25. Stades F, Gelatt KN (2007) Eyelid surgery. In: *Veterinary Ophthalmology*, 4th edn. (ed KN Gelatt) Blackwell Publishing, Ames, pp. 563–617.
26. Ofri R, Orgad K, Kass PH *et al.* (2007) Canine meibometry: establishing baseline values for meibomian gland secretions in dogs. *Vet J* **174**: 536–540.
27. Degner DA (2007) Facial reconstructive surgery. *Clin Tech Small Anim Pract* **22**: 82–88.
28. Pope ER (1996) Plastic and reconstructive surgery. In: *Complications in Small Animal Surgery*. (eds AJ Lipowitz, DD Caywood, CD Newton, A Schwartz) Williams & Wilkins, Baltimore, pp. 641–662.

第2章
犬と猫における創傷管理の新しいプロトコール

Tosca van Hengel, Gert ter Haar and Jolle Kirpensteijn

- イントロダクション
- 創傷の治癒
- 創傷管理
- 犬および猫の創傷管理のためのプロトコール
- 費用対効果および患者と飼い主のベネフィット
- おわりに

イントロダクション

創傷とは，"身体の構造の連続性を失わせるような，身体への外傷"と定義できる[1]。獣医療では頻繁にこれらの創傷に遭遇するので，獣医師は創傷の治癒の際にみられるすべての過程と創傷管理の方法について，よく知っておく必要がある。切創，擦過創，熱傷，剥皮創，割創，刺創，挫創，裂創，咬創および銃創など，創傷には様々な種類があるが，創傷治癒の主な原理はすべてにおいて共通している。

創傷はいくつかの方法により分類できる。最も重要な分類法の1つは，開放状態の創（開放創）か，覆われた，もしくは閉鎖状態の創（閉鎖創）か，ということである。閉鎖創では表層の連続性が失われておらず創傷は汚染から守られている。開放創では皮膚または粘膜層の断裂がみられる。開放創は，さらに汚染の度合いにより分類できるが，これは受傷からの経過時間とある程度の関連がある[2〜4]。

- カテゴリー1．清潔創（clean wounds）：非外傷性の創で，呼吸器系や口腔咽頭系，消化器系あるいは泌尿生殖器系の臓器を含まず，肉眼的に確認できる汚染がない。術後0〜6時間の術創。
- カテゴリー2．準清潔創（clean-contaminated wounds）：非外傷性の創で，呼吸器系や口腔咽頭系，消化器系あるいは泌尿生殖器系の臓器の内容物流出を伴わない術創。ドレーンの設置された清潔創。無菌的手技のわずかな破綻を生じた場合。術後0〜6時間の術創。
- カテゴリー3．汚染創（contaminated wounds）：受傷から4〜6時間未満の外傷性の創。膿の排出を伴わない炎症の過程。消化管内容物や感染尿による汚染を伴う手技。無菌的手技の重大な破綻を生じた場合。
- カテゴリー4．感染創または不潔創（infected or dirty wounds）：受傷から4〜6時間以上経過した外傷性の創，もしくは明らかな汚染または感染徴候がみられる創（図4）。膿の排出あるいは壊死組織を伴う炎症の過程。消化器系や感染を伴う泌尿生殖器系の穿孔および糞便による深刻な汚染。感染創は組織1gあたり10^5個以上の細菌を含んでいる。

創傷はまた，受診までにどの程度時間が経過しているか（急性創または慢性創），欠損した皮膚表面の深さ（全層損傷または中間層損傷）により分類することができる。慢性創の場合には，創の治癒を妨げている潜在的な因子があり，これを明らかにし，かつ標準的治療が奏功するよう対処する必要がある。全層創傷では真皮と表皮

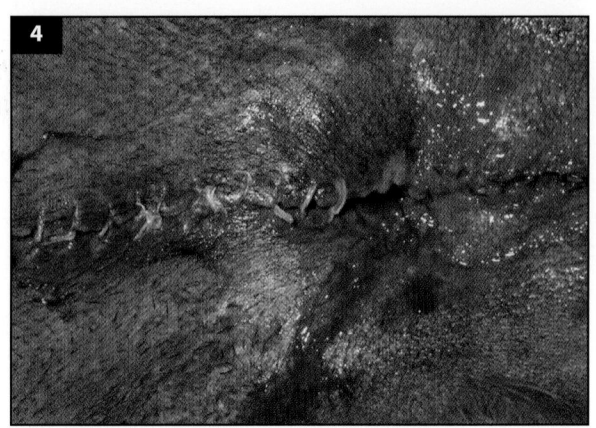

図4 膿の排出と部分的な創離開を伴う感染創。

の完全な欠損がみられるが，中間層損傷では真皮は部分的に残存している。部分的に残存した真皮内の皮膚付属器は，創傷の治癒に必要な上皮細胞の供給源となり得る[3]。

創傷の治癒

前述したとおり，すべての創傷はほぼ同様の治癒形式をとり，それは特徴的な4つのフェーズに分けられる。しかし，創傷のタイプや分類により創傷治癒の1つまたはいくつかのフェーズが様々な理由によって早まったり遅延したり，複雑化したりすることもある。さらに，すべての創傷において，創傷治癒のいくつかのフェーズは同時にみられる。犬と猫では創傷治癒のフェーズは同じであるが，これら2種間では創傷の治癒に関していくつか重要な違いがあるため，治療にあたる獣医師はこれを考慮に入れなければならない[5〜7]。すべての創傷は，一般的な創傷治癒の道筋として，①急性炎症期，②デブリードマン期もしくは破壊期，③増殖期もしくは修復期，④成熟期もしくはリモデリング期という4つのフェーズをたどる[2〜4, 8〜11]。創傷治癒を障害せず，治癒の過程が正しい方向へ向かうように刺激し，かつ創傷管理について正しい判断を下すために，治療にあたる獣医師はこれらの過程を十分に知っておかなくてはならない。

炎症期

受傷直後に，創は損傷した血管からの血液とリンパ液で満たされる。その直後，受傷血管は，カテコラミンやセロトニン，ブラジキニン，プロスタグランジン，ヒスタミンなどの働きにより収縮し，この状態が5〜10分継続して血液の損失を最小限に抑える[9]。続いて起こる血管拡張により，有毒な物質の希釈，および栄養の供給がされ，その結果，活性化した血小板により血餅が形成される。血餅は創を保護し，乾いて瘢蓋を形成し，その下で創の治癒が継続することを可能にする。血管の拡張はまた，体液中にリンパ球や多形核細胞（PMN），マクロファージのような流動性のある細胞成分およびサイトカインや成長因子のような走化性因子を混入させ，損傷部位にまで届くようにする[1,3,4,8,9]。さらに，活性化した血小板はサイトカインや必須発育因子などを放出することにより創傷治癒開始のきっかけをつくる。24〜48時間以内に局所の単球は創内に移動してマクロファージとなり，様々な種類の必須発育因子を産生する。創傷マクロファージ（※訳注：原著では wound macrophages と記載）や内皮細胞，線維芽細胞は，ちょうどこの時点から創傷の治癒過程に介入するようになる[1,3,4,8,9]。PMNやリンパ球，マクロファージの移動は，補体や成長因子，サイトカインのような走化性因子により刺激される[1,3,4,8,9]。研究によれば，治癒の初期段階の創において優勢である PMN は単純な創の治癒過程においては必須ではないが，5日目以降からより優勢となるマクロファージは創治癒に必要であるということが示されている[3,9,12]。

創傷の治癒における炎症反応を始動させる伝達物質は，創床実質の細胞や，皮膚の断裂後に循環血から供給される血小板や白血球などの細胞から放出される可溶性の因子である。これらの因子は，創を安定化させたり，異物を除去したり，創を受傷前の構造に戻したりするための一連の事象を始動させる。これは，炎症伝達メディエーター（IM）の産生，調節および制御に基づいている[13]。IM は通常，創傷治癒における可溶性因子の中の2グループ，すなわちサイトカインと成長因子に含まれる。サイトカインは極めて有効な因子であり，通常はその放出場所から近い距離に，細胞内分泌，自己分泌，あるいは傍分泌シグナルとして作用する。サイトカインはさらにケモカイン，リンフォカイン，モノカイン，インターロイキン（IL），インターフェロン（IFN）に分類される[13〜15]。成長因子は，血小板由来成長因子（PDGF）や上皮成長因子（EGF），線維芽細胞成長因子（FGF），血管内皮成長因子（VEGF）などのように創の治癒に欠かせない役割を果たす。これらは結合織成長因子と呼ばれることもあるが，その作用は局所性であり，全身性にはほとんど作用しない[13〜15]。

近年，創傷の治癒過程に極めて重要な IM として知られているものには，IL-1，IL-2，IL-4，IL-6，IL-8，顆粒球-マクロファージコロニー刺激因子（GM-CSF），G-CSF，M-CSF，マクロファージ炎症性タンパク質（MIP）-1，単球走化性タンパク質（MCP）-1，好中球活性化ペプチド（NAP）-2，IFN-誘導性タンパク質（IP）-10，IFN，トランスフォーミング増殖因子（TGF）-β，腫瘍壊死因子（TNF）-α，血小板因子4（PF-4），PDGF などがある[13,15]。

より具体的にいえば，炎症期には血小板から PDGF や TGF-β，FGF，EGF が放出され，創傷治癒に関わる細胞の初期の化学的誘引と活性化を調節する。血餅が形成されると，上皮細胞は EGF，TGF-α，TGF-β，GM-CSF および FGF に反応して，創の周辺から露出した組織の表層へと移動する。これにより辺縁部の細胞が移動して，創を覆うのを誘導する。線維芽細胞の増殖は TGF-β と IL-1 により刺激され，血管新生は EGF と IL-8 により活性化され，そして好中球の創への浸潤は TNF-α と NAP-2 により引き起こされる[13〜15]。

炎症期は古典的な炎症5徴候（すなわち発赤，疼痛，発熱，腫脹および機能不全として知られている）により特徴付けられる。

デブリードマン期

壊死組織は創傷の治癒を妨げるため，これを除去することは治癒の過程の中で極めて重要となる[8,9,16]。この壊死組織は炎症反応を引き起こし，細菌が増殖するのに適した環境を提供する。PMN およびマクロファージには，壊死片を取り除き創を清潔にする重要な働きがあり，これらは前述のサイトカインや成長因子により調節されている[13,15]。前述したように，マクロファージは，サイトカインの分泌をうけおい，プロテイナーゼやその他のタンパク分解酵素を分泌して，傷ついた創床実質を融解し，他の結合織の細胞の遊走を可能にするなど，最も重要な役割を果たしている。前のフェーズで産生された炎症性の滲出液は，壊死の境界区分決定（デマーケーション）に必要なすべての貪食細胞とタンパク分解酵素を供給する。このフェーズは失活した組織が除去された時点で終了となる（図5）[4]。時として，これら2つのフェーズは1つのフェーズに集約されていることもあ

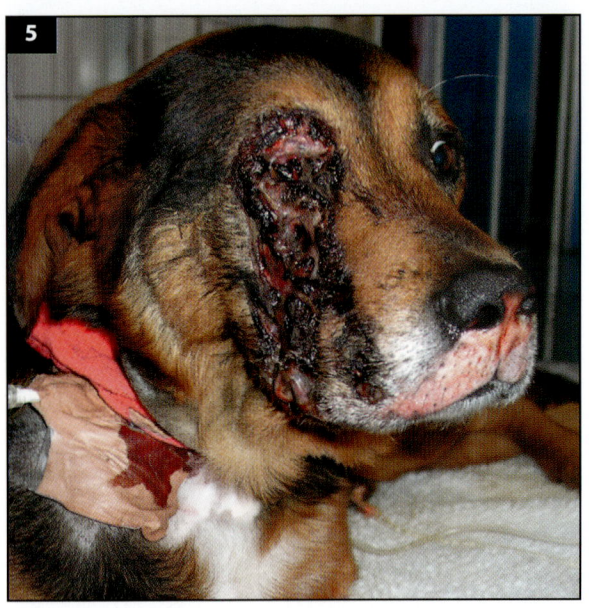

図5　明らかな壊死と進行したデマーケーション（※訳注：デマーケーション；壊死と健常組織との境界が明瞭になることを指していると思われる）を伴う創傷。創傷治癒継続のために外科的デブリードマンが必要であることを示す。

る。次のフェーズ、すなわち増殖期は、線維芽細胞の侵入とコラーゲンの蓄積、および新たな内皮構造の構築が特徴である。

増殖期

受傷から約3〜5日ほど経過すると、炎症の徴候は減退し、デブリードマン期を経て、創はより清潔になり、創の修復がはじまる。増殖期は3つの過程に分類することができ（肉芽形成、収縮、および上皮化）、これらは線維芽細胞と内皮細胞、上皮細胞の増殖を特徴とする[3, 4, 8, 9]。これらのフェーズに先立って訪れる期間をラグ・フェーズと呼ぶことがある。なぜなら、創傷は受傷後最初の2〜3日間は強度を増さないからである[9]。傷ついた実質の細胞で産生される成長因子や、刺激を受けた血小板から放出・貯蔵されている成長因子に加えて、マクロファージへと活性化された単球からPDGFやTGF-α、TGF-β、IGF-1、VEGF、TNF-αなどといった（単球）自身の成長因子が産生される。これらのサイトカインは創傷治癒の増殖期を調整する。線維芽細胞が創傷に侵入し、新たなマトリクスを主にコラーゲンやグリコサミノグリカンの形で横たわるように形成しはじめる。これと同時に、血管新生が起きはじめて肉芽組織が形成される[3, 8, 9, 13]。

肉芽形成

肉芽組織は主に線維芽細胞と毛細血管から構成されている。毛細血管ネットワークは、創表面での毛細血管内皮細胞のスプラウト形成をとおして発生する[4]。内皮細胞の芽体とスプラウトは有糸分裂を経て形成され、次第に伸びて他の芽体やすでに中空となった毛細血管と接する[4]。次いで、毛細血管ネットワークは線維芽細胞と絡み合う。線維芽細胞は周囲を取り囲む組織から移動してきたり、fibrocyteから発達したりするが、これらはまた未分化な毛細血管周囲細胞や間葉細胞や単球にも由来している。創傷内のフィブリンとフィブロネクチンは、内向きに成長する細胞の足場となって支える役目を果たすため、肉芽組織を形成するうえで重要である[3, 4, 8, 9]。線維芽細胞はコラーゲンを産生し、フィブリンはゆっくりとコラーゲン堆積に置き換わる[17, 18]。コラーゲンの堆積は内皮細胞や線維芽細胞そのものによりコントロールされているが、これらは両者ともにコラゲナーゼ活性を有している[3]。コラーゲン生成は創傷治癒の開始から約9日目に最大となるが、正味のコラーゲン合成の増加は受傷後4〜5週間続く[4]。内因性のビタミンCはコラーゲンの生成に必須である。

創は一旦肉芽組織で満たされると、細胞数およびコラーゲン線維量の減少が起こる。コラーゲン線維はさらに、線維の崩壊と再構築を繰り返し、継続的なリモデリングが進行する[4]。

肉芽組織は、新生毛細血管の芽体形成による赤色かつ不規則な表面をもつことを特徴とする（図6, 7）。これは感染に対する防御として機能し[8, 9, 18]、傷つきやすい組織である。健康な肉芽床は周囲環境からの汚染に対するバリアとしてだけではなく、移動中の上皮細胞にとって足場としての役割も果たす。栄養供給、毒性をもつ代謝物質の除去、酸素の存在は、バリアがどのように機能

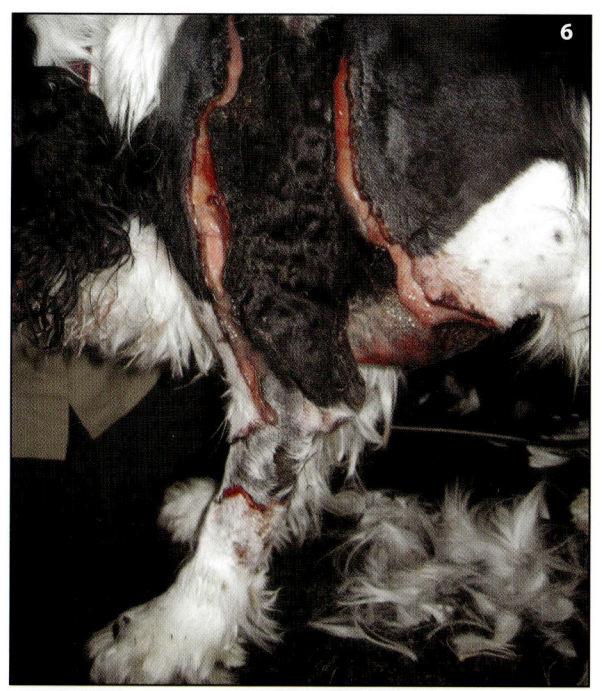
図6 デブリードマンを行う前の広範囲の熱傷。

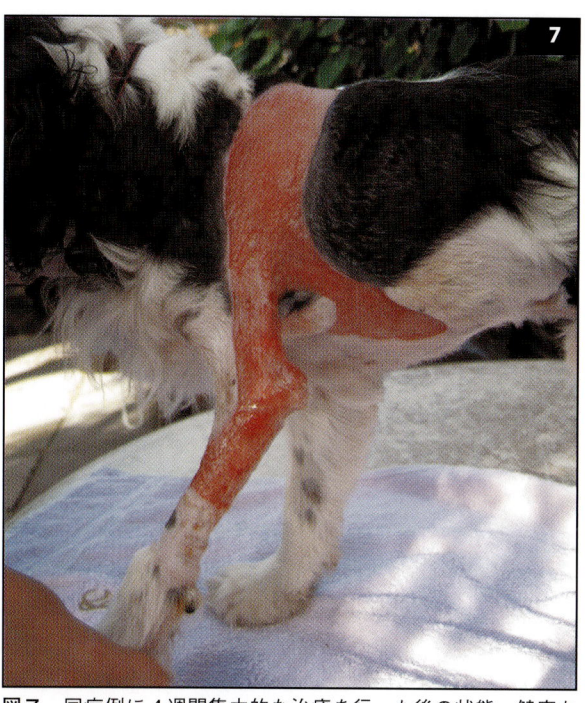
図7 同症例に4週間集中的な治療を行った後の状態。健康な肉芽床が形成されているのがわかる。

しているかを決定する主な因子となる[3]。また一方で，低酸素状態は毛細血管の形成を刺激する場合がある[18]。

創の収縮

　収縮性は，創傷での肉芽組織形成中および形成後における線維芽細胞に特有の活動であり，これによって創面および創腔は小さくなる。この特別な線維芽細胞は筋線維芽細胞と呼ばれ，創収縮の主役である。通常の線維芽細胞もまた，創の収縮を助ける[3,4,8,17]。筋線維芽細胞は創縁皮膚の下の真皮および創底部の筋膜，もしくは皮筋層と接着する[3]。そして，これらの細胞は創面で互いに平行に配列する。接着した後，これらの細胞は収縮し，隣接する皮膚同士を創の中央に向かって引っ張る[3]。したがって，創収縮とは，創に隣接した皮膚縁同士が創中央に引き寄せられる過程を意味する。この求心性の運動は特に，皮膚がルーズな部位（たとえば体幹など）で顕著に起こる。皮膚の量と弾力性は，動物種や品種によって異なる。創の収縮は通常，受傷後5〜9日ではじまる[9]。

　創周囲の皮膚のテンションが過剰になったとき，もしくは創縁同士が接すると創収縮は終了する。創収縮が過剰になった場合は，創の拘縮が起こる。これは，創の下部構造の可動性が限定されるという病理学的な過程と結果による[11]。

　過剰な肉芽組織は，皮膚が創表面を滑走するのを妨げ，創収縮の邪魔をする。また，肉芽の量が正常な場合でも，質が悪ければ創治癒を障害する可能性がある[17]。その他の創収縮を妨げる可能性のある因子としては，創の圧迫が挙げられる。その理由は，押されることで創縁が互いに離れるからである[17]。バンデージを施す場合は，圧力を創の周囲に均等に分散させることで創への圧迫を防ぐようにすることが推奨される[17]。

　創が収縮した後の創周囲の皮膚は薄くなっている。これは上皮細胞や結合織の分裂増殖により修復されるが，この過程を挿入成長（intussusceptive growth）と呼ぶ[3,8,18]。

上皮化

　表皮の部分的あるいは全層欠損が生じると，上皮化が起こる。この工程には，隣接する皮膚縁からの上皮基底

細胞の増殖および移動，そして創表面への固着が含まれる（図8）[3, 4, 8]。創収縮後に残された部位の創は細胞で満たされ，さほど広くはない範囲のみが残されることになる。表皮の細胞はその下層にあるfibroangioblastからなる組織の層を利用するが，適切な上皮化が起こるためにはこの層の組織が健康でなければならない。上皮細胞の活動は肉芽組織の形成を抑え，過剰な肉芽組織の形成を予防する[4]。しかしながら，閉鎖された創傷では，上皮細胞は露出した真皮の上およびフィブリン塊を潜り抜けるようにして移動する[8, 18]。新生上皮の移動は，接触による抑制刺激により停止する。創の大きさや状態にもよるが，上皮化にかかる全期間は数日〜数週間の範囲である[8]。創傷治癒におけるこのステージでは，創治癒初期のフェーズと深く関わる成長因子の濃度が低下し，その代わりにTGF-βなどを含むその他の因子が増加する。

上皮化した後の創表面は瘢痕上皮として知られており，それは薄く傷つきやすい[3]。したがって，このフェーズの創にバンデージを施す場合は要注意である。というのも，移動中の細胞はバンデージ交換時に容易に創面から剥がれてしまうからである[4]。

成熟期

リモデリング期または成熟期の特徴は，組織の再構築の結果生じる瘢痕の強度の増加である[4]。コラーゲンIIIはより強度のあるコラーゲンIに置き換わり，コラーゲンの束は厚みを増し，コラーゲン線維同士の架橋の数も増加する[1, 3, 4, 8, 11, 18]。新たに形成されたコラーゲンは皮膚のテンションラインと平行になるように配列される[3, 8]。このフェーズは受傷後数週間〜1年ほど続く場合があるが，治癒した創は最終的には元通りの強度までには回復しない[9]。さらに，新たに形成された皮膚は毛包や汗腺，皮脂腺をほとんど，あるいは完全に欠いており，可動性や弾力性に劣り，色素をもたない（図9）[4]。成熟期のシグナルの大部分はいまだに解明されていないが，TGF-βの作用の阻害が過剰な瘢痕形成と関連していることから，この因子が細胞のアポトーシスを促進することで瘢痕形成を停止させる役割を担っている可能性が示唆される[15]。

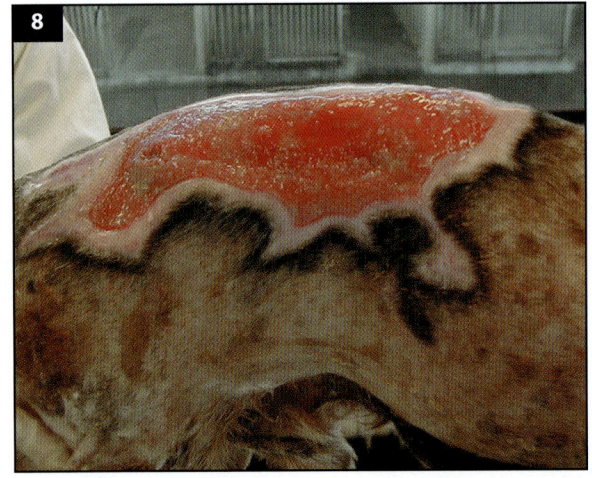

図8　健康な肉芽の増殖（赤色）と上皮化の進行（ピンク色）がみられる創。

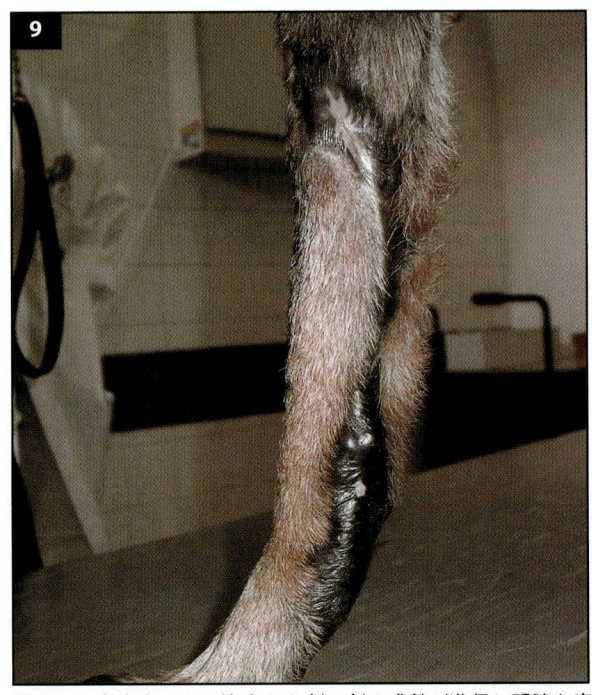

図9　二次治癒により治癒した創。創の成熟が進行し明瞭な瘢痕形成がみられる。

急性創と慢性創の違い

前述したように，創傷は急性創と慢性創に分けられる。これら2種の創の違いを理解することは，適切な創傷管理を行ううえで重要である。慢性創では，創傷治癒の4つのフェーズが整然と進行していない（図10）。すなわち，前述のような創傷治癒の順序は妨害されている。たとえば，創から出る滲出液の生化学的性状が，慢性創と急性創では異なっている。慢性創では，長期の経過とマトリクスメタプロテイナーゼ（MMP）やセリンプロテイナーゼが過剰であることにより，炎症系サイトカインの水準が高くなっているとされている[13,19]。これらは，上皮化の過程に必要となるマトリクスの崩壊と，創傷治癒に重要となる成長因子やサイトカインの分解を促進する[19]。

慢性創となる重要な因子の1つは感染であり，これにより炎症期の延長が生じる。持続性の炎症は創の組織へのさらなる損傷を引き起こし，治癒を妨げる[20]。その他にも，たとえば低栄養や放射線照射，コルチコステロイド剤の使用，代謝性基礎疾患の存在など，様々な因子が創傷治癒に影響を与える[2,11,20]。正常な修復過程を再開させるためには，これらの因子への対処が必要である。

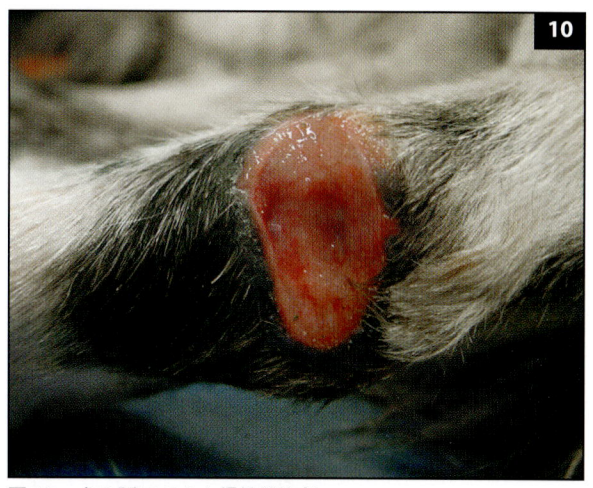

図10　犬の踵にできた慢性難治創。

犬と猫での創傷治癒の違い

何百年もの間，すべての哺乳類の創傷は同じように治癒すると考えられてきた。しかし，この数十年で，すべての種において同じ創傷の治癒フェーズはたどるものの，すべてが同じように治癒するわけではない，ということが研究者により発見された。馬とポニーでの治癒の違いや，ウサギとヒトでの違いが確認されたが，犬と猫でも皮膚外傷の治癒にどうやら違いがあるようである[5-7]。創傷治癒の研究は圧倒的に犬に関するものが多い。最近の猫に関する調査では，（※訳注：犬やヒトでの）研究結果を猫にも外挿できるとした従来の仮説に疑問がある，ということが示されている。

犬と猫の創傷治癒の違いを調べる目的で行われた調査がいくつかある。違いの1つは皮膚への血管の供給である。ある研究では，犬では猫に比較して皮膚の三次元的な密度が高く，血管の数も多いことが示されている。これはレーザードプラー流速計による血流の調査結果とも一致しており，この調査では健常な猫の皮膚の血流は犬のそれより少なかったと結論付けられている[5,21]。加えて，一次閉鎖から7日後の創傷の破壊強度は，犬に比べて猫では約50%劣っていた[5]。また，肉芽組織の増生の速度やパターンにも違いがみられる。犬に比べて猫の方が肉芽の形成に時間がかかる。犬では肉芽組織は露出した創面全域に同時に肉芽が現れるのに対し，猫ではまず創縁に肉芽組織が現れる[7]。創の収縮や上皮化，および治癒全体にかかる時間は，犬に比べて猫の方が遅い[7]。しかし，創傷治癒における皮下織の役割は犬，猫いずれにおいても同様である[6]。

犬と猫では創傷治癒に際して起こる合併症も異なる。偽治癒（pseudohealing）や不活性なポケット形成は猫の方が頻繁に生じる[7]。偽治癒は，一見良好に治癒したように見えた縫合創が，抜糸をした後，通常のテンションにより離開するようなものをいう[7]。偽治癒は咬傷などでよくみられる。不活性なポケットはindolent ulcer（不活性な潰瘍）などとも呼ばれる。皮下にできた慢性のポケット創で成熟コラーゲンが並列しており，薄い漿液性の変性した滲出液を含んでいる[7]。これらの創では創収縮は起こらない[17]。

猫の縫合創は抗張力が弱いため，研究者によっては，猫の外科手術後の抜糸を犬の場合よりも数日遅らせることを推奨している[7]。これは，皮下の広範囲な欠損を伴うような手術の場合には特に重要となる。両種における創傷治癒の相違点をより深く理解し，これを臨床に応用するためにはさらなる研究調査が必要である。

創傷管理

獣医師が遭遇する創傷の多くは自然に治癒するが，中には治療的介入が必要となる創傷が存在する（例：広範囲な創傷や壊死・感染を伴う創傷）。加えて，創によってはある種の刺激を加える方がより良好に，早期に治癒したり，美容的に良好な結果をもたらす場合がある。

出血を伴っている急性外傷の患者が来院したら，まず行うべき創傷管理の第一歩は出血を止めることである。比較的大きな出血であっても，外傷部分を圧迫することで止血を行うことができる[4]。微小な出血に対しては，止血を目的とした特別なドレッシング材の使用が可能である（例：アルギン酸カルシウム，アドレナリンを染み込ませたガーゼ，ゼラチンスポンジなど）[2, 4]。

主な出血が止まったら，次のステップは汚染のレベルを低下させるよう努力し，さらなる汚染を防ぐことであり，これが最初のゴールとなる。汚染創は"ゴールデンピリオド"の時間内に清浄化することが好ましい。受傷から4～6時間後にあたるこの時間帯は，細菌数が組織1gあたり10^5個以上に増殖するために，汚染創が感染創へと移行する時間帯でもある[3, 4]。この時間帯以降，組織内へ侵入した細菌は，洗浄により除去することがほぼ不可能になる[3, 4]。

デブリードマン

創傷内に壊死組織やその残渣（デブリス）が残存して創治癒を妨げている可能性がある場合は，常にデブリードマンを行う必要がある。少量のデブリードマンの場合は鎮静や麻酔なしでも実施可能かもしれないが，より侵襲性の高いデブリードマンを行う場合には全身麻酔が必要となるのが一般的である。創のデブリードマンを達成するにはいくつかの方法がある；外科的方法，機械的方法，自己融解を利用した方法，酵素を用いた方法，化学的方法および生物外科的方法などである[2, 22]。デブリードマンの目的は，開放性汚染創を外科的に清潔な創傷に変換させることであり，これにより一次閉鎖もしくは二次閉鎖が可能になるか，あるいは閉鎖が不可能な場合には開放創として管理ができるようになる[23]。どの方法を選択するかは創傷と患者により異なる。考慮すべき重要な因子は，壊死組織の量，周囲組織の柔軟性と弾力性，壊死と生存組織との明瞭な境界線の有無，患者自身が全身麻酔に耐えられるか，などである（図11）。このように様々な因子が関わっているため，健康な状態の創にするためには2つ以上のデブリードマン法が必要になる場合もある。

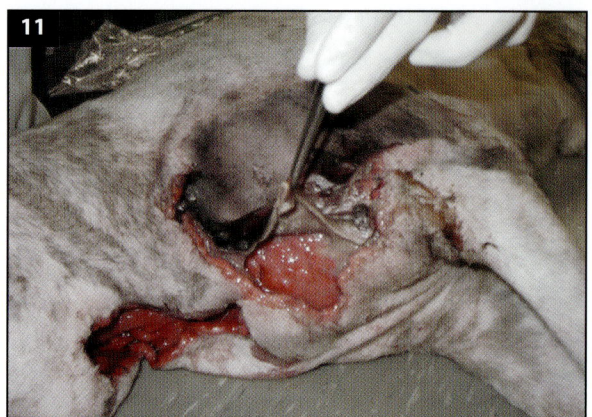

図11　感染を伴う熱傷に対するデブリードマン。

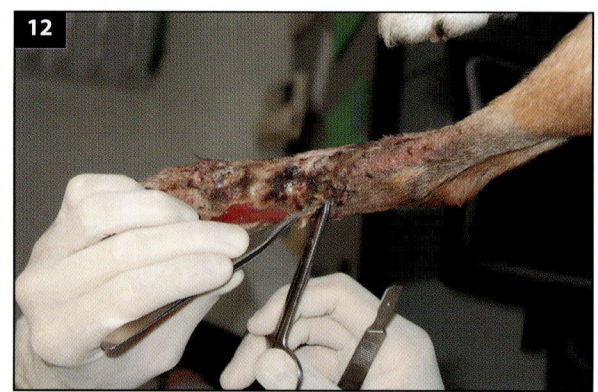

図12　外科的デブリードマン。

外科的方法

外科的デブリードマンは最も一般的に行われる方法で，創傷から壊死組織を外科的に取り除くことを指す（図12）。創を外科的に閉鎖することを考慮する場合には特に重要である。明らかな壊死組織とデブリスの完全な除去がゴールとなる。しかし，創傷治癒の炎症期においては，壊死した組織と健康な生存組織とが明瞭に境界区分されていないため，見分けるのが難しいことがよくある。組織の生存性の評価は通常，色調と固着性をもとに行われるが，これは主観的評価であり健康な組織をも除去してしまう危険性を伴う[2]。

外科的デブリードマンでは，層状のアプローチがしばしば利用される[2]。つまり，まず表層の非活性な組織を除去し，次いでより深い組織へと除去を進める方法である。遊離した，極端に明るいまたは暗い色調の組織は，アクティブな出血がみられるまで除去すべきである。生存しているかどうかよくわからない組織は一旦その場に残しておき，後で再評価する。この層状アプローチを実施する場合には，術者は血管の収縮や拡張，組織の温度

など，組織の血液循環に影響を与える因子を考慮に入れなければならない[2]。

En blocデブリードマンは，正常組織との境界も含めて，創と問題のある組織すべてを一括して完全切除することをいう。この手技は，明らかな感染創や層状デブリードマンを実施しても健康な創が期待できないような創に対して，実施を検討する[2]。

機械的方法

機械的デブリードマンは，層状の外科的デブリードマンを行った後や，あるいは単独の方法として，wet-to-dryまたはdry-to-dryドレッシングにより実施される。wet-to-dry法では，一次ドレッシングとして等張生理食塩水か乳酸リンゲル液（LRS），もしくは0.05％二酢酸クロルヘキシジンなどを染み込ませたガーゼを創面上に置く[2,24]。同様の濡れたガーゼを何層か重ね，さらにその上から乾いたガーゼを何枚か重ねて吸水層で覆い，最後に外側を覆う。水分が蒸発してバンデージが乾くにしたがって，ガーゼは創面に固着する。ドレッシングを取り除く際に，固着した組織が同時に除去される。wet-to-dryドレッシングは一般的には毎日交換し，創傷内に健康な肉芽組織が増殖しはじめるまでの期間だけの適応となる。dry-to-dryドレッシングも同様の原理によるが，これはドレッシング材に液体を染み込ませずに行う方法である。

このような形式のデブリードマン法は壊死組織除去に効果的であり，費用的にも比較的安価であるが，いくつかの欠点がある。第一に，健康な組織も壊死組織も同様にガーゼに固着し，除去されるため，デブリードマンが非選択的に行われる点である[2,24]。健康な肉芽組織や上皮細胞のみならず滲出液に含まれる成長因子やサイトカインも除去され，乾燥した環境が作られることと相まって，創傷治癒の遅延が生じる可能性がある。さらに感染のリスクが増加し，またバンデージ交換時に痛みを生じるため，複数回の鎮静が必要となるかもしれない。これらの理由や，最近では創傷と相互に作用したり創を湿潤環境に維持するような新たなバンデージ素材が開発されたことにより，研究者によってはwet-to-dryやdry-to-dryドレッシングは獣医療において，もはやスタンダードな治療としては以前ほど期待できないと感じている[24]。

自己融解を利用した方法

自己融解を利用したデブリードマンは最も選択的なデブリードマン法であり，痛みを伴わない方法である。自己融解による不活性な組織のデブリードマンは創傷の治癒にとって極めて重要である。これは，自然な酵素反応を起こすことができるよう，創全域が湿潤環境に維持されることによってなされる。創からの滲出液が創表面に留まると，酵素や白血球などの自然に含まれる成分により壊死組織が除去される。自己融解によるデブリードマンは，ハイドロジェル材やハイドロコロイド材，ハイドロファイバー材やフォーム材などの創傷と相互に作用するようなタイプのドレッシング材を使用することで実施できる[2,9,24]。ハイドロジェル材による治療は人医療ではスタンダードな方法と認識されており，優しいデブリードマン法で不活性な組織の再水和を促すと考えられている。Hydrosorb®およびHydrosorb® comfortは水を60％含んだハイドロセルラー・ジェル・ドレッシングであり，肉芽組織や若い上皮細胞を湿潤に保つのに適している[25]。

自己融解によるデブリードマンのもう1つの例は蜂蜜や砂糖を使った方法で，局所に塗布するものとして使用される。これらの高い浸透圧は，水分を引きつけて湿潤環境を作り出し，自己融解によるデブリードマンを促進する[26〜28]。

酵素を用いた方法

酵素を用いたデブリードマンでは，壊死組織を分解するためにタンパク分解酵素を創に塗布する。この方法は非常に選択的であり痛みを伴わない方法である。少量の壊死組織やデブリスを伴う創傷に対して，タンパク分解酵素や細菌（*Bacillus subtilis*）の合成物が使用される。酵素はパウダーもしくはクリーム状に加工されており，創面に塗布することができる。最もよく使用される酵素はトリプシン，フィブリノリジン，キモトリプシン，デオキシリボヌクレアーゼ，パパイン-ウレア，コラゲナーゼなどである[23]。動物の創傷では，酵素によるデブリードマンは，特に全身麻酔リスクの高い患者において，機械的デブリードマンや化学的デブリードマンの補助的方法としてしばしば使用される。酵素剤は創面に適切な時間を接触させておくことにより壊死組織を分解するが，生きた組織はそのまま温存する。しかし，酵素によるデブリードマンの有効性に関しては疑問もあり，不活性な組織の除去には長時間の接触が必要となる[2,23]。

化学的方法

化学的デブリードマンは，デーキン溶液（0.25％次亜塩素酸ナトリウム）やクロルヘキシジン（0.05％クロル

ヘキシジン二酢酸塩溶液ビスビグアニド），ポビドンヨード（1％），過酸化水素，などの消毒薬を使う方法である[22]。しかし，これらは非選択的デブリードマンであり，創傷治癒のために重要な細胞にも同時にダメージを与えてしまう。化学的デブリードマンは，一般的には推奨されない。

生物外科的方法

生物外科的デブリードマンとは，創傷内に医療用蛆虫（*Lucilia sericata*）を置くことによる方法である。蛆虫は壊死組織を分解する酵素を生産するが，健康な組織は温存されるため，選択的な方法である[2, 22]。この目的で使用される蛆虫は特別に繁殖させたものなので高価である。蛆虫を使った方法は，他の方法ではデブリードが難しいような深い創傷の管理において適応となる。

創傷の洗浄と局所療法
創傷の洗浄

不潔創または汚染を伴う創は，洗浄により清潔にする必要がある。明らかなデブリスや壊死組織，汚染物や細菌は洗浄液で圧をかけて洗い流すことができる。水道水や生理的溶液（等張生理食塩水，LRS など），消毒液（ポビドンヨード，クロルヘキシジン二酢酸塩，次亜塩素酸ナトリウムなど）といった様々な洗浄液がこの目的で使用される。

重度な汚染を伴う場合には，まず単純に温かい水道水による洗浄を行う[2]。しかし，水道水には，フッ化物や硝酸塩，ヒ素，カドミウム，銅，シアン化物，鉛，水銀，セレニウムなどの物質が含まれているため，線維芽細胞に対して毒性を示すかもしれない[8]。さらに，水道水はpHがアルカリ性で低浸透圧である。これは水分子の細胞内への拡散を引き起こし，細胞やミトコンドリアの浮腫を引き起こすため，酸化的リン酸化およびアデノシン三リン酸（ATP）の産生低下を引き起こす可能性がある[8]。しかしながら，水道水の使用により創傷治癒が遅れたり，感染のリスクが上昇したりするとは証明されていない[29, 30]。組織にダメージを与えたり，汚染を創の深部に押し込んだりしないように，洗浄する際の水圧はあまり高くすべきではない。約 $0.6\,kg/cm^2$（8 psi）の圧で，パルス状の水流を作り出す特殊な器具が入手可能である[4]。この圧は，19 ゲージの注射針と 30 mL 以上のシリンジを使うことでも得られる（図13）[4]。

軽～中程度の汚染創では，等張生理食塩水か LRS を使って清浄化するのが好ましい。一部の症例では，0.05％クロルヘキシジンや1％ポビドンヨードなどの希釈された消毒液を使用することもある。生理食塩水やLRSは物理的に細菌や異物を洗い流すことができるが，これらは，等張かつ滅菌されたものを使用すべきである。これらはどのような場面でも安全に使用することができるが，静菌作用はない[2]。これらは重度には汚染されていない創傷において広く使用され，良い結果が得られている。創に水をかけることで得られる最も重要な効果は，創面を物理的に洗浄することなので，消毒液の使用はおそらく必要ない。しかし，上記の濃度で消毒液を使用する限りは，露出した組織に実質的なダメージを与えることなく細菌の汚染を減少させる一助になるだろう[31]。

局所療法での抗生物質と消毒薬

抗生物質の局所投与によって生じる，創傷治癒に重要な細胞への有毒な作用を防ぐために，感染創を扱う際の抗生物質は全身投与によることが好ましい。しかし，全身的に投与された抗生物質が創領域に届くためには良好な血液循環が必要である。一般的には，抗生物質の利用は耐性菌の発育を防ぐために最小限にすべきであり，感染症に対してのみ使用すべきである[32]。必要に応じて広域スペクトラムの抗生物質を5～7日間投与するが，できれば細菌培養検査と感受性試験の結果をもとにするのが好ましい（図14）。これらの結果を待つ間，最初の抗生物質治療はグラム染色の結果を指標にする[2]。

抗生物質や消毒薬の局所投与に関しては，議論の最中である。これらは創感染を予防あるいは治療し，治癒の速度を早める目的で使用されるが，特に *in vitro* の調査では，創傷治癒に際しての薬物使用は有害作用をもたらすことが示されている[2, 31, 33, 34]。

局所での抗生物質使用は，創を感染から守り，正常な治癒を促すべきである。しかし，局所への抗生物質投与は死んだ組織や血腫，タンパク分解酵素により生じた壊死組織に対して無効である。感染は，開いたリンパ管や血管へ細菌が侵入することで起こる。侵入した細菌は，止血メカニズムにより深部に閉じ込められる。病原性の細菌は分裂・増殖して宿主の局所の防御を圧倒して感染が成立する。宿主の防御を補強し，これらの病原体を排除するためには，十分量の抗生物質を，細菌が侵入する時点もしくは1時間以内に投与しなければならない[16, 22, 33]。一旦感染が成立してしまうと，局所でも全身でも抗生物質投与の有効性はなくなる。血液の凝固塊の存在が，抗生物質を深部組織で有効な濃度にまで到達させるのを妨げ，また全身投与された抗生物質が表層の細

菌に届くのを妨げる。汚染創を優しく清浄化することで，局所および全身性の抗生物質の有効性が24時間まで延長する[16,22,33]。抗生物質の投与は外科的，機械的あるいは酵素を用いたデブリードマンの代わりにはならないが，これらの手技と併せて利用すべきである。

局所の抗生物質の選択については，次の項目を考慮する。作用のスペクトラム，薬用量，薬物動態，組織・全身への毒性，タイミング，投与ルートおよび剤形（灌流，軟膏，クリームあるいは粉など）である[16,22,33]。局所の抗生物質は，広域スペクトラムをもち，殺菌的かつ毒性およびアレルギー反応のリスクが低いものを選択すべきである。受傷から4時間以上経過した創，軟部組織の明らかな損傷を伴う場合，およびデブリードマンの後にも細菌が残っている場合などが適応となる。抗生物質は最初の来院時に投与し，創閉鎖後も5日間もしくは健康な肉芽床の増殖がみられるまで継続する。消毒薬に比べて抗生物質の有利な点は，細菌に選択的な毒性をもつこと，有機物の存在下でも有効であること，および全身投与との併用によって有効性をもつことなどである[16,22,33]。一方，不利な点は，費用面，抗菌スペクトラムが狭いこと，耐性菌の可能性，菌交代症の出現および院内感染のリスク増加などが含まれる。加えて，石油ベースの局所の抗生物質は，上皮化を遅延させる可能性がある。in vitro の研究では，局所の抗生物質を殺菌的濃度で投与すると，細胞毒性を示すと同時に局所の細胞の機能を損なうということが示された。一般的に使用される外用の抗生物質はゲンタマイシン，ニトロフラゾン，セファロスポリン，マフェナイド，3種抗生物質軟膏（TAO），スルファジアジン銀（SSD），およびトリス-エチレンジアミン四酢酸（Tris-EDTA）などである[22]。

局所の抗生物質に比較して，ヨウ素化合物やクロルヘキシジン，次亜塩素酸（デーキン）溶液などのような消毒薬の一般的な利点は，細菌やその他の病原微生物に対する作用のスペクトラムが広いこと，薬剤耐性菌の問題が少ないことが挙げられる[16,22,33]。しかし，これらは特定の病原体による感染を予防したり治療しなければならないような場合には，あまり効力がないことが多い[16,22,33]。消毒薬は，開放された創面に塗布すると組織に重度の炎症を引き起こし，感染への抵抗力や創の強度，肉芽組織の形成，収縮性，上皮化の速度などが低下する可能性があるため，できる限り健常な皮膚に塗布すべきである。さらに，消毒薬は炎症を増強し，その期間を延長させ，ヒトではケラチノサイトと線維芽細胞に毒性を示す[32]。

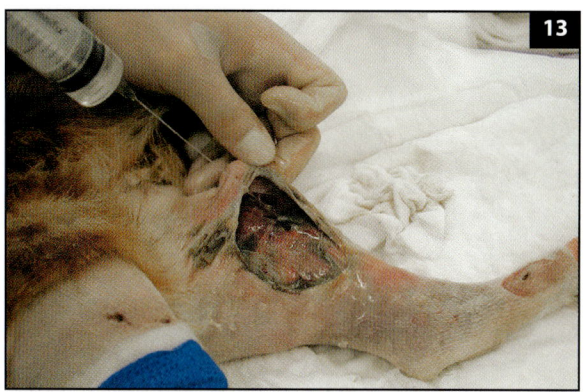

図13 シリンジと針を使用した汚染創の洗浄。

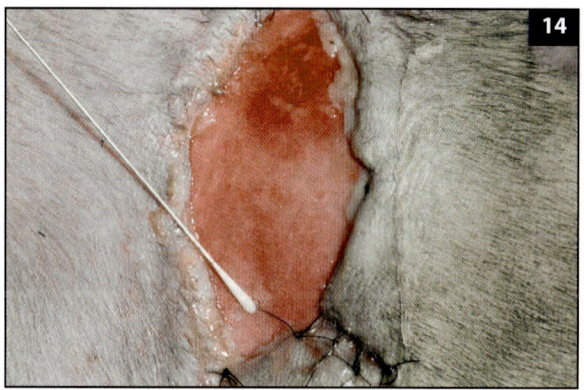

図14 汚染創から培養および感受性試験のためのスワブ採取をしている様子。

● ゲンタマイシン

ゲンタマイシンはグラム陰性菌と *Staphylococcus* spp. に対して効力を示す。この薬剤は全身投与よりむしろ局所投与剤として使用されるが，その理由は全身投与に関連した毒性のリスクによる。創傷に対して0.1％ゲンタマイシン溶液またはクリームで治療した場合，創の収縮と上皮化に悪影響を及ぼさず，細菌の増殖のコントロールに有効性を示した[35,36]。とはいえ，等張のゲンタマイシン溶液の方が創収縮を妨げず上皮化を促進するため，より好ましい[10]。

● ニトロフラゾン

ニトロフラゾンは広域のグラム陽性スペクトラムを示し，またポリエチレンベースであるために親水性という特性をもっている。創内に水分が引き込まれて滲出液の粘稠性が低下し，さらに希釈されることで毒性が低下し，バンデージに染み込みやすくなる。一方で，上皮化に対しては抑制的な影響をもつ[10,22]。

● セファロスポリン

　セファゾリンは広域のグラム陽性スペクトラムを示し，いくつかのグラム陰性微生物に対しても作用と効力をもつという特徴がある。局所投与によるセファゾリンは生物学的利用率が高く，創の滲出液に高濃度で到達し，急速に吸収される[10]。ある研究では，*Staphylococcus aureus* 感染のある患者に対し，創の洗浄により治療を行ったところ，滲出液中のセファゾリン濃度は最小発育阻止濃度を十分に超えており，この高い濃度が24時間継続したとのことである[37]。

● マフェナイド

　（塩酸または酢酸）マフェナイドはグラム陰性菌に広い作用スペクトラムをもつ局所用サルファ合剤であり，水溶性のスプレー剤として利用できる。マフェナイドは *Pseudomonas* spp. と *Clostridium* spp. およびメチシリン耐性 *Staphylococcus aureus*（MRSA）に対して作用を示すため，特に重度な汚染を伴う慢性の創傷の治療に有用である[10]。ヒトでは熱傷に対して主に使用されているが，アレルギー反応（接触性皮膚炎および／または刺激性皮膚炎）が報告されている[38]。

● 3種抗生物質軟膏（TAO）

　TAO（ネオマイシン，ポリミキシンB，バシトラシン，ベースとしてワセリン）は安全で効果的な局所剤として，皮膚や創傷の感染予防のために使用される。様々な病原性細菌に対して効力をもつが，通常は *Pseudomonas* spp. には効力を示さない。TAO に対する耐性は容易には生じず，また合併症や副作用の発生もまれである[39]。亜鉛を含んでいるため，上皮化を刺激する可能性がある[10,22]。

● 銀化合物

　創傷ドレッシング材に使用される抗菌性銀化合物として最もよく知られているのは，SSD クリームである。SSD は銀と抗菌剤であるスルファジアジンの合剤である。ヒトでは熱傷治療の際の創傷ドレッシングとして最も一般的に使用されている。その理由は，病原体（特に *Pseudomonas* spp.）に対する広い抗菌スペクトラムをつためである[22,32,33]。銀はまた，熱傷以外の創傷に対するモダン・ドレッシングにおいても抗菌性成分として利用される。しかし，アレルギー反応や銀による創の着色，高浸透圧，メトヘモグロビン血症，および溶血などの副作用が報告されている[40,41]。現時点で，銀を含んだドレッシング材が創の治癒を促進したり，創感染を防ぐかどうかということに関する確定的な証拠は不十分である[41]。

● ヨウ素化合物

　ヨウ素の形態としては，ポビドンヨードとカデキソマー・ヨードの2種類が利用可能である。これら2種の薬品ともに，微生物に対して活性な成分は遊離ヨードであり，これはグラム陽性菌およびグラム陰性菌，ウイルス，真菌および原虫に対する広い抗菌スペクトラムをもつ[31,33,42]。ポビドンヨード溶液（0.1～1.0%）の方が急速に殺菌効果を示し，創傷治癒に必要な細胞に対する毒性がないため，推奨される[43]。ヨウ素を使用するうえでの問題点は，有機物の存在下で失活することであるが，開放創では常にこれが存在する。耐性菌の存在は知られていない。残効性は4～8時間しかないので，ドレッシング材の頻繁な交換が必要である。創からのヨウ素の吸収は全身的なヨウ素過剰を引き起こし，一過性の甲状腺機能障害を起こす可能性がある。溶液のpHが低いと代謝性アシドーシスを引き起こしたり悪化させたりする可能性があり，またポビドンヨードを使ってスクラブされた犬では約50%で接触性の過敏反応がみられた[10]。0.5%の濃度では，ポビドンヨードは線維芽細胞に対して細胞毒性を示す[10]。いくつかの *in vitro* の研究では創の治癒を妨げるとされているが，他の研究ではポビドンヨードの使用により創傷治癒の状態が改善したと示されている。しかしながら，これらのデータと *in vivo* の条件との整合性は疑問視されている[44]。

　カデキソマー・ヨードは新しい製品で，毒性がより少なく，創傷治癒に対して有利に働くことが知られている[33]。

● クロルヘキシジン溶液

　グルコン酸クロルヘキシジンは創の洗浄に頻繁に使用されているが，その他の溶液，たとえば二酢酸クロルヘキシジンや二塩化水素クロルヘキシジンなども使用されている。グルコン酸クロルヘキシジンはグラム陽性菌およびグラム陰性菌に対して広いスペクトラムをもっているが，ウイルスや真菌に対する効果は一定ではない。クロルヘキシジンは皮膚角質層のタンパク質と結合し，数時間も残留する強固な残渣を形成する[36,45,46]。クロルヘキシジンの殺菌活性は，ポビドンヨードのそれより *in vivo* では明らかに高かったと報告されている[47]。クロルヘキシジンは，皮膚の洗浄剤として，あるいは創傷を無菌化するための水溶液として使用された場合も毒性が低い[45,48]。*in vitro* では線維芽細胞に対する毒性をもつかもしれないが，希釈されたクロルヘキシジン（0.05%）に

よる洗浄は創傷治癒に悪影響を与えないという結果であった。しかし，関節内に使用した場合にはこの濃度でも滑膜の潰瘍や炎症およびフィブリンの蓄積を引き起こす可能性がある[45]。創の洗浄には 0.02% の溶液が推奨されるが，0.05% より薄い濃度であればドレッシングの際に安全に使用できるであろう[48]。

● プロントサン

プロントサンはポリヘキサニドを含んだ創傷の洗浄用溶液で，高分子ビグアニドであり，陽イオン性防腐剤である。この薬剤は微生物の発育を阻止し，慢性創の汚染物質やデブリスの除去を助ける働きがある[49,50,51]。ヒトでは慢性創や熱傷に対する消毒剤として一般的に使用されているが，犬や猫への使用に関しては今のところ報告がない。他の局所用消毒剤と比べて，ヒトでの一次線維芽細胞やケラチノサイトに対する毒性は低い[49]。しかし，市販されている創傷ドレッシング用製品では，ポリヘキサニドの抗菌作用が弱まっている可能性がある[50]。これはポリヘキサニドの強力な陽イオン性の特質によるもので，ドレッシング材によってはその素材の中に陰イオン性の基質を含んでおり，これとの両立性に限界があるためである[50]。

● デーキン溶液

デーキン溶液（0.5% 次亜塩素酸ナトリウム）は，開放創に一般的に存在する微生物に対して殺菌作用をもつ。この薬剤は組織の中に遊離塩素と酸素を放出することで細菌を殺し，壊死組織を融解させる[10]。好中球や線維芽細胞，内皮細胞に有害な作用をもつため，ほとんどの研究者は開放創にデーキン溶液を使用することを推奨しない[10]。しかし，その強力なデブリードマン効果や，微生物に対する広いスペクトラムをもつことなどから，近年新たに関心をもたれている[48]。使用が適応される場合は，重度な汚染創や感染創に対してのみ，かつ創傷治癒のデブリードマン期の初期のみとなる。このようなケースで使用する場合は，創治癒に必要な細胞への毒性を防ぐため，0.005% の溶液が推奨される[16,31]。

トリス‐エチレンジアミン四酢酸（Tris-EDTA）

洗浄液に Tris-EDTA を加えることで，グラム陰性菌の細胞外溶質の浸透性を増加させ，これによって細菌におけるリゾチームや消毒薬，抗生物質に対する感度が増す[10,22,52]。Tris-EDTA 溶液は 1 L の滅菌水に 0.5 g の EDTA と 6.05 g のトリスを加えることで用意できる。溶液をよく混ぜ合わせ，オートクレーブに 15 分かけた後，溶液を pH 8 に調整するために水酸化ナトリウムを使用する[10]。滅菌水中の Tris-EDTA は *Pseudomonas aeruginosa* や *Escherichia coli*，*Proteus vulgaris* を急速に破壊する[10,22]。グルコン酸クロルヘキシジンに Tris-EDTA を加えた溶液は抗菌作用が増強し，同様に，外用の抗生物質と Tris-EDTA を合わせたものは細菌に対して相乗的な効果を示す[10,22,52]。

グリセロール

グリセロール（グリセリン）はトリヒドロキシ・アルコールであり，通常は脂質の鹸化により得られる[53]。医療では，グリセロールは脳浮腫の治療に使用されたり，緩下剤あるいは咳止めシロップや喉飴，坐薬に含まれる成分として使用されている。皮膚角質層の水和状態や皮膚バリア機能および皮膚の力学的性質の改善など，皮膚に対する化学的な有益作用が以前から認識されており，同様に創傷の治癒プロセスを促進する[53]。AQP3 欠損マウスを使用した実験において，上皮細胞のグリセロール含有量と ATP の減少が，上皮細胞の分裂能の障害と関連していることが示された。グリセロールの補給により，障害されていた上皮細胞の分裂が正常化され，創傷の治癒速度が促進された[53]。

グリセロールには抗菌作用もあるとされている。抗菌作用は，4℃（39.2°F）のときよりも 36℃（96.8°F）のときの方が明瞭であることが示された。また，グラム陽性菌よりもグラム陰性菌の方がグリセロールに対して感受性が高いことが示された[53,54]。この抗菌作用により非常に優れた湿潤創傷治癒環境を提供するため，グリセロールは，著者の病院では創傷修復期の創傷ドレッシングの際に使用する外用剤として，最近では最も頻繁に使用される薬剤の 1 つとなっている。

表1　蜂蜜の機能

・抗菌作用
・抗炎症作用
・浮腫の軽減
・悪臭の中和
・肉芽増殖を刺激する
・上皮化を刺激する
・栄養源となる

蜂蜜

蜂蜜は何世紀も前から創傷管理に利用されてきたが，今世紀の近代医学の中では半ば忘れられていた。より自然な製品を使いたいという要望の増大と耐性菌の問題などから，ヒトおよび動物医療での創傷管理において蜂蜜の治療的利用に関する新たな興味が生じてきている。最近の調査では，蜂蜜の使用により総治療期間が優位に短縮したという[55,56]。創傷での蜂蜜の作用とメカニズムの要約を表1（前頁）に示す。

蜂蜜は，その高い浸透圧と低いpHにより抗菌効果を発揮する。低いpHは創の修復に適している。蜂蜜にはインヒビンという過酸化水素を発生させる酵素や，グルコラクトンおよび／またはグルコン酸といった，それぞれ弱い殺菌作用と弱い抗菌作用をもつ物質が含まれている。蜂蜜はまた，抗酸化物質を含んでおり，酸素フリーラジカルによる傷害から損傷した組織を保護する働きがある[34,57,58]。

蜂蜜は創傷治癒に重要な役割をもつ細胞の栄養供給を改善し，湿潤環境を作り出すと同時に，過酸化水素が血管新生と線維芽細胞の成長および上皮細胞の動員と活性化を促進することにより肉芽形成と上皮化のプロセスを刺激する[26,57,59,60]。また，浸透圧の効果と湿潤環境によりデブリードマンが刺激される。しかしながら，壊死組織が存在する場合は，蜂蜜を使用する前に外科的デブリードマンを行うことが推奨される。

未滅菌の蜂蜜には Clostridium botulinum の芽胞が含まれており，ボツリヌス中毒を引き起こす可能性があるため，治療には滅菌された蜂蜜を使う[56,60]。熱することで酵素が破壊され，これにより蜂蜜のもつ抗菌作用も消失してしまうので，滅菌はγ線照射にて行わなければならない[34,56,60]。

蜂蜜には毒性に関する副作用の報告はなく，創面に対して非固着性である（注：ヒトでは開放創に塗布する際に疼痛を生じることが知られている）。その使用は，抗生物質に対して耐性をもった細菌による感染を起こした創傷や慢性難治創が，特に適応となる（図15）[60〜62]。蜂蜜の漏出を防ぐために，閉鎖性あるいは吸水性の二次ドレッシングが必要となる。蜂蜜には創傷から出る滲出液を減らす働きはないので，最初のうちはドレッシング材を少なくとも毎日交換する必要がある。健康な肉芽床が現れて上皮化がはじまったら，蜂蜜によるドレッシングは終了してもよい[34]。

蜂蜜は天然の産物であり，すべての効果は蜂の品種や原料となった花の種類，地理的条件あるいは加工および貯蔵環境などにより影響を受ける[34,56,60]。それに加えて，in vitro では細菌の増殖を阻止することが示されたが，創傷治癒の増強を示唆したとされる研究の科学的価値に関しては疑問視されている[34]。

砂糖

砂糖は蜂蜜に類似した高浸透圧性の抗菌効果を有しており，やはり創傷管理に利用されてきた[26,27]。砂糖の抗菌作用はその濃度に左右されるので，特に滲出液量の多い創傷ではこの効果は失われてしまう[27]。この問題はバンデージの頻繁な交換（1日3〜4回）を行い，最初の24〜48時間はその度に創の洗浄を行うことで，ある程度は回避できる。創傷内に未溶解の砂糖が残るようになったら，バンデージの交換頻度を減らすことができる[34]。砂糖もまた栄養の供給や消臭効果，そして肉芽と上皮化を刺激する作用をもつ[27]。砂糖による創傷治癒への副作用は特に知られていないが，ヒトでは砂糖の創面への塗布により疼痛を生じることが知られている[27]。砂糖による治療法は，健康な肉芽床が形成されたらハイドロジェルやハイドロコロイドなどの（半）閉鎖性に切り替える[22,27]。

マルトデキストリン

マルトデキストリン（D-グルコース多糖類）は親水性のパウダーもしくは1％のアスコルビン酸を含んだジェルの形状で入手可能である。これは，汚染創や感染創に対する創傷治癒刺激剤として使用される[10]。成分中の多糖類を加水分解することで得られるグルコースを細胞の代謝に供することで，治癒を刺激することが報告されている[10]。この親水性という特性により，組織から水

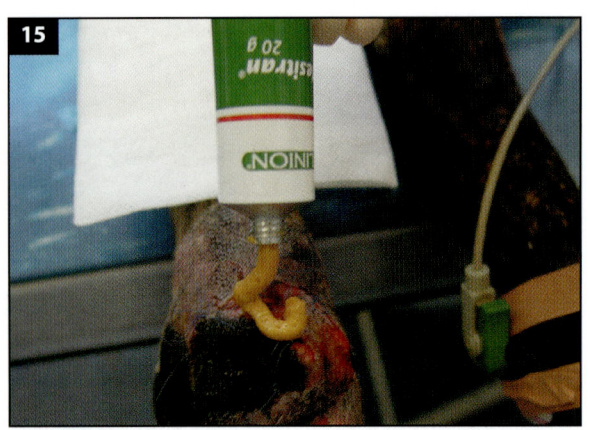

図15 肢端の慢性難治創に対して蜂蜜ベースの軟膏を塗布している様子。

を引き寄せ，湿潤環境を保持する。

マルトデキストリンは好中球やリンパ球，マクロファージの創への走化性を引き起こす。これに加えて，悪臭や滲出液，浮腫および感染を軽減し，早期の肉芽組織の形成と上皮細胞の成長を促進する可能性がある[10, 34, 63]。マルトデキストリンはまた，抗菌作用と静菌作用をもつ[63]。デブリードマンと洗浄を行った後，5〜10mm程度の厚さでマルトデキストリンを創に充填する。そして，その上を非固着性の一次ドレッシングで覆い，次に吸水性のドレッシング材で覆い，最外層をバンデージで包んで三次ドレッシングとし，これを毎日交換する[63]。この方法は創治癒の炎症期初期から増殖期まで利用できる[10]。

トリペプチド-銅複合体（TCC）

TCCは，肥満細胞や単球，マクロファージの走化性因子としての性質をもつハイドロジェルであり，急性創の治癒の際にいくつかの生物学的作用を刺激する[22, 34, 63]。この薬剤は血管新生やコラーゲンの堆積，上皮化および創のタンパク分解酵素を増加させ，最終的には創傷の環境そのものを改善すると考えられる[34, 63]。犬では，TCCは特に最初の7日間に主に肉芽組織の形成を刺激することにより，開放創の治癒に対して有効に働くことが示されている[12, 63]。TCCを使ったウサギによる実験では，創が肉芽組織で覆われている期間の中央値が，コントロール群と比較して明らかに短縮した[64]。また，ラットにおける最近の研究では，局所へのTCCが虚血性開放創の治癒を刺激する効果があることが示された[65]。TCCはデブリードマンと洗浄を行った後に創に塗布し，炎症期の後期から増殖期まで継続的に利用できる。創の上から，非固着性の一次ドレッシングで被覆し，吸水性の二次ドレッシングで覆って最外層を三次ドレッシングで覆い，これを毎日交換する必要がある[22, 63]。

亜鉛

亜鉛は体にとって必須の微量元素である。たとえば，創傷修復の際に自動的なデブリードマンとケラチノサイトの移動を増強させる働きをもつ亜鉛依存性MMPなどを含む，様々な転写因子や酵素システムを補助する働きがある[66]。遺伝性もしくは食事性の亜鉛欠乏は創傷の治癒遅延を引き起こす。ヒトの患者では経口的な亜鉛の補給が有益なようである。しかし，局所への投与の方がより優れている。これは，持続的な亜鉛イオンの放出により創の上皮化が刺激されることに加え，局所の防御システムとコラーゲン溶解作用が増強されることによって，菌交代現象の発生低下と壊死物質を減少させる（自動的なデブリードマン）という亜鉛の作用による[66]。いくつかの研究によれば，ラットの外科的創傷に対して亜鉛の局所療法を行ったところ，創のデブリスの減少と上皮化の促進が明らかに認められたとのことである[66, 67]。ヒトにおいては，プラセボ群と比較して治癒期間の中央値と創傷内でのS.aureusの発生がともに減少した[68]。亜鉛華もまたウサギにおいて創の収縮を促進することが示されているが，犬と猫における使用と毒性に関する研究は見当たらない[64]。

アロエベラ

アロエベラジェルは，アロエベラの葉の粘液分泌部分から抽出されたもので，75種の潜在的な効果をもつ成分が含まれている[10, 34, 69]。アロエベラは抗炎症作用，抗真菌作用およびP.aeruginosaに対する抗菌作用をもつ[10]。また，創の収縮を促進し，コラーゲンの作用を増強することで抗張力を増す効果がある。線維芽細胞の複製を刺激し，熱傷を負った皮膚組織や褥瘡で産生されるトロンボキサンAに対する抗プロスタグランジン効果をもつ[69]。したがって，アロエベラジェルはヒトの熱傷において広く使用されてきた。蓄積された証拠は，1度および2度の熱傷に対しアロエベラが創傷治癒への効果的な介在療法となるに違いない，という意見を示唆している[70]。ラットを使用した最近の研究では，作成された創にアロエベラジェルを塗布した群では，対照群と比較して創の直径の有意な減少と治癒の促進を示したという[71]。アロエベラはまた，サリチル酸様物質を含んでいるため，鎮痛作用をもつという報告もある[69]。実際に，アロエベラクリームを術創に塗布することで，プラセボ群と比較して術後疼痛の軽減や治癒期間の短縮，および鎮痛剤の必要量を減量させる効果があることが証明された[72]。しかし，犬や猫での使用を積極的に推奨する前に，アロエベラの創傷治癒における効果を判定するため，アロエベラ製品の含有成分の詳細についてしっかり計画された試験がさらに行われるべきである。

アセマンナン

アセマンナンはアロエベラの植物誘導体であり，ハイドロジェルかフォーム材の形で入手できる[10, 22]。本剤は成長因子として作用し，マクロファージがIL-1の作用を強めるのを刺激する。IL-1は線維芽細胞の増殖とTNF-αの分泌を刺激し，TNF-αは血管新生や上皮の成

長と運動性，およびコラーゲンの堆積を刺激する[34, 63]。外用ジェルの形状では，犬の肉球の創に対して収縮と上皮化を促進し，また露出した骨の上への肉芽組織形成を刺激した[8, 63]。ラットを使用した最近の研究では，アセマンナンは線維芽細胞の増殖を誘導し，ケラチノサイト成長因子-1やVEGFおよびタイプIコラーゲンの産生を刺激することによって，口腔内の創傷治癒を有意に促進したことが示された[73]。しかし，褥瘡の治療にアセマンナン・ドレッシングを使用したもう1つの研究では，生理食塩水で湿らせたガーゼドレッシングを使用した場合と比べて明らかな利点はみられなかった[74]。アロエベラの場合と同様に，デブリードマンと創の洗浄を行った後の投与が推奨され，炎症期から増殖期の終わりまでが適応となる[63]。ドレッシング材は毎日交換すべきである。

生菌酵母抽出物

生菌酵母細胞の派生物とは，ビール酵母から得られる水溶性の抽出物である[34]。これには，創の酸素消費量や血管新生，上皮化およびコラーゲン生成を増加させるような物質が含まれているとの報告がある[34, 47]。馬では，生菌酵母抽出物が上皮化と収縮を遅らせることで治癒期間が延長するが，一方でさかんな肉芽組織の形成を助けることが示唆された[34]。糖尿病のマウスを使用した創傷治癒に関する研究では，生菌酵母抽出物により肉芽組織の形成や上皮の移動，および創の閉鎖が明らかに改善されたことが示された[75]。犬や猫での前向き研究はなされていないが，ある経験豊富な研究者は，生菌酵母抽出物が犬において上皮化を促進すると信じている，と述べている[36]。

成長因子

過去20年以上にわたり，慢性創の治癒を促進させるための，外因性の遺伝子組換え成長因子の局所投与に関する臨床試験が行われてきたが，その結果はまちまちであった[76]。いくつかの試験では肯定的な結果が得られたが，多くの結果はやや否定的なものであった[15, 76]。今のところ，唯一の遺伝子組換え成長因子としてPDGFだけがアメリカ食品医薬品局（FDA）に認められており，その使用はヒトの糖尿病性下腿潰瘍に限られている[11, 15, 16]。しかし，1種類の成長因子だけで創修復のすべての問題点を改善したり，慢性創のすべての脆弱性を強化したりするのは不可能であると同時に，そのような製剤はまだ市販されていない。近年，その他の成長因子に関して，ヒトの難治性創傷に対する補助的治療に用いるための調査・研究が進行中である。これらにはTGF-βやFGF，VEGF，ケラチノサイト成長因子，EGF，IGF，そしてその他に血小板活性化因子や成長ホルモン，トロンビン，コロニー刺激因子，L-アルギニンおよびMMPなどが含まれる。獣医療における慢性創の治療で，これらを使用することが推奨されるようにするには，さらなる研究を要する。

PDGFは血小板のα顆粒から放出され，TGF-βの産生に深く関わっている。遺伝子組換えPDGFとしてbecaplermin gelを含んだ製品が市販されている[11]。これは単球，好中球，線維芽細胞および平滑筋細胞に対する強い走化性をもつ。また，分裂を促進させる性質をもち，線維芽細胞や上皮細胞，平滑筋細胞の有糸分裂を促進する。さらに，血管新生や創収縮，肉芽組織の形成および創のリモデリングを刺激することが，ウサギおよびラットを使った実験により示されている[3, 8]。ヒトの糖尿病性下腿潰瘍に対する第Ⅲ相臨床試験では，PDGFは完全治癒までの全体をとおした期間を10%短縮させた[11, 15]。

糖尿病や床ずれに関連した潰瘍に対して，広く使用されてきたもう1つの成長因子が，TGF-βである。TGF-βは血小板やその他の創傷治癒に関わる様々な細胞に由来しており，マクロファージや平滑筋細胞，および骨芽細胞に対して強力な細胞分裂促進作用をもっている。PDGFのように，血管新生と線維増殖，およびケラチノサイトの移動を刺激するが，MMPの産生やケラチノサイトの増殖，内皮細胞の成長およびリンパ球と上皮細胞に対しては抑制的な効果をもつ[3, 8]。TGF-βは，いくつかの動物モデルにおいて正常例と難治例に対して局所投与したところ，肉芽組織とコラーゲンの形成を増加させるとともに創の抗張力を増加させることが示された。しかし，馬の肢の創傷に対しては有益な効果を示さなかった[34]。

血小板が活性化すると，非常に多くの化学伝達物質が高濃度で容易に利用可能となるので，血小板由来の製剤の投与は個々のサイトカインまたは成長因子だけ使用するよりも優れている。脱顆粒した血小板は，成長因子やその他多くの創傷治癒に関わる化学伝達物質を放出する。血小板由来の成長因子の局所投与は，ヒトにおいてそれまで難治性であった創傷の修復を促進した。血小板由来の創傷治療用ジェルで治療した馬の四肢端部の創傷では，上皮の分化の加速と，より成熟した肉芽組織の形成がみられた[34, 77]。

創の閉鎖

創傷の管理において最も重要な決断を要するものの

1つが，創を外科的に閉鎖するか否かということであり，閉鎖するのであればそれはいつか，ということである。重篤な感染もしくは大きすぎて一次閉鎖ができないために，肉芽形成，収縮および上皮化という治癒段階を経た状態の創は，二期的（per secundam）に治癒することとなる。二期的治癒は，治癒までの時間が非常に長くかかる。また，これは体幹のよく動く部位では治癒が困難となる場合があり，過剰な収縮と瘢痕組織形成により創の拘縮が生じる可能性があるものの，極めて有効である。一次創治癒（wound healing per primam）とは受傷直後に創縁が（縫合糸，スキンステープラーまたは接着剤による一次縫合の後）直接的に癒合することであり，それは肉芽組織の形成前もしくは形成後となる（それぞれ遷延性一次閉鎖および二次閉鎖）。

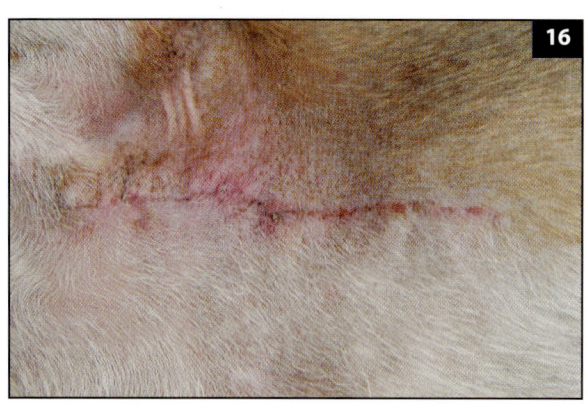

図16 一次閉鎖後の良好に治癒した創。

一次閉鎖

一次閉鎖とは，洗浄とデブリードマンの後に創を直接閉鎖することと定義される。一次閉鎖は，術創や受傷後6時間未満の汚染創を洗浄し，デブリードマンした後の清潔創が適応である[3,4]。創の治癒過程は前述した開放創における原理と同様であるが，すべてのフェーズがとても短く，そのほとんどは肉眼で確認することができない。一次閉鎖は遷延性一次閉鎖および二次閉鎖に比べて，より短期間で解剖学的および機能的な回復をもたらす（図16）。

ゴールデンピリオドである4〜6時間が経過すると，感染の機会が増加するため，一次閉鎖はあまり勧められない[3]。汚染や組織の生存度，組織のダメージの深さ，あるいは血管供給の程度が疑わしい場合は，他のオプションを考慮するべきである[2]。創の一次閉鎖の後に合併症を伴わない場合には，犬では一般的に7〜10日後に抜糸が可能となる[4]。

遷延性一次閉鎖

遷延性一次閉鎖とは，創を直ちに閉鎖せずに，肉芽が形成されるまでの間，清潔な状態のまま開放創として管理することを意味する[10]。したがって，閉鎖は通常，創ができてから3〜5日以内に実施される。遷延性の閉鎖は創にドレナージ効果をもたらし，汚染の低減がみられ，外科的処置に先立って生存組織と壊死組織との間の境界区分ラインを明瞭にする。

二次閉鎖

二次閉鎖は肉芽組織の形成後に創が閉鎖することと定義され，汚染創や感染創の際に最も一般的に行われる。二次閉鎖には2通りの方法がある[2〜4]。①形成された肉芽組織をそのままの状態で温存し，創縁の皮膚を肉芽床から分離して肉芽の上を覆う方法と，②肉芽床を切除して一次閉鎖する方法である。

2番目の方法の方が，皮膚の可動性が良いため閉鎖しやすく，美容的外観も優れており，感染の発生も少ないため，通常は好まれる[3]。この2者の方法のどちらかを選択するうえで重要な因子は，肉芽床の厚さと健全さ，および創縁皮膚の可動性である[2]。二期的治癒と比較して，総治癒期間は幾分短縮される。

ドレナージ

大きな創傷を縫合する際には死腔が生じる可能性がある。これらのスペースへの体液の貯留は細菌繁殖に適した培地となるため，体液の貯留を防ぐ目的でドレーンが設置されることがある。死腔の形成が非常に小さく，体液の貯留も最小限である場合には，外科的デブリードマンと洗浄および一次閉鎖で通常は十分であり，ドレナージは不要な場合もある。中程度の汚染創あるいは大きな死腔を伴うような部位では，ドレナージの利用が推奨される。重度の汚染創や感染創では，遷延性一次閉鎖もしくは二次閉鎖が推奨される[3]。

最も一般的に使用されるタイプのドレーンは，受動的ドレーンと能動的ドレーンである。

・**受動的ドレーン**は設置が簡単で，コストも能動的ドレーンに比べて安価である。最も一般的に使用される受動的ドレーンはペンローズドレーンと呼ばれる軟らかいラテックスのチューブである。受動的ドレーンは，体液が創内から重力にしたがって排液されるよう

に，創の最も下方の位置に設置しなければならない。ドレーンは近位と遠位，または背側部と腹側部を，縫合糸を用いて皮膚と固定する。受動的ドレーンの欠点の1つは，ドレーンを数日間設置したままにして，被覆せず開放状態にした際に生じる上行性の感染である。したがって，このようなリスクを減らすため，また体液が環境中へ漏出するのを防ぎ，排出された体液量の評価ができるように，ドレーンは滅菌されたドレッシング材で覆うことが推奨される[3]。その他の欠点としては，受動的ドレーンは重力の作用に依存しているため，体のどこにでも設置できるわけではないという点である[3]。ドレッシング材で覆われていない場合は特に，エリザベス・カラーを用いて患者がドレーンを抜いてしまわないようにする必要がある。

- **能動的ドレーン**はドレーン内部を陰圧にすることで機能する。陰圧のため，創内の体液が吸引により取り除かれ，重力を必要性としない。したがって，このタイプのドレーンは体のどこにでも設置できる。その他の利点としては感染のリスクが低いことが挙げられる。このタイプのドレーンを使う場合は，創の滲出液を回収するための容器を定期的に空にする必要があるため，受動的ドレーンと比べてやや手間がかかる(図17)。

創傷ドレッシング材とバンデージ

創面を直接覆うものをドレッシング材と呼び，バンデージは主に薬剤を含む場合と含まない場合がある。バンデージはドレッシング材を固定するための覆いである。その他のバンデージの機能は，体の各部の補助と不動化，出血をコントロールするための圧迫包帯，死腔や空洞の圧迫消失，そして外因性の外傷や感染からの創の保護などである。バンデージは3層からなっている：第1層（接触性ドレッシング），第2層もしくは中間（吸水）層，そして第3層もしくは外側（保護）層である[3, 8, 10, 24, 63]。

創傷ドレッシング材の機能については**表2**に詳述した。最も重要な機能は，湿潤環境下での創傷治癒を可能にする点である。湿潤環境に置かれた創は，電圧勾配の保持により総治癒期間が短縮する。創傷治癒の増殖期では，この勾配により肉芽組織の形成と上皮化が刺激される。成長因子が創面に保持され，白血球は痂皮の中に閉じ込められずに機能を維持する。弱酸性のpHと温かい温度は，創傷治癒に適している。湿潤環境はまた，ドレッシングが創に固着することで生じる損傷を防ぐ。これに加えて，創面に酵素とともに滲出液が維持されるため，湿潤環境下では自己融解によるデブリードマンが進む[24]。

ドレッシングの第1層または接触層は，固着性あるいは非固着性で，閉鎖性，半閉鎖性もしくは非閉鎖性のものが選択される[3, 8, 10, 24]。一般的には，創のデブリードマンが必要な場合は固着性の接触層を用い，肉芽組織が形成されたら非固着性の接触層を選択する。閉鎖性ドレッシングは空気や液体に対し不透過性で，滲出液の少ない創面に対し湿潤環境を維持するために使用される。半閉鎖性ドレッシングは空気を通し，滲出液は創面から漏出するようにできている。ごく最近使用されている非固着性（半）閉鎖性で湿潤保持性のモダン・ドレッシングは，創傷治癒にとって望ましい湿潤環境を提供する。これらは相互作用性ドレッシングとしても知られている。このグループに属するドレッシング材には，ハイドロコロイドやハイドロジェル，ハイドロファイバー，アルギン酸，フォーム材およびポリエチレングリコール・ドレッシングなどが含まれる。古典的なガーゼは受動的ドレッシングと考えられ，乾燥状態では固着性，湿潤状態では非固着性ドレッシングとして両方の目的で使用される。人工的なドレッシングとは対照的に，生物学的ドレッシングは，たとえば豚の粘膜下織や馬の羊膜などの天然材料から作られている。これらは，おそらく前述したドレッシング材と似たような特性をもっていると考えられる。最後に，抗菌性のドレッシング材を作るための材料として，局所の外用剤（局所の抗生物質と消毒薬を参照）をドレッシングに追加しておく。表3にこれらドレッシング材の分類の概要を示す。

ドレッシング材を選択する際に覚えておくべき最も重要な点は，すべての創のすべての創傷治癒フェーズに対して，万能な単一のドレッシング材は存在しない，とい

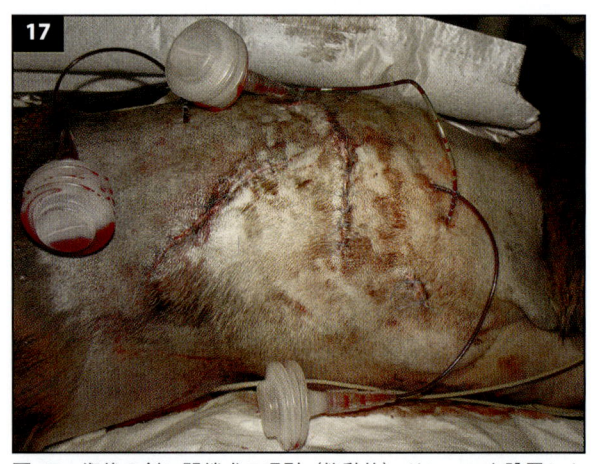

図17 術後の創に閉鎖式の吸引（能動的）ドレーンを設置した様子。

うことである．すべての創は，創傷ドレッシングの交換が必要かどうかを評価するために，最初とその後の追跡評価が必要である．

非閉鎖性ドレッシング

ガーゼは非閉鎖性ドレッシングであり，固着性と非固着性のものがあるように，滅菌と非滅菌のものが利用できる[3,10]．比較的安価なので，獣医療においては一般的に使用されるが，特にデブリードマン期のwet-to-dryドレッシングでよく使用される．乾いたドレッシングを交換する際に肉芽組織を破壊するので，より成熟した段階の創に対する使用は推奨されない[24]．創面に置かれた後，容易に乾燥するので，より成熟した創に使用する場合にはドレッシングを濡れた状態に保ち，創の湿潤環境を保持することが重要である．そのためにはドレッシング材を8〜12時間ごとに交換する必要がある．第2層の吸水層と第3層の保護層は，細菌が環境中からドレッシングの小孔を通って侵入しないように防ぐことが求められる．

定期的な観察と洗浄を必要とする急性創でデブリードマン前の創に対しては，ガーゼの使用が推奨される．モダン・ドレッシングは，1日1回かそれ以下の交換頻度である場合にのみ費用対効果が期待できる[24]．それゆえ，まだ感染の危険性を考慮すべきであり，そのために定期的な観察と清浄化を要するような創に対しては推奨されない．

ガーゼには様々な種類の液体や外用薬を染み込ませることができる．たとえば，高張食塩水を使用したドレッシング材は創傷治癒の初期のフェーズで使用できる．高張食塩水には殺菌的な機能があり，また創から体液やデブリスを吸い上げることでデブリードマン作用も示す．汚染創や感染創では，ガーゼに抗生物質を染み込ませることもできる．

湿潤保持性ドレッシング

湿潤保持性のドレッシングは，閉鎖性のものと半閉鎖性のものに分けられる[10,24]．閉鎖性ドレッシングは水と蒸気に対して不透過性なのに対し，半閉鎖性ドレッシングは水に対してのみ不透過性であり，幾分かの水分が蒸気として失われてもいいようになっている．どちらのドレッシングも，外部からの汚染や過剰な乾燥から創を守っており，それに加えて半閉鎖性ドレッシングは創が濡れて浸軟するのを防ぐ．第2層や第3層のバンデージの影響によって透湿率が変わるため，同じドレッシング

表2　創傷ドレッシング材の一般的な機能

- 湿潤環境の提供
- 保温環境の提供
- 外傷からの保護
- 外来性の汚染からの保護
- 外用薬の投与
- 創傷の不動化
- 創縁の保護
- 滲出液の吸収
- 浮腫の予防，軽減
- 美容的外観の提供

表3　創傷ドレッシング材の概要

相互作用性ドレッシング
- ハイドロコロイド
- ハイドロジェル
- ハイドロファイバー
- フォーム
- アルギン酸（銀）
- ポリウレタンフィルム

生物学的ドレッシング
- 牛のコラーゲン
- 馬の羊膜
- 豚の小腸粘膜下織(PSIS)

受動的ドレッシング
- ガーゼ
  ◦ 固着性
  ◦ 非固着性

材であっても閉鎖性にも半閉鎖性にも機能すると考えられる[78]．

閉鎖性ドレッシングを選択する際には，創周囲の皮膚に特定の注意を払う必要がある．湿潤環境のために皮膚の浸軟を起こす危険性が高いためである．浸軟を予防するためには，ドレッシングを創のサイズにカットしたうえで創縁を亜鉛華で保護するとよい．また，別の側面から考慮すべきこととしては，形成された肉芽組織の量である．なぜなら，閉鎖性ドレッシングを使用すると，過剰な肉芽組織が生じる可能性があるためである[79]．過剰肉芽が観察されるか予想される場合には，一般的に半閉鎖ドレッシングへの変更が推奨される[79,80]．

半閉鎖性と比べて閉鎖性ドレッシングの利点は，再上皮化をより強く刺激する点である[79]．したがって，閉鎖性ドレッシングは一般的に，非感染性の第2層または肉芽の発達した創傷に対して推奨される．閉鎖性ドレッシングの欠点は，コラーゲンの生成に重要な酸素が，環境

中から創面に届かないという点である[47]。しかし，低酸素負荷は血管新生を刺激する[81]。細菌の増殖を阻害するような天然の物質が浸出液の中に堆積し，環境中の汚染から守っているため，閉鎖性ドレッシングを使用した場合の感染率は低い[24]。(半) 閉鎖性ドレッシングを取り除く際には，膿のように見え，臭い臭気を伴っているかもしれない[22, 24]。これを感染と勘違いしてはならない。

● ハイドロコロイド

　ハイドロコロイドは湿潤環境を提供することで創傷治癒を刺激するドレッシング材である。これらは相互作用性のドレッシングであり，滲出液を吸うことでゲル状に変化して湿潤に保ち，温度環境を創傷治癒に適した状態に維持する。ドレッシング材が吸収できる滲出液の量は個々の製品によって異なるが，それらは大抵少ないか中程度である[24, 78]。皮膚周囲の浸軟を防ぐため，ドレッシング材は創の形に合わせてカットすべきである。ハイドロコロイドドレッシングは創面に対しては非固着性であるが，ほとんどの場合はドレッシング材が健康な皮膚と接着するため，辺縁が粘着性になっている。多くのドレッシングは水分および水蒸気に対して不透過性であり，したがって閉鎖性である[24]。これにより創は外部からの汚染と過剰な乾燥から守られる。第2層および第3層の被覆によりバンデージは完成し，2～4日ごとの交換が必要となる。

　ハイドロコロイドドレッシングに関する調査はほとんどがヒトに対するものであるが，近年，犬に関する研究が実施された[82]。結果，このドレッシング材は扱いやすく，粘着性も良く，処置を行わなかった創と比較して良好に治癒したとのことである。肉芽組織はより規則正しく組織され，炎症性細胞の数の減少がみられたという。この調査では，ドレッシング材に使用されている粘着物質は強力で，動物への使用にも適していると結論付けている。強力な粘着性の欠点は，粘着性バンデージが創収縮の力に対抗するため，創の収縮が阻害されることである[17]。

　ハイドロコロイドは創傷治癒の増殖期で適応となるが，過剰肉芽の形成を監視しなければならない[22, 79]。また，自己融解によるデブリードマンに適した環境を作り出すので，デブリードマン期に使用される場合もある[22]。しかし，コストとベネフィットを考慮するべきである。

● ハイドロジェル

　ハイドロジェルはハイドロコロイドと同様の特性をもつ（たとえば非固着性，閉鎖性で湿潤環境を提供すること）。これらはジェル状もしくはジェルとシートが一体となったシート状のものがあり，創面を被覆する。周囲皮膚の浸軟を防ぐため，シートは創の形状に合わせてカットすべきである。ドレッシングが吸収できる滲出液の量はやはり個々の製品によるが，通常は非常に少ない[22, 24]。ドレッシング材は通常は3～4日ごとに交換する必要がある。

　ハイドロジェルは感染や壊死組織の少ない創に対して適応となる。ハイドロジェルは自己融解によるデブリードマンに適した湿潤環境を作り出すのでデブリードマン期にも使用できるが，高価である。増殖期に使用した場合，ハイドロジェルは過剰な肉芽組織を形成する可能性がある[79]。また，ジェルとともに水分を創面に充填することで創を再水和する目的でも使用される。

● ハイドロファイバー

　ハイドロファイバーはカルボキシメチルセルロースナトリウムでできている。創面の滲出液に触れて湿潤環境が形成されるとジェル状になる。ハイドロファイバーは多量の滲出液を吸収することができるため，中～重度の滲出創で適応となる[3, 8, 24]。

　ハイドロファイバーには2通りの使い方がある；ドライとウェットである。ウェットで使用する場合は創面に水分とともに置き，ドレッシング材が乾く前に取り替える。ドライで使用する場合はドレッシング材が創面で痂皮として形成され，創の治癒に伴って痂皮が剥がれてくる。

● アルギン酸

　アルギン酸ドレッシングは海藻を原料としており，カルシウムイオンを含む。カルシウムイオンは止血に重要であり，したがって，これらのドレッシング材は軽度に出血した創に使用することができる。創の滲出液に含まれるナトリウムとアルギン酸ドレッシングに含まれるカルシウムイオンが交換されると，水分を含んだジェルとなる[22]。アルギン酸は通常，優れた吸水性をもつ。アルギン酸は滲出液の多い創や感染創（たとえば創傷治癒の初期など）で使用可能である。細菌はアルギン酸ジェルに取り込まれ，その結果として感染のリスクを減少させる[24]。アルギン酸は滲出液の少ない創に使用すると創面の脱水を引き起こすため，そのような場合には推奨されない[24]。

● フォームドレッシング

　フォームドレッシングのほとんどはポリウレタンでで

きており，シート状と空洞創用のものがある．吸水性と水蒸気の透過性はフォーム材によって異なるが，一般的には優れている．in situ として使用するフォーム材は大きな空洞状の創の治療に使用でき，創の早すぎる閉鎖を防ぐことができる[24, 83]．フォームドレッシングは創環境を湿潤に維持することで創治癒を促進し，治癒の炎症期や増殖期で適応となる[9]．フォーム材はまた，創の再水和や薬物投与のための液体を創面に届ける目的でも使用される．

● ポリウレタンフィルム

ポリウレタンフィルムは薄いフィルム状で，半閉鎖性ドレッシングとして使用され，湿潤環境を作り出す．水分や細菌はフィルムを通過できず，水蒸気は通過できる．ポリウレタンフィルム下での自己融解によるデブリードマンも期待できる[24]．吸水性は最小限であり，したがって，乾いた創や滲出液の非常に少ない創に対して使用すべきである．ポリウレタンフィルムはまた，他のドレッシングを覆うための閉鎖層としても使用される[24]．

● ワセリンを染み込ませたガーゼ

非固着性ガーゼにはワセリンを染み込ませたガーゼも含まれる．この半閉鎖性ドレッシングの吸水性は低く，水分はドレッシングの小孔を通り抜けて移動する[24]．したがって，二次ドレッシングもしくは三次ドレッシングで覆う必要がある．（注：水分も小孔を通り抜けられるが，環境中からの細菌も通り抜けて侵入する[24]）．

● 生物学的ドレッシング

生物学的ドレッシングとは天然の材料（豚の小腸粘膜下織〔PSIS〕，馬の羊膜，牛のコラーゲンシートなど）から作られたドレッシングである[9, 47]．これらのドレッシング材は外来性のコラーゲンや成長因子，ヒアルロン酸，ヘパラン硫酸（※訳注：原著では heparin sulphate となっているが，ヘパリンはヘパラン硫酸の中の1つなのでヘパラン硫酸とした），コンドロイチン硫酸Aおよびフィブロネクチンの原料となる[9, 47]．加えて，これらは線維増殖のための足場となる[9]．生物学的ドレッシングは高価なので，より頻繁に交換できる非固着性の一次ドレッシングで，生物学的ドレッシングを覆うといった使い方もできる[24]．

より高度なテクニック

ヒトの医療では，特に慢性創に対する治療法として，新たなドレッシング材や外用薬，手技などが開発されている．新たな手技としては，局所陰圧（TNP）療法や低出力レーザー療法（LLLT），高圧酸素療法（HBOT）および超音波療法などがある．ヒトの医療現場におけるこれらの手技の良好な結果はおそらく，将来的な獣医領域への使用へとつながる可能性が高い．これらのうちのいくつかは，すでに動物の臨床例で使用されている．

● 局所陰圧療法

局所陰圧（topical negative pressure：TNP）療法は subatmospheric pressure therapy あるいは vacuum-assisted therapy としても知られており，創傷治癒を促したり補助する目的で陰圧を利用する方法で，主に慢性難治創に対して使用される．TNPの効果には多数のメカニズムが関与していると考えられている．創面にかかる陰圧の力は，細菌や過剰な滲出液を排除するように働く[84, 85]．これにより感染のリスクと細胞間拡散に要する距離が減少し，創の酸素化が改善される[84〜86]．TNPはまた，周囲の組織に対しても物理的な力を加えることで，創床の局所の血流および肉芽組織の形成と上皮化を刺激する[84, 85, 87, 88]．

陰圧環境は，まずフォーム材かガーゼを創面に置き，これを吸引ポンプにつなぐことで作られる．ガーゼとチューブは粘着性のフィルムシートで覆って，空気が漏れないように密封する．この状態で創面に持続的もしくは間欠的に陰圧をかける．−125mmHgの陰圧が推奨される[89]．人医療における文献としてはTNPに関する論文が多く報告されているが，一般的な結論としては，創傷治療に対するTNPの使用を推奨するような高いレベルのエビデンスはないとされている[84, 85, 87, 88]．しかし，いくつかの研究ではTNP療法は湿らせたガーゼドレッシングを使用した場合よりも有効であったと報告されている[87, 88]．

● 低出力レーザー療法

低出力レーザー療法（LLLT）は，線維芽細胞発達の刺激や血管新生の促進，血管拡張およびおそらくリンパ液排出の改善などにより創傷治癒を刺激するために使用されるコールドレーザーである[90, 91]．これにより肉芽組織と新生毛細血管の形成が増加し，浮腫が軽減される可能性がある[91]．メタ解析では，ヒトおよび馬の創傷治癒においてLLLTの高い有効性が確認されている[92〜94]．コラーゲン形成の刺激に加えて，創の閉鎖に要する時間や創の強度，治癒期間，肥満細胞の脱顆粒の回数と頻度，皮弁の生存率および鎮痛効果に改善がみられたとい

う[92,94]。すなわち，LLLTは炎症期および増殖期，成熟期において創傷治癒を刺激する[92,94]。

● 高圧酸素療法

低酸素状態は非治癒性あるいは慢性創の一般的な要因の1つであり，ヒトにおいて高圧酸素療法（HBOT）はそのような創傷に対する治療法として利用されている[22]。HBOTはスタンダードな創傷管理に対する補助的治療と認識されており，本来の創傷管理法の代わりとなるものではない[95]。

患者は圧力チャンバーの中に入り，2.0～2.5絶対気圧（ATA）下で100％酸素を1～2時間呼吸し，これを毎日1～2回行う[96]。高濃度の酸素は血流中のヘモグロビン分子を完全に飽和させ，血液中へより多くの酸素を溶解させる[95,96]。創傷部局所への十分な酸素供給を行うためには，創傷部への血液供給が適切に温存されている必要がある[95]。血漿中の高圧な酸素は成長因子のアップレギュレーションと炎症性サイトカインのダウンレギュレーション，線維芽細胞の活性の増加，血管新生，白血球刺激による抗菌効果，およびその他抗菌作用の増強を引き起こす[95,97]。組織への酸素供給の改善に加え，栄養分の運搬能も改善される[95,97]。

ヒトの医療におけるHBOTの効果についての研究は限定的であり，慢性創が他の治療に対して反応しない場合にのみ使用するということに正当性がありそうである。合併症は多くは報告されていないが，高濃度の酸素は肺や脳に対して毒性を示す可能性がある[96,97]。

● 超音波療法

超音波は診断機器としては一般的に使用されているが，創傷治療などの治療目的で使用されることもある。超音波を診断に使用する場合と治療に使用する場合の違いは，治療目的の場合は1～3.3MHzの周波数を使用するのに対し，診断目的の場合は5～10MHzの周波数を利用する点である[11,93]。治療的超音波には保温効果がある場合とそうでない場合があるが，概して主な効果は炎症期の短縮と初期増殖期の誘導である[86,98～101]。超音波は細胞の漸増，コラーゲン生成，血管新生，創の収縮，線維芽細胞とマクロファージ，フィブリン溶解を刺激する[86,98,101]。コラーゲンの抗張力もまた，超音波治療の後に増強される[86,101]。

犬および猫の創傷管理のためのプロトコール

前章では創傷の管理法について，いくつかの異なるオプションを説明した。どのプロトコールを選択するかはその効果やコスト，患者にとっての利益により異なる。効果的な創傷管理を行うためには，表4で示したような体系的なアプローチが推奨される。

Step 1：清潔な部屋で無菌的操作を行う

創傷を治療する場合は，さらなる汚染や感染を防がなくてはならない。そのため，創傷をもつ患者は常に清潔な部屋で，清潔な処置台の上で治療を受けるべきである。加えて，創傷に処置を加える際には（滅菌の）グローブを装着するとともに医療用帽子やフェイスマスク，手術用ガウンを着て行う。使用する器具は滅菌済みのものを使用し，周囲の毛を刈る時や壊死組織をデブリードマンする間，創は滅菌されたガーゼかジェルで保護しておく。

Step 2：完全なメディカルヒストリーを得る

治療プロトコールを選択するうえで，患者の病状は重要な情報となり得る。創の治癒に影響を及ぼす状況としていくつかの例を挙げると，タンパク質欠乏，貧血，創部への不適切な血液供給，尿毒症，ビタミンAまたはC欠乏などがある[18]。コルチコステロイドや非ステロイド性抗炎症剤（NSAID）は，創の治癒を遅らせる原因となり得る[18]。非治癒性の慢性創を扱う際には，これらの因

表4　犬と猫の創傷管理プロトコール

- 清潔な部屋で無菌的操作を行う
- 患者の完全なメディカルヒストリーを得る
- 創傷の原因と経過時間に関する情報を得る
- 創傷の完全な評価をする
- 壊死組織のデブリードマン
- 汚染の除去
- 閉鎖のための適切な手技の選択
- 適切なドレッシング材の選択
- 創傷治癒の進行をモニターするために定期的な評価をする

慢性創や難治性創のための特別なステップ

- 通常の治療に反応しない慢性創を扱う際は，より高度な手法の利用を考慮する

子について考慮しなければならない。

Step 3：創傷の原因と受傷からの時間経過についての情報を得る

汚染のレベルと感染のリスクを評価するうえで，受傷原因と受傷からの時間経過に関する情報は重要である。これらはまたプロトコールの選択にも影響を与える。たとえば，4～6時間以上経過した外傷性の創傷は感染しているとみなし，そのように対処する。

Step 4：創傷の完全な評価をする

創傷の徹底的な臨床的評価を実施することでその特徴に関する情報と，さらなる治療計画に必要となる情報を得ることができる。以下の項目について評価を行う。
・創傷のタイプ
・創傷のサイズと深さ
・創傷周辺の皮膚のテンション
・創傷治癒のフェーズ
・汚染のレベル
・炎症の徴候
・滲出液量のレベル
・壊死組織の有無

Step 5：壊死組織のデブリードマンを行う

壊死組織を除去することで創傷治癒の炎症期が加速され，総治癒時間が短縮する。最も一般的なテクニックは外科的および機械的デブリードマンである。できれば，壊死組織を伴うすべての創傷は，最初に外科的デブリードマンにより治療すべきである。自己融解によるデブリードマンは，麻酔のリスクが高い危険な状態の患者や，壊死との境界区分線がはっきりしない場合に考慮する。

Step 6：汚染を除去する

汚染物質の除去は感染の危険性を減らし，順調な創傷治癒のためのより良い環境を作り出す。すべての患者において，生理学的溶液（滅菌生理食塩水やLRSなど）による圧力洗浄が推奨される。洗浄液による消毒または抗菌作用よりも，汚染の希釈効果の方が重要である。より重度に汚染した創に対しては，クロルヘキシジンやデーキン溶液，あるいはポビドンヨード溶液などのようなマイルドな消毒液の使用を考慮してもよいが，これら消毒液のもつ毒性作用の可能性を考慮しなければならない。洗浄の際には，細菌が創縁下や創面上に飛び散ることを防ぐべきである。

Step 7：閉鎖のための適切な手技を選択する

本章のはじめ（創の閉鎖）にいくつかの異なる創の閉鎖法を説明した。可能であれば，壊死組織を伴わないすべての非感染創は一次閉鎖により閉鎖されるべきである。感染創や壊死組織を含む創傷では遷延性一次閉鎖や二次閉鎖，あるいは二期的治癒を考慮しなければならない。たとえば，麻酔リスクの高い患者では，小さな創傷で創拘縮のリスクがない部位なら，そのまま二期的に治癒させることもできる。大きすぎて縫合できないような創傷の場合は，二期的な方法により完全に治癒することは期待できないか，できたとしても不適切な創拘縮のリスクが高くなる。このような創は減張術やスキングラフト（皮膚移植術），あるいは皮弁などにより閉鎖することができる。

Step 8：適切な接触性ドレッシングを選択する

局所の投薬とドレッシング材について，本章のはじめに解説した（創傷の洗浄と局所療法，創傷ドレッシング材とバンデージ）。様々な種類の製品があるが，ほとんどの創ではその炎症期の初めのうちはwet-to-dryドレッシングにより治療でき，肉芽組織が現れはじめたらグリセロールを塗布した半閉鎖性ドレッシングで治療できる。重度に汚染した創のうち，上記で説明したプロトコールで反応がみられない創では，はじめのwet-to-dryドレッシングの期間が終了したら，蜂蜜を使うこともできる。患者によっては，蜂蜜以外の方法が推奨される場合もある。表5のリストに入手可能な製品のほとんどとそれらの適応についてまとめた。

Step 9：定期的な創傷の評価を行う

創傷の定期的な評価を行うことにより，治癒の進行をモニターすることは重要である。治癒の4つのフェーズにしたがって創傷治癒が進行するのに合わせ，ドレッシング材の選択を変更する。

Step 10：より高度な手法の使用を考慮する

通常の創傷管理方法に反応しないような慢性創や難治性創を扱う場合は，より高度な手法の利用を考慮する。本章で紹介したこれらの手法（より高度な手法）は，獣医療においてはまだ一般的に採用されてはいないが，いくつかの大きな二次診療施設では実施されている。TNP療法やLLLT，HBOTなどのより新しい手法も選択肢と

なり得る。段階的および複数回にわたる外科的デブリードマンの後，高度な皮膚再建術を行うことでほとんどの創の閉鎖が可能となるであろう。

費用対効果および患者と飼い主のベネフィット

広範囲で慢性化した創傷の治療には通常，特別な注意と配慮，時間，および飼い主と治療に当たる獣医師の間の深い信頼が必要となる。頻回のバンデージ交換はコストの上昇につながる。これらのコストは適切な創傷管理プロトコールの遂行と，適切なドレッシングおよびバンデージ交換の頻度，適切なタイミングで行われる外科的な治療介入などにより最小限度に抑えることができる。当然のこととして，ヒトや馬で報告されているのと同様に犬や猫においても，伝統的な生食ガーゼ（※訳注：「生理食塩水に浸したガーゼ」）を使用した場合と，湿潤保持性のモダン・ドレッシングを使用した場合では治療にかかる総コストに違いが生じる[102〜104]。

しかし，コストと有効性は重要な因子ではあるが，同

表5 局所の投薬とドレッシング材

創の色	創のタイプ	治療の目的	滲出液の量	推奨されるドレッシング材
黒	壊死を伴う創	壊死組織の除去	++	生食ガーゼ† アルギン酸 蜂蜜ドレッシング* 銀ドレッシング*
			+	アルギン酸 生食ガーゼ† ハイドロジェル ハイドロコロイド 蜂蜜ドレッシング 銀ドレッシング
			−	感染徴候がなければ，創は痂蓋下で治癒可能
黄	滲出創	創の清浄化とデブリスの除去	++	アルギン酸 ハイドロファイバー フォーム 生食ガーゼ†
			+	アルギン酸 ハイドロファイバー フォーム ハイドロジェル* ハイドロコロイド 生食ガーゼ†
緑	感染創	創の清浄化と感染の除去	++	抗生物質生食ガーゼ† 銀ドレッシング† 蜂蜜ドレッシグ†
			+	抗生物質生食ガーゼ† 銀ドレッシング† 蜂蜜ドレッシング†
			−	抗生物質生食ガーゼ† 銀ドレッシング 蜂蜜ドレッシング
赤／ピンク	肉芽増殖／上皮化している創	創の保護と治癒を刺激するための湿潤環境の提供	++	ハイドロファイバー フォーム
			+	ハイドロジェル* ハイドロコロイド* ハイドロファイバー フォーム
			−	ハイドロジェル#

++ = wet, + = moist, − = dry
†：吸水性二次ドレッシングで覆う
*：ドレッシング材の交換頻度を減らすため，吸水性の良いものを選択するか，吸水性二次ドレッシングで覆う
#：創の再水和が目的

時に動物と飼い主の快適性も考慮しなければならない。考慮すべき患者側の因子としては，ドレッシング交換に伴う不快さである。飼い主に関しては，考慮すべき因子として，創からの臭気，滲出液の漏出，治療間隔とこれに伴う動物病院への通院回数が挙げられる。患者と飼い主の両者にとってのベネフィットの多くは，湿潤環境下での創傷治療を目的としたモダン・ドレッシングを使用することで得られる。

おわりに

創傷管理法のオプションには非常に多くの種類があり，それぞれの創や創傷治癒のフェーズごとに個々の治療法を選択することが可能である。もしも最適な創傷管理を望むなら，すべての創をそれぞれ評価し，創を評価して得られた情報にしたがって，治療法を定期的に修正すべきである。前述した10ステップのプロトコールを実施した後，入手できるドレッシング材から広い見識に基づく選択を下すことができる。湿潤保持性のモダン・ドレッシングは伝統的な生食ガーゼと比較して多くのベネフィットを有している。また，これらは創傷治癒を効果的に刺激し，より費用対効果に優れており，患者と飼い主の快適性を改善するが，現在は慢性創のみに推奨されているにすぎない。

参考文献

1. Hosgood G (2003) Wound repair and specific tissue response to injury. In: *Textbook of Small Animal Surgery*, 3rd edn. (ed D Slatter) WB Saunders, Philadelphia, pp. 66–86.
2. Dernell WS (2006) Initial wound management. *Vet Clin North Am Small Anim Pract* **36**: 713-738.
3. Pavletic MM (2010) Atlas of Small Animal Wound Management and Reconstructive Surgery, 3rd edn. Wiley–Blackwell, Ames, pp. 17–50.
4. Peeters ME, Stolk PWT (2006) Wound management and first aid. In: *The Cutting Edge: Basic Operating Skills for the Veterinary Surgeon*, 1st edn. (eds J Kirpensteijn, WR Klein) Roman House Publishers, London, pp. 97–127.
5. Bohling MW, Henderson RA, Swaim SF et al. (2004) Cutaneous wound healing in the cat: a macroscopic description and comparison with cutaneous wound healing in the dog. *Vet Surg* **33**: 579-587.
6. Bohling MW, Henderson RA, Swaim SF et al. (2006) Comparison of the role of the subcutaneous tissues in cutaneous wound healing in the dog and cat. *Vet Surg* **35**: 3-14.
7. Bohling MW, Henderson RA (2006) Differences in cutaneous wound healing between dogs and cats. *Vet Clin North Am Small Anim Pract* **36**: 687-692.
8. Swaim SF, Henderson RA (1997) *Small Animal Wound Management*, 2nd edn. Williams & Wilkins, Maryland, pp. 1–12.
9. Hosgood G (2006) Stages of wound healing and their clinical relevance. *Vet Clin North Am Small Anim Pract* **36**: 667-685.
10. Hedlund CS (2007) Surgery of the integumentary system. In: *Small Animal Surgery*, 3rd edn. (eds TW Fossum, CS Hedlund, AL Johnson) Mosby Elsevier, St. Louis, pp. 159–259.
11. Hanks J, Spodnick G (2005) Wound healing in the veterinary rehabilitation patient. *Vet Clin North Am Small Anim Pract* **35**: 1453-1471, ix.
12. Swaim SF (1997) Advances in wound healing in small animal practice: current status and lines of development. *Vet Dermatol* **8**: 249-257.
13. Henry G, Garner WL (2003) Inflammatory mediators in wound healing. *Surg Clin North Am* **83**: 483-507.
14. Janis JE, Kwon RK, Lalonde DH (2010) A practical guide to wound healing. *Plast Reconstr Surg* **125**: 230e-244e.
15. Cross KJ, Mustoe TA (2003) Growth factors in wound healing. *Surg Clin North Am* **83**: 531-545, vi.
16. Doughty D (2005) Dressings and more: guidelines for topical wound management. *Nurs Clin North Am* **40**: 217-231.
17. Swaim SF, Hinkle SH, Bradley DM (2001) Wound contraction: basic and clinical factors. *Comp Cont Educ Pract Vet* **23**: 20-24.
18. Johnston DE (1990) Wound healing in skin. *Vet Clin North Am Small Anim Pract* **20**: 1-25.
19. Schultz GS, Sibbald RG, Falanga V et al. (2003) Wound bed preparation: a systematic approach to wound management. *Wound Rep Reg* **11 Suppl 1**: S1-28.
20. Amalsadvala T, Swaim SF (2006) Management of hard-to-heal wounds. *Vet Clin North Am Small Anim Pract* **36**: 693-711.
21. Taylor GI, Minabe T (1992) The angiosomes of the mammals and other vertebrates. *Plast Reconstr Surg* **89**: 181-215.

22. Krahwinkel DJ, Boothe HW Jr (2006) Topical and systemic medications for wounds. *Vet Clin North Am Small Anim Pract* **36**: 739-757.
23. Johnston DE (1990) Care of accidental wounds. *Vet Clin North Am Small Anim Pract* **20**: 27-46.
24. Campbell BG (2006) Dressings, bandages, and splints for wound management in dogs and cats. *Vet Clin North Am Small Anim Pract* **36**: 759-791.
25. Edwards J (2010) Hydrogels and their potential uses in burn wound management. *Br J Nurs* **19**: S12, S14-16.
26. Mathews KA, Binnington AG (2002) Wound management using honey. *Comp Cont Educ Pract Vet* **24**: 53-60.
27. Mathews KA, Binnington AG (2002) Wound management using sugar. *Comp Cont Educ Pract Vet* **24**: 41-50.
28. Gethin G (2008) Efficacy of honey as a desloughing agent: overview of current evidence. *EWMA J* **8**: 31-35.
29. Fernandez R, Griffiths R (2008) Water for wound cleansing. *Cochrane Database Syst Rev* **1**: CD003861.
30. Moore Z, Cowman S (2008) A systematic review of wound cleansing for pressure ulcers. *J Clin Nurs* **17**: 1963-1972.
31. Doughty D (1994) A rational approach to the use of topical antiseptics. *J Wound Ostomy Continence Nurs* **21**: 224-231.
32. Karukonda SRK, Cocoran FT, Boh EE et al. (2000) The effects of drugs on wound healing – Part II. Specific classes of drugs and their effect on healing wounds. *Int J Dermatol* **39**: 321-333.
33. Drosou A, Falabella A, Kirsner RS (2003) Antiseptics on wounds: an area of controversy. *Wounds* **15**: 149-166.
34. Dart AJ, Dowling BA, Smith CL (2005) Topical treatments in equine wound management. *Vet Clin North Am Equine Pract* **21**: 77-89, vi-vii.
35. Lee AH, Swaim SF, Yang ST et al. (1984) Effects of gentamicin solution and cream on the healing of open wounds. *Am J Vet Res* **45**: 1487-1492.
36. Swaim SF (1990) Bandages and topical agents. *Vet Clin North Am Small Anim Pract* **20**: 47-65.
37. White RR, Pitzer KD, Fader RC et al. (2008) Pharmacokinetics of topical and intravenous cefazolin in patients with clean surgical wounds. *Plast Reconstr Surg* **122**: 1773-1779.
38. Firoz EF, Firoz BF, Williams JF et al. (2007) Allergic contact dermatitis to mafenide acetate: a case series and review of the literature. *J Drugs Dermatol* **6**: 825-828.
39. Bonomo RA, Van Zile PS, Li Q et al. (2007) Topical triple-antibiotic ointment as a novel therapeutic choice in wound management and infection prevention: a practical perspective. *Expert Rev Anti Infect Ther* **5**: 773-782.
40. Fuller FW (2009) The side effects of silver sulfadiazine. *J Burn Care Res* **30**: 464-470.
41. Storm-Versloot MN, Vos CG, Ubbink DT et al. (2010) Topical silver for preventing wound infection. *Cochrane Database Syst Rev* **3**: CD006478.
42. Cooper R (2004) A review of the evidence for the use of topical antimicrobial agents in wound care. *World Wide Wounds* **February**.
43. Lineaweaver W, McMorris S, Soucy D et al. (1985) Cellular and bacterial toxicities of topical antimicrobials. *Plast Reconstr Surg* **75**: 394-396.
44. Kramer SA (1999) Effect of povidone–iodine on wound healing: a review. *J Vasc Nurs* **17**: 17-23.
45. Ter Haar G, Klein W (2006) Principles of asepsis, disinfection and sterilisation. In: *The Cutting Edge: Basic Operating Skills for the Veterinary Surgeon*, 1st edn. (eds J Kirpensteijn, WR Klein) Roman House Publishers, London, pp. 14-29.
46. Sanchez IR, Swaim SF, Nusbaum KE et al. (1998) Effects of chlorhexidine diacetate and povidone–iodine on wound healing in dogs. *Vet Surg* **17**: 291-295.
47. Fahie MA, Shettko D (2007) Evidence-based wound management: a systematic review of therapeutic agents to enhance granulation and epithelialization. *Vet Clin North Am Small Anim Pract* **37**: 559-577.
48. Sarvis CM (2007) Using antiseptics to manage infected wounds. *Nursing* **37**: 20-21.
49. Hirsch T, Koerber A, Jacobsen et al. (2010) Evaluation of toxic side-effects of clinically used skin antiseptics in vitro. J Surg Res **164**: 344-350.
50. Hirsch T, Limoochi-Deli S, Lahmer A et al. (2011) Antimicrobial activity of clinically used antiseptics and wound irrigating agents in combination with wound dressings. *Plast Reconstr Surg* **127**: 1539-1545.
51. Horrocks A (2006) Prontosan wound irrigation and gel: management of chronic wounds. *Br J Nurs* **15**: 1222-1228. 49.

52. Ashworth CD, Nelson DR (1990) Antimicrobial potentiation of irrigation solutions containing tris-[hydroxymethyl] aminomethane-EDTA. *J Am Vet Med Assoc* **197**: 1513-1514.
53. Fluhr JW, Darlenski R, Surber C (2008) Glycerol and the skin: holistic approach to its origin and functions. *Br J Dermatol* **159**: 23-34.
54. Saegeman VS, De Vos R, Tebaldi ND et al. (2007) Flow cytometric viability assessment and transmission electron microscope morphological study of bacteria in glycerol. *Microsc Microanal* **13**: 18-29.
55. Moore OA, Smith LA, Campbell F et al. (2001) Systematic review of the use of honey as a wound dressing. *BMC Complement Altern Med* **1**: 2.
56. Lusby PE, Coombes A, Wilkinson JM (2002) Honey: a potent agent for wound healing? *J Wound Ostomy Continence Nurs* **29**: 295-300.
57. Overgaauw PAM, Kirpensteijn J (2005) Honing bij de behandeling van huidwonden. *Tijdschr Dierg* **130**: 115-116.
58. Ahmed AK, Hoekstra MJ, Hage JJ et al. (2003) Honey-medicated dressing: transformation of an ancient remedy into modern therapy. *Ann Plast Surg* **50**: 143-147; discussion 147-148.
59. Molan PC (2001) Potential of honey in the treatment of wounds and burns. *Am J Clin Dermatol* **2**: 13-19.
60. Molan PC (2006) The evidence supporting the use of honey as a wound dressing. *Int J Low Extrem Wounds* **5**: 40-54.
61. De Rooster H, Declercq J, Van den Bogaert M (2008) Honing in de wondzorg: mythe of wetenschap? Deel 1: Literatuuroverzicht. *Vlaams Dierg Tijdschr* **78**: 68-74.
62. De Rooster H, Declercq J, Van den Bogaert M (2008) Honing in de wondzorg: mythe of wetenschap? Deel 2: Klinische gevallen bij de hond. *Vlaams Dierg Tijdschr* **78**: 75-80.
63. Swaim SF, Gillette RL (1998) An update on wound medication and dressings. *Comp Cont Educ Pract Vet* **20**: 1133-1144.
64. Cangul IT, Gul NY, Topal A et al. (2006) Evaluation of the effects of topical tripeptide-copper complex and zinc oxide on open-wound healing in rabbits. *Vet Dermatol* **17**: 417-423.
65. Canapp SO Jr, Farese JP, Schultz GS et al. (2003) The effect of topical tripeptide-copper complex on healing of ischemic open wounds. *Vet Surg* **32**: 515-523.
66. Lansdown AB, Mirastschijski U, Stubbs N et al. (2007) Zinc in wound healing: theoretical, experimental, and clinical aspects. *Wound Rep Regen* **15**: 2-16.
67. Lansdown AB (1993) Influence of zinc oxide in the closure of open skin wounds. *Int J Cosmet Sci* **15**: 83-85.
68. Agren MS, Ostenfeld U, Kallehave F et al. (2006) A randomized, double-blind, placebo-controlled multicenter trial evaluating topical zinc oxide for acute open wounds following pilonidal disease excision. *Wound Rep Regen* **14**: 526-535.
69. Liptak JM (1997) An overview of the topical management of wounds. *Aust Vet J* **75**: 408-413.
70. Maenthaisong R, Chaiyakunapruk N, Niruntraporn S et al. (2007) The efficacy of aloe vera used for burn wound healing: a systematic review. *Burns* **33**: 713-718.
71. Takzare N, Hosseini MJ, Hasanzadeh G et al. (2009) Influence of aloe vera gel on dermal wound healing process in rat. *Toxicol Mech Methods* **19**: 73-77.
72. Eshghi F, Hosseinimehr SJ, Rahmani N et al. (2010) Effects of aloe vera cream on posthemorrhoidectomy pain and wound healing: results of a randomized, blind, placebo-control study. *J Altern Complement Med* **16**: 647-650.
73. Jettanacheawchankit S, Sasithanasate S, Sangvanich P et al. (2009) Acemannan stimulates gingival fibroblast proliferation; expressions of keratinocyte growth factor-1, vascular endothelial growth factor, and type I collagen; and wound healing. *J Pharmacol Sci* **109**: 525-531.
74. Thomas DR, Goode PS, LaMaster K et al. (1998) Acemannan hydrogel dressing versus saline dressing for pressure ulcers: a randomized, controlled trial. *Adv Wound Care* **11**: 273-276.
75. Crowe MJ, McNeill RB, Schlemm DJ et al. (1999) Topical application of yeast extract accelerates the wound healing of diabetic mice. *J Burn Care Rehabil* **20**: 155-162.
76. Robson MC, Mustoe TA, Hunt TK (1998) The future of recombinant growth factors in wound healing. *Am J Surg* **176**: 80S-82S.
77. Knighton DR, Ciresi K, Fiegel VD et al. (1990) Stimulation of repair in chronic, nonhealing, cutaneous ulcers using platelet-derived wound healing formula. *Surg Gynecol Obstet* **170**: 56-60.
78. Thomas S (2008) Hydrocolloid dressings in the management of acute wounds: a review of the literature. *Int Wound J* **5**: 602-613.

79. Morgan PW, Binnington AG, Miller CW et al. (1994) The effect of occlusive and semi-occlusive dressings on the healing of acute full-thickness skin wounds on the forelimbs of dogs. *Vet Surg* **23**: 494–502.
80. Stashak TS, Farstvedt E, Othic A (2004) Update on wound dressings: indications and best use. *Clin Tech Equine Pract* **3**: 148–163.
81. Lionelli GT, Lawrence WT (2003) Wound dressings. *Surg Clin North Am* **83**: 617–638.
82. Abramo F, Argiolas S, Pisani G et al. (2008) Effect of a hydrocolloid dressing on first intention healing surgical wounds in the dog: a pilot study. *Aust Vet J* **86**: 95–99.
83. Turner TD (1997) Interactive dressings used in the management of human soft tissue injuries and their potential in veterinary practice. *Vet Dermatol* **8**: 235–242.
84. Ubbink DT, Westerbos SJ, Evans D et al. (2008) Topical negative pressure for treating chronic wounds. *Cochrane Database Syst Rev* **3**: CD001898.
85. Ubbink DT, Westerbos SJ, Nelson EA et al. (2008) A systematic review of topical negative pressure therapy for acute and chronic wounds. *Br J Surg* **95**: 685–692.
86. Hess CL, Howard MA, Attinger CE (2003) A review of mechanical adjuncts in wound healing: hydrotherapy, ultrasound, negative pressure therapy, hyperbaric oxygen, and electrostimulation. *Ann Plast Surg* **51**: 210–218.
87. Evans D, Land L (2001) Topical negative pressure for treating chronic wounds: a systematic review. *Br J Plast Surg* **54**: 238–242.
88. Gregor S, Maegele M, Sauerland S et al. (2008) Negative pressure wound therapy: a vacuum of evidence? *Arch Surg* **143**: 189–196.
89. Morykwas MJ, Faler BJ, Pearce DJ et al. (2001) Effects of varying levels of subatmospheric pressure on the rate of granulation tissue formation in experimental wounds in swine. *Ann Plast Surg* **47**: 547–551.
90. Horwitz LR, Burke TJ, Carnegie D (1999) Augmentation of wound healing using monochromatic infrared energy. Exploration of a new technology for wound management. *Adv Wound Care* **12**: 35–40.
91. Millis DL, Francis D, Adamson C (2005) Emerging modalities in veterinary rehabilitation. *Vet Clin North Am Small Anim Pract* **35**: 1335–1355, viii.
92. Enwemeka CS, Parker JC, Dowdy DS et al. (2004) The efficacy of low-power lasers in tissue repair and pain control: a meta-analysis study. *Photomed Laser Surg* **22**: 323–329.
93. Van Weeren PR (2006) Physiotherapy. In: *The Cutting Edge: Basic Operating Skills for the Veterinary Surgeon*, 1st edn. (eds J Kirpensteijn, WR Klein) Roman House Publishers, London, pp. 230–237.
94. Woodruff LD, Bounkeo JM, Brannon WM et al. (2004) The efficacy of laser therapy in wound repair: a meta-analysis of the literature. *Photomed Laser Surg* **22**: 241–247.
95. Juha HA, Niinikoski MD (2004) Clinical hyperbaric oxygen therapy, wound perfusion, and transcutaneous oximetry. *World J Surg* **28**: 307–311.
96. Kranke P, Bennett M, Roeckl-Wiedmann I et al. (2004) Hyperbaric oxygen therapy for chronic wounds. *Cochrane Database Syst Rev* **2**: CD004123.
97. Roeckl-Wiedmann I, Bennett M, Kranke P (2005) Systematic review of hyperbaric oxygen in the management of chronic wounds. *Br J Surg* **92**: 24–32.
98. Dyson M (2000) Ultrasound therapy. *J Equine Vet Science* **20**: 694–695.
99. Taskan I, Ozyzgan I, Tercan M et al. (1997) A comparative study of the effect of ultrasound and electrostimulation on wound healing in rats. *Plast Reconstr Surg* **100**: 966–972.
100. ter Haar G (1999) Therapeutic ultrasound. *Eur J Ultrasound* **9**: 3–9.
101. Young SR, Dyson M (1990) Effect of therapeutic ultrasound on the healing of full-thickness excised skin lesions. *Ultrasonics* **28**: 175–180.
102. Capillas Perez R, Cabre Aguilar V, Gil Colome AM et al. (2000) Comparison of the effectiveness and cost of treatment with humid environment as compared to traditional cure. Clinical trial on primary care patients with venous leg ulcers and pressure ulcers. *Rev Enferm* **23**: 17–24.
103. Harding K, Cutting K, Price P (2000) The cost-effectiveness of wound management protocols of care. *Br J Nurs* **9**: S6, S8, S10 passim.
104. Xakellis GC, Chrischilles EA (1992) Hydrocolloid versus saline-gauze dressings in treating pressure ulcers: a cost-effectiveness analysis. *Arch Phys Med Rehabil* **73**: 463–469.

第3章
一般的な再建術

Sjef C. Buiks, Marijn van Delden and Jolle Kirpensteijn

- 三角形の創
- 正方形の創
- 蝶ネクタイ法
- ウォーキングスーチャー
- 減張切開
- メッシュ状減張切開
- 伸展（U字型）皮弁
- ダブル伸展（H字型）皮弁
- V-Y形成術
- Z-形成術
- "読書をする人"形成術
- 転移皮弁
- はめ込み皮弁
- 回転皮弁

三角形の創

概要

不規則な形状の皮膚欠損は，よりシンプルな幾何学的パターンに変換することで創閉鎖が容易になる。欠損部のそれぞれの角から閉鎖を開始し，中心部へ向かって縫合を進める。この方法は欠損部周囲のすべての辺において十分に皮膚に余裕がある場合に用いられる。あるいは回転皮弁や片側性もしくは両側性の伸展皮弁を用いる場合もある。欠損部の閉鎖に伴い過剰なテンションが生じる場合には，ドッグイヤーの部分を切り取ってフリーグラフトとして残存した欠損部を覆うために使用してもよい。

方法

欠損部の辺縁における皮膚の余り具合を評価する。それぞれの角から中心部に向かって，Y字になるように縫合を進める（図18〜23）。

参考文献

Fossum TW, Hedlund CS, Hulse DA *et al.* (2002) (eds) *Small Animal Surgery*, 2nd edn. Mosby, St. Louis, p. 162.

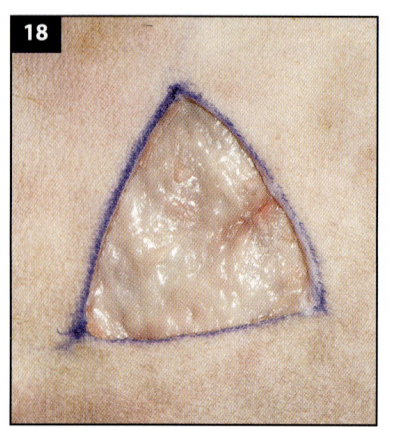

図18 受傷時は不整形であった創を三角形になるように変形する。

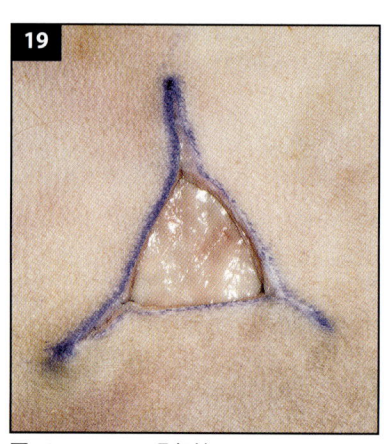

図19 3-0の吸収性モノフィラメント糸を用いて皮下を縫合し，閉鎖する。

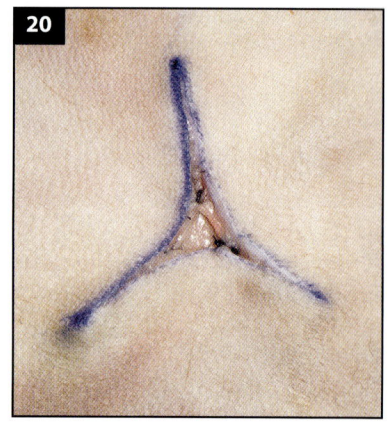

図20 縫合を創の中心に向かって進める。

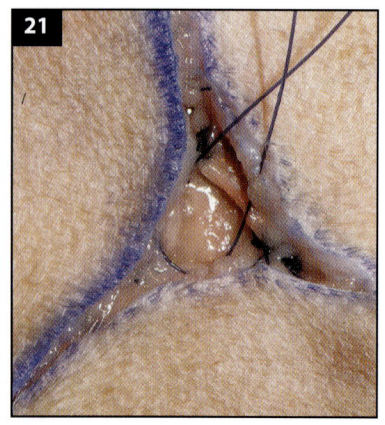

図21 適切な位置に皮下縫合の最後の1糸をかける。

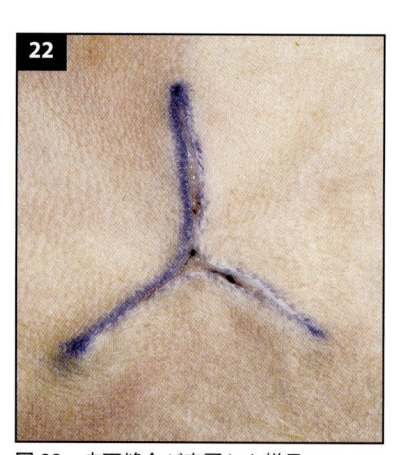

図22 皮下縫合が完了した様子。

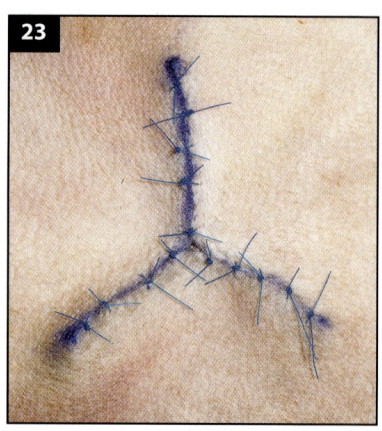

図23 4-0の非吸収性モノフィラメント糸で単純結節縫合により皮膚を閉鎖する。

正方形の創

概要

不規則な形状の皮膚欠損は，よりシンプルな幾何学的パターンに変換することで創閉鎖が容易になる。欠損部のそれぞれの角から閉鎖を開始し，中心部へ向かって縫合を進める。欠損部周囲のすべての辺において十分に皮膚に余裕がある場合に，下記に示した手技を用いて正方形の創を閉鎖することができる。あるいは，回転皮弁や片側性もしくは両側性の伸展皮弁を用いる場合もある。欠損部の閉鎖に伴い，過剰なテンションが生じる場合には，ドッグイヤーの部分を切り取ってフリーグラフトとして残存した欠損部を覆うために使用してもよい。

方法

欠損部の辺縁の皮膚の余り具合を評価する。それぞれの角から中心部に向かって縫合を進めて，欠損部を閉鎖する（図24～27）。

参考文献

Fossum TW, Hedlund CS, Hulse DA et al. (2002) (eds) *Small Animal Surgery*, 2nd edn. Mosby, St. Louis, pp. 162–164.

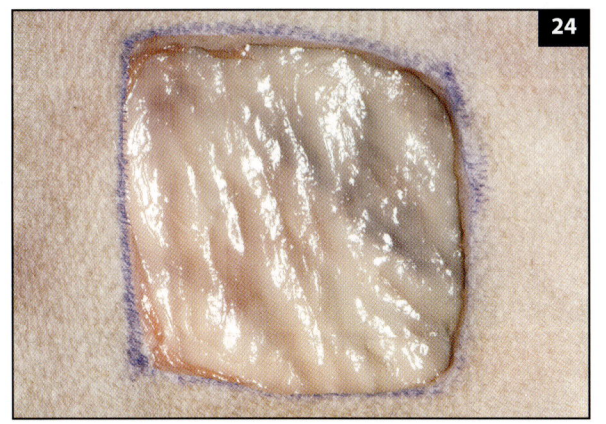

図24 四角形の欠損創は局所のテンションラインの影響で，やや円形に変形する。

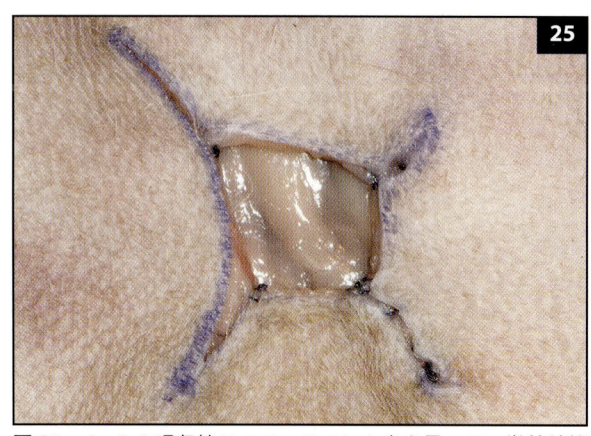

図25 3-0の吸収性モノフィラメント糸を用いて，単純結節縫合もしくは連続縫合にて皮下を閉鎖する。

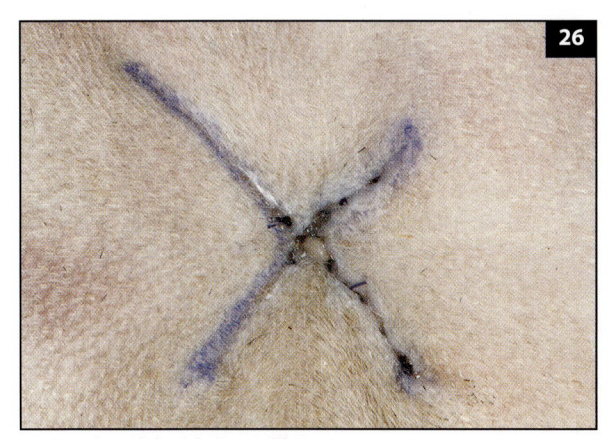

図26 皮下縫合が完了した様子。

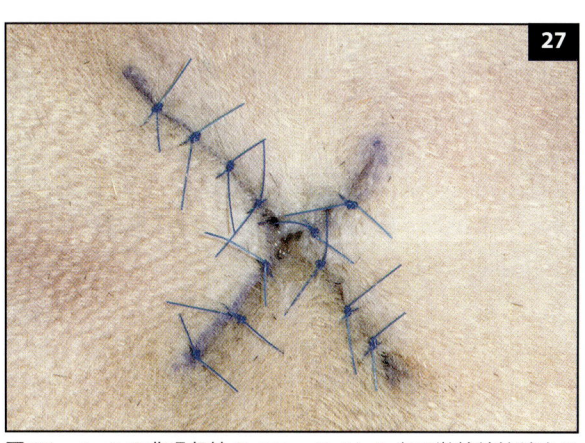

図27 4-0の非吸収性モノフィラメント糸で単純結節縫合により皮膚を閉鎖する。

蝶ネクタイ法

概要

　蝶ネクタイ法は，通常の皮膚の並置による閉鎖では大きなドッグイヤーが形成されてしまうような，円形の皮膚欠損に対して用いられる。この術式は欠損部周囲の皮膚に十分な余裕があることが重要である。

　欠損部の両端に，それぞれの頂点を欠損の中心部に向ける形で2つの三角形を描く。欠損部の長軸が，皮膚テンションライン上にくるようにし，さらに2つの三角形の共通の軸と，欠損自体の長軸の角度が30°になるようにする。三角形の高さは欠損部の半径と同等とする。

　それぞれの三角形の頂点を，長軸方向のテンションが軽減するような方法で転移させることで，欠損を無理なく閉鎖することができる。

方法

　円形の欠損部周囲の被毛を幅広い四角形になるように毛刈りする。必要に応じて，術野の洗浄を行う（図28）。下描き線にしたがって切皮を開始し，2つの三角形の皮下を剥離する（図29）。続いて，円形の欠損部と三角形の間の皮下を剥離する（図30）。

　2-0の非吸収性モノフィラメント糸を用いて，転移させた皮膚に支持糸を施す（図31，32）。2つの三角形の頂点をそれぞれ転移させたら，3-0の吸収性モノフィラメント糸で適宜，皮下縫合を行う（図33）。同じく3-0の吸収性モノフィラメント糸を用いて数カ所の皮下縫合を追加し，残りの部分の皮膚を並置する（図34）。皮膚は4-0の非吸収性モノフィラメント糸で，単純結節縫合により閉鎖する（図35）。

参考文献

Alvarado A (1981) Reciprocal incisions for closure of circular skin defects. *Plast Reconstr Surg* 67: 482–491.

Fossum TW, Hedlund CS, Hulse DA *et al.* (2002) (eds) *Small Animal Surgery*, 2nd edn. Mosby, St. Louis, pp. 162–163.

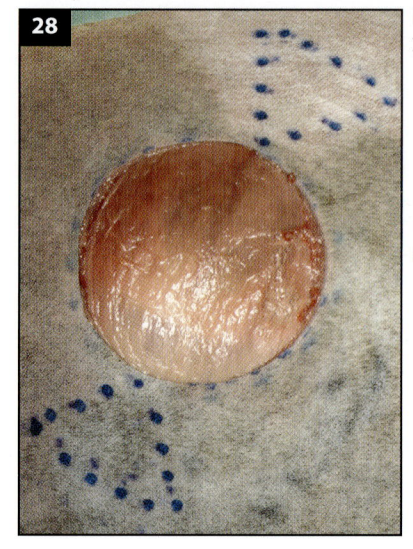

図28　円形の欠損創。2つの三角形は，その中心軸がテンションラインの長軸と30°の角度になるような位置に青マーカーで描かれている。三角形の高さは円形欠損部の半径と同じ長さにする。

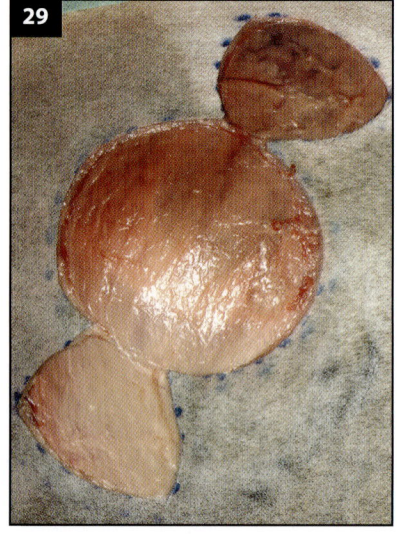

図29　2つの三角形の皮膚を取り除く。

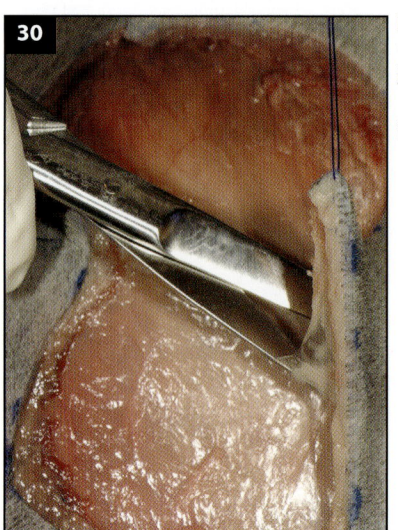

図30　円形欠損部に隣接した部分の皮膚の皮下を，メイヨー剪刀を使って剥離する。

第3章 一般的な再建術 53

図31, 32 三角形の剥離したそれぞれの辺を分離し，縫合予定の部位へ移動させる。

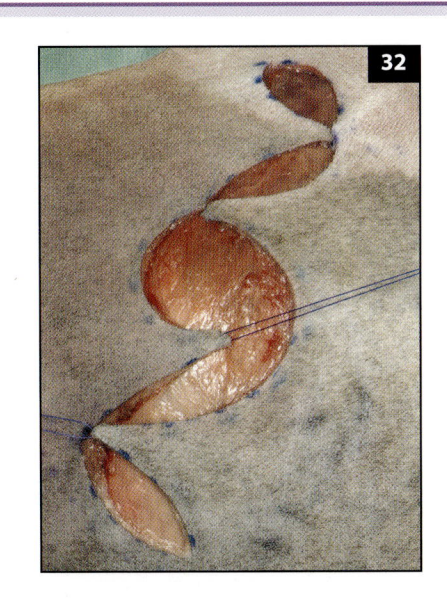

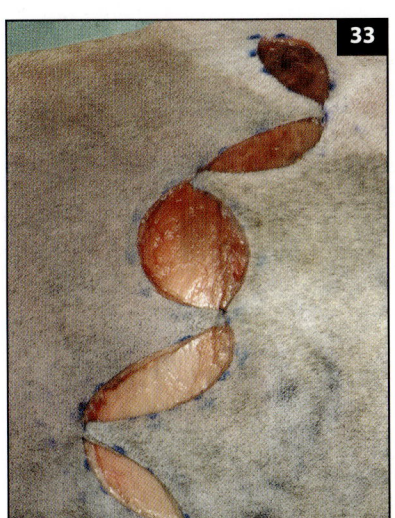

図33 三角形の角が，それぞれ適切な位置にくるように縫合する。

図34 3-0の吸収性モノフィラメント糸を使用して皮下を縫合し，皮膚縁を並置する。

図35 蝶ネクタイ法が完了した様子。

ウォーキングスーチャー

概要

　ウォーキングスーチャーは，軽～中程度のテンションを軽減するために利用される。この方法では創の辺縁から中心部に向かって，徐々に皮膚を伸展させる（通常は両側から）。

　ウォーキングスーチャーは，皮下筋膜に糸をかけた位置よりも創の中心部に近い位置で深部筋膜に糸をかける方法である。

方法

　過剰なテンションのために通常の一次縫合では閉鎖できないような創（図36）では，剪刀を使って皮下を丁寧に剥離する（図37, 38）。皮下筋膜に縫合糸をかけ，それより創の中心部に近い位置の筋膜に糸をかける（図39, 40）。スリップノットを利用して皮弁を引き寄せる（図41～44）。皮弁の反対側の同じ位置に第2糸をかけ（図45），同様の手技を繰り返して皮膚が創縁に近付くように伸展させる（図46～48）。これにより，無理なく創縁全体を閉鎖することができる（図49, 50）。

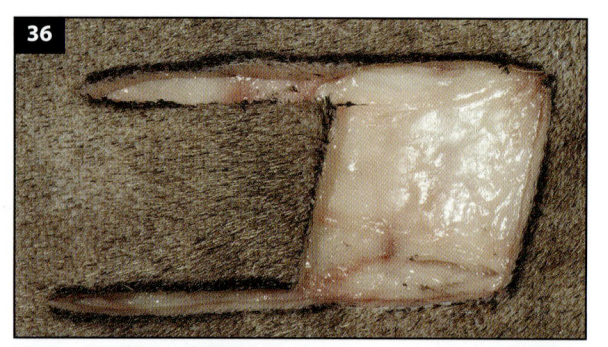

図36　この創は一次閉鎖するにはテンションがかかり過ぎる。

図37, 38　剪刀を使って当該部位の皮下を丁寧に剥離する。

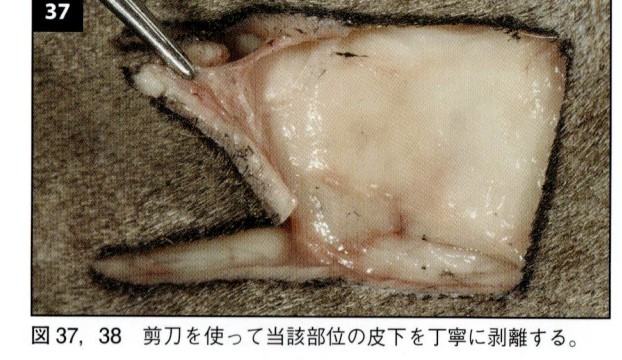

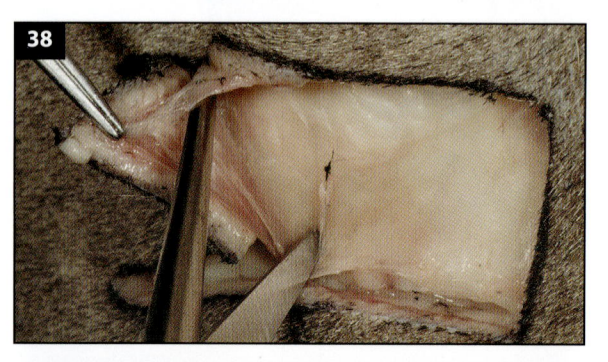

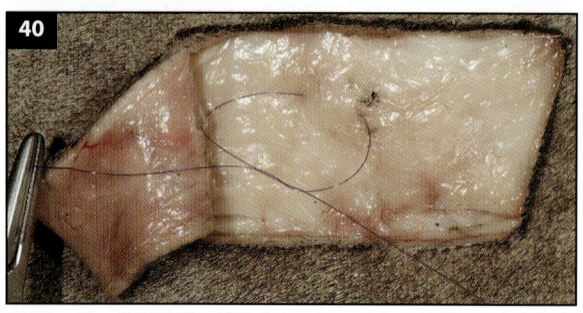

図39, 40　皮下筋膜に縫合糸をかけ，それより創の中心部に近い位置の筋膜に糸をかける。

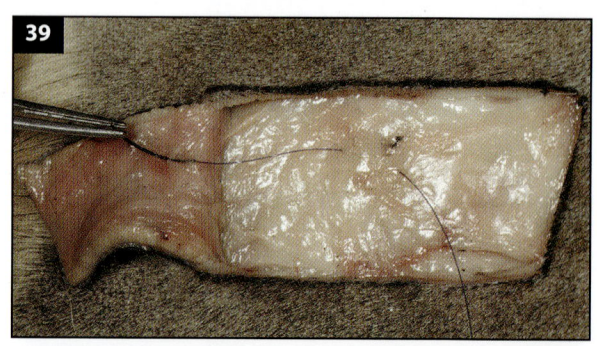

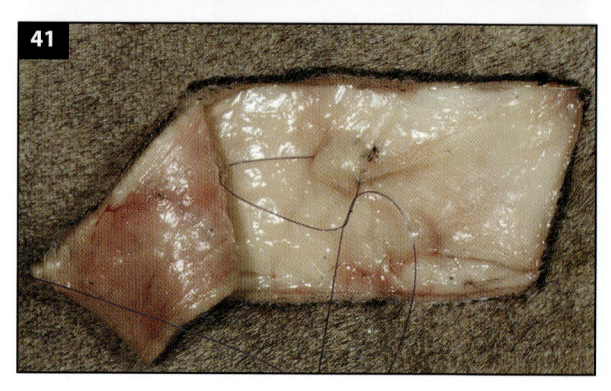

第3章　一般的な再建術　55

図41〜44　スリップノットを使って皮弁を引き寄せる。

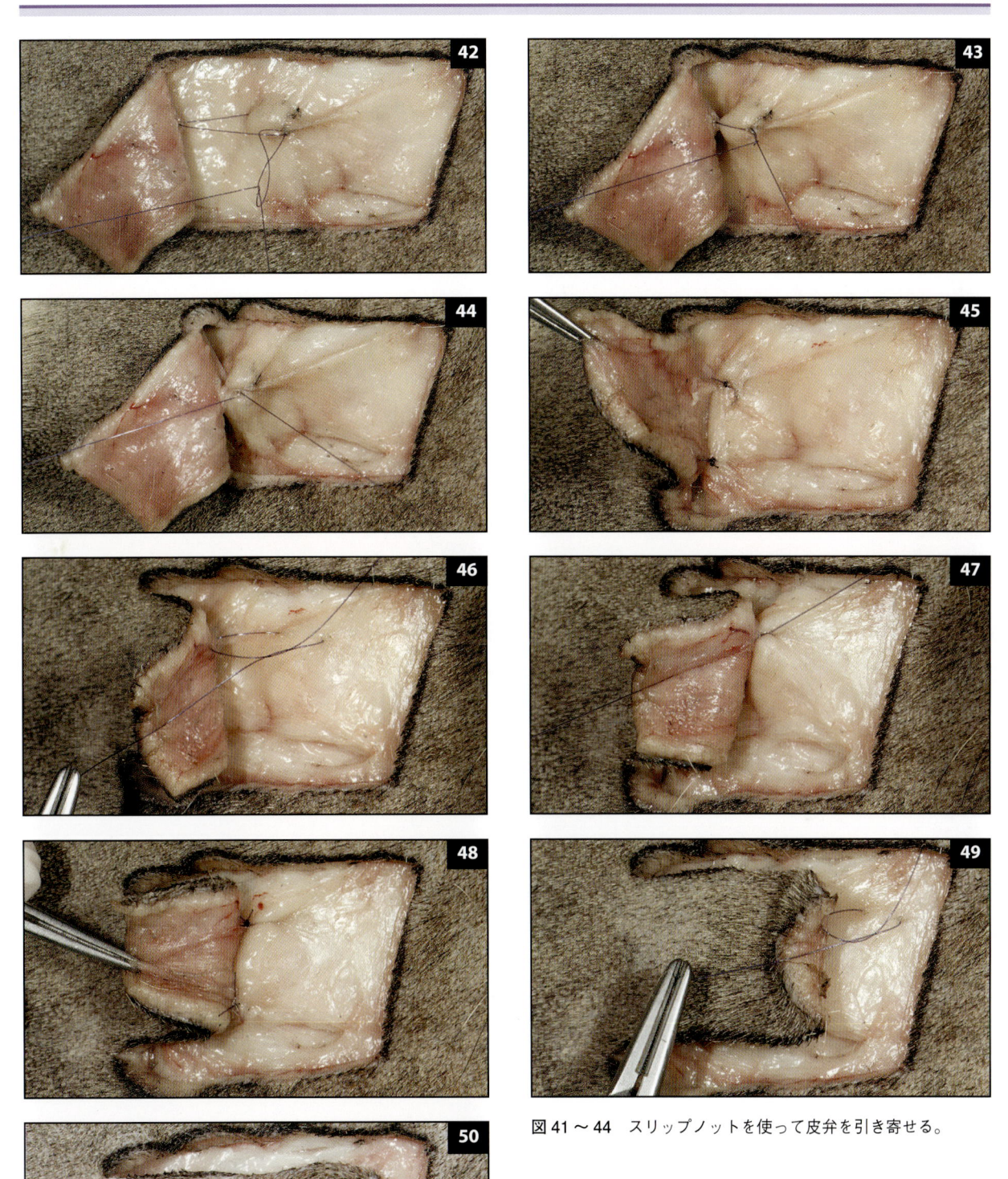

図45　皮弁の反対側の同じ位置に第2糸をかける。

図46〜48　同様の手技を繰り返して，皮膚が創縁に近付くように伸展させる。

図49，50　さらに同様の手技を繰り返すことで，創縁全体の閉鎖が無理なくできるようになる。

減張切開

概要
　楕円形の創傷は，隣接した皮膚に余裕がある場合には減張切開を利用することで閉鎖が可能である。欠損部と平行に，欠損部と同じ長さの減張切開を1～2カ所加えることにより創を閉鎖する。まず最初に創を閉鎖し，その後に減張切開した部分を閉鎖する。減張切開部を閉鎖せず，二期的に治癒させる方法もある。

方法
　欠損部の辺縁の皮膚の余裕を評価し（図51），減張切開を加える位置を確認する（図52）。欠損と平行に減張切開を施し，テンションをかけずに欠損を一次閉鎖することができるかどうかを評価する。もしできないようであれば，欠損部の反対側に，1つ目の切開と平行な2つ目の減張切開を加える。双茎皮弁を慎重に皮下から剥離する（図53）。
　皮筋を含めて皮下織を縫合し，欠損部を閉鎖する（図54）。次に，3-0の非吸収糸を用いて単純結節縫合で皮膚を閉鎖する（図55）。欠損を縫合した後，可能であれば減張切開部を閉鎖する（図56）。

参考文献
Pavletic MM (2010) *Atlas of Small Animal Wound Management and Reconstructive Surgery*, 3rd edn. Wiley-Blackwell, Ames, pp. 266-267.

第3章　一般的な再建術　57

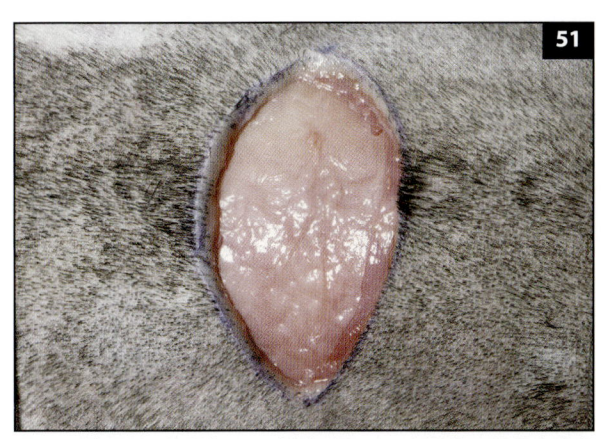

図51　楕円形の切開部は，減張切開により切開部と平行な皮膚の余裕を作り出すことで，閉鎖することが可能となる。

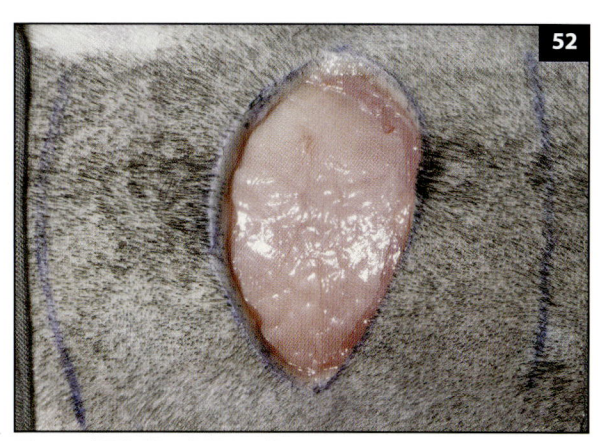

図52　減張切開の位置を下描きする。

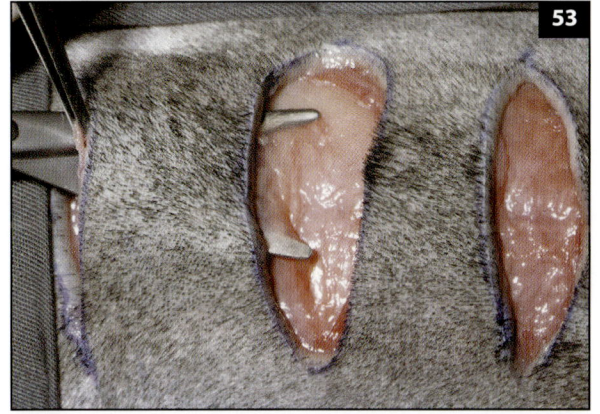

図53　欠損部に隣接する皮膚の皮下をメイヨー剪刀を使って剥離する。

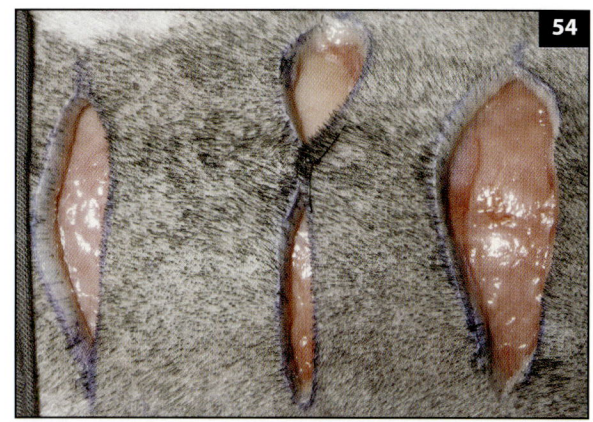

図54　最初の欠損部の中心部を閉鎖して，創縁にテンションがかからないかを確認する。

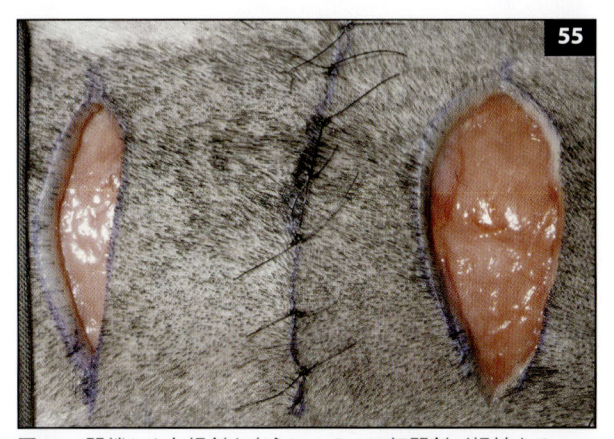

図55　閉鎖した欠損創を中心に，2つの切開創が相対する。

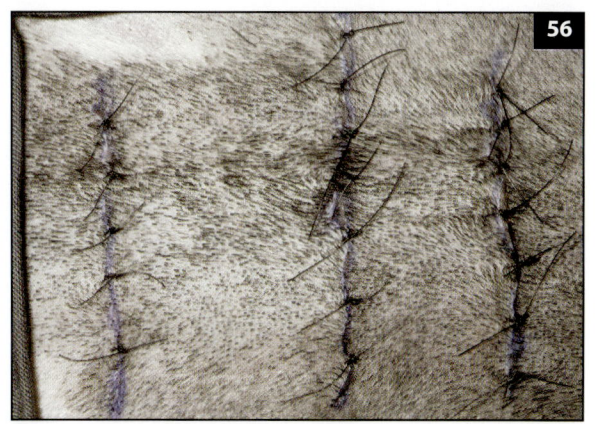

図56　すべての切開創を閉鎖した様子。

メッシュ状減張切開

概要

メッシュ状減張切開（あるいはメッシング切開）は，前述した減張切開術のバリエーションの1つである．皮膚のテンションを軽減するため，欠損部周囲の皮膚にメッシュ状の切開を加えて創縁を一次閉鎖できるようにする．最初に，注意深く皮下を剥離し，約1cm間隔で互い違いに切開を加える．

方法

円形の欠損部周囲の皮膚の毛を短く刈り，横長の四角形の範囲を毛刈りして，手術の準備をする（図57）．欠損部に近接した領域の皮膚の弾力性や弛みの程度を確認する．メッシュ状切開を加える予定の部位に印を付け（図58），続いてNo.11のメスを使って切開する（図59）．

欠損部を縫合し，メッシュ状切開はそのまま開放状態にして二期的に治癒させる（図60）．

参考文献

Pavletic MM (2010) *Atlas of Small Animal Wound Management and Reconstructive Surgery,* 3rd edn. Wiley-Blackwell, Ames, pp. 270–271.

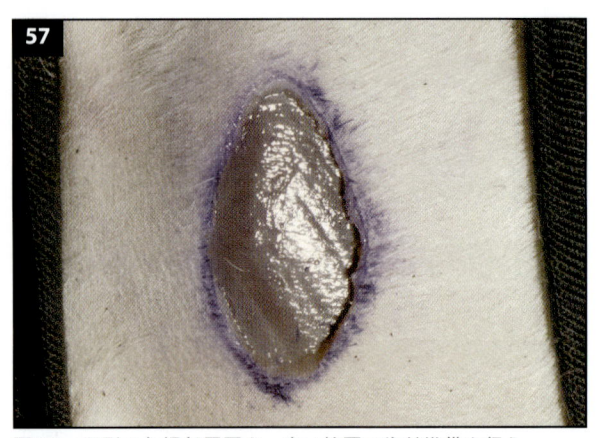

図57 円形の欠損部周囲を，広い範囲で術前準備を行う．

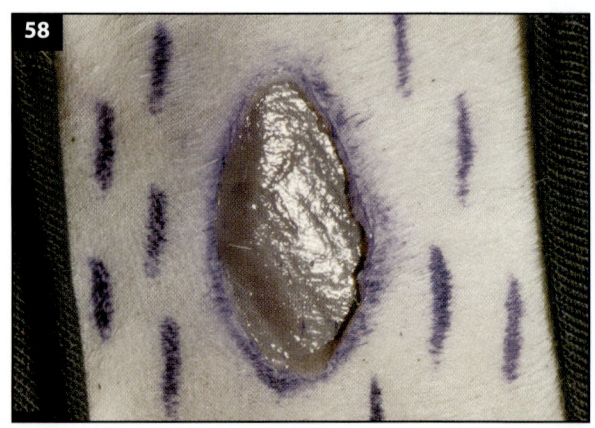

図58 滅菌した皮膚マーカーを使って，メッシュ状切開部に印を付ける．

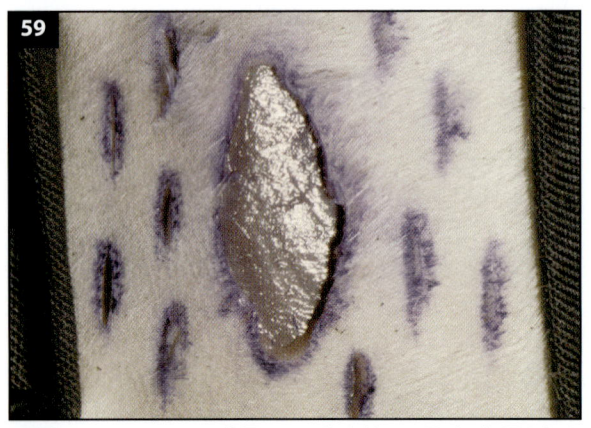

図59 No.11のメスを使用して，印を付けた場所に切開を加える．

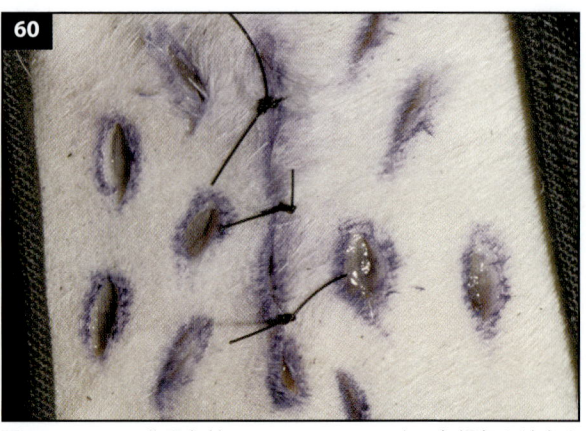

図60 4-0の非吸収性モノフィラメント糸で欠損部を縫合する．

伸展（U字型）皮弁

概要

獣医療において，最も簡単で最も色々な方向に使用できる皮弁の1つが伸展（U字型）皮弁である。U字型皮弁とは，部分的に切り離された皮膚および皮下織の一区画である。皮弁の生存は，皮弁基部および皮下血管叢の血液循環の維持に依存している。

この術式の理論的背景は，比較的余裕もしくは弾力性のある局所の皮膚を使って創の閉鎖をするということである。（皮弁作成のために）二次的に作られた創は，比較的テンションをかけずに閉鎖することができる。

方法

この手技は（このケースでは），卵型の欠損の閉鎖に使用する（図61）。創縁の体幹皮筋を確認する。2本の平行な直線をU字型になるように下描きする（図62）。次に，U字型皮弁の2辺を切開する（図63，64）。

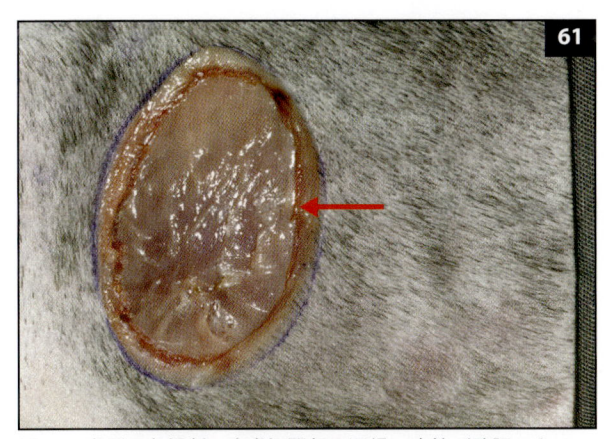

図61 卵型の欠損創。皮膚切開部の辺縁に皮筋が確認できる。

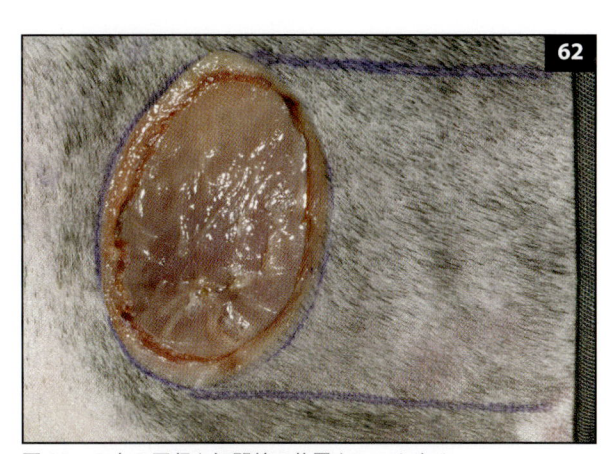

図62 2本の平行な切開線の位置をマークする。

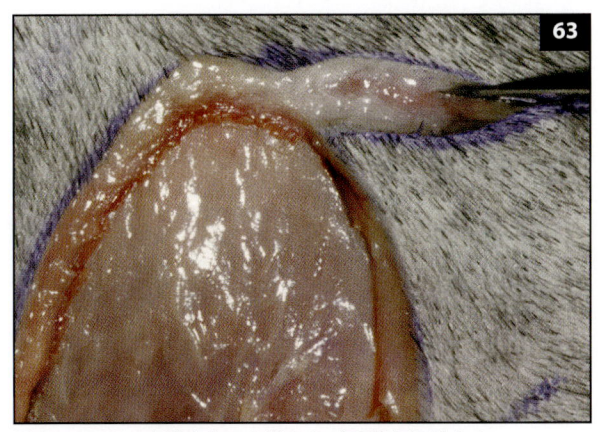

図63, 64 U字型皮弁の上脚および下脚を切開する。

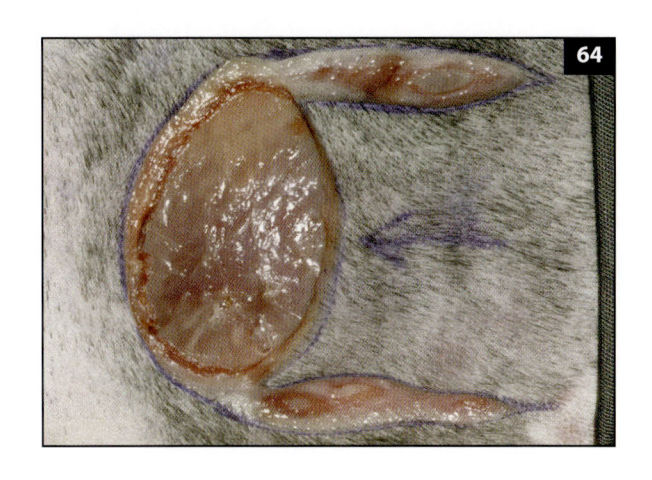

体幹皮筋とともに，U字型の皮弁を慎重に皮下から分離する。皮弁の辺縁は支持糸をかけて操作する（図65）。U字型皮弁の角の体幹皮筋もしくは皮下織を，欠損部の角に縫合する（図66，67）。3-0の吸収性モノフィラメント糸で2カ所ほど単純結節縫合を行い，皮膚にかかるテンションを確認する（図68）。

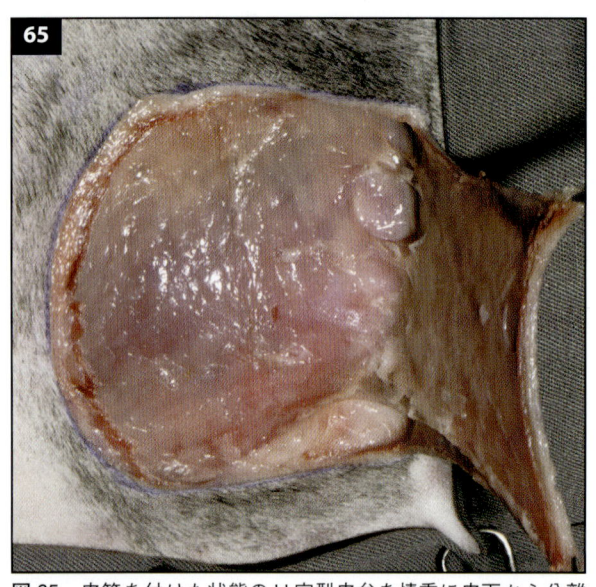

図65 皮筋を付けた状態のU字型皮弁を慎重に皮下から分離する。

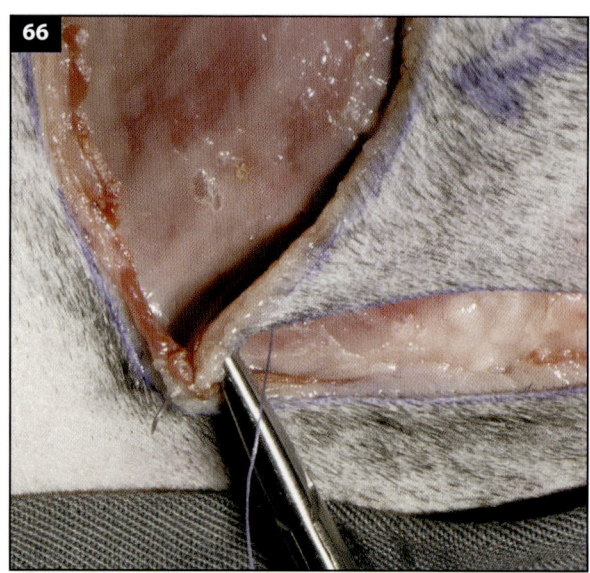

図66，67 U字型皮弁の辺縁にある皮筋と欠損部の角とを縫合する。

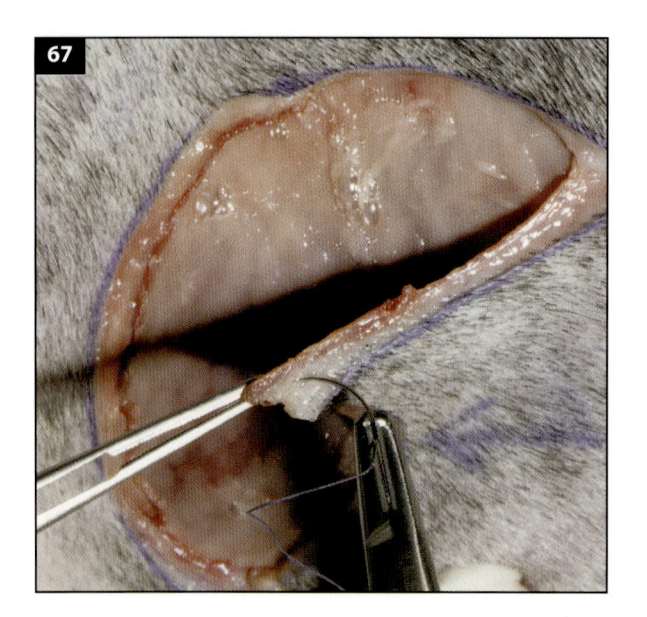

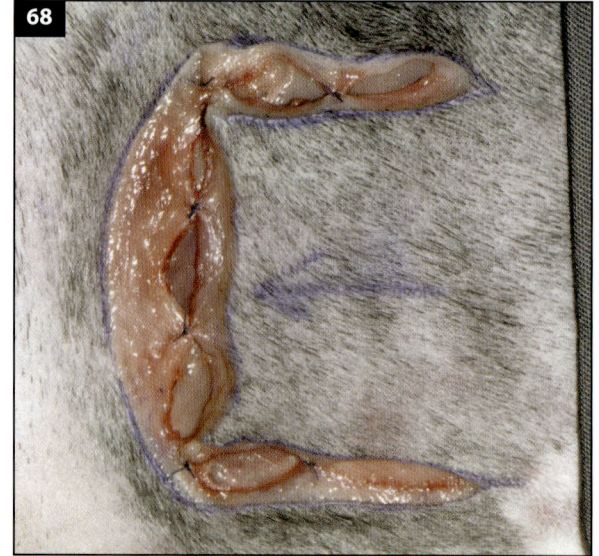

図68 単純結節縫合を施した様子。

続けて，連続縫合で皮筋を含めながら皮下織を縫合する（図69，70）。4-0の非吸収性モノフィラメント糸で，単純結節縫合により皮膚を閉鎖する。縫合は欠損部の角から開始する（図71，72）。

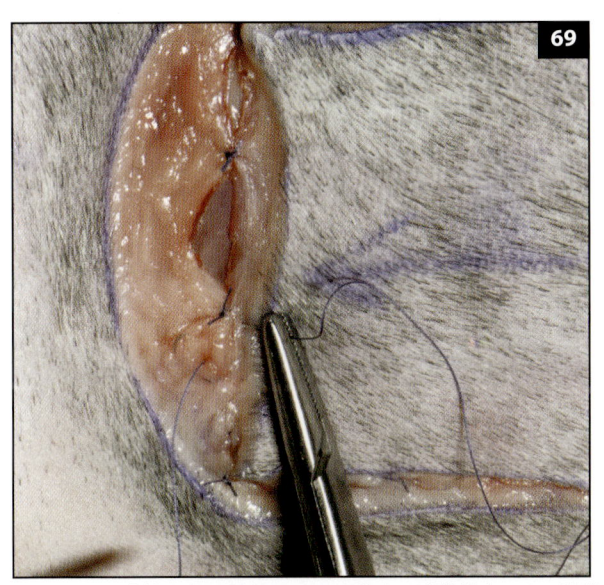

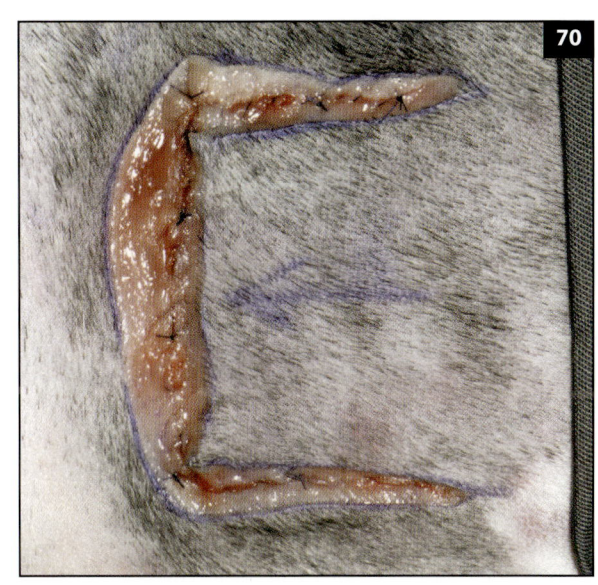

図69，70　皮筋を含む層を3-0の吸収糸で連続縫合により閉鎖する。

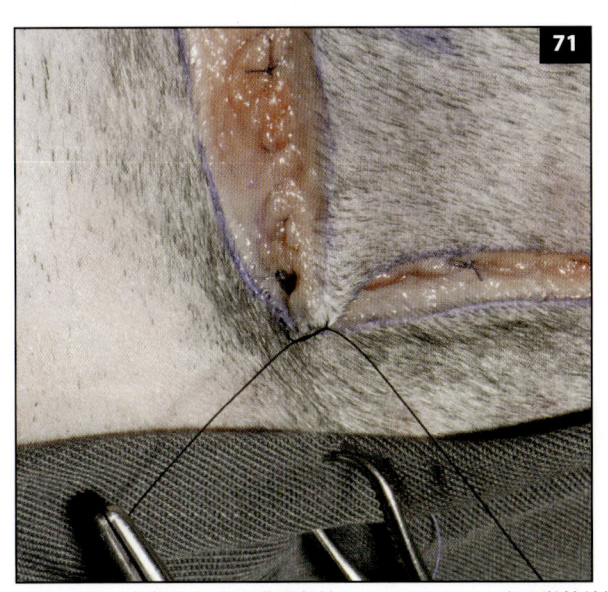

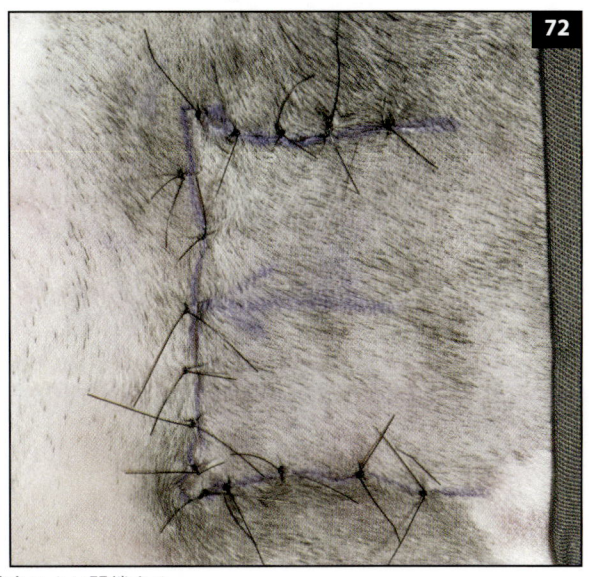

図71，72　皮膚を4-0の非吸収性モノフィラメント糸で単純結節縫合により閉鎖する。

ダブル伸展（H字型）皮弁

概要
ダブル伸展（H字型）皮弁は，相対する2つの伸展（U字型）皮弁から構成される。

方法
このケースでは卵型の欠損創を例に解説する。H字の2本の平行な切開線を下描きする（図73）。次いで，皮弁の2辺を切開する（図74）。体幹皮筋を伴った状態の皮弁を，慎重に創床から分離する。辺縁には支持糸をかけて操作する（図75）。

H字の辺縁の体幹皮筋と欠損部の角を縫合する（図76）。3-0の吸収性モノフィラメント糸で2カ所ほど単純結節縫合による支持糸を施し，皮膚にかかるテンションを確認する。そして，体幹皮筋を含む皮下織層を連続縫合により閉鎖する。次に，皮膚をスキンステープラーもしくは4-0の非吸収性モノフィラメント糸で閉鎖する（図77, 78）。

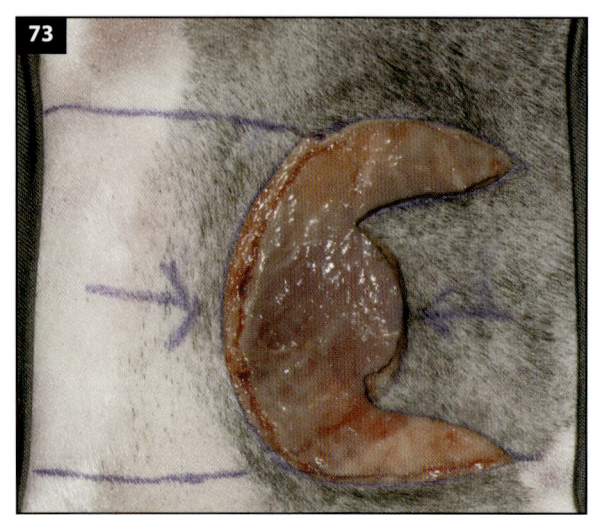

図73 片方の伸展皮弁はすでに切開されている。U字をH字に延長する切開線が，明確にマークされている。

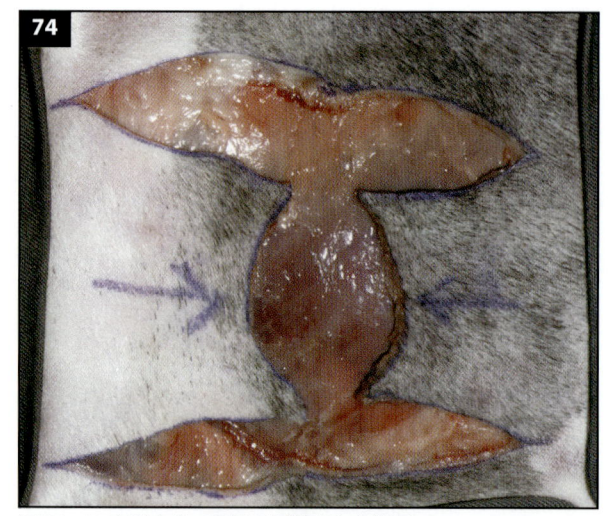

図74 H字型皮弁の両側が切開された様子。

第3章 一般的な再建術 63

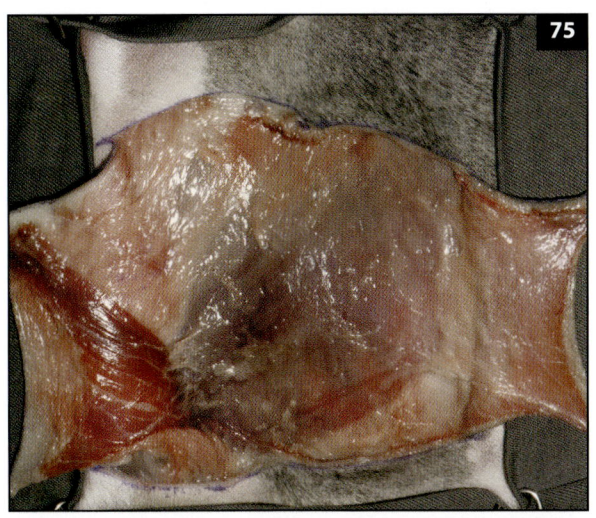

図75 体幹皮筋が付いた状態のH字型皮弁を慎重に創床から分離する。

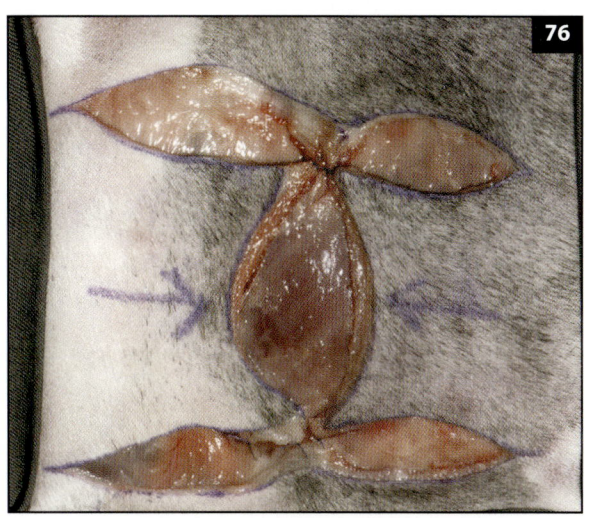

図76 H字の辺縁にある体幹皮筋と欠損部の角を縫合する。

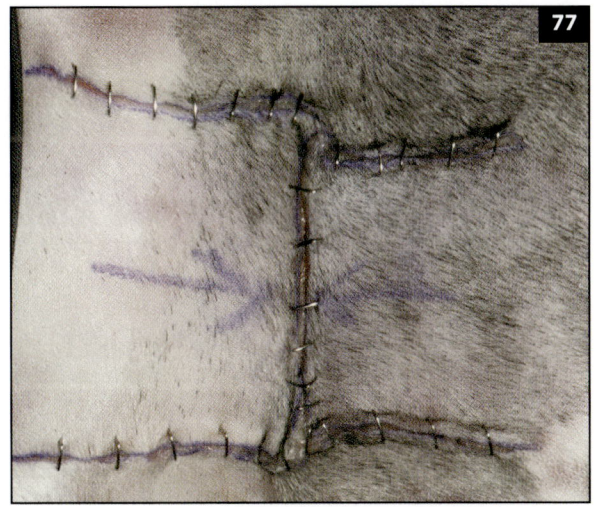

図77 皮膚をスキンステープラーもしくは縫合により閉鎖する。

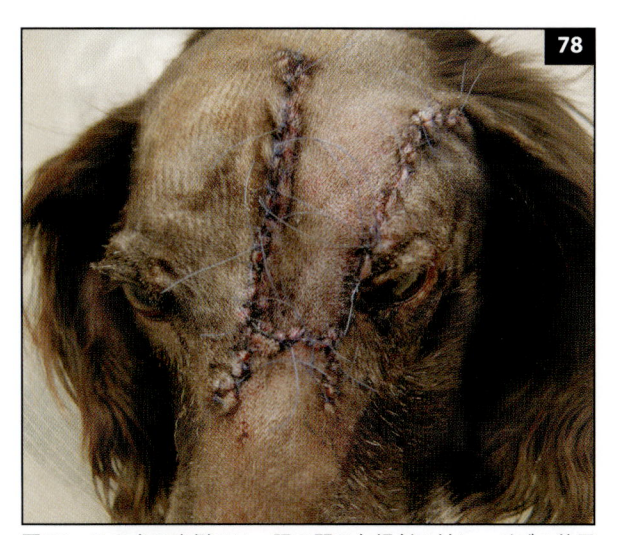

図78 この犬の症例では，眼の間の欠損創に対し，ダブル伸展（H字型）皮弁が適応された。

V-Y形成術

概要

V-Y形成術は，縫合された創縁にかかるテンションを軽減させるために使用される皮膚延長テクニックである。しかし，これによるテンション軽減効果は最小限である。この方法は軽度なテンションを伴う創で，その付近にその他の方法に使用できる皮膚の余裕がないときにのみ使用すべきである。

方法

このケースでは，卵型の創を例に解説する。創縁から最低3cmの距離にV字の線を描く（図79）。V字の両辺を切開し（図80），皮下を剥離して当初の欠損部を縫合する（図81）。必要に応じて，創の辺縁を慎重に剥離する。

切開部分は，まず外側の辺縁を合わせ，V字の頂点から縫合をはじめる（図82，83）。切開部の縫合線がY字の形になるように閉鎖し，創の縫合を完了する（図84）。

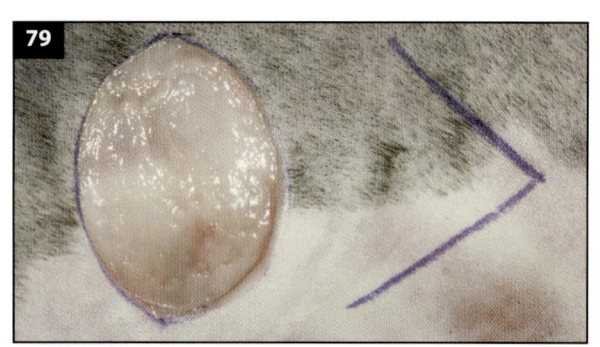

図79 創縁から最低3cmの距離にV字を描く。

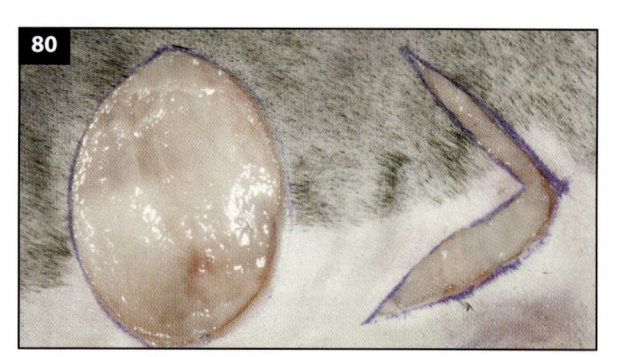

図80 V字に沿って切開する。

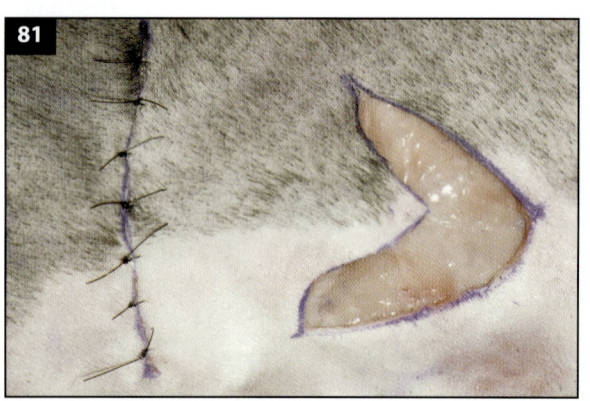

図81 元の創を閉鎖する。

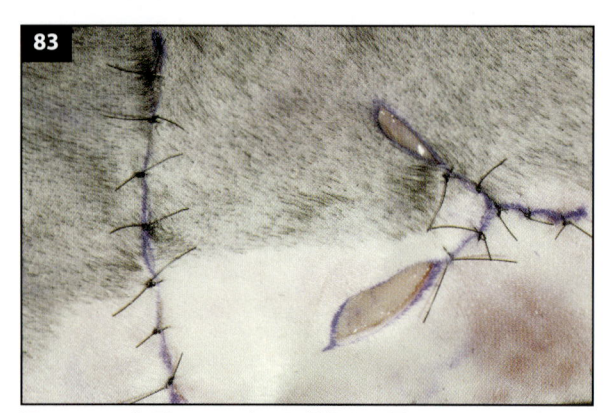

図82，83 切開したV字の両側縁を並置させたら，V字の頂点から縫合をはじめる。

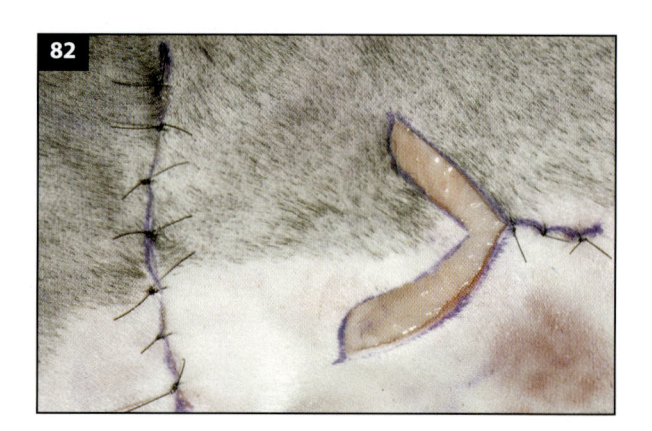

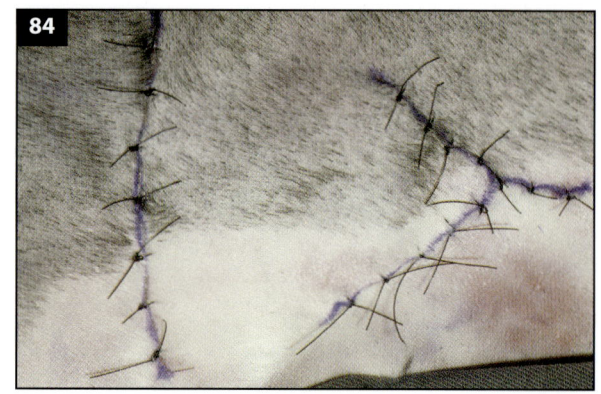

図84 V-Y形成術の完成。

Z-形成術

概要

Z-形成術は皮膚の長さを延長させるための方法である（例：拘縮性の瘢痕組織など）。Z-形成術は，2つの正三角形の局所皮弁を同時に転移させるという方法である。延長される皮膚の量は，理論的にはZ字切開の脚の長さや脚同士の角度により異なってくる。

方法

まず，欠損を閉鎖する方向と平行になるように，皮膚に1本の切開線を下描きする。この線がZ字の真ん中の脚となり（図85），テンションの向きと平行となる（すなわち，テンションの軽減が必要な創に対しては垂直となる）。Z字の両サイドの脚を，中心の脚に対して45〜60°の角度になるよう皮膚に下描きをする。Z字と創の間の皮膚の生存率を確保するためには，欠損部の創縁にあまり近い位置に切開を加えるべきではない（図86）。Z字によって形作られる三角形を色分けして，皮弁を見分けやすくした（図87）。

続いて，Z字の脚を切開する。Z字の頂点は比較的鋭角に切開するが，やや丸みを帯びるようにすることで先端部の血液供給が改善する（図88）。

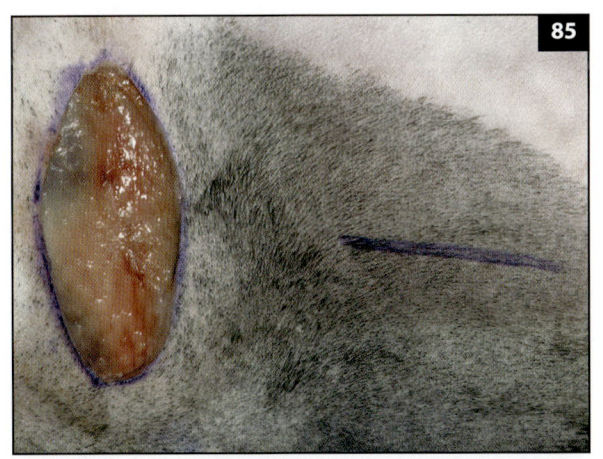

図85 テンションの軽減が必要な創に対し，垂直にZ字の中心脚を描く。

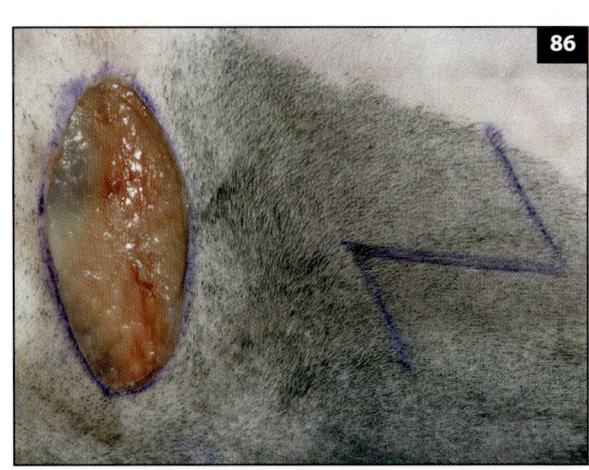

図86 中心脚に対し60°の角度でそれぞれZ字の両脚を描く。

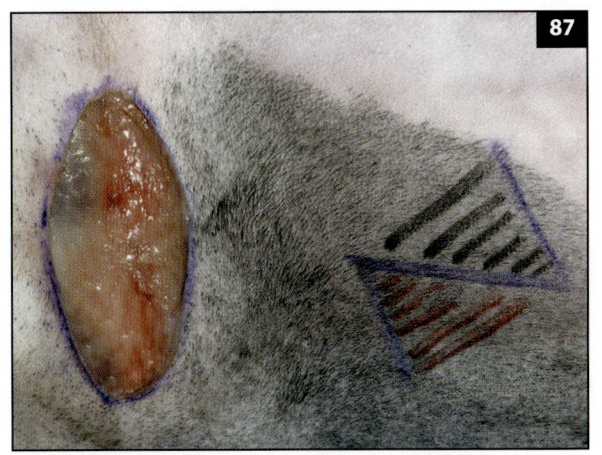

図87 わかりやすくするため，Z字により形成された2つの三角形を色分けしてある。

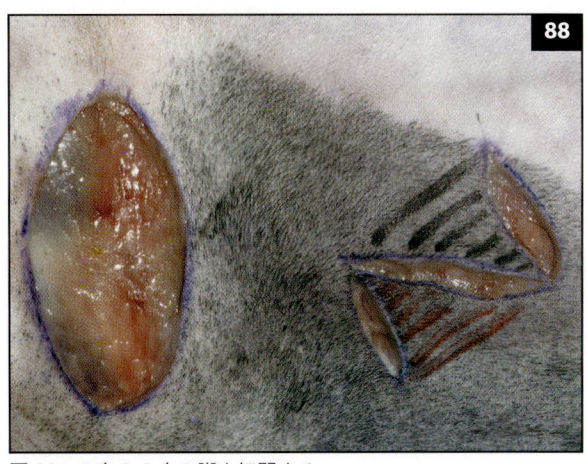

図88 Z字の3本の脚を切開する。

テンションによりZ字が自然に開く（図89）。三角形の皮弁をそれぞれ慎重に皮下から剥離する（図90）。三角形の皮弁を移動させる前のZ字のポジション（図91）および，2つの皮弁を新たな位置に移動させてZ-形成術が完了する様子を示した（図92）。

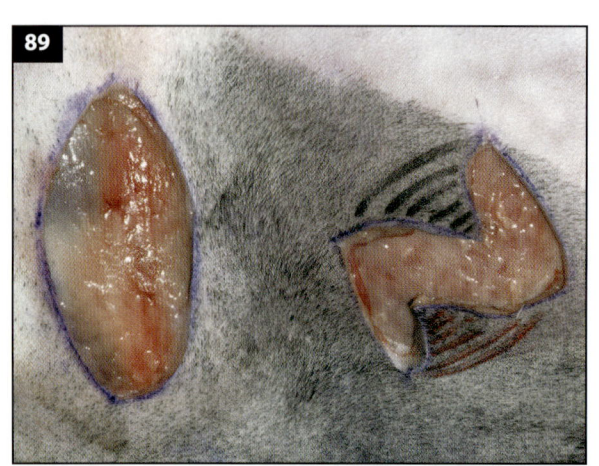

図89　テンションによりZ字が自然に開く。

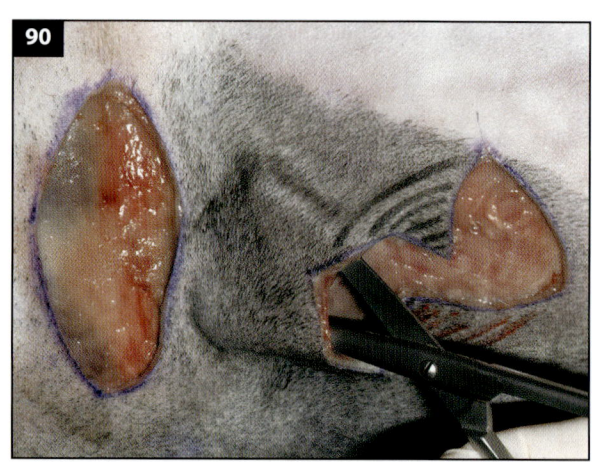

図90　メイヨー剪刀を使って，それぞれの三角形の皮弁および欠損部とZ字の間の皮下を剥離する。

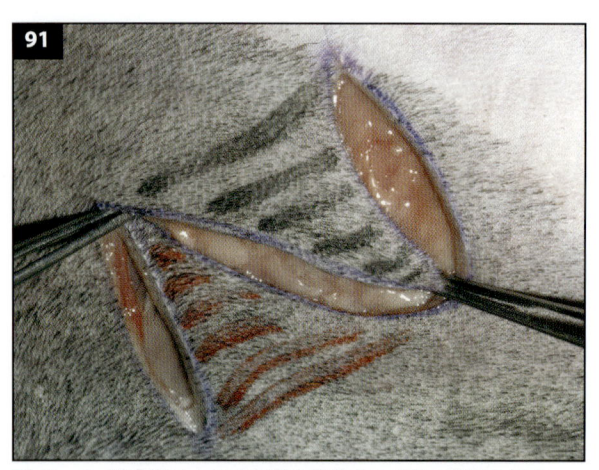

図91　Z-形成術により三角形を移動させる前の状態を示す。

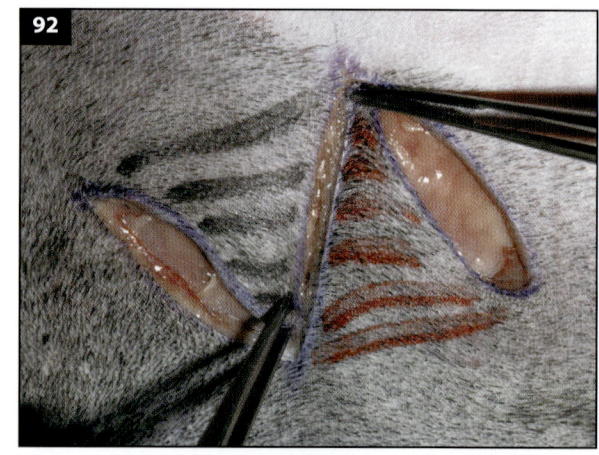

図92　Z-形成術により三角形を移動させた後の状態を示す。

3-0の吸収性モノフィラメント糸を使用して，Z字の頂点を縫合する（図93）。4-0の非吸収性モノフィラメントを使い，Z-形成した部分と欠損部を縫合する（図94，95）。

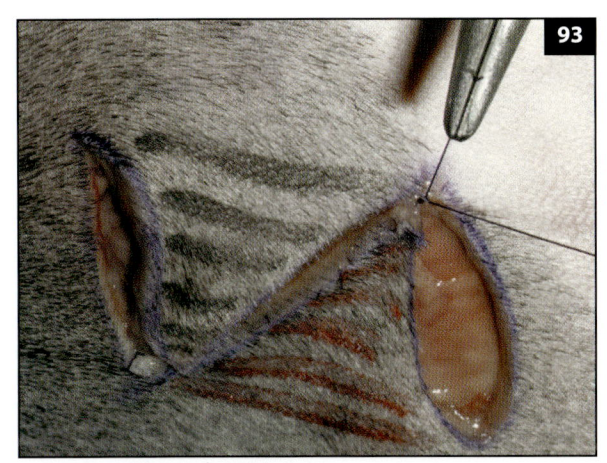

図93　Z-形成部の角を縫合する。

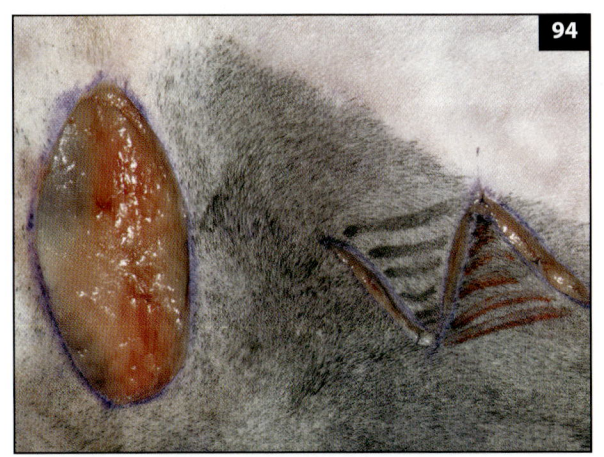

図94，95　Z-形成部と欠損部を縫合して完成。

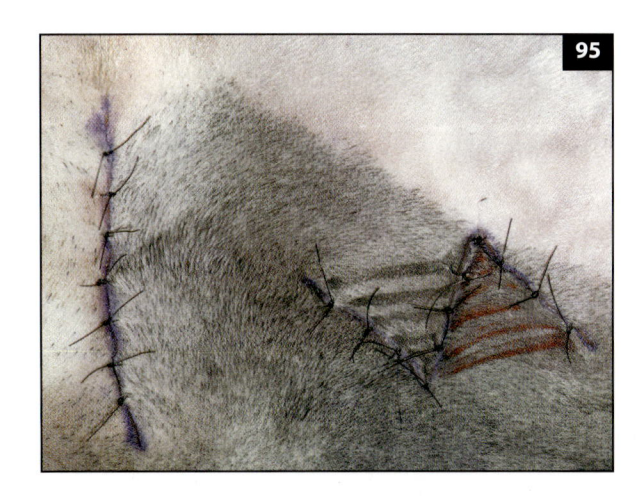

"読書をする人" 形成術

概要

"読書をする人"という手法は，様々な用途に使用できる。これは円形の欠損を閉鎖するのに効果的な方法である。角度の異なるZ-形成術により2つの皮弁が作成される。これら2つの皮弁により組織の余裕が最大限に引き出され，テンションが軽減される（図96）。

方法

欠損のある部位のテンションラインの方向を確認する。皮膚テンションラインと垂直に2本の平行線を引く（図97）。Z字の軸はテンションラインと平行になるようにする。切開線の長さは，欠損の直径の1.5倍になるようにする。この線に対し60°の角度でZ字の底辺の線を引き，同様に45°の角度でZ字の頭の部分の線を引く（図98）。

切皮により両方の皮弁を切り出し，剪刀を使って皮下から剥離する（図99）。皮弁を移動させる際には支持糸を利用する。1つ目の皮弁（f_1）は欠損部を覆うために使用され，2つ目の皮弁（f_2）はドナーサイトを覆うのに使用される（図100, 101）。

皮下の連続縫合および皮膚の単純結節縫合により，皮弁を縫合閉鎖する（図102, 103）。

参考文献

Mutaf M, Sunay M, Bulut Ö (2008) The "Reading Man" procedure: a new technique for the closure of circular skin defects. *Ann Plast Surg* **60**: 420–425.

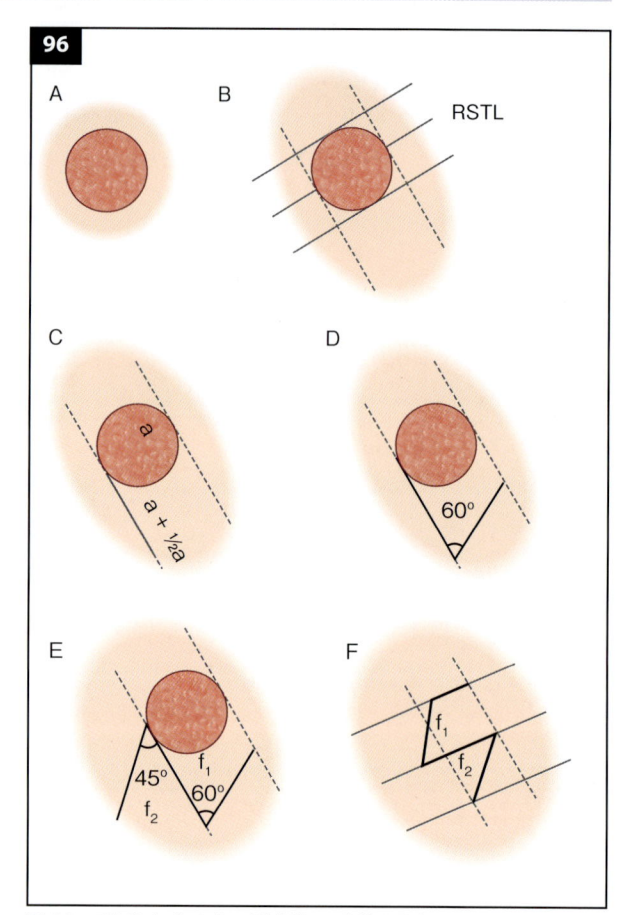

図96 "読書をする人"形成術の手技を図解する。円形の皮膚欠損（A）。Z-形成術のための中心脚の方向を決める（B：点線）。術後の瘢痕を最小限にするために，この線はrelaxed skin tension line (RSTL) と垂直にすべきである。円形の欠損の辺縁を通過するように接線を引き，Z-形成の中心脚とする（C）。Z字の残りの脚をそれぞれ45°と60°の角度で描き足し，角度の異なるZ-形成術となるようにする（D, E）。創に近い方の皮弁（f_1）は欠損部を覆うために使用され，もう一方の皮弁（f_2）は，Z-形成術の要領で，1つ目の皮弁採取によるドナーサイトを閉鎖するのに使用される（E）。欠損部を閉鎖した完成状態（F）。（Mutaf M, Sunay M, Bulot Ö (2008) The "Reading Man" procedure：a new technique for the closure of circular skin defects. *Ann Plast Surg* 60：420-425 より改変）

第3章 一般的な再建術　69

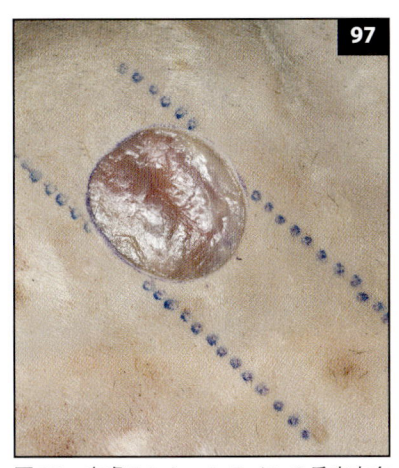

図97　皮膚テンションラインの垂直方向に2本の平行線を引く。

図98　Z字の下描きを示す。

図99　下描きの線に沿ってZ字部分を切開し，皮下を剥離する。

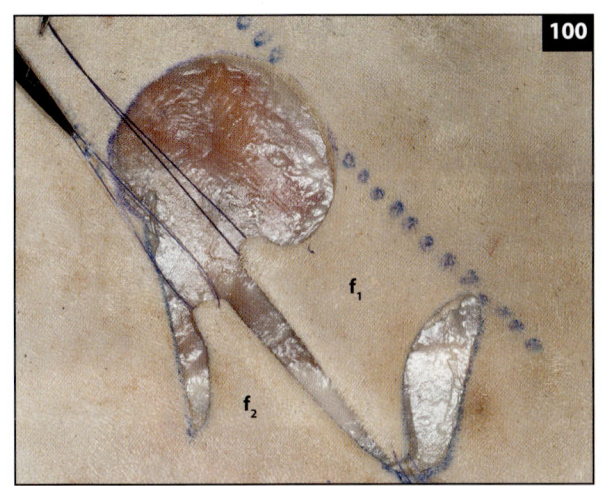

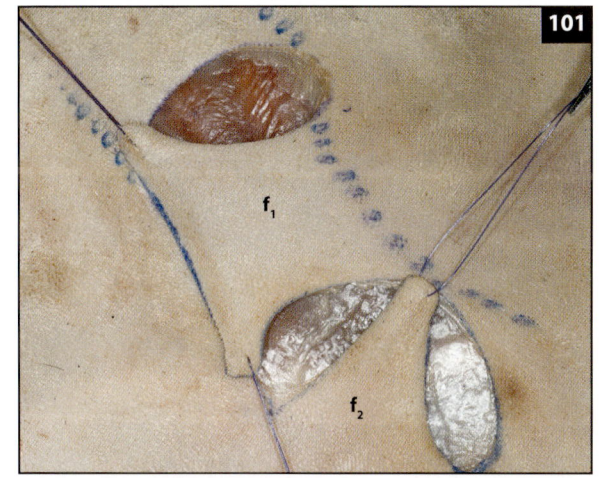

図100, 101　支持糸をかける。f_1の皮弁で欠損部を覆い，f_2の皮弁はドナーサイトを覆うのに使われる。

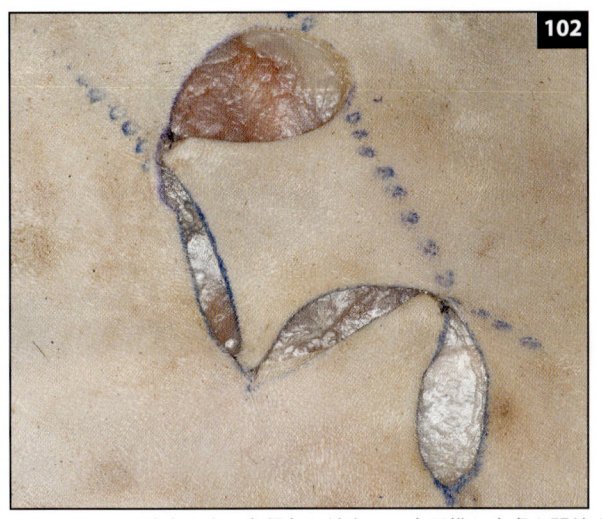

図102, 103　皮弁の角を欠損部と縫合し，皮下織と皮膚を閉鎖する。

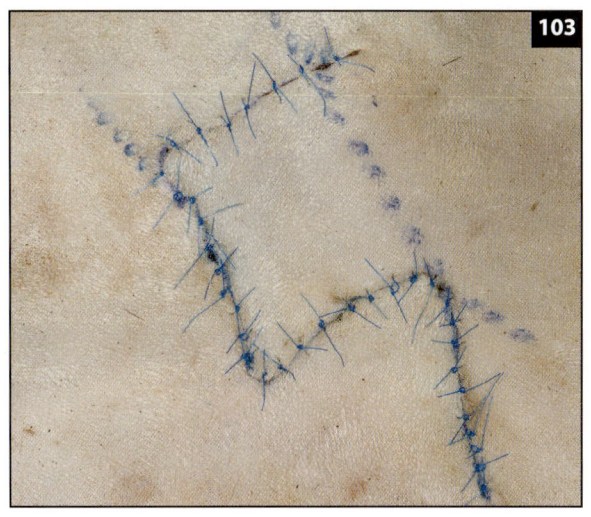

転移皮弁

概要

転移皮弁は，閉鎖しようとする皮膚欠損創と隣接した部分の皮膚を転移させる，有茎ローカル皮弁である。皮弁の長さを事前に決めておくことで，異なる角度から皮弁を利用することができる。最も一般的な角度は，創に対して90°である。

方法

皮弁基部の幅は欠損部の直径と同じとし（図104，105），皮弁の長さは回転軸の外側の基点から欠損部創縁までの最大距離と同じにする（図106，107）。滅菌済の皮膚マーカーを使って，ドナーとなる皮弁の下描きをする（図108）。

線に沿って切皮し，皮弁を皮下から剥離，挙上する（図109，110）。皮弁を欠損創の上に転移させる（図111）。最後に，皮弁を2層に縫合して終了する（図112，113）。

参考文献

Fossum TW, Hedlund CS, Hulse DA *et al.* (2002) (eds) *Small Animal Surgery*, 2nd edn. Mosby, St. Louis, p. 166.

Hedlund CS (2006) Large trunk wounds. *Vet Clin North Am Small Anim Pract* 36: 847–872.

Pavletic MM (2010) *Atlas of Small Animal Wound Management and Reconstructive Surgery*, 3rd edn. Wiley-Blackwell, Ames, pp. 322–325.

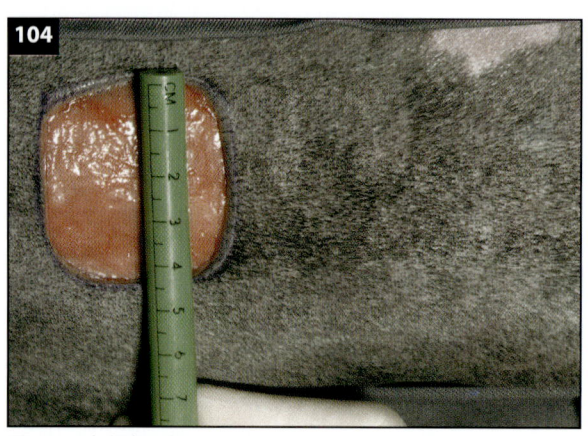

図104　欠損部の幅を測定する。

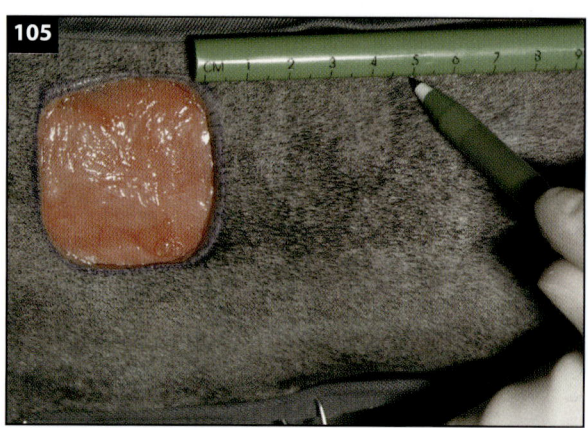

図105　欠損部の幅と同じになるように，皮弁基部の位置に印を付ける。

図106　皮弁の長さを測定する。皮弁の外側回転軸の基点から欠損部創縁までの最大距離と同じ長さにする。

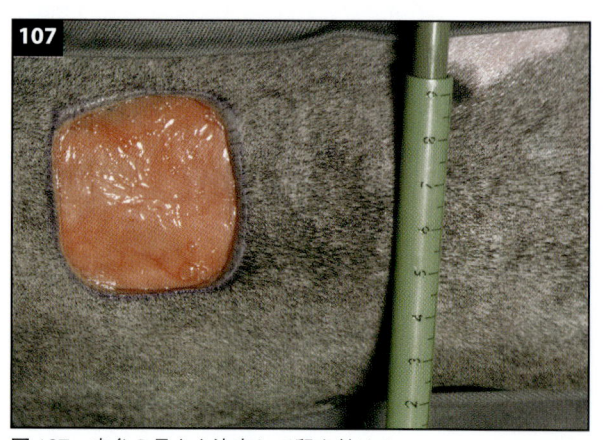

図107　皮弁の長さを決定して印を付ける。

第3章 一般的な再建術 71

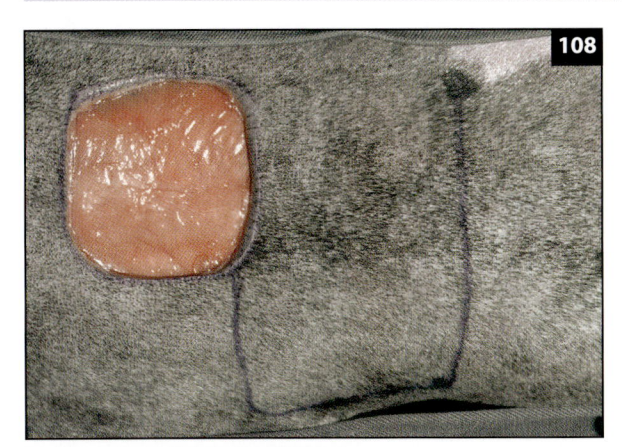

図108 皮弁全体の形を下描きする。

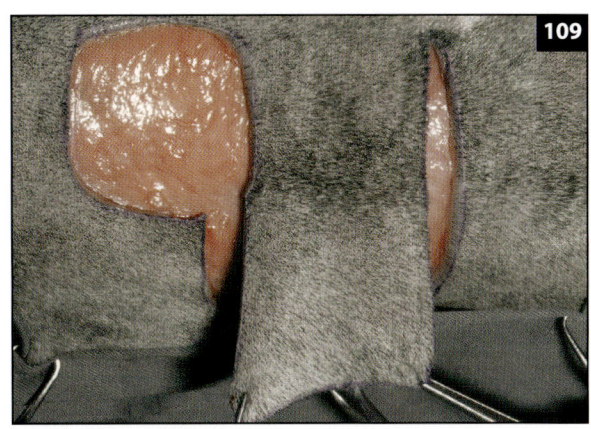

図109 皮弁を辺縁から切開し，皮下から浮かせる。

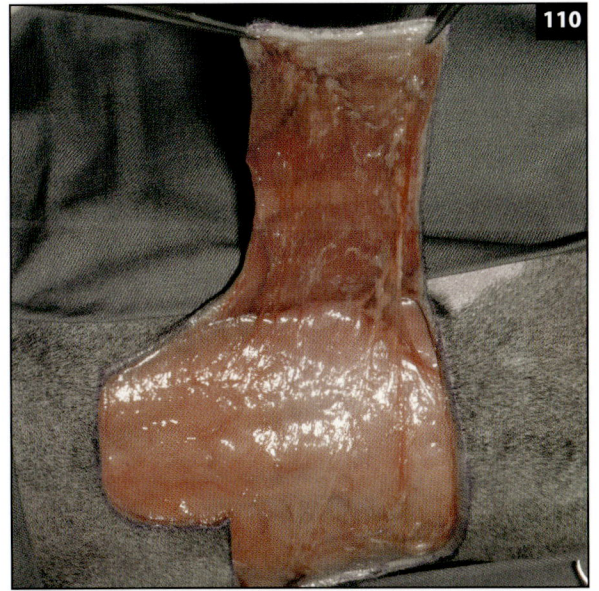

図110 皮弁を創床部から挙上する。

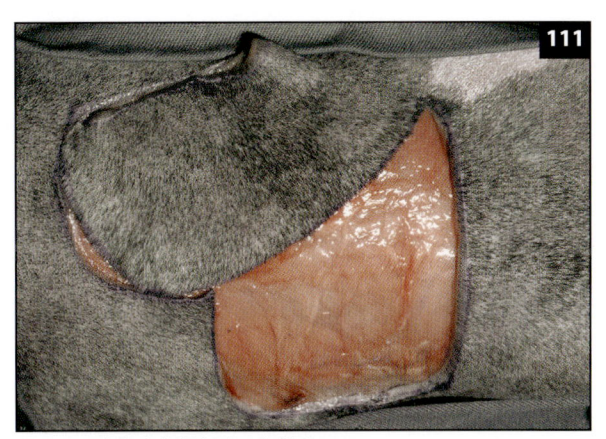

図111 皮弁を欠損部上へ転移させる。

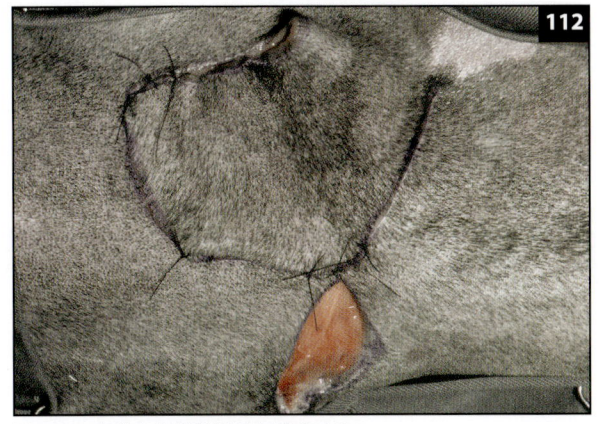

図112 皮弁を欠損部辺縁と縫合する。

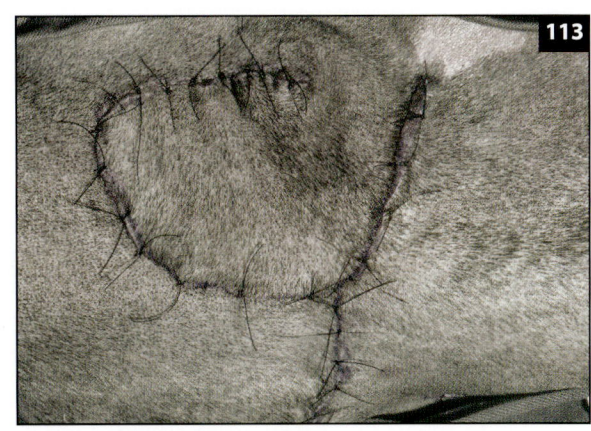

図113 転移皮弁が完成した様子。

はめ込み皮弁

概要

はめ込み皮弁とは，ドナーサイトとレシピエントサイトの間にある無傷の皮膚を横切る有茎転移皮弁のことである。この皮弁は，欠損部と創縁を共有していないことを除けば，転移皮弁と類似している。皮弁の大きさは，欠損の幅および皮弁を欠損部上へ転移させたときに生じる長さの不足分を考慮しなければならない（図114）。

皮弁と欠損部との間を皮膚が橋渡しすることになるため，この部分において皮弁裏面の皮下織が露出することになり，感染が生じやすくなる。この余剰の皮膚は14日後に切除する。

はめ込み皮弁は，欠損部に隣接した皮膚には十分な余裕がないが，これに近接した皮膚には余裕があるという場合に使用できる。これに代わる方法として，ドナーサイトとレシピエントサイトの間を橋状切開し（※訳注：原著では bridging incision と記載），通常の転移皮弁を用いることにより，一度の手術で済ませるという方法もある。

方法

ステージ1：円形の欠損部周囲の被毛をバリカンで横長の四角形の形状になるように毛刈りする。必要に応じて，欠損部のデブリードマンを実施する。欠損部に近接する領域の皮膚の弾力性と余り具合を評価する。滅菌済の皮膚マーカーを用いて，ドナーとなる皮弁の輪郭を描く。皮弁基部の幅は欠損部の幅と同じになるようにし，皮弁の長さは回転軸の外側の基点から欠損部までの最大距離と同じになるようにする（図115）。

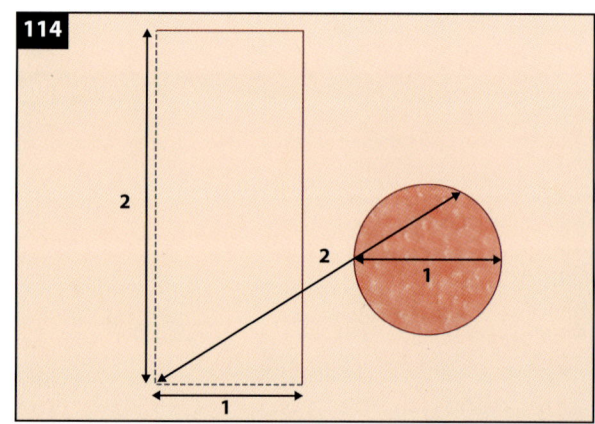

図114　はめ込み皮弁の模式図を示す。皮弁基部の幅は欠損部の幅と同じにし（1），皮弁の長さは皮弁外側の回転軸の基点から欠損部創縁までの最大距離と同じ長さにする（2）。

図115　ドナーとなる皮弁の下描きを青インクで示す。

第3章　一般的な再建術　73

　下描きに沿って，四角形の頂上部から皮弁を切皮し，メッツェンバウムで皮下を剥離する。2-0の（非）吸収性モノフィラメント糸による支持糸を皮弁の両角にかけ，皮弁をレシピエントサイトまで移動させる（図116）。皮下織を数カ所ほど仮縫合し，皮弁を目的の位置に縫合する（図117）。

　次に，ドナーサイトの欠損を閉鎖する（図118）。次いで，皮下織と皮膚を3-0の吸収性モノフィラメント糸で縫合する（図119）。

図116　ドナー皮弁（欠損部を覆っている）を移動させる。

図117　ドナー皮弁の皮下織を単純結節縫合でレシピエントサイトに縫合する。

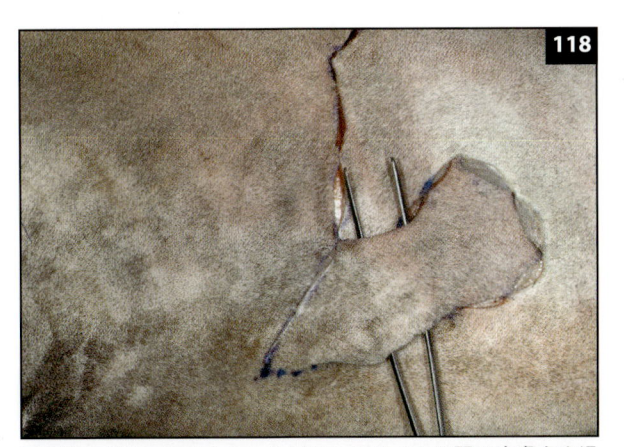

図118　ドナーサイトとレシピエントサイトの間の皮膚上を通過している部分の皮弁は，その下の皮膚とも欠損部とも接着していないことに注目。

図119　皮膚の縫合を終えた後も，皮弁の皮下織側の部分は浮いている（鑷子を通して示している）。

ステージ2：14日後，橋の部分の皮膚を切除する（図120）。写真の青線に沿って皮膚を切断し，断面をそれぞれドナーサイトおよび欠損部の創縁と縫合する（図121～123）。（注：ステージ1の手技の際に作成された橋状の余剰皮膚は感染を生じやすい。このため，はめ込み皮弁は上記および写真で解説したとおりの方法ではあまり実施されない。橋状切開をするか皮弁断面同士を合わせて縫い込んで〔筒状を形成〕，皮膚と皮弁の底面が接触しないようにするのがより一般的な方法である〔第9章 膝部アキシャルパターンフラップ参照〕。）

参考文献

Fossum TW, Hedlund CS, Hulse DA *et al.* (2002) (eds) *Small Animal Surgery*, 2nd edn. Mosby, St. Louis, p. 166.

Hedlund CS (2006) Large trunk wounds. *Vet Clin North Am Small Anim Pract* 36: 847–872.

Pavletic MM (2010) *Atlas of Small Animal Wound Management and Reconstructive Surgery*, 3rd edn. Wiley-Blackwell, Ames, pp. 328–331.

※図122 訳注：原著では original lesion と recipient lesion としているが，この2つは同じものであり，写真は original lesion と donor lesion が見えているため，このように訳した。

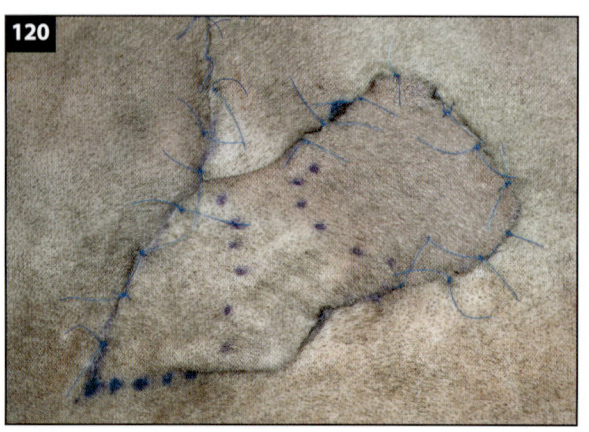

図120 ドナー皮弁上の切除線を示す。

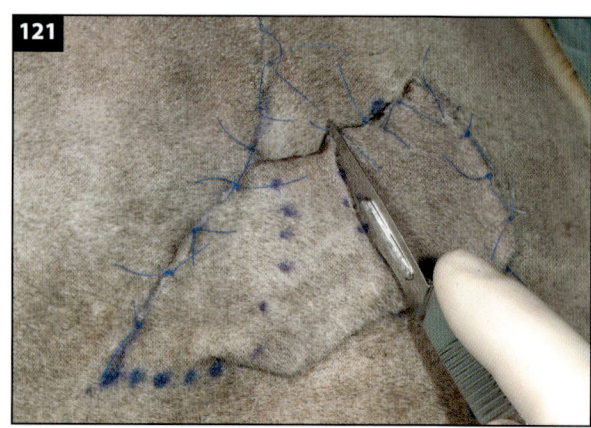

図121 余分な皮膚を切開し，除去する。

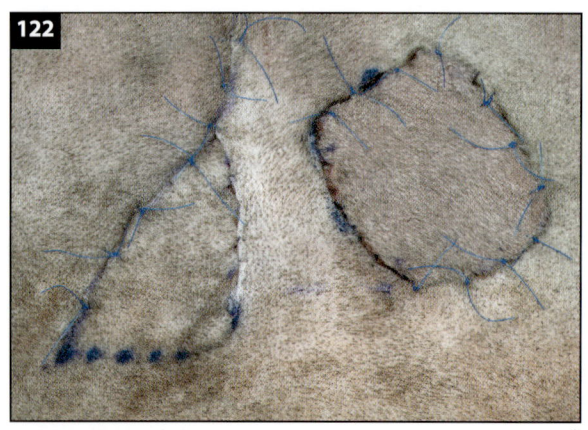

図122 橋状の皮膚を切除した後，もともとの創とドナー創※が明瞭に確認できる。

図123 はめ込み皮弁が完了した様子。

回転皮弁

概要

　回転皮弁は小さな三角形の欠損を覆う際に使用される。皮弁は，三角形の大きさに関係なく，どのような部位にでも作成することができる。

　半円形の皮弁を作成し，基点を中心に回転させる。アーチ状の切開線の長さは，欠損部の底辺の長さの約4倍となるようにする。回転皮弁は単独あるいはペアでも作成できる。ペアの皮弁は，より広い欠損を閉鎖することができる。

方法

　三角形の欠損部の周囲の被毛をバリカンで毛刈りする（図124）。滅菌した皮膚マーカーで，アーチ状の切開線を描く。アーチ状の切開線の長さは創の底辺の長さの約4倍になるようにする。回転軸の基点は，三角形の欠損部の右下の角とする（図125）。

　まず，アーチ状の部分を切皮し，三角形の頂点の部分から，皮弁の皮下を少しずつ剥離していく。皮弁の角に支持糸をかけて，皮弁を扱いやすくする（図126）。皮弁を回転させて，欠損を覆ったときのテンションが最小限になるところまで，少しずつ剥離を進める（図127）。

図124　体幹部に生じた三角形の欠損創。

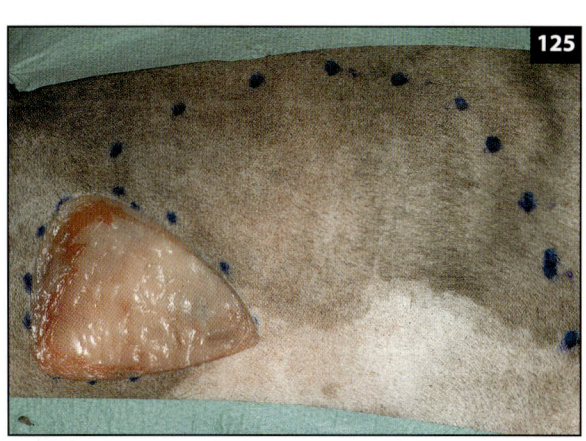

図125　アーチ状の切開線の長さは，欠損部の底辺の長さの約4倍になるようにする。

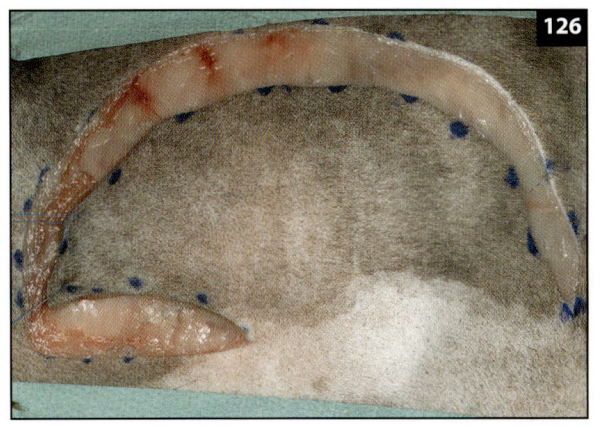

図126　アーチ状に皮膚を切開する。皮弁を目的の位置に移動させるため，三角形の先端部の角に2本の支持糸をかける。

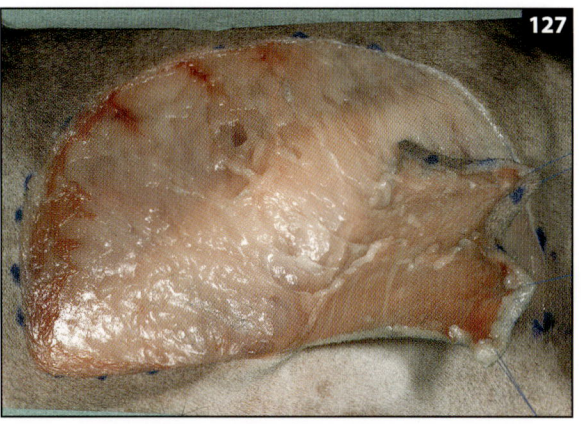

図127　皮弁の約半分の範囲の皮下を剥離する。この症例では，テンションを伴わずに欠損全体を覆うにはこれで十分であった。

皮下を数カ所ほど仮縫合し，皮弁を目的の位置に移動させる（図128）。皮下織をモノフィラメント糸で連続縫合し，皮膚をモノフィラメント糸で単純結節縫合にて閉鎖する（図129）。

参考文献

Fossum TW, Hedlund CS, Hulse DA *et al.* (2002) (eds) *Small Animal Surgery*, 2nd edn. Mosby, St. Louis, pp. 162 and 166.

Hedlund CS (2006) Large trunk wounds. *Vet Clin North Am Small Anim Pract* **36**: 847–872

Pavletic MM (2010) *Atlas of Small Animal Wound Management and Reconstructive Surgery*, 3rd edn. Wiley-Blackwell, Ames, pp. 332–333.

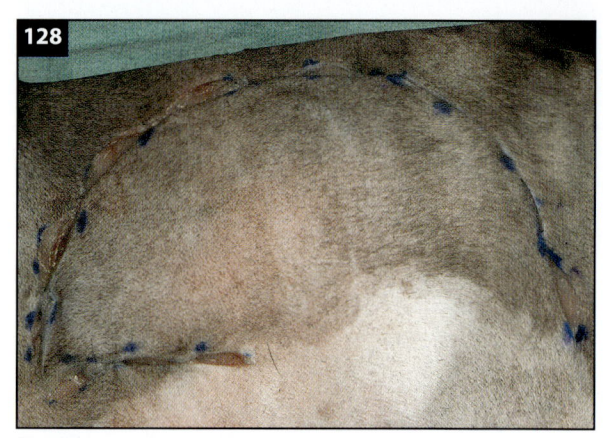

図128　レシピエント床に回転皮弁を縫合する。

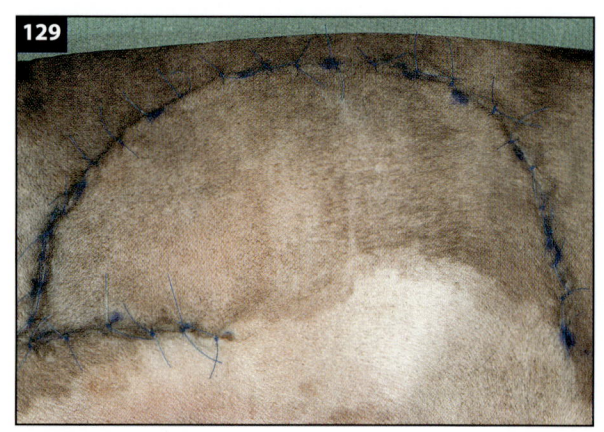

図129　皮膚の辺縁を並置し，縫合する。

第4章
無血管性および微小血管性の再建術

Guido Camps and Jolle Kirpensteijn

- イントロダクション
- 無血管性および微小血管性の皮膚外科の背景に関する情報
- 無血管性メッシュグラフト
- 微小血管性フラップ移植
- おわりに／要約

イントロダクション

　この章では，獣医療における無血管性および微小血管性のフラップ移植法の領域で用いられている最新の手技について述べる。微小血管性フラップ移植術は，固着性のフラップや無血管性のグラフト移植術と比較して多くのメリットをもつ特殊な手法である。

　また，無血管性メッシュグラフト移植術による創閉鎖についても解説する。フラップ移植術の背景，そして微小血管性フリーフラップ移植術との関連および発展について論じると同時に，手技に関する一般的な解説を述べる。微小血管性フリーフラップ移植術に関して発表された科学的な論文による詳しい概要によれば，レシピエント血管の位置が非常に重要とのことである。

無血管性および微小血管性の皮膚外科の背景に関する情報

　創を閉鎖して皮膚を元の状態に戻すという行為は，最短期間で美容的にも最良の結果となるような回復を得るための最適な状況を作り出すことが目的となる。これは，露出した開放創は機能的かつ健康な皮膚によって完全に覆われる必要がある，ということを意味している。創によっては，その特性や選択した手術法により，従来の縫合法による創閉鎖が不可能となる場合がある。たとえば，原因となった受傷のために多大な皮膚を切除しなければならず，単純に創傷の面積が非常に広くなってしまった場合や，創傷が形成される間に多くの皮膚が欠損してしまった場合などが含まれる。このような状況に直面した場合には，満足のいくような形で創傷を閉鎖するため，その他の解決法を模索しなければならない。

　このような創を閉鎖する場合には，基本的に2つのオプションが挙げられる；①一端が生体の皮膚と連続している有茎皮弁，あるいは②フリーグラフト（もしくはフリーフラップ）である[1]。微小血管外科の出現により，フリーフラップの利用がより一般的になりつつある。この方法では，術者がフリーフラップを直接体循環とつなげ，血流を再開させることにより，フラップの生存を確実にする。

　有茎皮弁は一方の端を切り離さず，一部生体とつながったままの組織（茎）によって皮膚と連続しており，皮弁の向きを変えて創を覆う。この方法は，皮弁の血流が全身循環とつながったままであるという利点がある。有茎皮弁は大きな創傷を覆うために使用することができる[2]。一方で，主な欠点は，皮弁自体のサイズにより術者が利用できる外科的手技が制限されるということである。創傷を覆うために皮弁を引っ張りすぎると，皮弁の生存に必要な血行が遮断されるという問題が生じる可能性がある。さらに，この手技では時として，皮弁を本来の自然な向きとは異なる方向へ牽引しておかなければならない。この牽引は血管に圧迫を加えるのみならず，特に皮膚の薄い部位や動きにより引きつれる部位に対して痛みを生じさせる可能性がある。

　これに対して，フリーグラフトは元の場所から切り離されて創傷の上に置かれる。したがって，生体の血液循環から完全に分離されることになる。フリーグラフト移植術の使用が適応されるのは，有茎皮弁で届かない部位の創傷や，創周辺の皮膚に引っ張って閉じるための十分な余裕がないような，皮膚が薄く突っ張った部位を覆う必要がある場合である。四肢末端に生じた大きな創傷は大抵の場合，これに当てはまる[3]。フリーグラフト移植術を成功させるためには，健康な肉芽組織あるいは新鮮創であることが必要である。

　グラフト移植の過程には本質的にリスクが伴う。グラフト移植に伴う最も重大な合併症は感染であり，これにより移植片およびレシピエントサイトの壊死が引き起こされ，さらにこれが瘢痕化と治癒の遅延を引き起こす可能性がある[4]。多くの問題は，移植片への血管侵入の遅延の結果である（例：移植片とレシピエントサイトの間隙に体液が貯留することによる）。フリーグラフト移植においては，移植片を受容する，あるいは採取する際に3つのステージが存在することが知られている；血管再分布の前段階，血管新生のステージ，そして最終段階のステージである。最初のステージでは，その場で移植片にフィブリンが接着するだけであるが，12時間後には血管新生が開始され，12日後にはこれが完了する。収縮や色素沈着，神経分布などを含む最終的な治癒までには，最大18カ月程度を要する可能性がある。

　古典的なフリーグラフトにおける合併症は，移植片と生体の血液供給との間の循環が不足することによるグラフトの壊死である。血管新生に関する問題には以下の3つの原因が挙げられる[3]。

- 移植片の物理的な動揺は生体が血管再分布しようとするのを著しく阻害する。前述したとおり，最初のステージでは移植片はフィブリンのシールによりレシピエントサイトに接着しているだけである。移植片が動くと，このシールが剥がれて新たな血管形成の進行や血管と移植片との連結が妨害される。フリーグラフト

は通常，早期の血管再分布を促し，治癒初期のステージにおいて拡散による必須物質の利用性を高めるために，できるだけ薄い状態で維持される。
- 2つ目はグラフト下への体液貯留（血腫など）の発生である。レシピエントサイトは創面でもあるため，グラフト移植後に出血が続くこともあり，グラフト下に血腫や漿液腫が生じることで血管の再分布を妨害し，その結果グラフトの壊死を引き起こす。
- 最後の問題は，初期にグラフト下の血液循環が減少することで，この範囲への生体側の免疫細胞の浸潤が低いレベルになってしまうということである。これにより，この部位に感染が起きやすくなり，血管新生が阻害されるだけでなく，創床およびグラフトを直接汚染してグラフトの壊死を引き起こす。

無血管性メッシュグラフト

概要

メッシュグラフトは，遠方の体の異なる部位から採取され，レシピエントサイトである欠損部に移動させる，血管分布のない皮膚の断片である。血管分布がないというグラフトの特性により，手早く少ない侵襲での採皮が求められ，グラフトの移植には特別な注意を要する。2組の手術チームで行うと，最も円滑に実施できる。

メッシュグラフトのタイプ

メッシュグラフトには，主に全層と分層の2つのタイプがある。分層メッシュグラフトは通常，電動式の自動ダーマトームを使って採取されるが，これは非常に高価である。グラフトは手動で採取することもできる。後述のとおり，メス刃を用いて全層グラフトを作成する。全層グラフトは美容的に優れた結果となるのが利点である（特に発毛において）。分層グラフトは生着率が高く，採皮後のドナーサイトを縫合閉鎖する必要がない。

創面環境の調整

メッシュグラフトを移植するために，創床部には次のような準備が必要である（図130，131）。
- 創面の体液や痂皮，壊死組織および可能な限りの異物を取り除き，健康な肉芽組織床を形成させる。これはグラフト移植に先立って実施しておく。
- 上皮化の辺縁部をよく観察し，必要に応じて，創縁を清浄化し，上皮化した組織を取り除く。
- 止血がなされている。
- （必要な場合は）肉芽組織の表層を除去する。
- ドナーサイトの準備が完了するまでの間，乾燥を防ぐために生理食塩水か血液で湿らせたスポンジガーゼでレシピエントサイトを覆っておく。

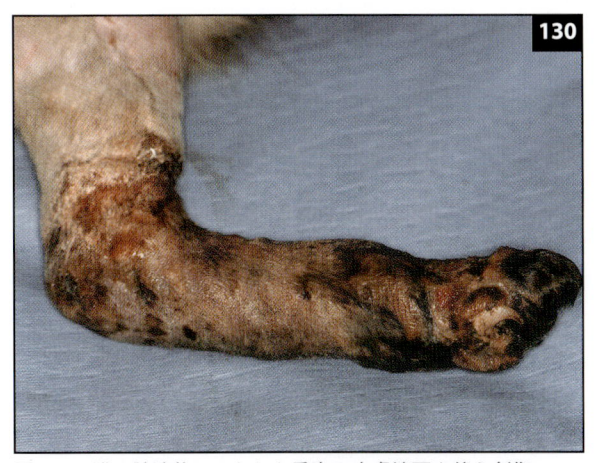

図130 猫の肢遠位にみられた重度の皮膚壊死を伴う創傷。

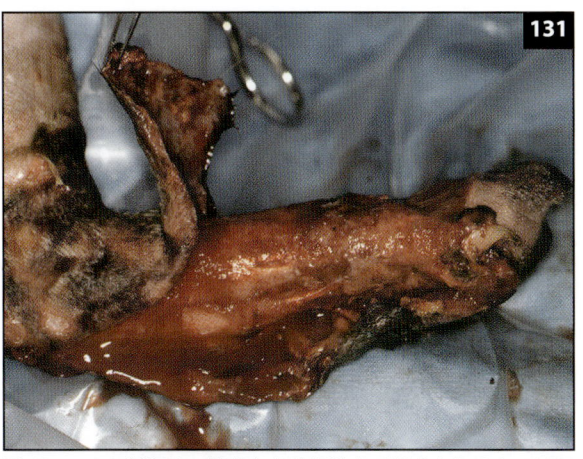

図131 この創傷は，健康な肉芽組織床が形成されるまで適切に管理された。

ドナーサイトの準備

欠損部にテンションをかけずに閉鎖できるように，ドナーサイトを慎重に選択する（図132）。最も理想的な美容的外観を得るためには，発毛パターンと毛色についても注意を払うべきである。レシピエント床をもとに型紙を作成し，ドナー床のサイズを決定する。グラフトに加えたスリット（もしくはメッシュ）の数と明瞭な相関性をもってグラフトは伸展させることができるため，ドナー床のサイズはレシピエント床と同等か，もしくは一回り小さなサイズにする。

方法

手技が完了するまでの間，グラフトは湿らせた状態で管理する。無菌的に術野の準備をした後，マーカーを用いてグラフトの範囲を決定する（図133）。

マーカー線に沿って皮膚を切開する（図134）。皮膚だけを創床部から持ち上げ，皮筋がグラフトに含まれないようにする。剥離を容易にするために，グラフトの断端部を滅菌した包帯のロールなどに縫合するとよい（図135）。包帯のロールを使ってグラフトにテンションをかけ，ドナー床から引き上げる。毛包が見えるようになるまで，可能な限り皮下織を除去する。グラフトを包帯のロールに巻きつけていき，縫合糸でロールとさらに数カ所を固定する。

次に，グラフトを包帯ロールからから取り外し，残った皮下脂肪を取り除く。No.11のメス刃を使ってグラフトにスリット（メッシュ）を加える。スリット同士の距離は1 cm以下となるようにし，それぞれが互い違いになるように配置する（図136，137）。グラフトは，できるだけ早く準備の整ったレシピエント床に被せ，グラフトの辺縁を縫合もしくはスキンステープラーでレシピエントサイトと固定する（図138，139）。グラフト内部の縫合は通常必要ないが，大きなメッシュグラフトではグラフト辺縁の内側に数カ所の縫合を施してもよい；

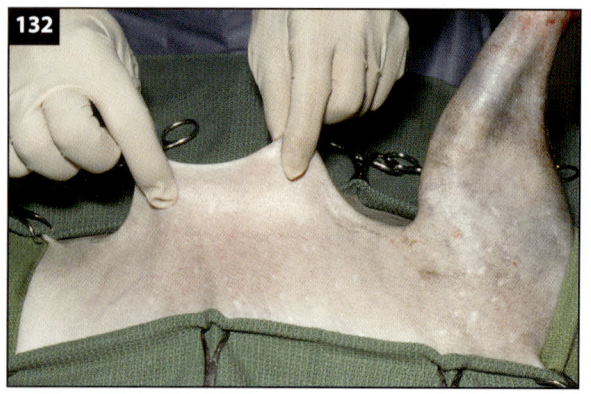

図132　ドナーサイトの皮膚のテンションを確認する。

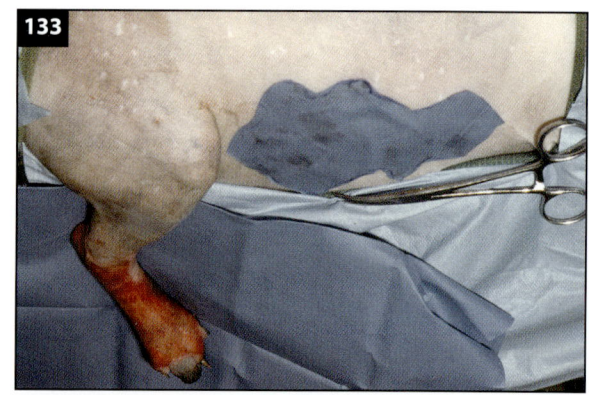

図133　グラフトの大きさを決定するため，レシピエント床の型紙を作成する。

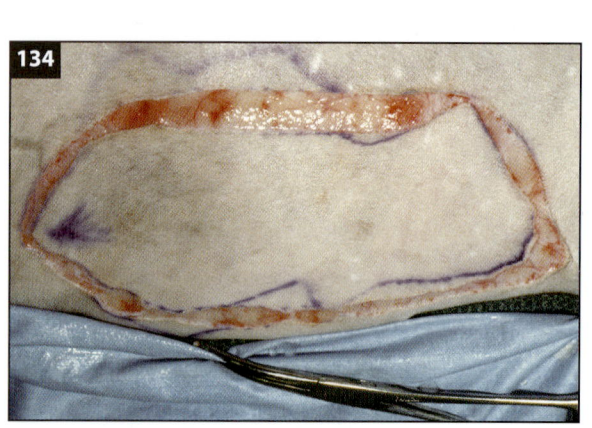

図134　マーカーで印を付けた線に沿って，ドナーサイトからグラフトを採取する。

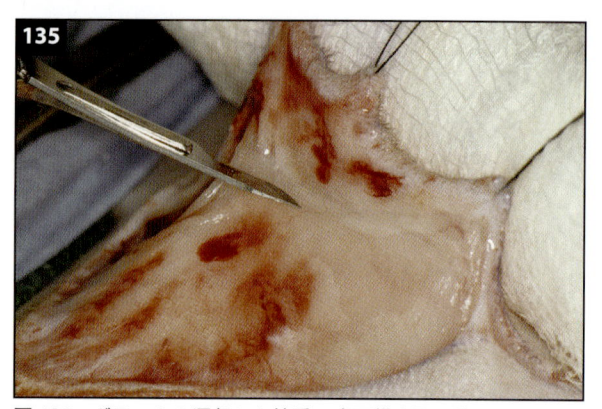

図135　グラフトの深部から慎重に皮下織を取り除く。

こうすることで死腔を防ぎ，グラフトと創床部の密着性を改善し，漿液腫の発生リスクを減少させることができる。そして，ドナーサイトを閉鎖する（図140，141）。

メッシュのないグラフトの使用は推奨しない。メッシュにはグラフト下の体液貯留を防ぐ役割がある。漿液腫はグラフトの生存（生着）率を有意に減少させる。

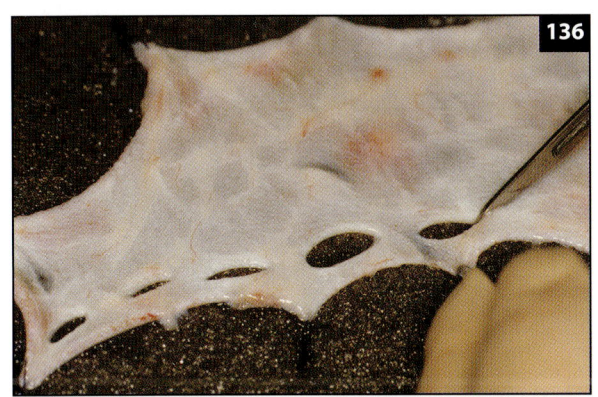

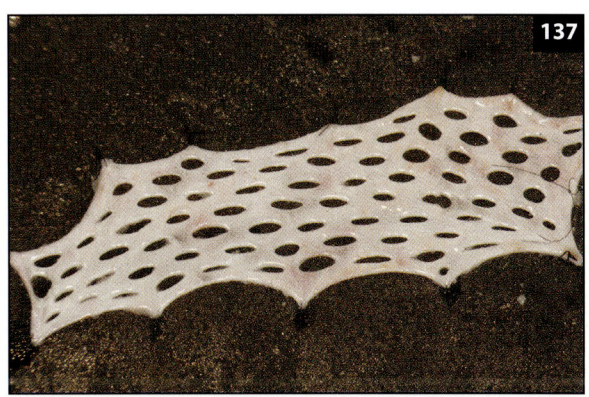

図136，137　グラフトに，1 cm以下の間隔で，互い違いになるように小切開（スリット）を入れてメッシュ状にする。

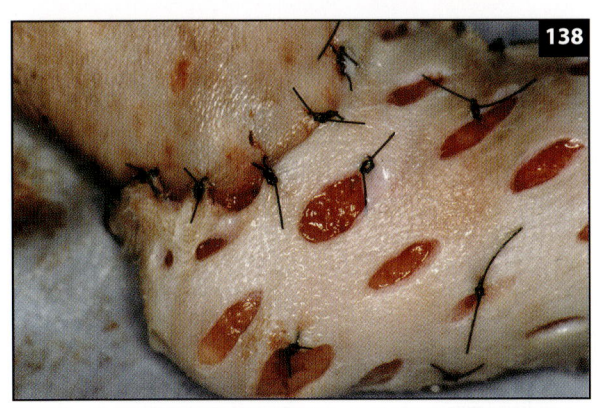

図138，139　グラフトをレシピエントサイトに縫合する。

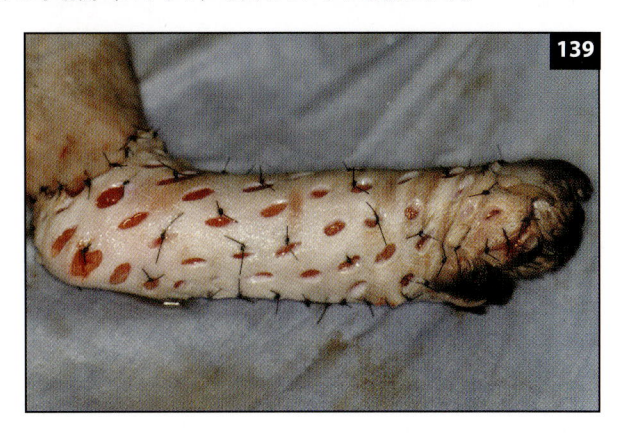

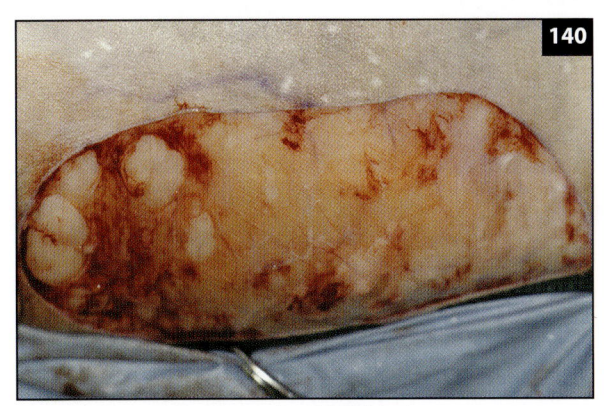

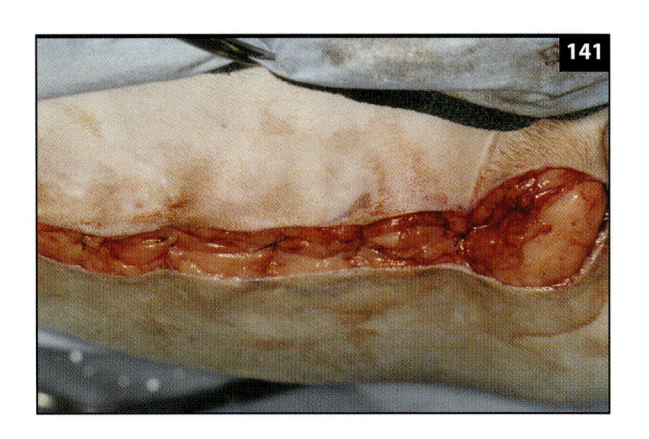

図140，141　ドナーサイトを一次閉鎖する。

術後の管理

この手技では術後の管理が重要となる。過剰な漿液を吸収させるため，クッション性に優れた非固着性のバンデージを施し，これを3〜5日間継続する（図142）。このバンデージはできるだけ清潔に，かつ乾燥した状態に維持する。この期間，血漿の浸潤が起こることでグラフトに栄養が供給され，血管は再び接続される。

この期間の後は，極めて慎重にバンデージの交換を行う必要がある。グラフトは7〜14日で癒合し，スリット部分の上皮化は約1カ月以内に生じる（図143）。最初の10日間はケージレストが必須である。ギプスや副木による固定は，それ以外の固定法（例：ロバートジョーンズ包帯など）が不可能な場合にのみ使用する。メッシュグラフトの生着率は50〜90%である（図144）。

微小血管性フラップ移植

概要

フリーグラフトが生体のもつグラフトへの血管再分布機能へ依存している一方で，その程度を減らすために，微小血管外科手技を用いることができる。これは，遊離したフラップ（フリーフラップ）と全身循環系を直接つなぐ方法である。すなわち，有茎皮弁のもつ血液循環の優位性と，体のどの部位の創傷でも治療できる可能性とを兼ね備えた方法である。

この手技のためには，求心性および遠心性の両方の血管走行に沿うよう，フリーフラップをデザインしなければならない。フラップに対して流入する血管と流出する血管とを明確に認識し，フラップがレシピエントサイトに無理なく配置され，フラップの血管とレシピエントサイトの血管とを吻合する。こうすることでフラップへの血行が確保され，創床部からフラップへ血管を再分布させる生体機能の独立性が保たれる[5]。

微小血管性フラップ移植の一般的コンセプト
材料

微小血管性フラップ移植を実施するには，高倍率の手術用拡大鏡，9-0〜11-0の縫合糸，血管クランプ，マイクロ剪刀，ジュエラー鑷子，眼科用把針器，血管拡張器および連結器が必要である。レシピエント床に機能的な血管が存在することを確認するために，レシピエントサイトの血管造影検査を実施すべきである。

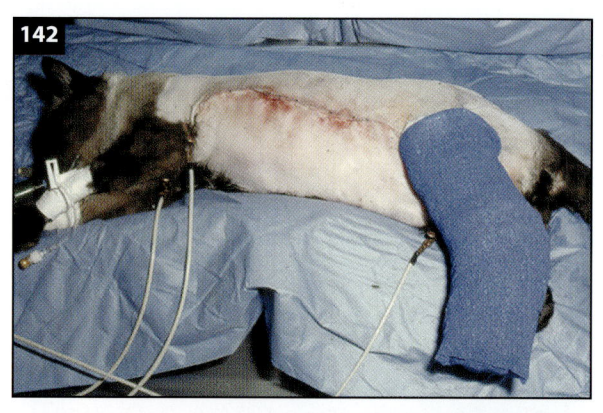

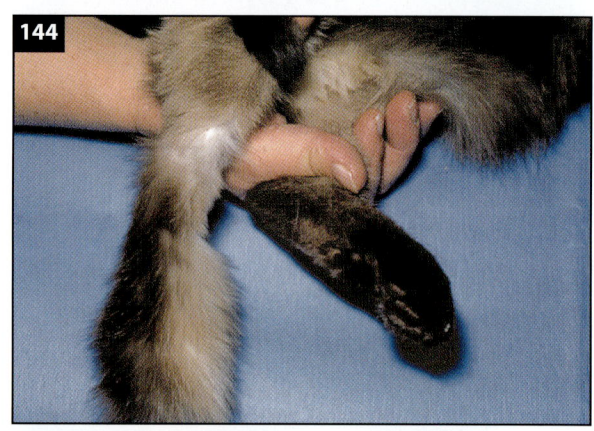

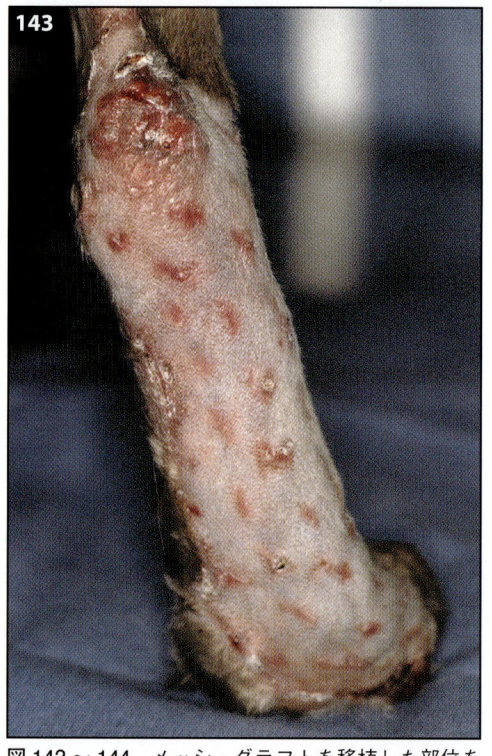

図142〜144 メッシュグラフトを移植した部位を保護するため，バンデージで覆う（図142）。術後1カ月後の同部位の様子（図143）と6カ月後の様子（図144）。

フラップの採取

本手技に使用するためのフラップを採取する場合は，適切な部位を選択する。フラップは十分に大きく取り，これから手術を行う部位や，後に実施する微小血管外科で必要となる血管系のある部位は避けるようにする。採取に使用される部位は，一般的に大腿部の内側や肩の上部の領域である。胸部下方の頭外側の皮膚も特定の2つの理由から使用することが可能である；被毛の発育が良いので審美的により好ましい結果を得ることができ，皮膚が比較的薄いため血管の再分布が早期に起こりやすい[3]。その他の部位およびそれぞれのサイズに関する詳細は後述する。

血管の準備

フラップ内を走行する血管を確認し，拡大鏡を使って準備をする。血管をクランプし，再接合するためにあらかじめ切断しておく。レシピエントサイトの創床部を清浄化してフラップを載せる準備を行った後，レシピエント血管を選択する。ヘパリンを含んだ生理食塩水で両血管の断端を洗浄して微小血管吻合のための準備をする。フラップ内に実際に血流を循環させるためには，フラップの動脈を最初にレシピエント血管と吻合する。その後，細いサイズの非吸収糸を用いてフラップの静脈をレシピエントサイトの静脈と吻合する[6]。

合併症

本手技における主なリスクは，血液循環の不足によるフラップの壊死である。血管吻合の手技的な失宜の可能性を除くと，フラップ内の血栓形成により血流を阻害することにより灌流障害が生じたり，流出経路としての静脈に過剰な圧が加わる原因となり得る。フラップの変色は，合併症を示唆している可能性がある。血栓形成予防として抗凝固剤（アスピリンなど）の投与を考慮する（表6）。

超音波のドプラー機能を用いて，フラップ内へ流入する動脈の血流を確認することができる[7]。静脈血流の不足や閉塞は，遠位の静脈への圧力または捻れによって生じる可能性がある。フラップの使用に必要な静脈の適切な長さを正確に推定することは，フラップ生存のために必須である。患者自身が創をかじったり舐めたりして新たに吻合した血管を損傷しないよう，確実に保護することが重要である。また，フラップの採皮創を注意深くチェックすることも大切である。

表6 抗血栓療法に使用される薬剤

抗凝固剤	投与量
ヘパリンフラッシュ[6]	吻合前の血管断端をヘパリン生食でフラッシュする
アセチルサリチル酸（ASA）[10]	0.5mg/kg q12h 術後3〜14日間
アセチルサリチル酸（ASA）	2 mg/kg q12h 手術前日より4日間
デキストラン40[7]	術中投与，投与量は不明

血液循環

1973年のある研究によって，"皮膚の血管は栄養の運搬よりも体温調整の役割の方が重要である"という当時の考え方に対する異議が唱えられた[8]。研究者らは，ヒトと動物の皮膚への血液供給を比較し，血管を segmental，perforator および direct cutaneous の，3つのタイプに分類した。さらに，血液供給に基づき，皮弁を cutaneous と arterial および island に分類することができる。研究者らは，island flap（島状フラップ）はその軸となる血管さえ温存されていれば生存が可能であり，それ以外のすべての血管が切断されていてもフラップ自体の生存には悪影響を及ぼさないということを発見した。この事実を考慮し，彼らは豚の島状フラップを作成し，その血管を微小血管外科手技により吻合することで島状フラップを移植することに成功した。

獣医療において微小血管外科に関して最初に言及されたのは，犬の頸部のフラップ移植に成功したという1986年の報告においてである[9]。この報告では，頸部領域に血液を供給している浅頸動静脈に基づいた，いくつかのフラップの基礎を築くことに成功した。これらの血管はすべて，肩甲横突筋と僧帽筋の間から起始しており，頭外側方向へ皮膚に向かって走行しているのが観察された。頸部のフラップを使用して8つの移植を実施し，この内6つのフラップが生着した。脱落した2つのフラップは血液循環の減少が原因であり，うち1つは動脈の血流不足，もう一方は静脈からの流出不足が原因であった。これらの実験的なフラップ移植に続き，1991年には7例の頸部フラップを使用した臨床例が報告され，これらの生着率は100％であった[12]。

合併症の予防

　微小血管の吻合による遊離皮弁（フリースキンフラップ）移植に関するある報告では，フラップ移植を成功させるための5つの条件が示されている：①適切なサイズを選択すること，②ドナーサイトへの侵襲が最小限であること，③血管軸（茎）に損傷がないこと，④血管の直径が最低でも0.5mmあり長さが最低でも4.0cmあること，である[10]。頸部のフラップ移植では，肩甲骨の背側頂点から肩の頭側頂点にかけて切皮する。フラップは，この切開線の頭側の頸部領域に位置するが，ここに血液を供給している血管は上記の切開部から確認することができる。フラップは術後8～14日の間，血液の供給をこの血管軸に依存している。

　フラップの臨界的な虚血時間は13時間である（再灌流による生存率＞50％）。できるだけ早期に，少なくとも術後4時間以内に閉塞の予防措置を行うことが重要である。フラップ内の凝固を予防する目的で，アセチルサリチル酸（ASA）を投与する場合もある（0.5mg/kg PO 術後3～14日間）。フラップ移植は"オール オア ナッシング"的な手技である；フラップ全体が壊死してしまうか，あるいは（もちろん多くの症例でこうあってほしいが）フラップ全体が生存するかのどちらかとなる。

ドナーサイトと治療成績の関係

　1998年に，微小血管遊離フラップ移植の成績に関する最初の大規模な調査の報告がなされた[7]。報告は，1985年から1996年までに，Western College of Veterinary Medicine および Michigan State University において微小血管再建手術を実施されたすべての動物に関して行われた。主に記録された変数はフラップの生着率である。さらに，研究者はフラップが生着しなかった個々の事例について，その原因を突き止めることを試みている。リスク因子として評価されたのは虚血時間，設備，術者の経験，手術助手の経験，抗血栓療法，吻合テクニックおよびフラップのタイプであった。これら一連の症例におけるフラップの生着率は93％であったと報告されている。フラップの生着率と前述のリスク因子との間には，最初に手術を行った獣医師を除いて明らかな関連がみられなかった。本研究で対象とした，再建外科手術を必要とした犬のグループは性別，品種およびサイズともに様々であった。手術適応の主な要因は，悪性腫瘍および交通事故であった。フラップ血管とレシピエント血管との吻合は端－端吻合および端－側吻合の両方が用いられた。フラップの血管とレシピエント血管のサイズが著しく異なることが明らかな場合には，端－側吻合の方が好ましい。

　論文の執筆者らは，フラップの生存を困難にさせるような術中の主な要因として，吻合前の血管断端の処理不足を挙げている。吻合した血管内腔に血管外膜の組織が逸脱するのを防ぐため，血管の断端は，血管外膜を除去しておくことが重要である。

筋弁

　前述の研究から得られるもう1つの成果は，純粋な皮弁からの，筋皮弁または（メッシュ状の）スキングラフトで覆われる筋弁の使用への応用である。論文の執筆者らは，虚血した創床部に対して血管の再分布を促すには筋肉が優れており，これによって感染率を減少させ，骨の治癒をより急速に開始させるということを強調している。

　有茎皮弁と同様の方法で筋肉を使用することが文献には記載されている[12]。脛骨骨折による外傷を覆うためのフラップとして半腱様筋が使用されてきた。論文の執筆者らが筋弁を使用するのは，筋弁のもつ治癒の能力，特にその下層にある骨のみならず部分的な皮膚壊死部の治癒を補助することが報告されているということが理由である。筋弁の遊離弁（フリーフラップ）としての使用は，移植外科において非常に大きな興味の対象となるだろう。

　遊離筋弁の使用は，その他の研究でも報告されている[13]。この報告では，腹直筋とこれにメッシュ状スキングラフトを合わせた方法が使用された。犬の内側大腿脛骨部の欠損に対して移植を行った後，ドナーサイトの侵襲度と腹直筋の生存率を調べた。最初に，犬の解剖死体を用いて採取したフラップの血管造影により，腹直筋フラップの容積を調べた。実験に使用された7頭の犬において，切除された腹直筋の長さと幅はそれぞれ225（SD48）mmと55（SD6）mmであった。後腹膜動静脈をそれぞれ伏在動脈と内側伏在静脈に吻合して筋肉の移植を行った後，筋肉をメッシュ状にしたスキングラフトで覆った。この手技によるドナーサイトへの侵襲は最小限であったことが認められた。微小血管移植による筋弁の生存率は100％であり，血管造影によって血管の開存性が確認された。1例に部分的な壊死がみられたのを除き，すべてのスキングラフトが生着した。この結果をもとに，研究者らは「内側大腿脛骨部の欠損に対し腹直筋の移植を実施することは十分に可能であり，同時に行うスキングラフトのための創床としても優れた役割を果た

す」と結論付けた。研究者らはまた，この手技により優れた美容的外観が得られることを特記しており，その理由としてグラフト周囲の被毛の列と毛根の向きが揃うようにメッシュ状スキングラフトを方向転換できることを挙げている。腹直筋フラップは様々な方向に使用でき，また異なる部位にも使用できる（図145〜148）。

麻酔学

血液循環はフラップ移植において重要な問題である。ヒトにおける研究において，硬膜外麻酔の使用によりフラップを移植した患者の微小循環が増加したことが示されたため，獣医療での応用が期待された。犬の遊離筋膜皮弁に関するある研究では，リドカインを用いた硬膜外麻酔による微少循環系の血流，血液流量および流速についての調査が行われた[14]。体重20〜25kgの10頭の成犬を用いて，内側伏在遊離筋膜皮弁の血管を再び内側伏

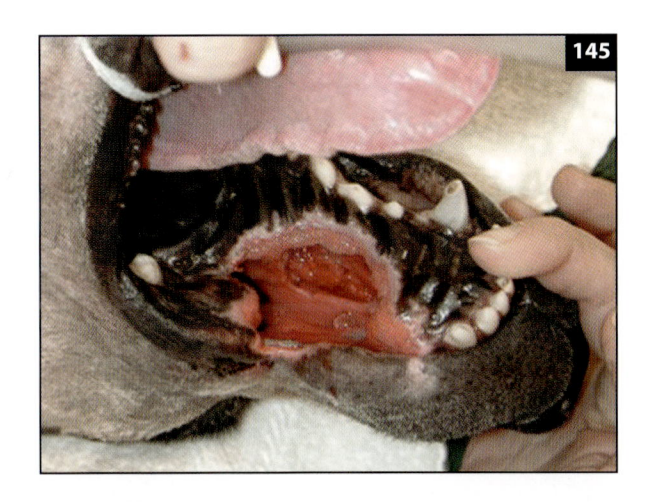

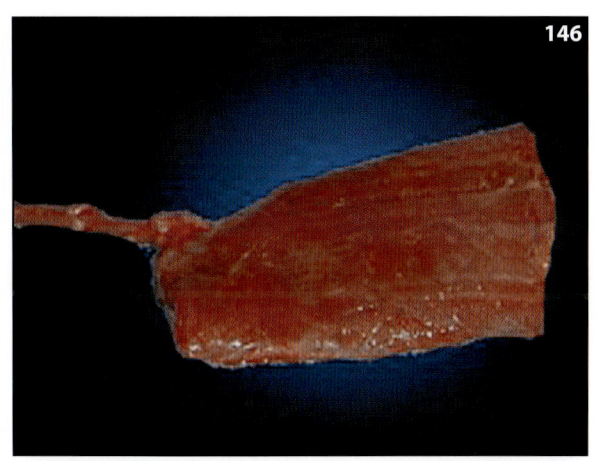

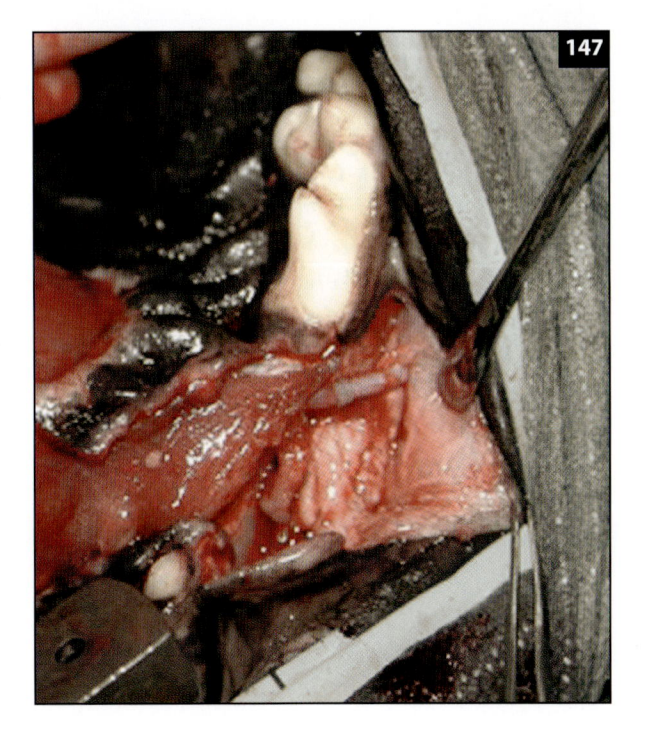

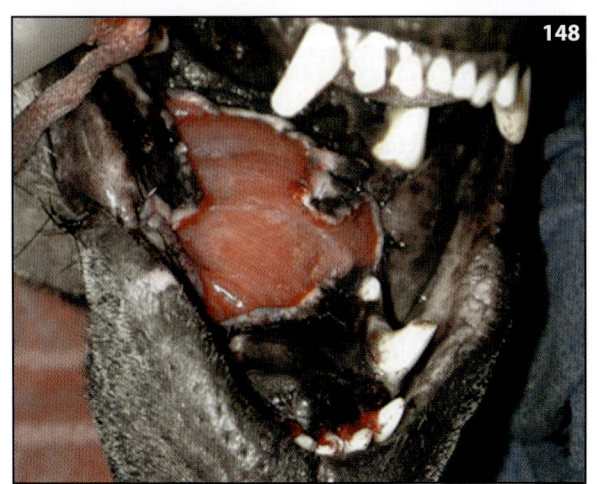

図145 メラノーマ切除後の犬の硬口蓋に生じた大きな欠損。図146 頬粘膜のローカルフラップが失敗したので，次に腹直筋を口腔内に移植した。図147 吻合を終えた血管の様子。図148 術後の経過は良好であった。

在動静脈に吻合するという同所性移植を実施した（表7）。術中をとおして，フラップ内の血流，血液流量および流速の値をチェックし，その値と硬膜外麻酔後に記録された値とを比較した。結果として，全工程をとおして値に明らかな変化はみられなかった。平均動脈圧の減少が唯一生じた変化であり，これはすべての手技が終了するまで基準値を下回った。ヒトと犬でのこれらの結果の違いは，すでに報告されているように，ヒトと犬および猫での循環系の成り立ちの違いに起因している[8]。これらの結果が指し示すのは，微小血管性遊離フラップ移植を行おうとする犬において2％リドカインによる硬膜外麻酔を行うことに直接的な利点はないということである。

レシピエント血管

2つの報告により，創傷の閉鎖が困難となる代表的な部位である頭−頸部，および前−後肢におけるフリーフラップ移植のためのレシピエント血管へのアクセスに関する概要が示された[15, 16]。これらの研究は，遊離組織の移植片の受容が可能である血管となるような動静脈への外科的アプローチ法を確立し，これを評価することを意図して行われた。両者の研究で用いられた手法は類似していた。まず，安楽死させたばかりの犬の血抜きをして，死体を安置した。その後，循環システムをシリコンとバリウムの混合液で満たし，死体のレントゲン写真を撮影して，頭部，頸部，肢部の領域の主要な動静脈の位置を確認した。2体目では，同様の手技を繰り返し，外科的アプローチ法を確立した。これらのアプローチ法は，新鮮な死体を使って同様のアプローチを行ったその他の獣医師らによるフィードバックに基づき，さらに微調整が加えられた。

頸部と頭部のレシピエント血管

頸部と頭部領域のレシピエント血管への外科的アプローチには，7種類の方法が提案されている[15, 16]。

● 眼窩下アクセス

動脈：眼窩下動脈（直径1〜1.5 mm），静脈：上唇静脈（直径3 mm）あるいは顔面静脈（直径4〜5 mm）。

眼窩下孔上に水平に切開を入れ，眼窩下動脈の長軸に

表7　獣医療領域の文献で報告のある微小血管性フラップ

部位	動物種	成功率	血管の位置
浅頸皮弁[9]	犬	75%	肩甲横突筋と僧帽筋の間の角
浅頸皮弁[7]	犬	90%	肩甲横突筋と僧帽筋の間の角
内側伏在筋膜皮弁[7]（図149〜154）	犬	100%	N/A
尾側浅腹壁[7]	犬	100%	N/A
僧帽筋[7]	犬	100%	N/A
広背筋[7]	犬	50%	N/A
後部縫工筋[7]	犬	100%	N/A
僧帽筋皮弁[7]	犬	100%	N/A
伏在筋皮弁[7]	犬	100%	N/A
頭側腹筋の腹膜[7]	犬	100%	N/A
肉球[7]	犬	100%	N/A
腹直筋[13]	犬	100%	大腿深動静脈から分枝する陰部腹壁動静脈（7頭中2頭の犬では血管が大腿深動脈から直接生じていた）
外側胸部[17]	猫	100%	頭側に向かう外側胸動脈；腋窩動脈の1つ目の分枝

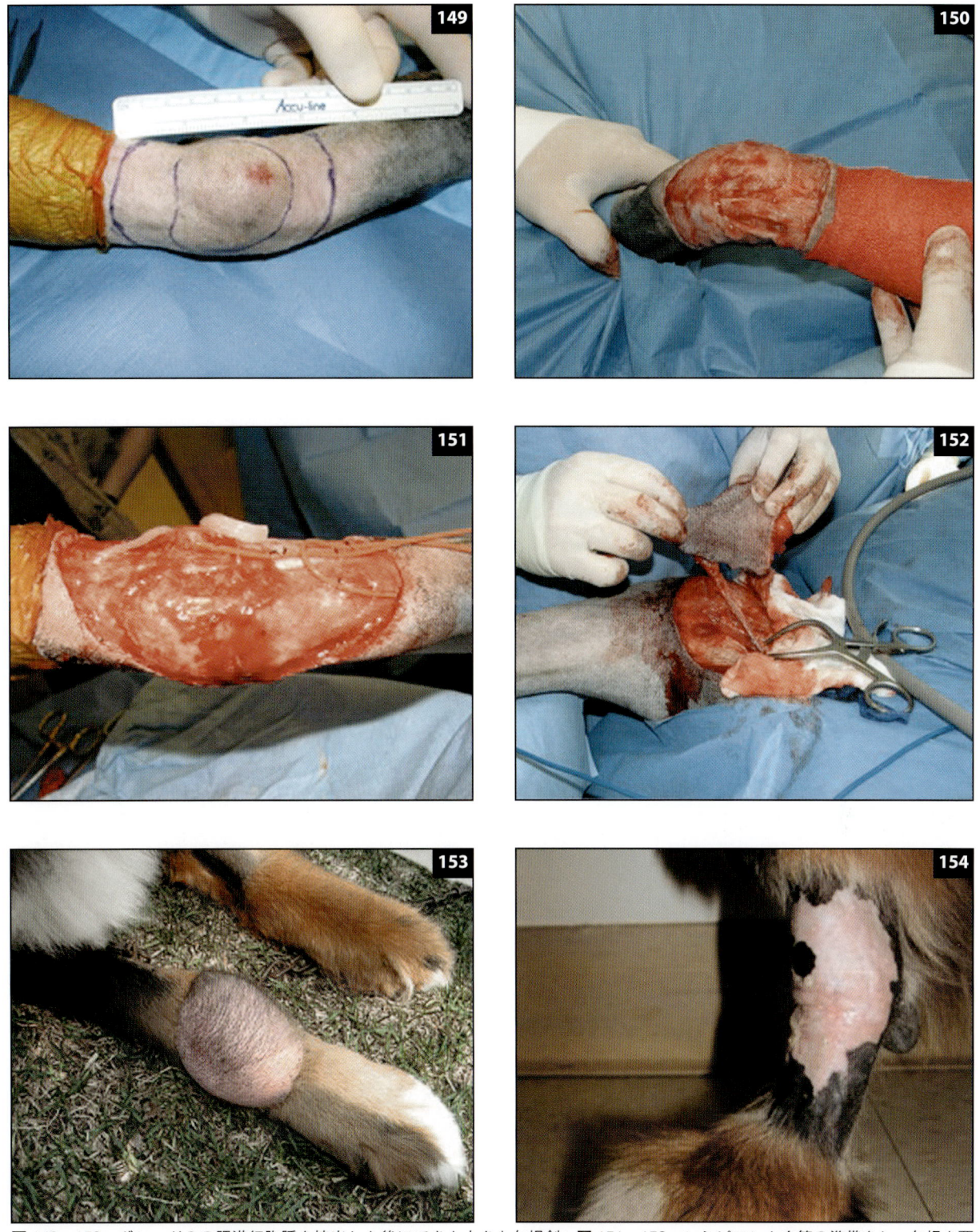

第4章 無血管性および微小血管性の再建術 87

図149, 150 グレード2の肥満細胞腫を摘出した後にできた大きな欠損創。図151, 152 レシピエント血管の準備をし，欠損を覆うために内側伏在フラップを吻合した。図153 この写真は放射線療法を開始する直前に撮影された。図154 1年後の患部の様子。手術部位に腫瘍の再発はみられない。

沿って進める。上唇挙筋を上唇静脈および顔面静脈の表層分岐部の頭側で切開し，牽引して眼窩下動脈を露出させる。皮膚を腹側に牽引して上唇静脈を露出させる。あるいは，上唇静脈の背側にある顔面静脈を使用することもできる。動脈は分枝がほとんどないため，多くの分岐をもつ静脈と比較して容易に分離できる。

● 側頭部アクセス
　動脈：浅側頭動脈（直径 1.5 mm），静脈：浅側頭静脈（直径 3 mm）あるいは前耳介静脈（直径 2〜2.5 mm）。
　外耳道に沿って広頸筋を垂直に切開し，耳下腺に次いで浅側頭静脈と前耳介静脈を露出させる。これら 2 つの静脈の吻側をさらに深く切開して，浅側頭動脈を露出させる。

● 後耳介アクセス
　動脈：後耳介動脈（直径 1.5 mm），静脈：後耳介静脈（直径 2.5〜4 mm）。
　外耳道の尾側に沿って広頸筋と皮下織を垂直に切開し，後耳介静脈を露出させる。外耳道の約 2 cm 後方の皮下織を外耳道と平行に，耳下腺の尾側縁に沿うようにして切開する。耳下腺の尾側面を前方に反転させ，前耳介動脈を露出させる。

● 舌下アクセス
　動脈：舌動脈（直径 3 mm），静脈：舌静脈（直径 4 mm）あるいは舌下静脈（直径 3〜4 mm）。
　顎二腹筋に沿って下顎枝の間を切開し，次いで舌静脈を露出するために顎舌骨筋を切開する。舌骨舌筋を通る舌下神経を脇によけた後，この筋を切断して辺縁を押し広げて舌動脈を露出させる。舌静脈は舌動脈のすぐ隣に位置している。舌動脈は本章で挙げられる頭部の動脈の中では最も太く，したがって位置を特定するのが比較的容易である。

● 外側顔面アクセス
　動脈：顔面動脈（直径 1.5 mm），静脈：顔面静脈（直径 4〜6 mm）。
　咬筋および下顎（唾液）腺に沿って切開する。皮下織を分離すると顔面静脈が露出する。咬筋と顎二腹筋の間を平面に剥離することで，顔面動脈が露出される。剥離する面は下顎腺の内側のレベルで保持する。この部位で顔面動脈の直径は＞ 1 mm である。顔面動脈は細すぎる場合があるため，比較的近くにある舌動脈が代替血管となる。顔面動脈の露出に伴う問題やサイズの問題，および顔面静脈のサイズが大きいことから，これらのレシピエント血管は遊離組織移植のための理想的な血管とはいえない。

● 頸部外側アクセス
　動脈：総頸動脈（直径 7 mm），静脈：外頸静脈（直径 10 mm）。
　頸静脈によって形成される峰と平行に背側の皮膚を切開し，皮膚と皮下織を腹側に牽引して外頸静脈を露出させる。腕頭筋と胸鎖乳突筋を，総頸動脈が露出するまで内側と外側に向かって分離する。フリーフラップに使用する動静脈は，特に血管径に大きなサイズの差異がある場合には端 - 側吻合を使用すべきである。迷走神経および反回神経が近接しているため，この手技は慎重に行わなければならない。

● 肩部外側アクセス
　動脈：浅頸動脈（直径 1.5 mm），静脈：浅頸静脈（直径 3〜4 mm）。
　肩峰突起のすぐ腹側から頭外側方向へ環椎翼に向かって大きく切開する。肩甲横突筋と腕頭筋の間に切開を加え，筋肉を押し開いて外膜に覆われた浅頸動静脈を露出する。血管をしっかりと露出するため，血管の分枝を結紮する。

前肢のレシピエント血管

　前肢のレシピエント血管として，6 種類の外科的アプローチが推奨されている[16,17]。

● 手掌
　動脈：総掌側指動脈第二枝（サイズへの言及はなし），静脈：橈側皮静脈。
　手根球の内側部から掌球の掌内側へ向かって切開を加える。皮下の浅筋膜内にある血管の外側を切開する。動脈は，橈側皮静脈の外側の浅部筋膜を切開することで露出できる。

● 前腕部遠位
　動脈：正中動脈，静脈：橈側皮静脈。
　橈側皮静脈の尾内側の皮膚に切開を加える。手根の位置まで切開する。皮膚を押し広げて橈側皮静脈を露出させる。橈側皮静脈は，橈側手根屈筋腱と浅指屈筋腱の直下を走る正中神経血管束の鞘膜を切開することで露出できる。正中動脈は，ここより遠位の末梢組織には他の動脈からも血液供給があるため，端－端動脈吻合を用いることができる。大型犬では橈骨動脈を代替血管として使用することができる。外傷により掌の血管に損傷がある場合は，前腕遠位アプローチを利用すべきである。

● 前腕部中央
　動脈：正中動脈，静脈：橈側皮静脈。
　前腕の中央部1/3の範囲の頭内側部の皮膚を皮下の浅部筋膜から切開することにより，橈側皮静脈を分離することができる。深部前腕筋膜の切開により屈筋群を露出することができ，正中動脈は橈側手根屈筋の頭側部の上もしくは下にある神経鞘の中に確認できる。

● 前腕部近位
　動脈：正中動脈，静脈：橈側皮静脈，上腕静脈。
　前腕内側の近位1/3をランドマークとする。前腕部近位の頭内側に切開を加え，次に深部前腕筋膜を円回内筋と橈側手根屈筋の間で切開分離して，正中動脈を露出させる。レシピエント静脈としては，皮下織内を走行する上腕静脈か橈側皮静脈を使用することができる。

● 上腕部遠位
　動脈：上腕動脈，静脈：上腕静脈。
　上腕部遠位1/4の内側の皮膚および深部前腕筋膜を切開し，上腕二頭筋の尾側に沿って走る上腕静脈を露出させる。上腕静脈を頭側によけて上腕動脈を露出させる。この周囲にある重要な神経を傷つけないように注意する。

● 上腕部中央
　動脈：尺側反回動脈，静脈：尺側反回静脈。
　上腕部中央と遠位1/3との移行部で，上腕三頭筋のすぐ頭側の皮膚切開部からアクセスする。上腕動脈の露出について，必要な場合は，上腕二頭筋からの静脈枝を結紮し，分離する。上腕静脈をよけて，その下にある尺側反回動脈を確認する。レシピエント静脈として使用される尺側反回静脈は上腕静脈から分枝しているのを見つけることができる。

後肢のレシピエント血管
　後肢では12本のレシピエント血管への外科的アプローチが推奨されている[16, 17]。

● 足底部
　動脈：足底中足動脈，静脈：総背側趾静脈の内側枝。
　アクセスは，足底部および中足部内側を踵骨から足根球の位置まで切開して行う。静脈は第二中足骨の背内側部の皮下に確認することができる。動脈は浅趾屈筋および深趾屈筋腱の内側に沿った深部筋膜を切開すると露出できる。骨間の筋群を露出させるためには，腱を外側に牽引する必要がある。動脈は第一足底骨筋および第二足底骨間筋の間に確認できる。

● 足根部背側
　動脈：足背動脈，静脈：総背側趾静脈とその分枝。
　足背動脈は足根部の背側で触診できる。脛骨と足根骨の関節の背側部に，やや内側に第二中足骨および第三中足骨の接合部に向かって切開を加える。皮膚の直下にみられる総趾静脈の内側を鋭的に切開した後，短趾伸筋を切り離して足底動脈を露出させる。
　犬によっては短趾伸筋が非常に小さく，確認するのが

困難な場合もある（図155～158）。

● 脛骨遠位頭側
　動脈：前脛骨動脈，静脈：内側伏在静脈の頭側枝。
　脛骨遠位部の頭側面，すなわち内側伏在静脈頭側枝の外側の皮膚を切開する。下腿筋膜を切開した後，長趾伸筋／腱および前脛骨筋／腱を分離する。前脛骨動脈を内包する前脛骨神経血管束を露出させる。内側伏在静脈の頭側枝は，これを浅部筋膜および深部筋膜から分離することで露出できる。

● 脛骨遠位の頭内側
　動脈：前脛骨動脈，静脈：内側伏在静脈の頭側枝。
　内側伏在静脈の頭側枝のすぐ尾側，遠位脛骨部の頭内側上の皮膚に切開を加え，深部大腿筋膜を鋭的に切開する。前脛骨筋を挙上した後，前脛骨神経血管束をゆるい結合織から分離し，これを切り開いて前脛骨動脈を露出させる。内側伏在静脈の頭側枝はレシピエント血管として利用できる。内側伏在静脈の頭側枝が細すぎる場合（特に小型犬ではそのようなことが多いが），外側伏在静脈を使用することもできる。

● 脛骨遠位外側
　動脈：伏在動脈，静脈：外側伏在静脈。
　脛骨の遠位1/3の位置で外側伏在静脈とその尾側枝の間を切開する。脛骨尾側に沿って明瞭な神経血管束が触知できるので，動脈を露出させる。外側伏在静脈は容易に皮下織から分離できる。

● 脛骨遠位の尾内側
　動脈：伏在動脈の尾側枝，静脈：内側伏在静脈の尾側枝あるいは頭側枝。
　脛骨遠位の内側を切開し，皮膚を尾側へ牽引する。脛骨の尾側部，アキレス腱と脛骨の間に神経血管束が触知される。この束にある最も太い2本の静脈を利用する。それでも細すぎる場合は，内側伏在静脈の頭側枝を使うことができる。このアプローチでは動脈と静脈の間の距離が離れているので，フラップの茎の中で橋渡しをするために分離しなければならない。

● 大腿脛骨内側
　動脈：伏在動脈，静脈：内側伏在静脈。
　大腿部の遠位1/3の位置から内側に切開を加える。後部縫工筋と薄筋後部の間の疎性結合組織の中に伏在動脈と内側伏在静脈を見つけることができる。後部縫工筋の筋肉間の筋膜の切開が必要となる場合もある。

● 大腿部遠位外側
　動脈：遠位大腿後動脈，静脈：遠位大腿後静脈。
　大腿二頭筋の遠位頭側縁上を切開する。大腿筋膜を筋肉の頭側縁に沿って切開し，尾側に押し広げる。大腿二頭筋の遠位に入る血管茎をレシピエント動静脈として使用できる。この方法は，血液供給が失われた場合には大腿二頭筋が部分的に犠牲となる可能性があるため，この影響を考慮する必要がある。

● 大腿部内側
　動脈：大腿動脈，静脈：大腿静脈。
　恥骨筋のすぐ頭側の大腿部中央に切開を加える。大腿動静脈はこの筋肉のすぐ頭側にある。後部縫工筋の尾側縁に沿って筋膜を切開して筋肉を頭側に牽引し，周囲の血管やこれに関連した大腿神経を包んでいる筋膜鞘を露出させる。大腿動脈のサイズが大きいので，フリーフラップとこれらレシピエント血管との吻合は端-側吻合で行うべきである。

● 大腿部近位内側
　動脈：近位尾側の大腿動脈，静脈：近位尾側の大腿静脈。
　大腿部内側アプローチとは対照的に，恥骨筋のすぐ尾側で薄筋の近位1/2の頭側に切開を加える。血管は大腿動静脈の近位1/3から派生しており，これは恥骨筋の遠位面に相当する。

● 鼠径部
　動脈：尾側浅腹壁動脈，静脈：尾側浅腹壁静脈。
　恥骨筋起始部の頭内側，すなわち乳腺の外側に切開を加える。乳腺組織を内側に挙上し，精巣鞘膜を包んでいる筋膜を切り開いて，尾側浅腹壁動静脈を露出させる。

● 大腿部近位外側
　動脈：後殿動脈，静脈：後殿静脈。
　大腿部の軸に沿って大転子上を大きく切開する。深殿筋の筋膜を切開した後，大腿二頭筋と浅殿筋を押し広げる。仙結節靭帯を切開して靭帯に沿って走行している大腿動静脈を露出させる。血管を分離する際に坐骨神経を傷つけないように特別な注意が必要である。

猫のフラップ

　フリーフラップの手技に関するケースレポートや研究はそのほとんどが犬に焦点を当てたものであるが，猫において外側の腋窩動脈を使用した軸性のフラップに関する報告がある[16]。平均的サイズの成猫でのフラップの平均的な大きさは8.7×15.5cmであった。これらのフラップを2例の臨床ケースで使用し，成功したと報告されている。

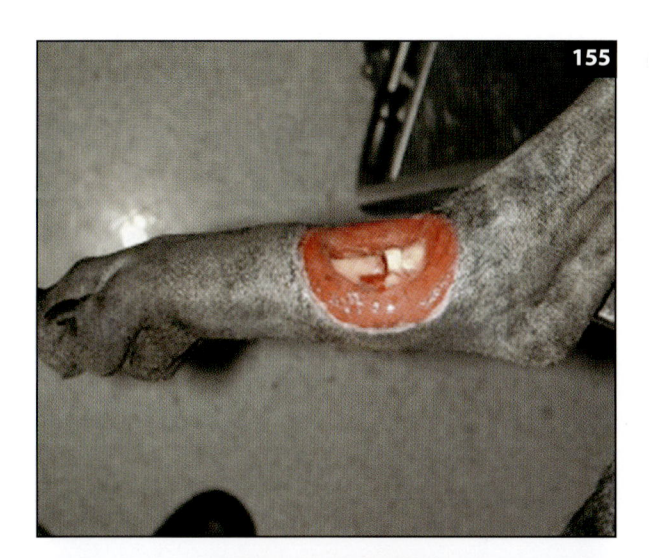

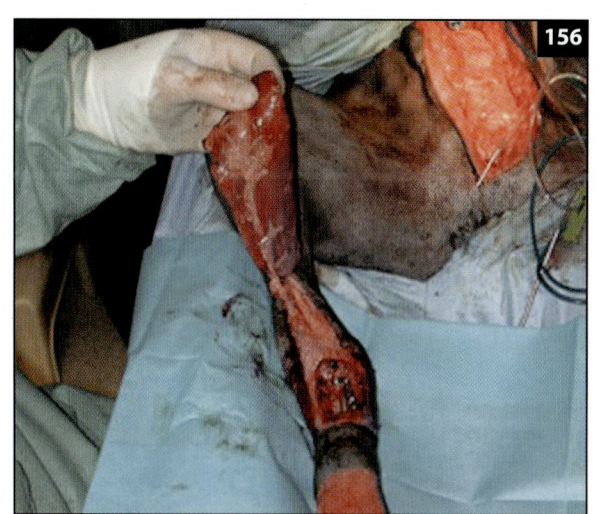

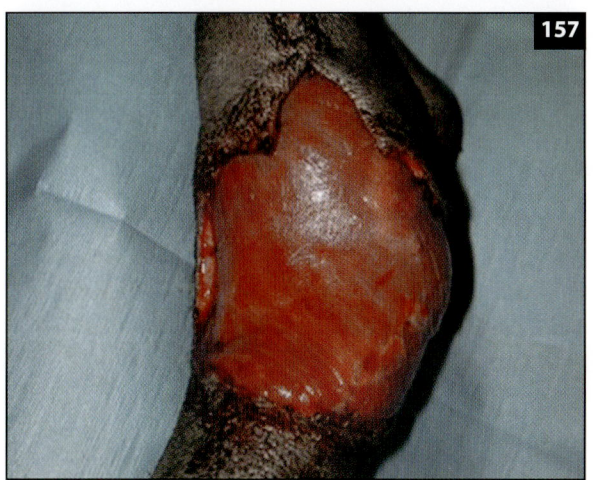

図 155～157　外傷性の欠損創に対し腹直筋のフリーフラップと，筋弁の上にメッシュグラフトを施した症例。足背動静脈が吻合に使用された。スキングラフトは筋の移植直後に実施された。

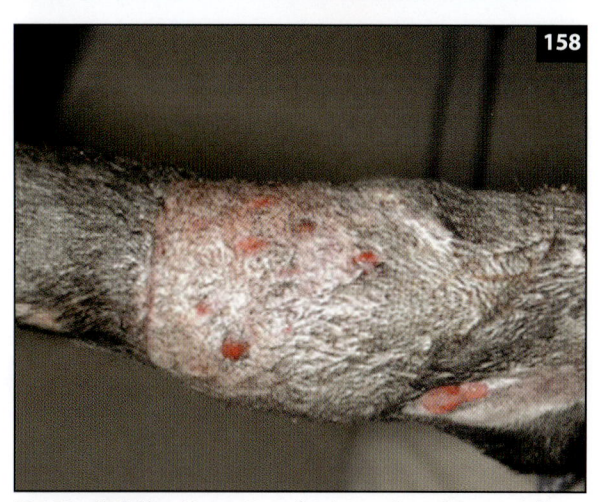

図 158　腹直筋フリーフラップの上にスキングラフトを施し，術後3週間経過した様子。

おわりに／要約

　微小血管性フラップ移植に関する利点は，ある研究により"汎用性，確実性，血管分布および再建が困難なケースに対して早期に第一歩を開始させるための可能性をもった治療的手技"というように要約されている[18]。微小血管外科によりフラップへ血液が供給されることによって，フラップの生存率が劇的に上昇するだけではなく，有益な血液循環が付加されることにより間接的にフラップ下の創床の治癒を促進する可能性が高くなる。

　しかし，微小血管移植の実施を考慮する際には注意が必要である。フラップの生着率に影響を与える唯一の明らかな因子は，手術を行うチームの経験である，という事実を心に留めておくことが非常に重要である[7]。このことは，この手術がもつ特殊な性質およびこの分野での経験の重要性を強く示している。さらに，レシピエントサイトからレシピエント血管を露出させる際には局所解剖に関する詳細な知識と，慎重かつ正確な外科的テクニックが必要である。それは，単に手技を行うために血管を正確に露出するためだけでなく，レシピエント血管の不適切な取り扱いは後に吻合部での血栓症を引き起こす可能性があり，これは深刻な合併症につながる可能性があるためである[15]。

　最後に，本章に挙げた手技および解剖学的サイズの多くは，すでに発表された研究や報告に基づいている。これらの研究で用いられた動物数は限られており，動物種による解剖学的な違いによっては，詳細に解説されたこの手技のとおりにはいかないかもしれない。つまり，たとえほぼ同じ大きさの犬による少数の対象グループにおいてこの手技を使用した場合でも，解剖学的違いがしばしば生じるという問題が生じる可能性がある。したがって，手術チームが微小血管移植に関する経験をもっていることの重要性が，ここで再度強調される。さらに，この手技における血管サイズの重要性を考慮すると，品種の違いに対してここで挙げた手技を適応させることがいかに重要であるか，という点をしっかり認識すべきである。

謝辞

　本章はGuido Camps氏によって書かれた論文をもとにしている。筆者らは，Dan Degner氏による本章へのコメントと写真の提供に対して感謝を述べる。

参考文献

1. Kirpensteijn J, Klein WR (2006) Wound management and first aid. In: *The Cutting Edge: Basic Operating Skills for the Veterinary Surgeon*, 1st edn. (eds J Kirpensteijn, WR Klein) Roman House Publishers, London, p. 125.
2. Hunt GB, Tisdall PLC, Liptak JM *et al.* (2001) Skin-fold advancement flaps for closing large proximal limb and trunk defects in dogs and cats. *Vet Surg* **30**: 440–448.
3. Harari J (2004) (ed) *Small Animal Surgery Secrets*. Hanley & Belfus, Philadelphia.
4. Archibald J, Cowley AJ (1974) Plastic surgery. In: *Canine Surgery*, 2nd edn. (ed. J Archibald) American Veterinary Publications, Santa Barbara, pp. 139–146.
5. Slatter DH (2003) *Textbook of Small Animal Surgery*. WB Saunders, Philadelphia.
6. Fossum TW, Duprey LP (2002) Microvascular flap transfer. In: *Small Animal Surgery*, 2nd edn. (eds TW Fossum, CS Hedlund, DA Hulse *et al*) Mosby, St. Louis, p. 182.
7. Fowler JD, Degner DA, Walshaw R *et al.* (1998) Microvascular free tissue transfer: results in 57 consecutive cases. *Vet Surg* **27**: 406–412.
8. Daniel RK, Williams HB (1973) The free transfer of skin flaps by microvascular anastomoses: an experimental study and a reappraisal. *Plast Reconstr Surg* **52**: 16–31.
9. Miller CW, Chang P, Bowen V (1986) Identification and transfer of free cutaneous flaps by microvascular anastomosis in the dog. *Vet Surg* **15**: 199–204.
10. Miller CW (1990) Free skin flap transfer by microvascular anastomosis. *Vet Clin North Am Small Anim Pract* **20**: 189–199.
11. Miller CC, Fowler JD, Bowen CVA *et al.* (1991) Experimental and clinical free cutaneous transfers in the dog. *Microsurgery* **12**: 113–117.
12. Puerto DA, Aronson LR (2004) Use of a semitendinosus myocutaneous flap for soft-tissue reconstruction of a grade IIIB open tibial fracture in a dog. *Vet Surg* **33**: 629–635.
13. Calfee III EF, Lanz OI, Degner DA *et al.* (2002) Microvascular free tissue transfer of the rectus abdominis muscle in dogs. *Vet Surg* **31**: 32–43.
14. Lanz OI, Broadstone RV, Martin RA *et al.* (2001) Effects of epidural anesthesia on microcirculatory blood flow in free medial saphenous fasciocutaneous flaps in dogs. *Vet Surg* **30**: 374–379.
15. Degner DA, Walshaw R, Fowler JD *et al.* (2004) Surgical approaches to recipient vessels of the head and neck for microvascular free tissue transfer in dogs. *Vet Surg* **33**: 200–208.
16. Degner DA, Walshaw R, Fowler JD *et al.* (2005) Surgical approaches to recipient vessels of the fore- and hindlimbs for microvascular free tissue transfer in dogs. *Vet Surg* **34**: 297–309.
17. Benzioni H, Shahar R, Yudelevich S et al. (2009) Lateral thoracic artery axial pattern flap in cats. Vet Surg 38: 112–116.
18. Fowler D (2006) Distal limb and paw injuries. *Vet Clin North Am Small Anim Pract* **36**: 819–845.

第5章
顔面および頭部の再建術

Sjef C. Buiks and Gert ter Haar

- 片側の改良型鼻部回転皮弁
- 両側の改良型鼻部回転皮弁
- 全層口唇伸展皮弁（下口唇）
- 全層口唇伸展皮弁（上口唇）
- 全層頬部回転皮弁
- 上口唇と頬部の入換転移皮弁
- 顔面動脈アキシャルパターンフラップ
- 浅側頭動脈アキシャルパターンフラップ
- 後耳介動脈アキシャルパターンフラップ
- 耳介の欠損に対する有茎皮弁

片側の改良型鼻部回転皮弁

概要

　皮下血管叢ローカルフラップの1つである鼻部回転皮弁はヒトにおいて，限局性の腺癌切除後などの際の鼻尖部の再建方法として報告されている。筆者らはこの皮弁法を犬や猫にも応用できるように改良し，これにより鼻部吻背側の様々な大きさや形状の創傷を閉鎖するために利用することが可能となった。

　皮弁の下描きをする前に，以下の4つの条件を考慮する必要がある；①頭蓋骨のタイプ（短頭，中頭，長頭），②上口唇を覆っている余剰皮膚の量，③欠損部の位置，および④欠損部の寸法である。以下に，鼻梁背側の吻側縁と鼻鏡尾側とが接する部位に皮膚欠損が生じた場合の再建法を説明する。このような片側性あるいは両側性の皮弁テクニックを使用することで，大きな欠損でも閉鎖が可能となる。この方法により，ドナーサイトおよびレシピエントサイトともに過剰なテンションを生じることなく，良好な創の外観を得ることができる。この方法はさらに，皮弁を形成する際に背側の鼻鏡組織の一部を含めることで，これを鼻鏡外側の欠損の再建に利用するというような改良が可能である（図159，160）。

方法

　最初に，欠損部の吻側から鼻尖の縁に沿い外側に向かって，尾翼溝の位置までアーチ状に曲線を描く（図161）。縫合閉鎖によるドッグイヤーと瘢痕形成を最小限にするため，三日月形に引いた曲線の遠位端に，後に切り取ることとなる三角形を描く（図162）。すると，必然的に，三角形の尾側端から欠損部の真ん中付近までの領域が皮弁として描出される。さらに，もう1カ所，閉鎖によるドッグイヤー形成を防ぐため，鼻の反対側に2本の収束線を引き，両線の距離が最も開いた部分が欠損部の尾外側と接するようにする（図163，164）。

　皮弁となる領域の皮下を剥離することで，鼻尖部まで容易に伸展させることができるようになる（図165）。皮弁の操作を容易にするため，支持糸を1糸（2-0の吸収性モノフィラメント糸）かける。欠損部を覆うように皮弁を移動し（図166，167），皮弁の皮下織とこれに隣接する創縁の皮下織を合わせて，3-0の吸収性モノフィラメント糸を用いて単純結節縫合もしくは連続縫合で閉鎖する（図168，169）。皮膚は常法で閉鎖する（図170，171）。

参考文献

Smadja J (2007) Crescentic nasojugal flap for nasal tip reconstruction. *Dermatol Surg* 33: 76-81.

Ter Haar G, Buiks SC, Kirpensteijn. Cosmetic reconstruction of a nasal plane and rostral nasal skin defect using a modified nasal rotation flap in a dog. *Vet Surg*, in press.

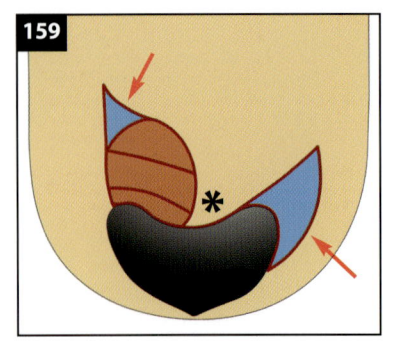

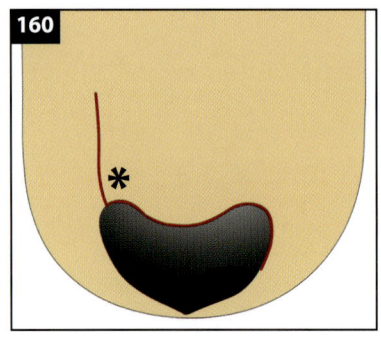

図159，160　片側の改良型鼻部回転皮弁。皮弁作成のための切開線を赤茶色線で（＊とともに），切除するBurowの三角※（矢印と青色で示した領域）と，閉鎖すべき鼻部背外側の欠損部（赤茶色線とオレンジ色で示した領域）を示した（図159）。Burowの三角を切除し局所皮弁（＊）の皮下を剥離した後，皮弁を目的の位置まで回転しながら移動させて縫合することにより，美容的閉鎖が可能となる（図160）。

※訳注：原著ではBurrow's triangleとなっているが，一般的にはBurow'sという。バローの三角，あるいはブーロヴ三角などと訳される場合もある。

第5章 顔面および頭部の再建術

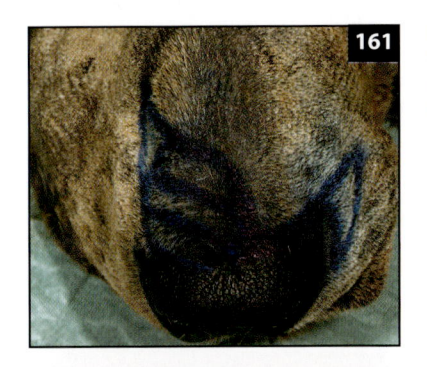

図161 術野を背側から見た様子。斜線を引いた部位は欠損部を作成するために切除する。

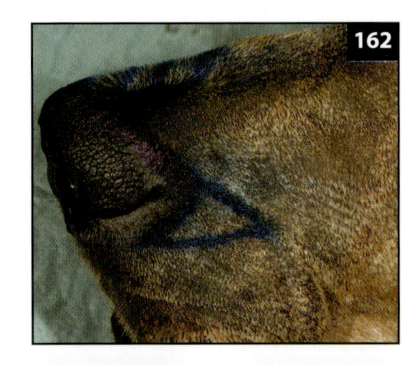

図162 皮弁となる領域を横から見た様子。三角形の部分は閉鎖のときにできるドッグイヤーを防ぐために切除する。

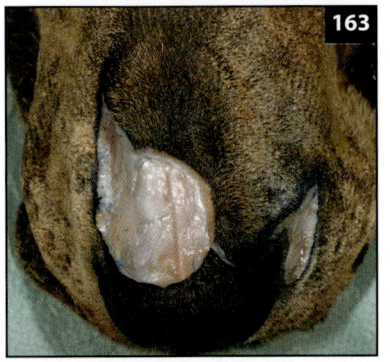

図163 両方の不要な皮膚である三角形が切除された様子。

図164 皮弁領域を横から見た様子。

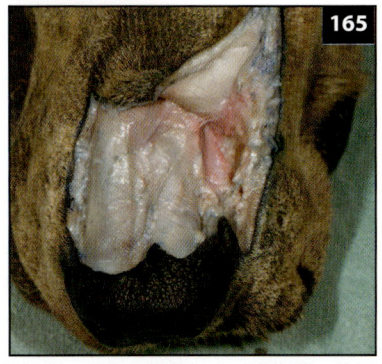

図165 皮弁を剥離して，吻内側へ伸展させやすくする。

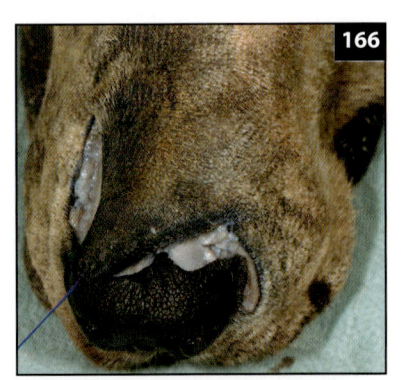

図166 皮弁の先端が鼻尖の反対側へ容易に届くようでなければならない。

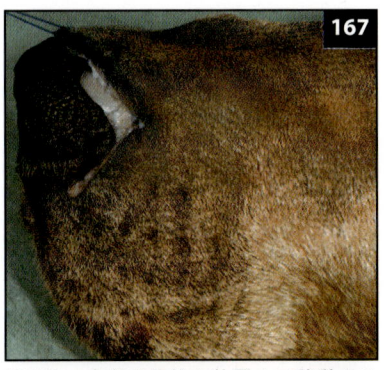

図167 皮弁を目的の位置まで移動させた様子の側面像。

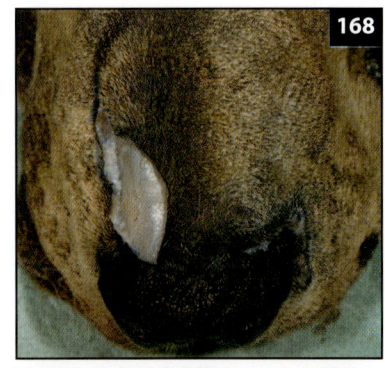

図168 皮弁の皮下織を，これと隣接する創縁の皮下織と縫合した様子。

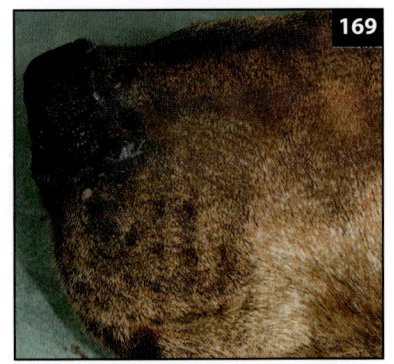

図169 皮弁と隣接する創縁皮下織を並置させた様子の側面像。

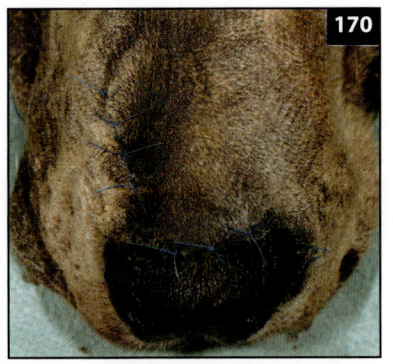

図170 皮膚縫合した様子の背面像。ドッグイヤーの形成がないことに注目。

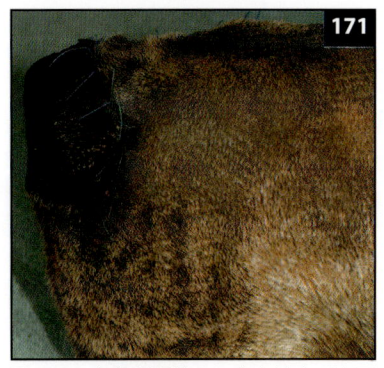

図171 皮膚を閉鎖し，皮弁縫合が完了した様子の側面像。

両側の改良型鼻部回転皮弁

概要

犬や猫の鼻部吻側での大きな組織の移動は通常，左右非対称な外貌を生じてしまうが，改良型鼻部回転皮弁を両側性に用いることで，この部位の皮膚に生じたより大きな欠損を，左右非対称にさせることなく，閉鎖することができる。皮弁の下描きをする前に考慮すべき条件は片側性の術式（p.96参照）で述べたのと同様である。

両側性の術式には2通りの方法がある。

- 比較的細長く，それほど幅広くない欠損に対して，片側性の術式で用いたのと全く同じ方法を両側性に使用し，両側の皮弁がちょうど正中で接するようにする方法である。
- 比較的幅広く，長さの短い欠損に対して，皮下の剥離をより深くまで行い，皮弁が正中で交差するように伸展させる方法である。一方の皮弁は欠損の吻側を覆うために使用し，もう一方の皮弁は欠損部の尾側を埋めるために使用する（図172，173）。

方法

両側の鼻部回転皮弁の作成に必要となる切開線は，片側性の術式の際に使用したのと同様の手法を用いて下描きを描く（図174）。切開線にしたがって皮膚を切開し，2つのBurowの三角を切除する（図175）。両方の皮弁に支持糸を施した後，皮弁が余裕をもって鼻梁の上まで伸展させられるように皮下を剥離する（図176）。両皮弁はテンションを伴わずに目的の位置に回転できるようになるまで皮下剥離を進める。

2つの半月状の欠損部を皮弁で覆う（図177）。皮弁先端部の壊死を防ぐため，剪刀かメス刃を用いて先端部をトリミングする（図178）。皮下織（図179）と皮膚（図180）を常法にて閉鎖する。

参考文献

Smadja J (2007) Crescentic nasojugal flap for nasal tip reconstruction 33: 76-81.

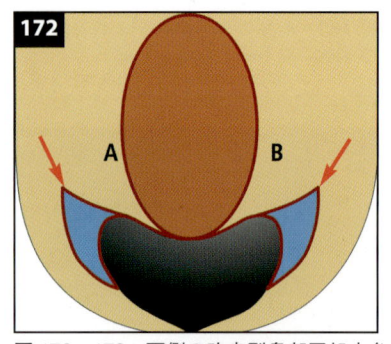

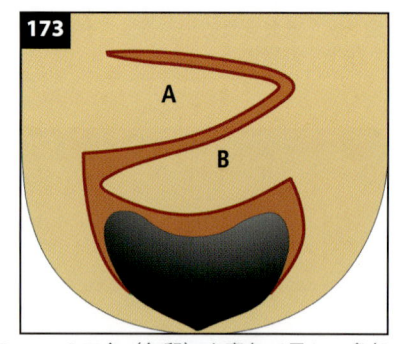

図172，173　両側の改良型鼻部回転皮弁。Burowの三角（矢印）を青色で示し，鼻部背側中央の大きな卵円形の欠損をオレンジ色で示す。三角形を切除した後にできる，欠損部を閉鎖するための2つの皮弁を作成するのに必要な切開線を赤茶色線で示す（図172）。2つの皮弁を挙上し回転させて欠損部を埋めるべく，所定の位置に移動させる。あらかじめBurowの三角を切除しておくことで，皮弁の回転と閉鎖によって形成されるドッグイヤーを防ぐことができる（図173）。

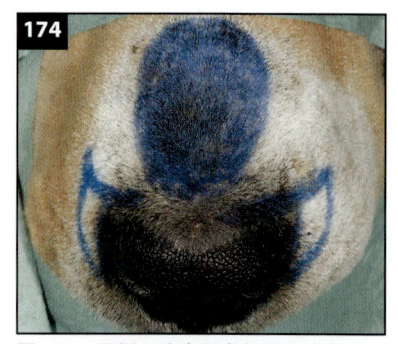

図174　両側の改良型鼻部回転皮弁のための欠損部と切開線および切除部分を青いインクで示した。

第 5 章　顔面および頭部の再建術

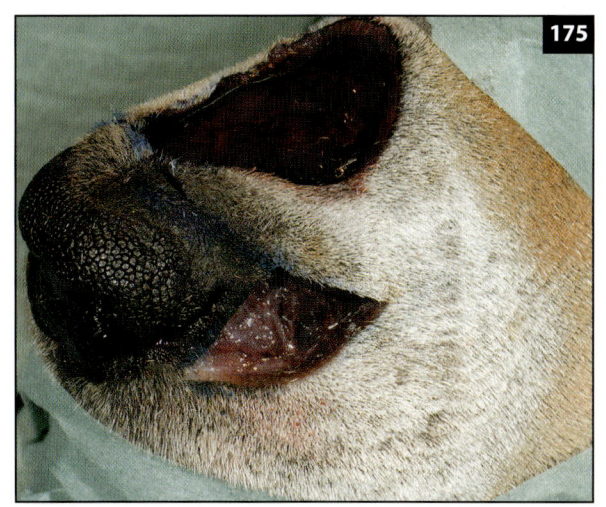

図 175　両皮弁を目的の位置まで回転させるのに必要な三角形となる皮膚を切除する。

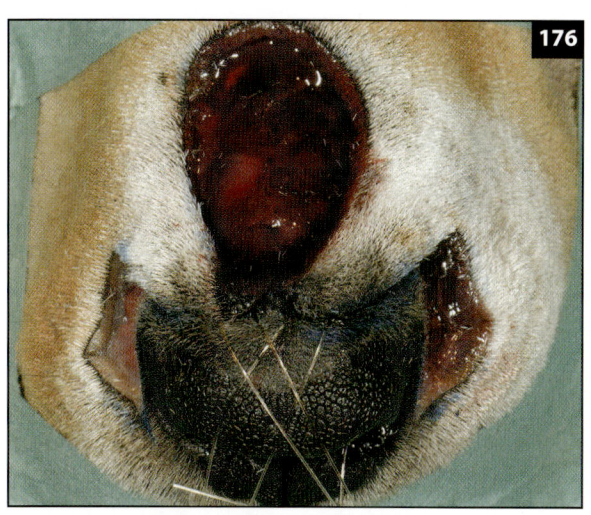

図 176　皮下の剥離と欠損部への移動がしやすいように，両皮弁に支持糸をかける。

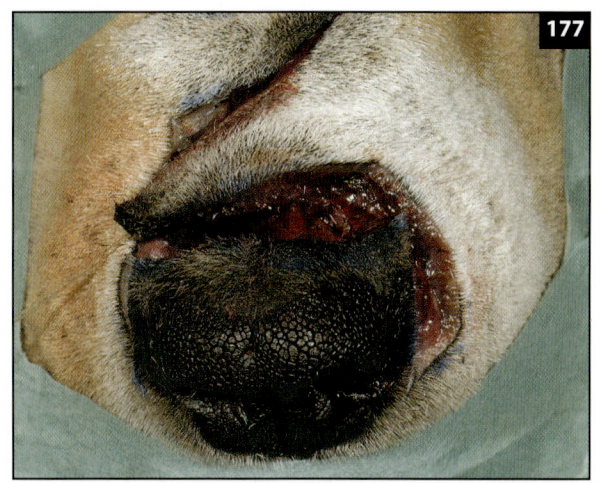

図 177　両皮弁を所定の位置に移動させた様子。欠損部が比較的短く幅広い場合には，それぞれの皮弁を欠損部の吻側と尾側を覆うように回転させる。

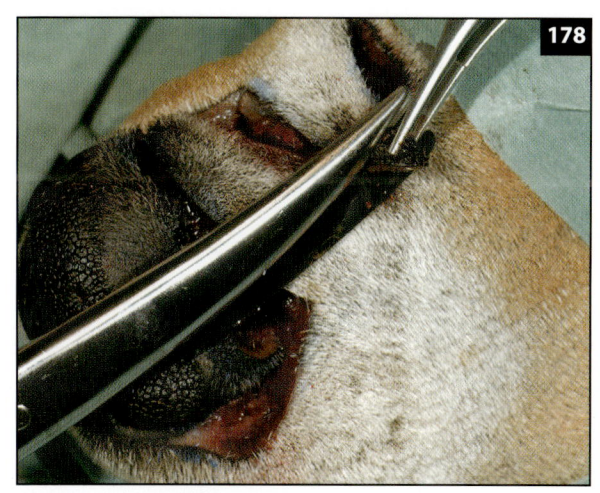

図 178　皮弁の先端部をトリミングする。

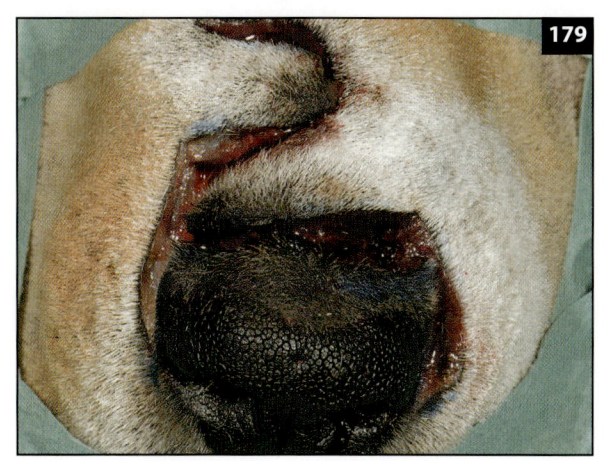

図 179　単純結節縫合を用いて，皮弁の皮下を所定の位置に縫合する。

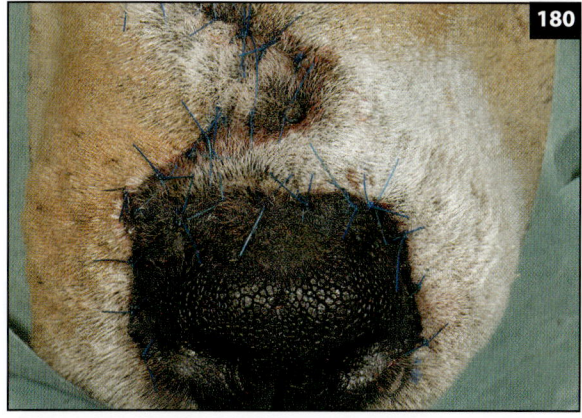

図 180　皮弁の皮膚を非吸収糸で単純結節縫合し，両側の改良型鼻部回転皮弁が完了した様子。

全層口唇伸展皮弁（下口唇）

概要
　本術式は下口唇の吻側に生じた欠損を閉鎖するための方法である。下口唇は下唇動静脈によって血液供給されており，これらの血管を温存する必要がある。
　下口唇は上口唇よりも移動が容易である。その結果として，吻側への伸展に必要な皮膚の切開は，大きな欠損であっても数cmで十分である。

方法
　腫瘍の切除（写真の症例では）のため，マージンがクリアになるように口唇ごと全層切除を行った（図181）。下口唇を吻側へ伸展させるのに必要な長さの皮膚切開を行う（図182）。下口唇の粘膜は，歯肉縁から数mm離して切開する（図183）。血管を温存しながら，皮弁の皮下を必要な長さになるまで剥離して挙上する。皮弁を吻側に牽引して，テンションを伴わずに欠損部を閉鎖できるようにする（図184）。
　吸収性モノフィラメント糸を用いて粘膜部分を単純結節縫合または連続縫合で閉鎖する（図185, 186）。粘膜下織／皮下織を吸収性モノフィラメント糸を用いて単純結節縫合にて閉鎖する。必要に応じて，死腔のコントロールのためにペンローズドレーンを設置する（図187）。非吸収性モノフィラメント糸にて皮膚を縫合する（図188）。

参考文献
Degner DA (2007) Facial reconstructive surgery. *Clin Tech Small Anim Pract* **22**: 82-88.

Pavletic MM (1990) Reconstructive surgery of the lips and cheek. *Vet Clin North Am Small Anim Pract* **20**: 201-226.

Pavletic MM (2010) *Atlas of Small Animal Wound Management and Reconstructive Surgery*, 3rd edn. Wiley-Blackwell, Ames, pp. 456-457.

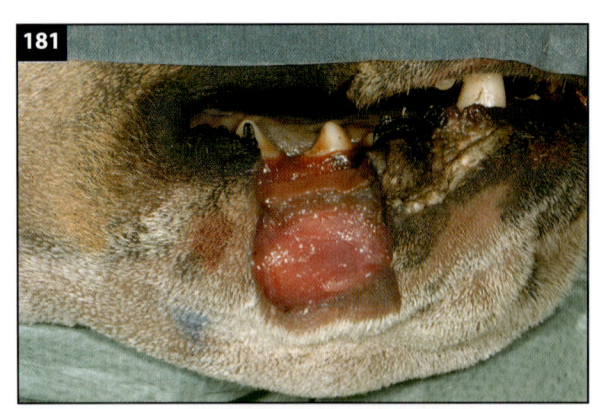

図181　下口唇にできた腫瘍を口唇ごと全層切除した。

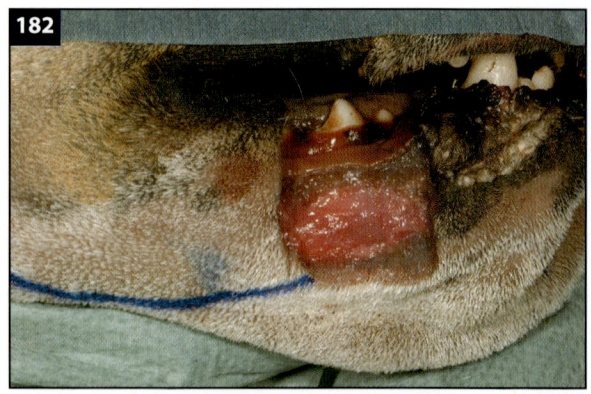

図182　創の腹尾側から尾側に向かって，皮膚の切開を加える。

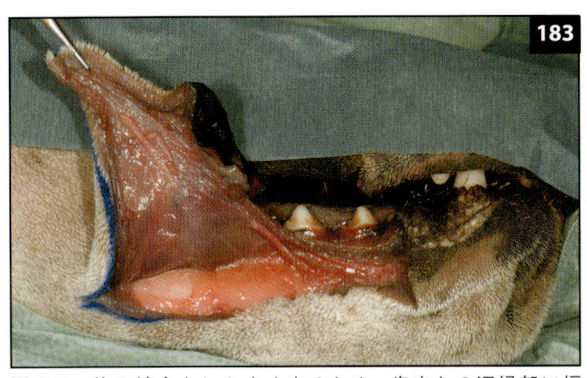

第5章 顔面および頭部の再建術 101

図183 後の縫合をしやすくするため，歯肉との辺縁部に幅2mmの（口腔）粘膜面の縫いしろを残しつつ，組織の皮下を剥離して全層皮弁を作成する。

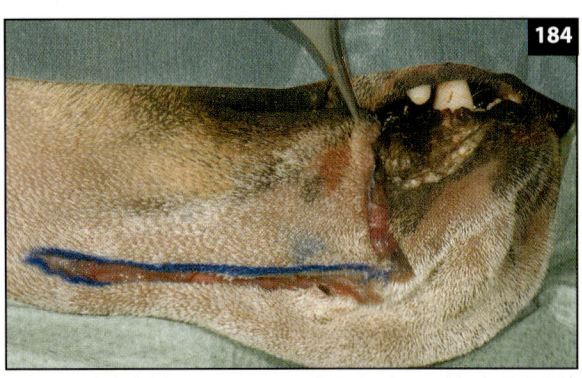

図184 皮弁吻側にテンションを加えながら，適切な長さを決定する。

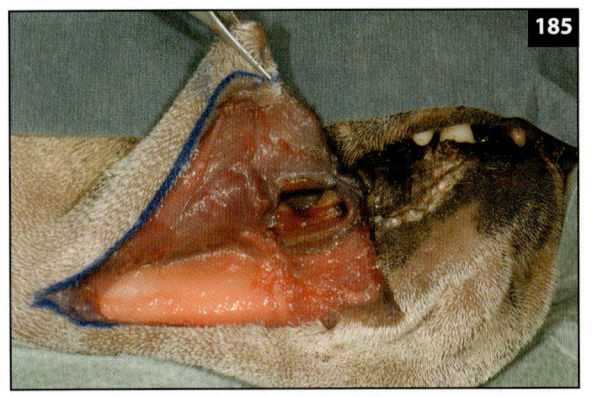

図185 粘膜に支持糸をかけ，粘膜を吻側から縫合する。

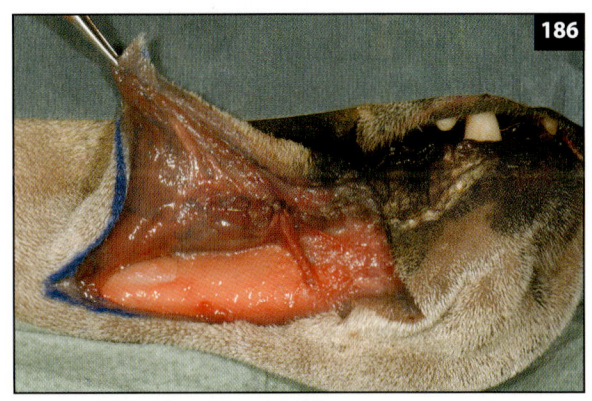

図186 粘膜の縫合が終了した様子。

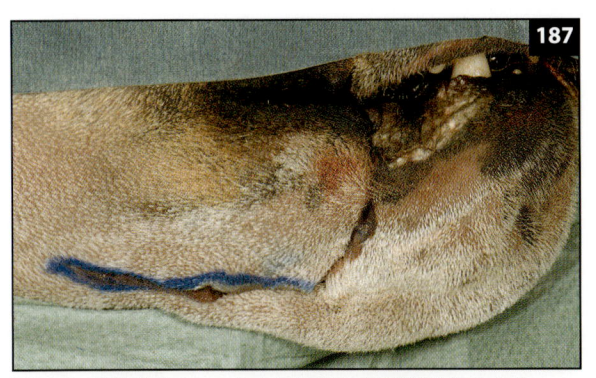

図187 吸収性モノフィラメント糸にて皮下織を縫合する。

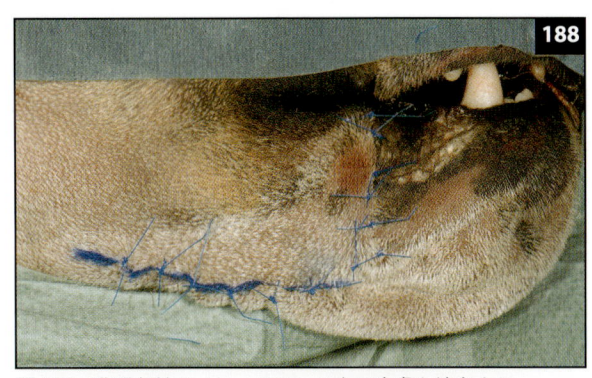

図188 非吸収性モノフィラメント糸で皮膚を縫合する。

全層口唇伸展皮弁（上口唇）

概要

上口唇を使用して，上口唇吻側の欠損部に対し皮弁を最大限に伸展させるためには，全層を完全に挙上することが必要となる。

血液は，上唇動静脈により供給を受けている。この皮弁は，特に上口唇の吻側1/3の部位の欠損に対する使用が適している。必要があれば，部分的な上顎切除術と組み合わせることもできる。皮弁の収縮は鼻鏡の片側性の歪みを引き起こすが，これは通常治まるのに1～2週間以上かかる。

方法

この症例では上口唇にできた腫瘍を切除するために長方形の全層切除を行った。口唇が必要な長さにまで伸展できるように，上口唇の尾側へ切開線を引く（図189）。

上口唇の切開は，粘膜の深さまで行う。歯肉縁に沿って幅5mm程度の粘膜の縫いしろを残しておくべきである（図190）。皮弁を慎重に切り離し，皮弁基部の血流を阻害しないように注意しながら，皮弁を吻側に伸展させる（図191）。皮弁全体がより正確に反対側の口唇辺縁部の曲線と一致するように，皮弁先端部の楔状の領域をトリミングする（図192）。

粘膜は吸収糸を用いて単純結節縫合で閉鎖する（図193, 194）。皮膚を非吸収性モノフィラメント糸にて単純結節縫合で閉鎖する（図195）。

参考文献

Degner DA (2007) Facial reconstructive surgery. *Clin Tech Small Anim Pract* **22**: 82-88.

Pavletic MM (1990) Reconstructive surgery of the lips and cheek. *Vet Clin North Am Small Anim Pract* **20**: 201-226.

Pavletic MM (2010) *Atlas of Small Animal Wound Management and Reconstructive Surgery*, 3rd edn. Wiley-Blackwell, Ames, pp. 454-455.

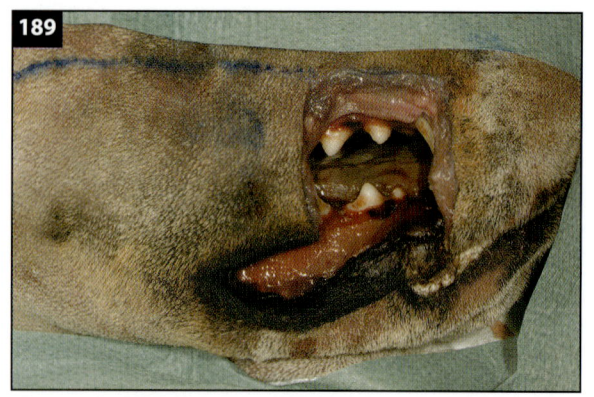

図189 上口唇吻側に生じた腫瘍切除のため，全層を四角形に切除した。口唇の伸展皮弁を青いインクで下描きした。

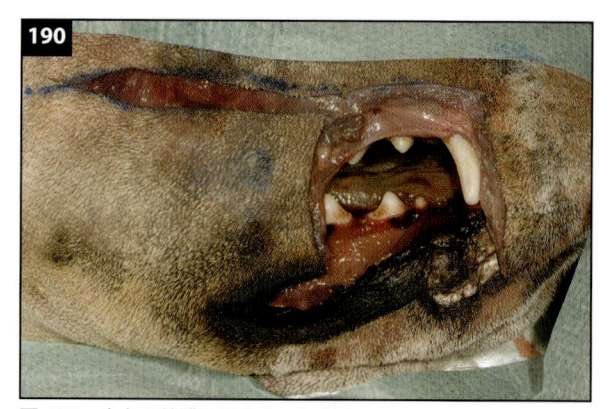

図190 皮弁を粘膜の深さまで切開する。

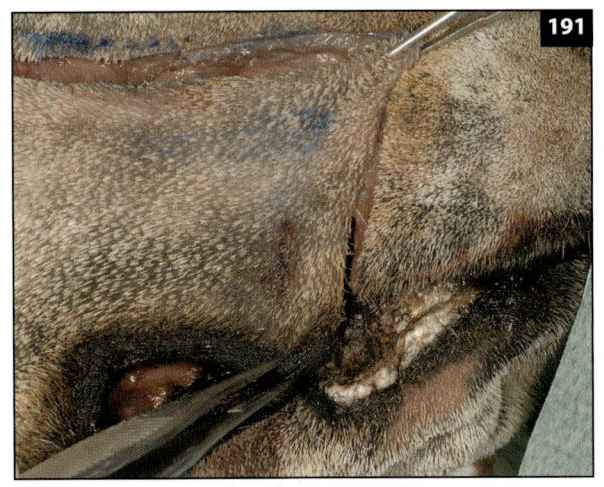

第5章 顔面および頭部の再建術 103

図191 テンションを伴わずに欠損部を覆えるようになるまで皮弁の皮下を剥離する。

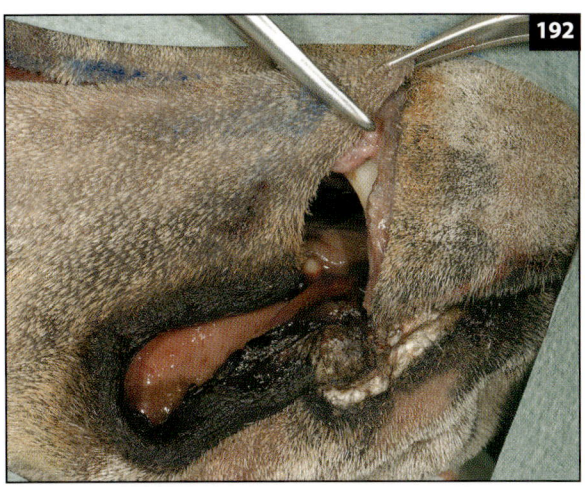

図192 より審美的外観になるように，皮弁先端部の一部をトリミングする。

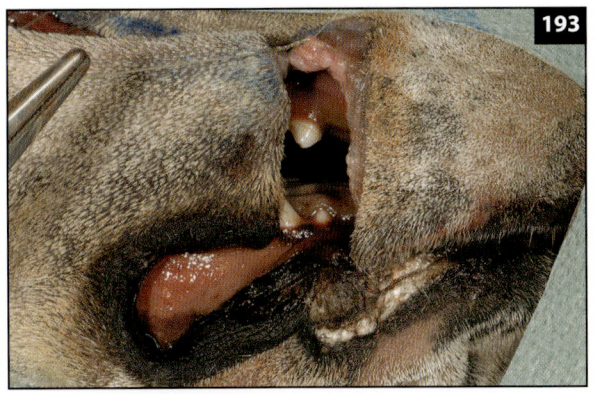

図193 粘膜の縫合を開始する。

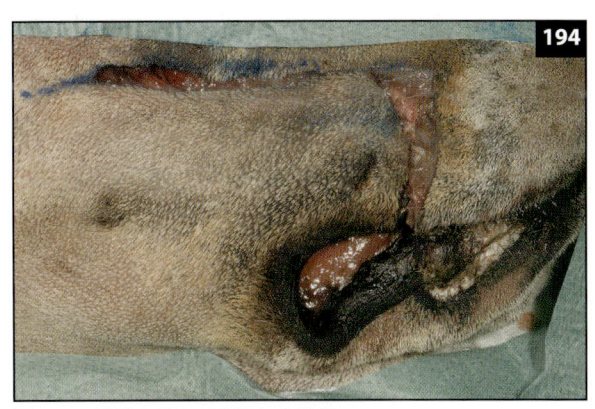

図194 粘膜の縫合が完了した様子。

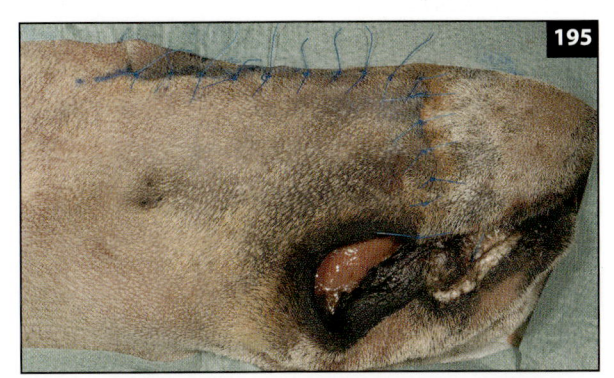

図195 非吸収糸を用いて，皮膚を単純結節縫合で閉鎖する。

全層頬部回転皮弁

概要

全層の頬部回転皮弁は口唇伸展皮弁のバリエーションの1つである。原則的には上口唇の大きな欠損創が適応となる。

頬部回転皮弁では唇交連を吻側に伸展させるので，結果として顔面は軽度に非対称となる。

方法

口唇にできた腫瘍を摘出する際には，広いマージンをとって切除する必要がある（図196）。残った口唇の尾側辺縁部と頬部を把持し，吻背側の欠損部に向かって回転させながら吻側へ牽引し，縫合する（図197, 198）。回転皮弁の口唇縁の一部は，吻側口唇の皮膚と並置させる前にトリミングする（図199）。こうすることで，皮弁のそれぞれの皮膚縁と，残った口唇縁を並置させることができるようになる（図200, 201）。口腔粘膜を単純結節縫合あるいは連続縫合し（図202），皮膚を単純結節縫合で閉鎖する（図203）。

参考文献

Degner DA (2007) Facial reconstructive surgery. *Clin Tech Small Anim Pract* **22**: 82-88.

Pavletic MM (1990) Reconstructive surgery of the lips and cheek. *Vet Clin North Am Small Anim Pract* **20**: 201-226.

Pavletic MM (2010) *Atlas of Small Animal Wound Management and Reconstructive Surgery*, 3rd edn. Wiley-Blackwell, Ames, pp. 458-459.

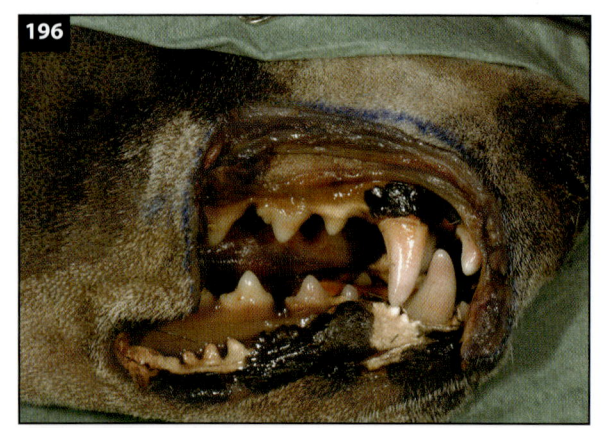

図196　全層の腫瘍切除を実施した結果，大きな長方形の欠損となった。

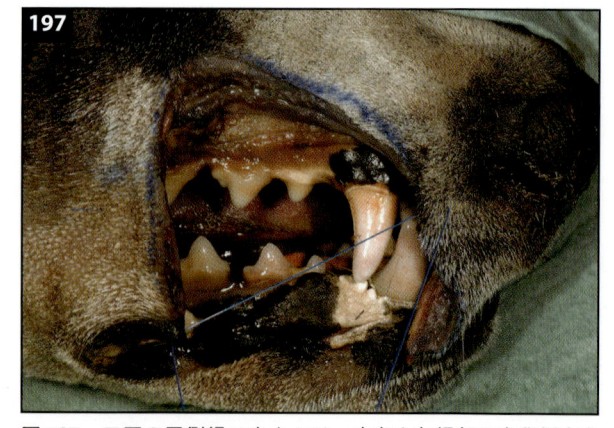

図197　口唇の尾側縁に糸をかけ，皮弁を欠損部の吻背側方向へ回転・伸展させやすくする。

第5章　顔面および頭部の再建術

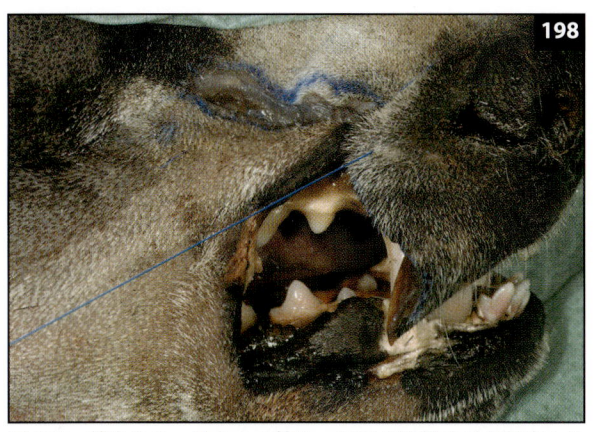

図198　縫合糸を一旦きつく締め，口唇の辺縁にどの程度トリミングが必要になるかを評価する。

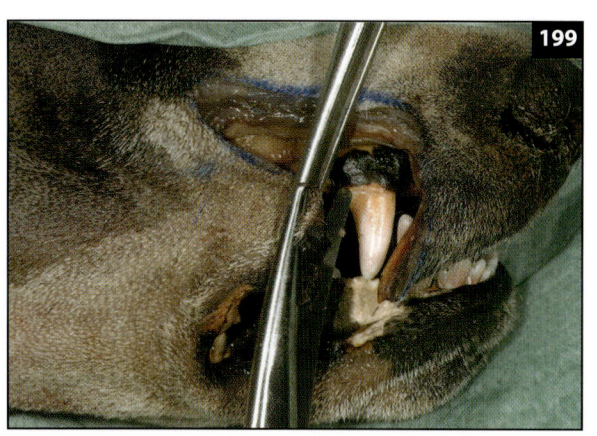

図199　剪刀かメス刃を使用して，口唇の回転皮弁の一部をトリミングする。

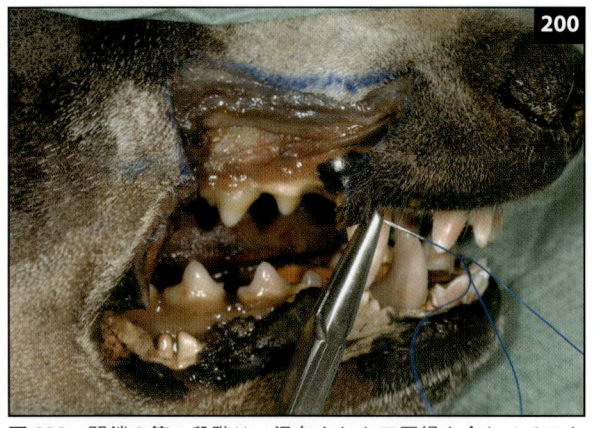

図200　閉鎖の第1段階は，温存された口唇縁を合わせることからはじめる。

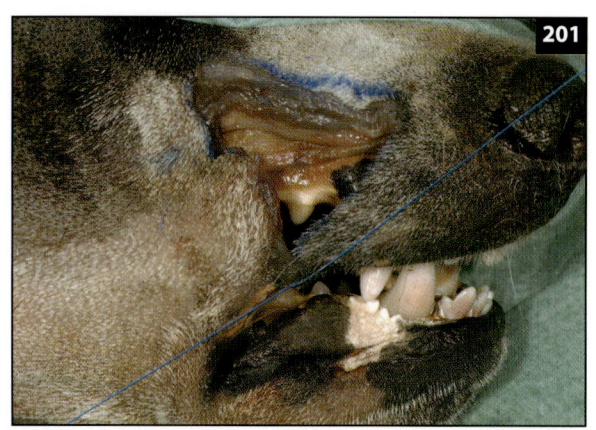

図201　皮膚縫合の第1糸を結紮した後，残りの欠損部を閉鎖する。

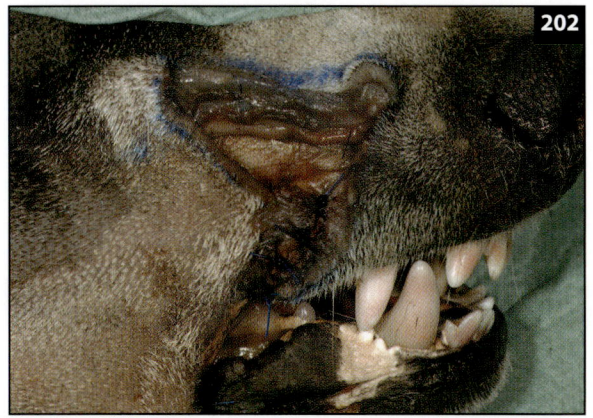

図202　口腔粘膜を腹側から単純結節縫合で閉鎖する。すると，Y字型欠損の腹側部が閉鎖された状態となる。同様の方法で，残りの欠損部も閉鎖する。

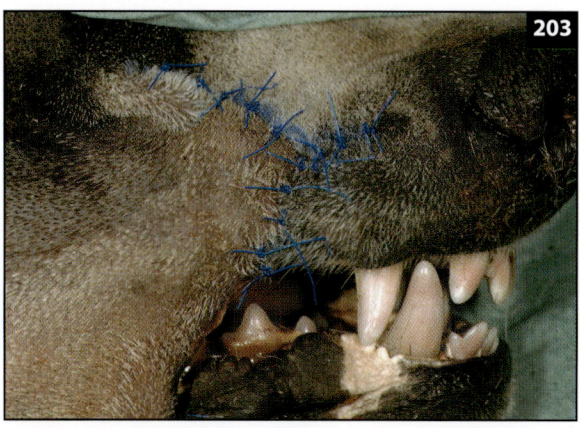

図203　皮下織を連続縫合で閉鎖し，皮膚を単純結節縫合により閉鎖した様子。

上口唇と頬部の入換転移皮弁

概要

顔面動脈アキシャルパターンフラップに基づいた (p.108参照) 口唇と上頬部の皮弁の入れ換えは，欠損部が非常に大きく他の方法では閉鎖ができない場合に適応となる。皮膚は口腔粘膜の代わりとして十分に機能するが，できる限り口腔粘膜を使用する。

方法

上口唇の75％とこれに隣接する頬部の広範囲な欠損創を作成した（図204）。欠損部に隣接する頬部に転移皮弁の下描きをする。皮弁の一部は粘膜部分の置換に使用されるため，皮弁の幅は欠損部の幅の約2倍となるようにすべきである。皮弁基部は，欠損部の下方の頬との境界からの延長線となるようにする（図205）。

皮弁の皮膚部分を切開し，皮筋の下を慎重に皮弁基部の欠損部付近まで剥離する（図206）。皮弁の背側縁を，温存した上口唇の粘膜部分と吸収糸にて単純結節縫合する（図207）。次に，皮弁を折り返して皮下／粘膜下織を吸収性モノフィラメント糸にて単純結節縫合する（必要に応じてペンローズドレーンを設置する）（図208, 209）。続いて，単純結節縫合で皮膚を閉鎖する（図210）。

参考文献

Pavletic MM (1990) Reconstruction surgery of the lips and cheek. *Vet Clin North Am Small Anim Pract* **20**: 201–226.

Pavletic MM (2010) *Atlas of Small Animal Wound Management and Reconstructive Surgery*, 3rd edn. Wiley-Blackwell, Ames, pp. 468–469.

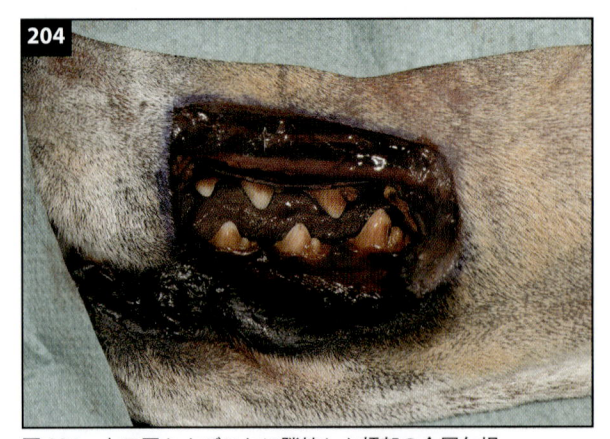

図204 上口唇およびこれに隣接した頬部の全層欠損。

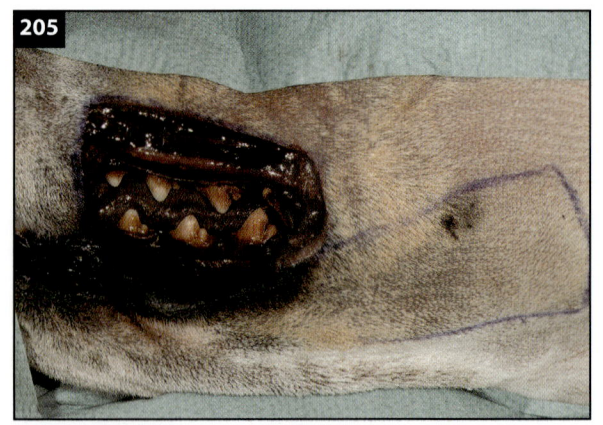

図205 転移皮弁を青インクで下描きした。

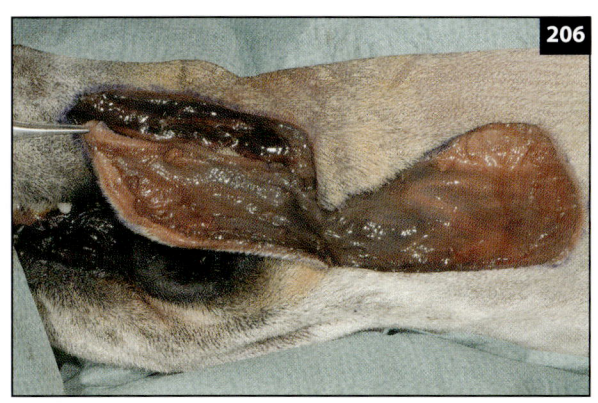

第 5 章　顔面および頭部の再建術　107

図 206　皮弁基部に向かって，欠損部の位置まで皮下を剥離する。

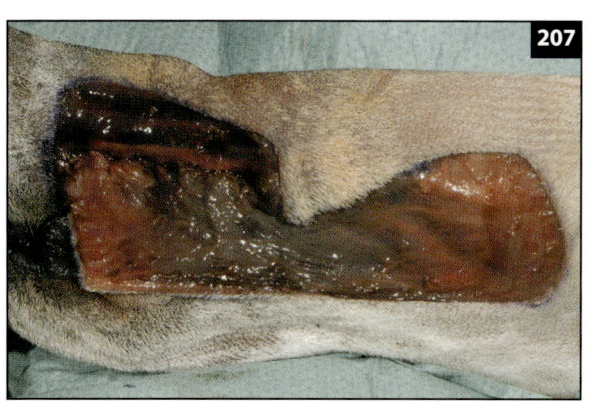

図 207　移動した皮弁と温存した口唇粘膜とを縫合する。

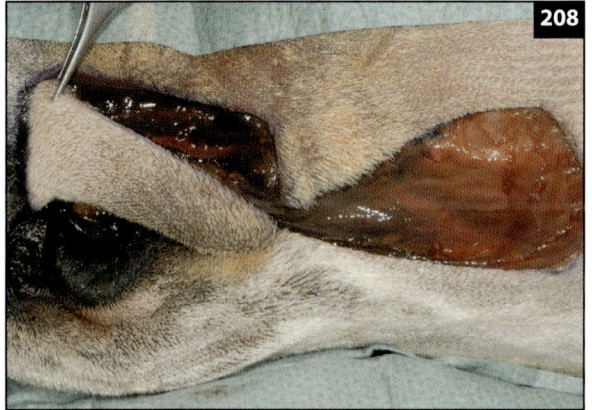

図 208　皮弁を折り返す。

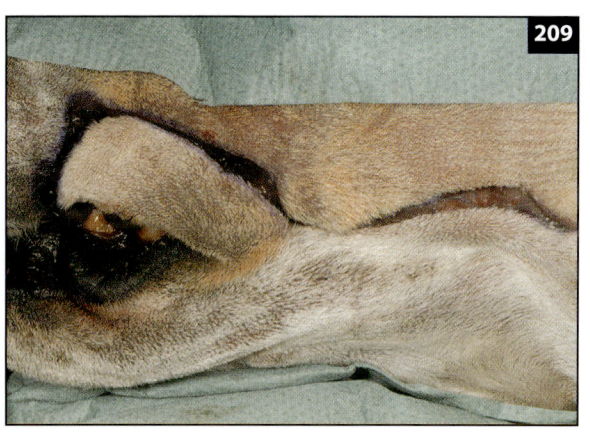

図 209　皮下織と粘膜下織を縫合する。

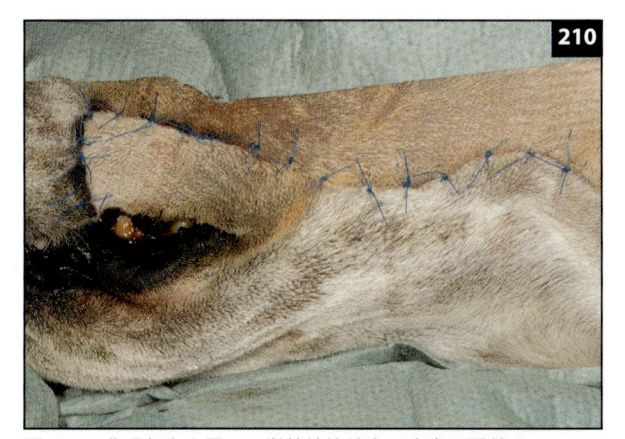

図 210　非吸収糸を用いて単純結節縫合で皮膚を閉鎖する。

顔面動脈アキシャルパターンフラップ

概要

顔面動脈アキシャルパターンフラップは鼻部吻側および外側，および上顎に生じた欠損を覆うために使用される。フラップの基部は唇交連に位置しており，このため上唇動脈または下唇動脈からの血液供給を受ける。眼角動脈の皮枝は上唇動脈と下唇動脈の間を走行しており，フラップの背側領域で咬筋動脈の皮枝および顔面横動脈と合流する。

フラップの尾側縁は第一頚椎（環椎）の外側面をランドマークに決定される。フラップの長さを垂直耳道の位置までとしても，通常は十分な量の皮膚を確保することができる。これはまた，フラップ先端の壊死を防ぐことにもなる。フラップの両側縁は，下顎骨尾側がフラップの腹側縁に，頬骨弓の腹側面が背側縁になる。猫においても，犬の場合と同等の面積をもつ，顔面動脈に基づいたアキシャルパターンフラップを作成することが可能であると，最近証明された（図211，212）。

方法

環椎の外側面，下顎骨腹尾側縁および頬骨弓の腹側面をランドマークにして，フラップの下描きをする（図213）。下描きに沿って皮膚を切開し，皮下を剥離する（図214）。次に，フラップを欠損部上へ転移させる（図215）。

温存された口唇粘膜は上顎の歯肉と，吸収性モノフィラメント糸で単純結節縫合もしくは連続縫合する（図216）。フラップ先端の皮下織を吸収糸を用いて単純結節縫合で，目的の部位に縫合する（図217）。続いて，残りの皮下織を縫合する（図218）。必要に応じて，ペンローズドレーンを設置する。非吸収性モノフィラメント糸で皮膚を常法にて閉鎖する（図219）。

参考文献

Milgram J, Weiser M, Kelmer E *et al.* (2011) Axial pattern flap based on a cutaneous branch of the facial artery in cats. *Vet Surg* 40: 347–351.

Pavletic MM (1990) Reconstructive surgery of the lips and cheek. *Vet Clin North Am Small Anim Pract* 20: 201–226.

Pavletic MM (2010) *Atlas of Small Animal Wound Management and Reconstructive Surgery*, 3rd edn. Wiley-Blackwell, Ames, pp. 468–469.

Yates G, Landon B, Edwards G (2008) Investigation and clinical application of a novel axial pattern flap for nasal and facial reconstruction in the dog. *Aust Vet J* 85: 113–118.

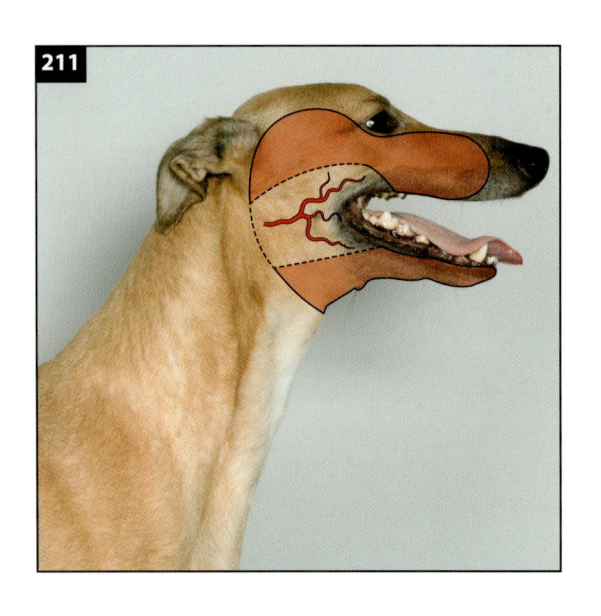

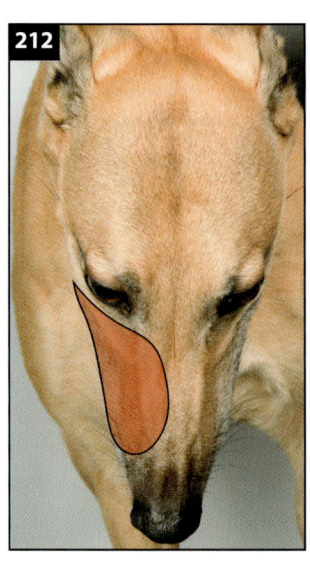

図211，212 顔面動脈アキシャルパターンフラップの模式図を示す。フラップで覆うことが可能な範囲を着色した。

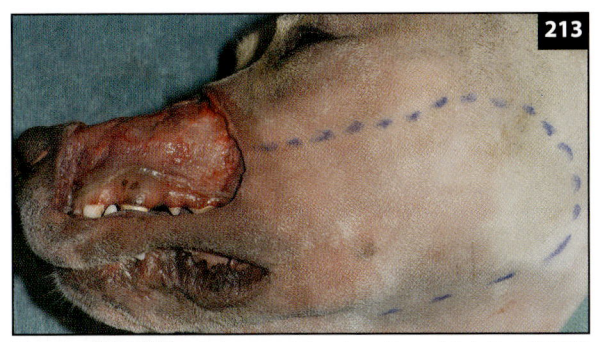

図213　顔面動脈アキシャルパターンフラップのための境界線を下描きする。

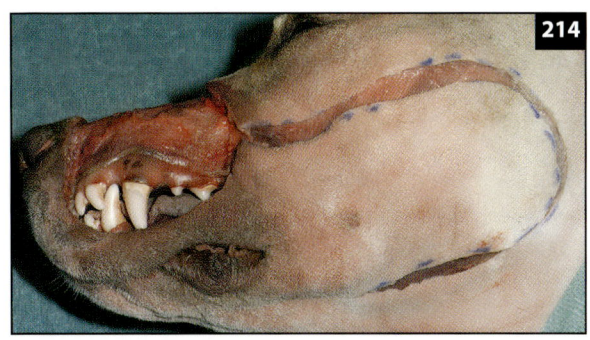

図214　下描き線に沿ってフラップを切開する。

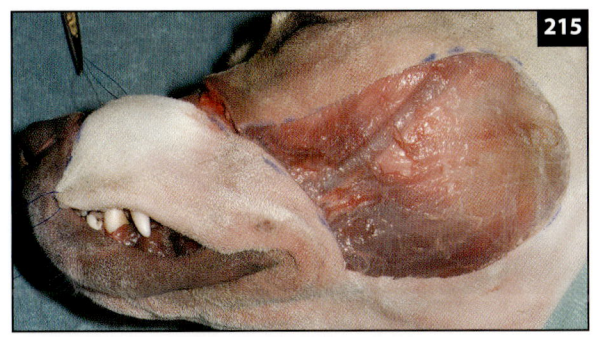

図215　フラップを目的の位置に転移させる。

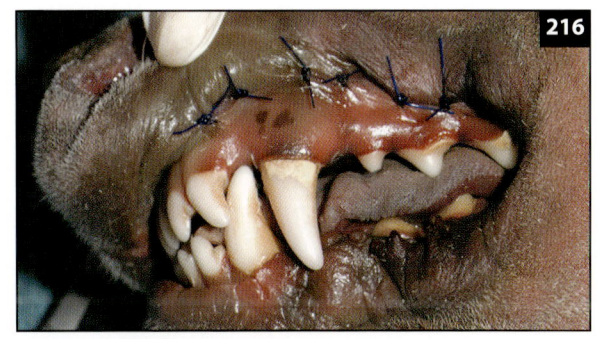

図216　口唇粘膜と歯肉を縫合する。

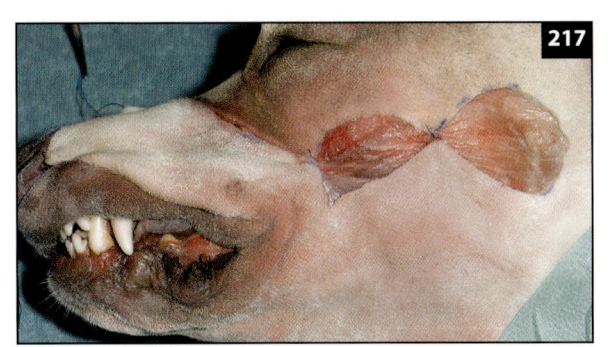

図217　皮下織の一次閉鎖を実施する。

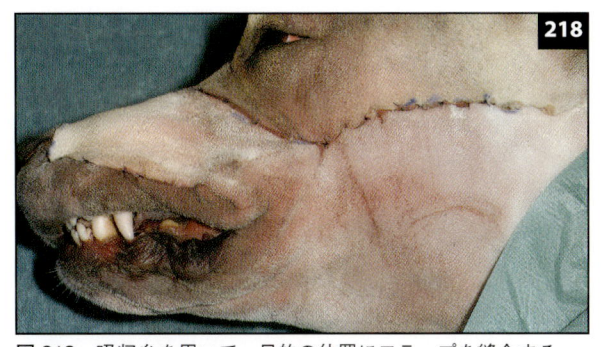

図218　吸収糸を用いて，目的の位置にフラップを縫合する。

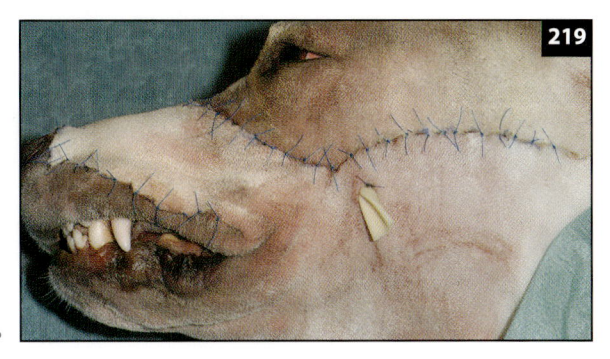

図219　皮膚縫合が終了した様子の側面像。

浅側頭動脈アキシャルパターンフラップ

概要

このアキシャルパターンフラップは，犬と猫の両者において，その使用が報告されている。このフラップは浅側頭動脈の皮枝からの血管分布により血液供給を受けている。前頭筋の表層部および深部に存在する皮下血管叢をフラップに含める。

このフラップは上顎および上顎顔面に生じた欠損を覆う目的で使用される。フラップ基部の解剖学的境界線は，眼窩縁の外側により決定される。吻側では目の位置，尾側には耳の位置によってフラップの幅が限定されるため，その幅は頬骨弓の長さと同じになる。短頭種では，採取できる皮膚の量に限界がある。フラップの長さは，反対側の眼窩の背側までとする。ここより先にフラップを延長すると，フラップ遠位端の壊死を引き起こすことになる（図220, 221）。

方法

フラップの境界線にしたがって2本の平行線を引き，フラップの幅の下描きをする。フラップ基部は眼窩背側の位置とする。より吻側の欠損を覆うためにもっと長いフラップが必要な場合は，これを延長することができる。必要に応じて切開線を反対側の眼窩背側にまで延長し，これを一直線につなぐ（図222）。

フラップを切開し，皮下織を前頭筋の下層から鈍的に剥離する（図223）。次に，フラップを欠損部上へ転移させて支持糸をかける。テンションが過剰となる場合には，眼の上のフラップの最も吻側の切開線を延長することができる（図224）。フラップの凸側（アウトコーナー）の中央部は骨膜と縫合する。この手技により，フラップの凹側（インコーナー）の皮膚が弛んで眼を覆うのを防ぐことができる（図225）。あるいは，Burowの三角（p.118, H-形成術を参照）を用いることでドッグイヤーの形成を防ぐことができる。

フラップの皮下織およびドナーサイトを，吸収性モノフィラメント糸で単純結節縫合もしくは連続縫合で閉鎖する（図226）。次いで，フラップとドナーサイトの皮膚を常法にしたがって，非吸収性モノフィラメント糸にて単純結節縫合で閉鎖する（図227）。

参考文献

Fahie MA, Smith MM (1997) Axial pattern flap based on the superficial temporal artery in cats: an experimental study. *Vet Surg* **26**: 86–89.

Fahie MA, Smith MM (1999) Axial pattern flap based on the cutaneous branch of the superficial temporal artery in dogs: an experimental study and case report. *Vet Surg* **28**: 141–147.

Fahie MA, Smith BJ, Ballard JB *et al.* (1998) Regional peripheral vascular supply based on the superficial temporal artery in dogs and cats. *Anat Histol Embryol* **27**: 205–208.

Hedlund CS (2002) Surgery of the integument. In: *Small Animal Surgery*, 2nd edn. (eds TW Fossum, CS Hedlund, DA Hulse *et al.*) Mosby, St. Louis, pp. 134–228.

Pavletic MM (2010) *Atlas of Small Animal Wound Management and Reconstructive Surgery,* 3rd edn. Wiley-Blackwell, Ames, pp. 398–399.

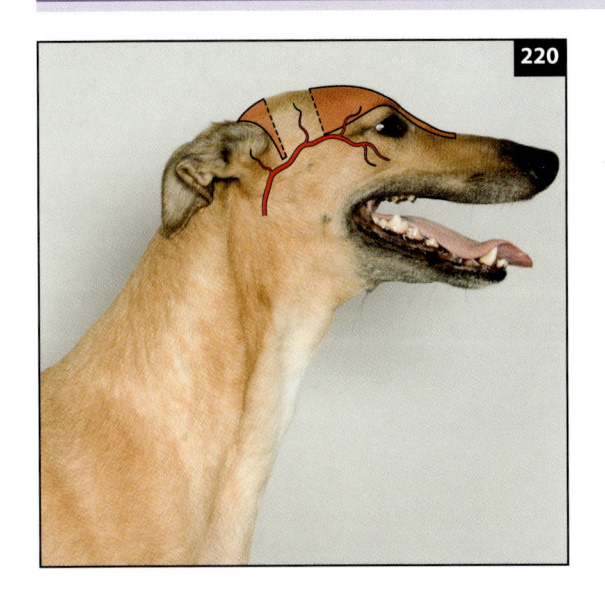

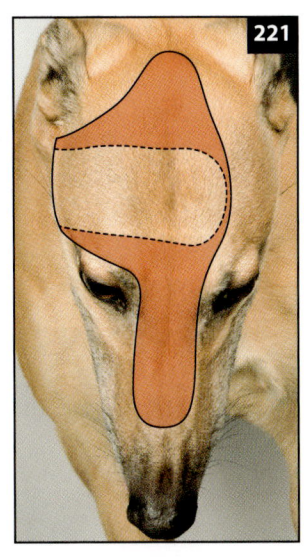

第5章 顔面および頭部の再建術　111

図220，221　浅側頭動脈アキシャルパターンフラップの模式図を示す．フラップで覆うことが可能な範囲を着色した．

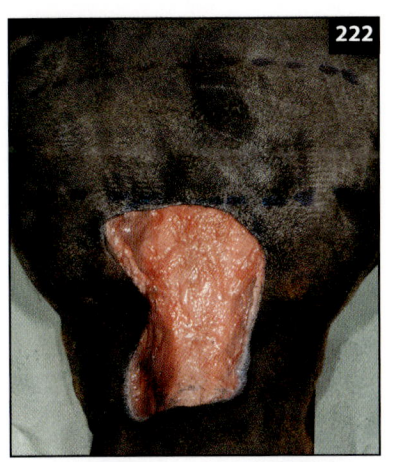

図222　欠損部とフラップの境界線を示した背面像．

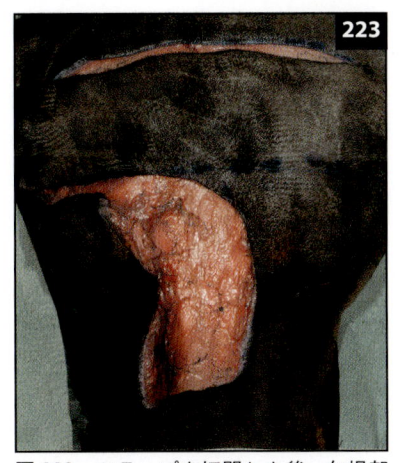

図223　フラップを切開した後，欠損部とドナーサイトの間が自動的に橋状につながる．

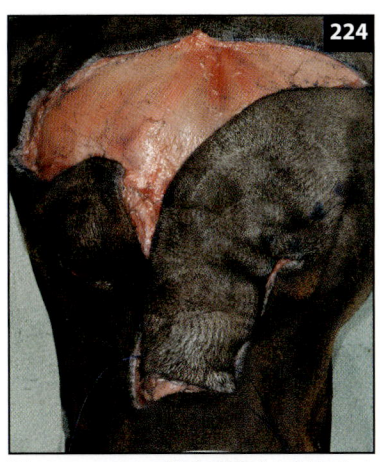

図224　フラップを欠損部上に回転させてテンションを確認する．

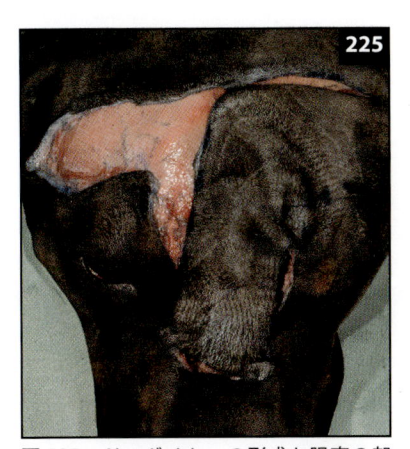

図225　ドッグイヤーの形成と眼窩の部位の皮膚の弛みを防ぐため，フラップの一部を骨膜に縫合する．

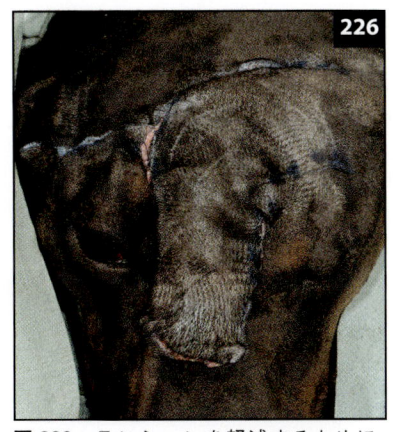

図226　テンションを軽減するために，吸収性モノフィラメント糸を使用して皮下織を閉鎖する．

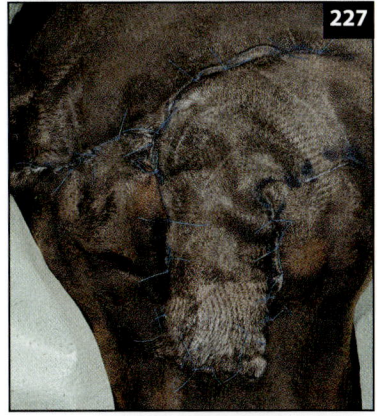

図227　常法にて皮膚を閉鎖し，欠損の再建が終了した様子．

後耳介動脈アキシャルパターンフラップ

概要

後耳介動脈アキシャルパターンフラップは別名を広頸筋皮弁ともいい，頸部や頭蓋の背尾側部の欠損の再建に利用される。フラップは眼窩の背側の欠損を覆うため，吻側に延長することができる。このフラップはまた，眼窩の腹側や，眼球摘出後の欠損を覆う目的にも使用される。フラップ基部は，第一頸椎の横突起（環椎翼）上にその中心部がくるようにする。

後耳介動静脈の分枝は背尾側へ向かって伸びている。後耳介動脈は耳介の楯状軟骨基部の1cm尾側に位置している（図228～230）。

方法

患者を横臥位にして，肩甲骨と胴体とが直角になるようにする。前肢を伸ばし，必要があれば肢を診察台にしっかり固定してこの姿勢を維持する。

フラップの幅は欠損部の幅と同じになるようにする。耳介基部のすぐ腹側を始点として，肩甲骨前方に向かって2本の平行線を引く。これらの線の間の距離によって，フラップの幅が決まる（図231，232）。フラップは頸部の中央部に位置することになる。2本の線は肩甲骨の位置で合流する。

この下描き線に沿って皮膚を切開する（図233，234）。垂直耳道と環椎翼の間からフラップ内に入るcutaneous vesselを傷つけないように注意しながら，皮下を剥離し皮膚を挙上する。フラップの皮下は広頸筋の位置（sphincter colli superficialis：浅頸括約筋）まで剥離を進める。ドナーサイトとレシピエントサイトをつなげるため，橋状切開を加える（図235）。フラップを吻背側に転移させ，欠損部に被せる（図236）。フラップを目的の位置に2層に縫合し，ドナーサイトも2層に縫合して閉鎖する。皮下織の縫合には吸収性モノフィラメント糸を使用し，皮膚の縫合には非吸収性モノフィラメント糸かスキンステープラーを使用する（図237，238）。

参考文献

Hedlund CS (2002) Surgery of the integument. In: *Small Animal Surgery*, 2nd edn. (eds TW Fossum, CS Hedlund, DA Hulse *et al*.) Mosby, St. Louis, pp. 134–228.

Pavletic MM (2010) *Atlas of Small Animal Wound Management and Reconstructive Surgery*, 3rd edn. Wiley-Blackwell, Ames, pp. 396–397.

Pope ER (2006) Head and facial wounds in dogs and cats. *Vet Clin North Am Small Anim Pract* **36**: 793–817.

Smith MM, Payne JT, Moon ML *et al*. (1991) Axial pattern flap based on the caudal auricular artery in dogs. *Am J Vet Res* **52**: 922–925.

Stiles J, Townsend W, Willis M *et al*. (2003) Use of a caudal auricular axial pattern flap in three cats and one dog following orbital exenteration. *Vet Ophthalmol* **6**: 121–126.

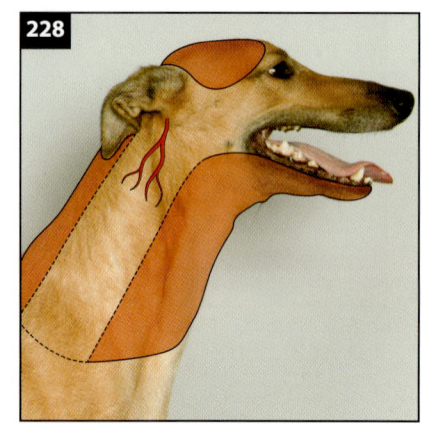

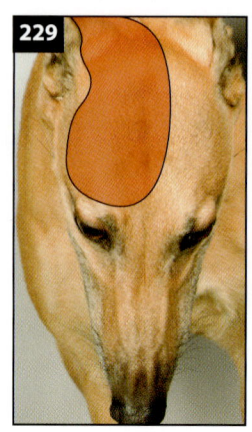

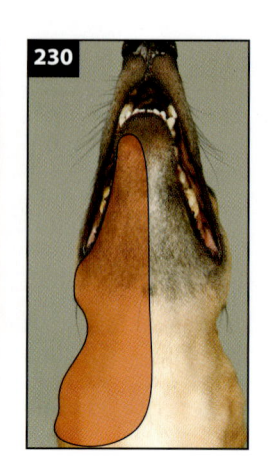

図228～230 後耳介動脈アキシャルパターンフラップの模式図を示す。フラップで覆うことが可能な範囲を着色した。

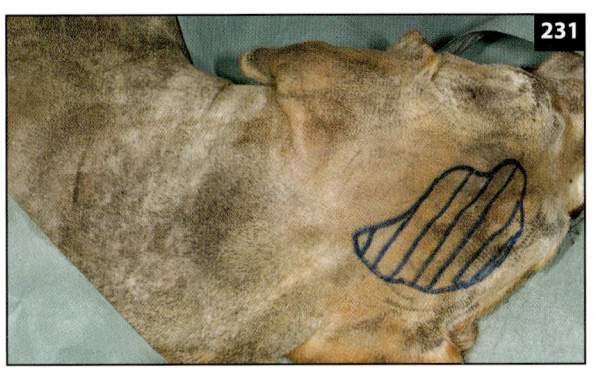

第5章 顔面および頭部の再建術　113

図231　欠損部下描きの背面像（斜線部分）。

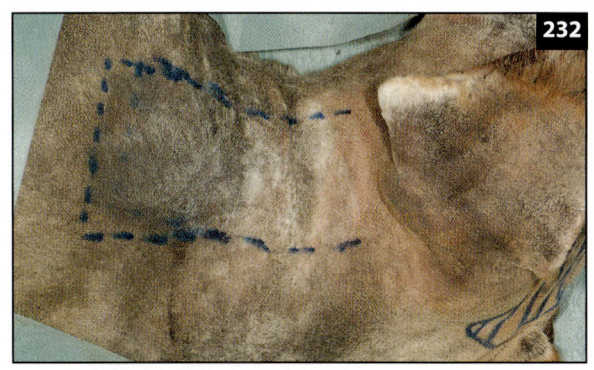

図232　頸部の中央部に描かれたフラップの下描き線。

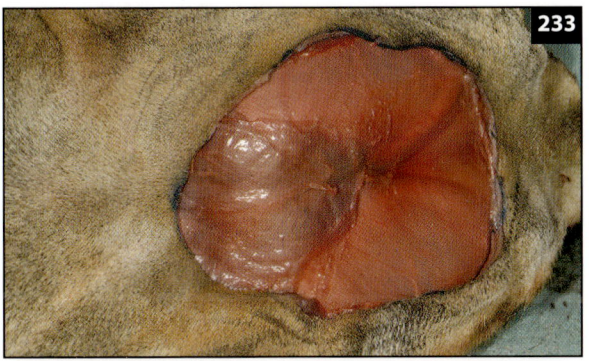

図233　欠損を作成する。

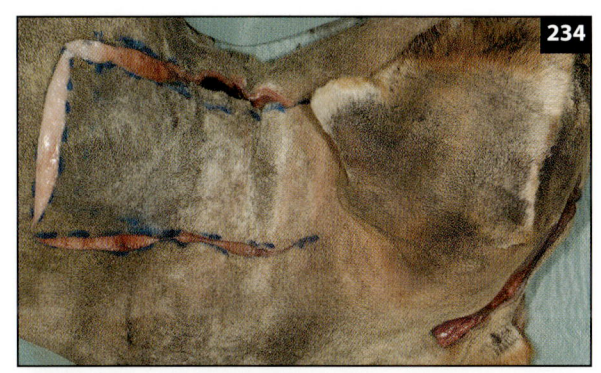

図234　フラップの境界を切開した様子。

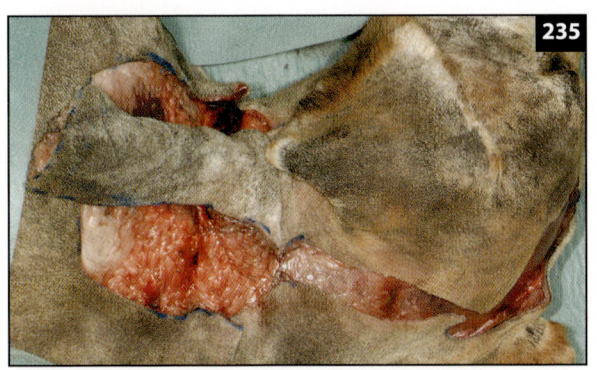

図235　フラップの皮下を剥離し，橋状切開を加える。

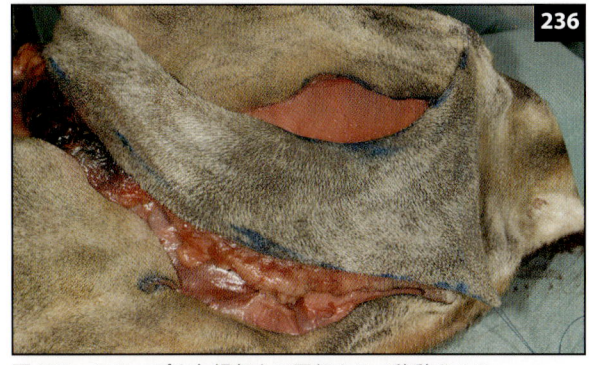

図236　フラップを欠損部上に回転させて移動させる。

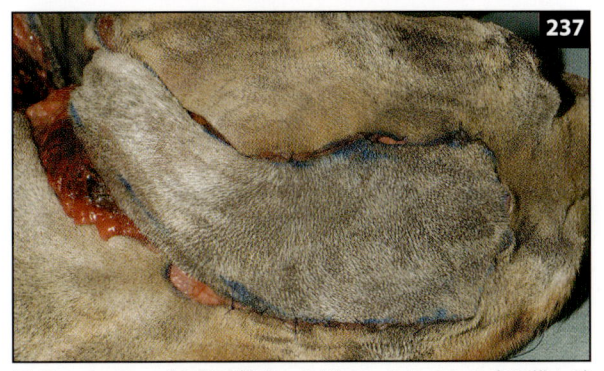

図237　フラップの皮下織をレシピエントサイトの皮下織と縫合する。

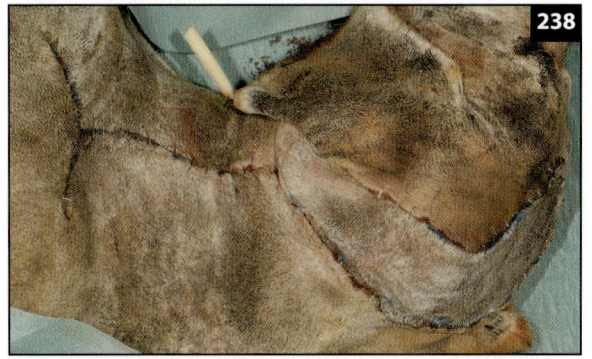

図238　ペンローズドレーンを設置し，ドナーサイトとレシピエントサイトの皮下織を閉鎖する。皮膚はスキンステープラーで閉鎖する。

耳介の欠損に対する有茎皮弁

概要

この方法は耳介外側の欠損の再建をするための遠隔皮弁である。全層の欠損および／あるいは耳介外側の欠損は異なる手法を用いることで再建することができる。

二期的治癒が第1選択となり，第2選択は，耳介外側を覆う有茎皮弁を作成し，その基部でドナーサイトから切り離す方法である。次に，頭部背側の皮膚に2つ目の有茎皮弁を作成して，耳介内側の欠損上に縫合することもできる。

第3選択は，耳介外側の欠損を覆うために作成した有茎皮弁の基部を切り離し，これを耳介尾側の辺縁に折り返す方法である。その後，この部分は耳介内側に縫合される。血管の閉塞や壊死は後者のテクニックの方が生じやすい。

第2選択の方法を以下に解説する。

方法

欠損を生じた耳介をドナーサイトの上に重ね合わせる（例：頸部外側面など）（図239）。耳介の欠損の形に合わせてドナーサイトを切皮する。切開線を約5 mm～1 cmほど延長し，皮下を剥離する（図240）。非吸収性モノフィラメント糸を使って，皮弁を耳介外側の皮膚に，単純結節縫合にて縫合する（図241）。創と耳介を非固着性バンデージで覆う。10～14日間はバンデージを定期的に交換する。

次いで，皮弁をその基部から切り離す（図242）。抜

図239　左耳介に生じた全層欠損を示す。

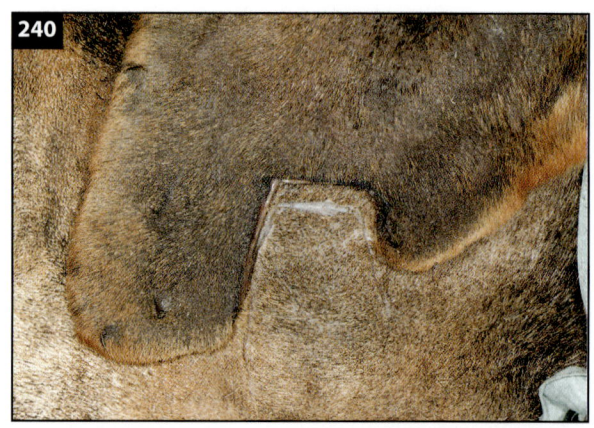

図240　皮弁のアウトラインと欠損部の境界を合わせる。頸部皮膚上の切開線は5 mmほど延長する。

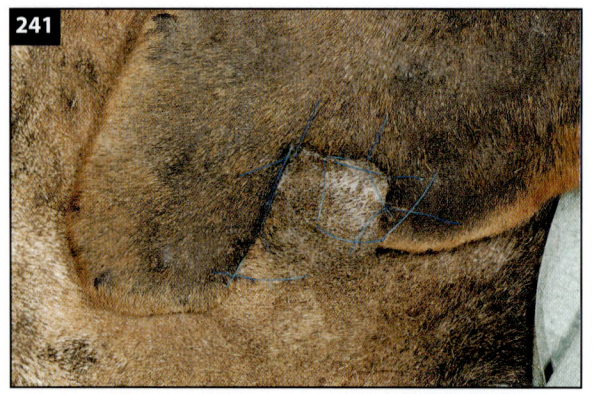

図241　皮弁の皮下を剥離した後，耳介の皮膚と縫合する。

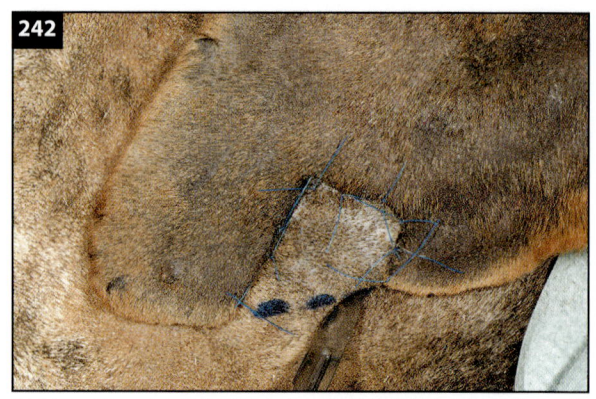

図242　10～14日経過したら，皮弁を基部から切り離して抜糸する。

糸を終え，最初の手術から 10 〜 14 日経過したら，今度は耳介内側を覆うため，前述した方法を再度繰り返し行う。ドナーサイトは頭部背側になる（図 243，244）。バンデージを定期的に交換し，10 〜 14 日後に抜糸が終了したら，皮弁をその基部から切り離す（図 245）。ドナーサイトは常法により閉鎖する（図 246）。

参考文献

Fossum TW (2007) Surgery of the ear. In: *Small Animal Surgery*, 3rd edn. (eds TW Fossum, CS Hedlund, AL Johnson *et al.*) Mosby Elsevier, St. Louis, pp. 289–316.

Henderson RA, Horne R (2003) Pinna. In: *Textbook of Small Animal Surgery*, 3rd edn. (ed D Slatter) WB Saunders, Philadelphia, pp. 1737–1746.

Pavletic MM (2010) *Atlas of Small Animal Wound Management and Reconstructive Surgery*, 3rd edn. Wiley-Blackwell, Ames, pp. 666–667.

Swaim SF, Henderson RA (1997) *Small Animal Wound Management*, 2nd edn. Williams & Wilkins, Philadelphia, pp. 143–275.

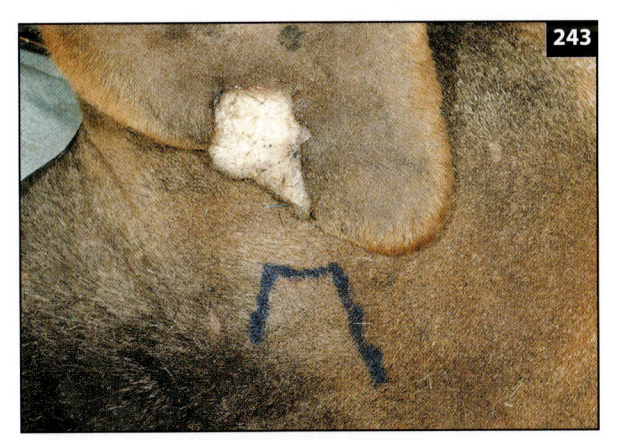

図 243　2 つ目の皮弁を頭部背側に作成する。

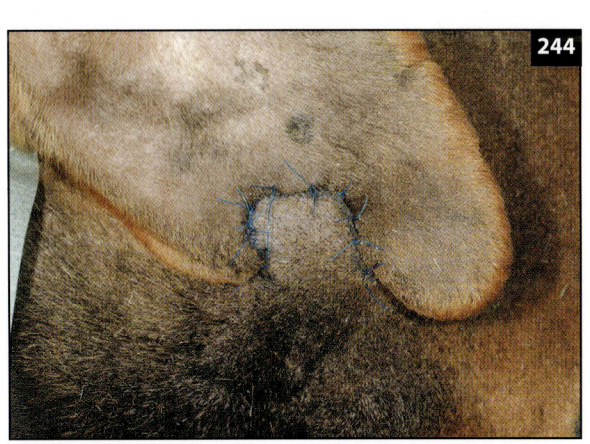

図 244　皮弁を耳介内側に，1 つ目の皮弁の上に乗せるようにして縫合する。

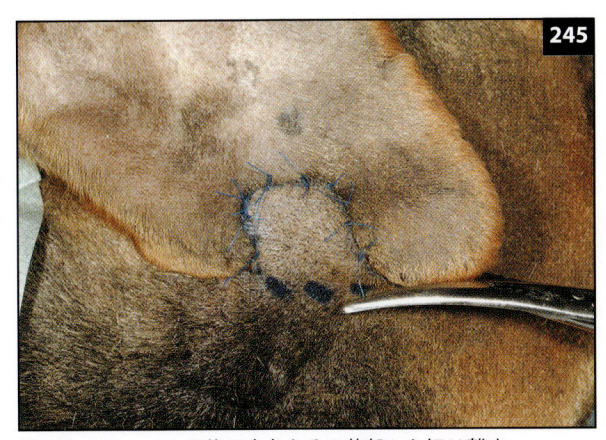

図 245　10 〜 14 日後に皮弁をその基部から切り離す。

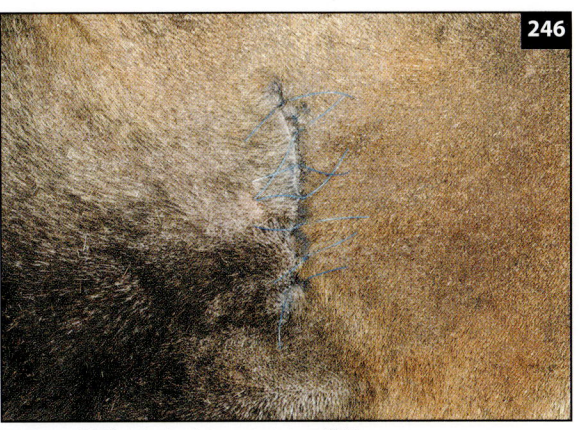

図 246　閉鎖されたドナーサイトの様子。

第6章
眼瞼の再建術

Rick F. Sanchez

- H-形成術
- Z-形成術
- 半円形皮弁
- 菱形フラップ
- 改良型交差眼瞼フラップ
- 口唇-眼粘膜皮膚皮下血管叢回転フラップ
- 上眼瞼再建のための浅側頭動脈アキシャルパターンフラップ
- 眼瞼内反症の再建と上眼瞼および下眼瞼に及ぶ外眼角眼瞼内反症の整復のためのアローヘッド法
- 上眼瞼内反／睫毛乱生症の整復のためのStades法
- 犬の下眼瞼外反症および大眼瞼の整復のためのKuhnt-Szymanowski/Fox-Smith法のMunger-Carterフラップへの改変

H- 形成術

概要

この方法は比較的シンプルな手法であり，外眼角の一部を含む上眼瞼および下眼瞼の大きな欠損に対する再建に利用される。眼瞼の表層あるいは全層の欠損は，この術式を用いて再建されるが，上眼瞼の大きな欠損の再建では瞬きの反応が障害される可能性がある。さらに，眼瞼周囲の皮膚を使用するために合併症として睫毛乱生を生じる可能性がある。

大きな全層欠損を修復する場合には，自家結膜移植や有茎もしくは自家頬粘膜移植など，追加の手技を用いない限り，結膜による内張りを欠いた状態である，ということを術者は覚えておかねばならない。

方法

患者を伏臥位に寝かせて頭部を軽く挙上させ，術野がよく見えるように傾ける。欠損部として切除する予定の下眼瞼の皮膚が青いインクで着色されている（図247）。この部分を切除して眼瞼に大きな全層欠損を作成した（図248）。

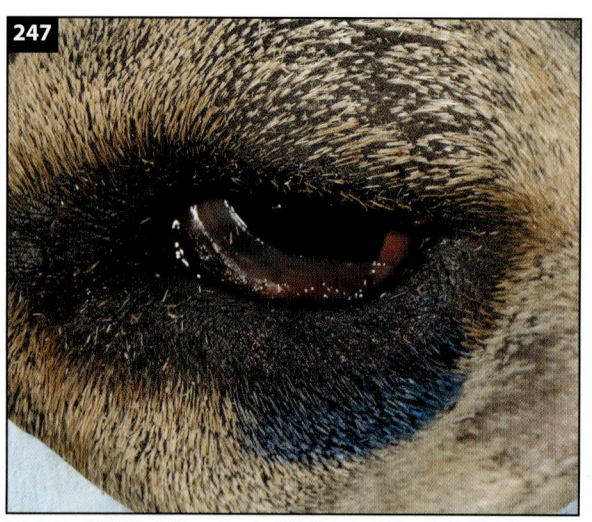

図247 下眼瞼の青いインクで着色した部位が欠損創となる。

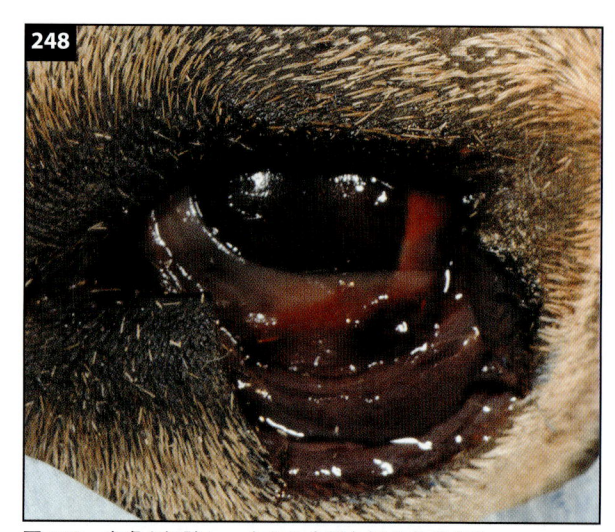

図248 皮膚を切除し，大きな全層欠損を作成する。

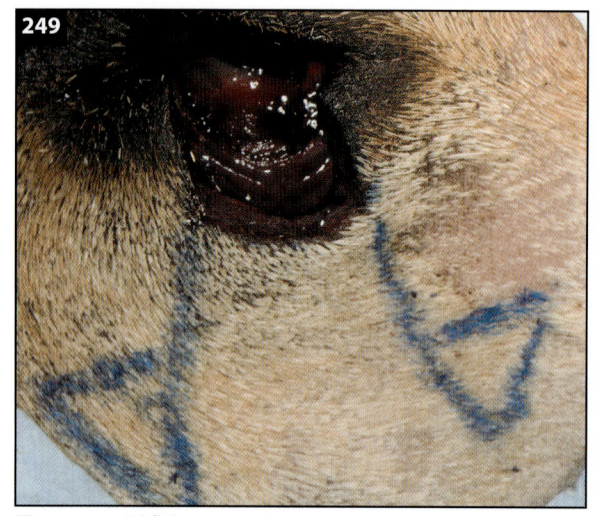

図249 H- 形成術のための切開線を青インクで示す。

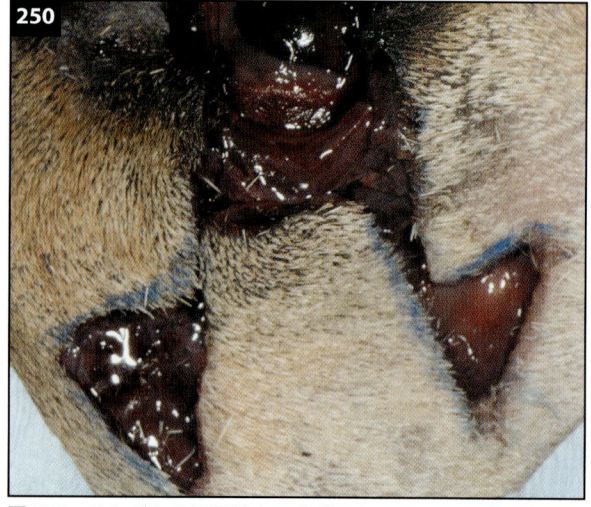

図250 それぞれの切開線上に作成したBurowの三角の部分の皮膚を切除する。

H-形成術の切開線は，欠損部の腹側から下ろしたやや放射状に広がる2本の線からなり，その長さは欠損部の長さの1.5倍程度とする。その2本の切開腺上にBurowの三角をそれぞれ作成し，三角形の頂点が互いに外側を向くようにする。切開線上に作成した三角形の底辺は，少なくとも欠損部を覆うためにフラップを移動させる距離と同等でなければならない（図249）。

三角形の部分を切り抜き，剪刀を用いてフラップを直下の組織から慎重に剥離する。術者は，フラップが自由な可動性を持ち，テンションをかけずとも欠損部を確実に覆うことができるようにすべきである（図250～252）。

三角形を切り抜くことによって作り出された角の部分とメインの垂直切開線の中程を縫合して，フラップを目的の位置までスライドさせる。その際，フラップの位置は，眼瞼縁から眼瞼裂の内側に少なくとも1 mmほどはみ出すようにすべきである（図253）。すると，フラップは眼瞼縁に2層で存在することになる。

縫合は，最初に吸収糸を用いて皮下織層を1糸のみ埋没縫合する。針の刺入は，まずフラップの右側から行い，近位から遠位に向けて貫通させる（図254）。次に，針を創の対岸に向けて方向を変え，今度は先程とは逆向きに針を刺入，貫通させる。これによりループ状の縫合が

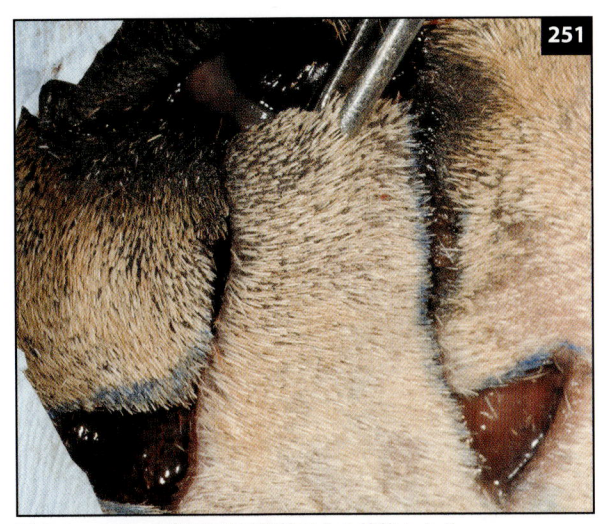

図251　フラップは容易に移動できる状態となる。

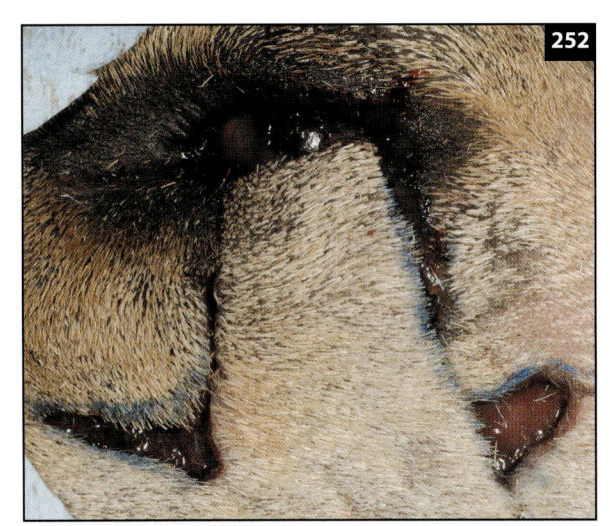

図252　フラップにより，テンションを伴わずに欠損部を覆うことが可能である。

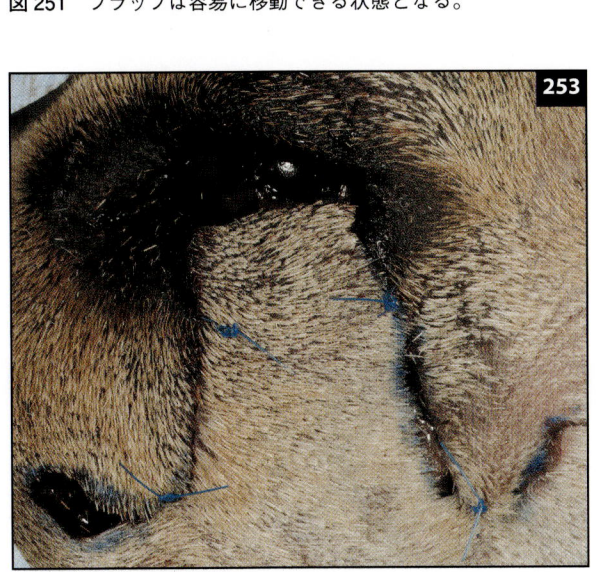

図253　皮膚に最初の縫合を施した様子。

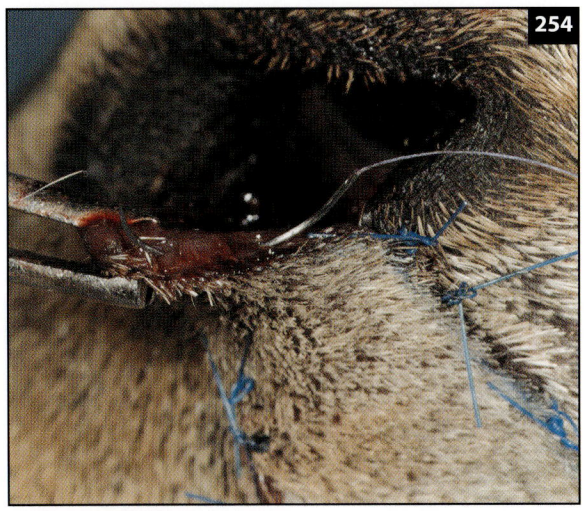

図254　埋没縫合を行うために，フラップの側面に最初の深い1糸をかけた様子。

形成され，その結紮部は切開線近位の表面から少し離れた隙間に埋没することとなる。さらに詳細な手技は，Z-形成術の項の説明（図266～270），および菱形フラップの項で示した図表（図285, 286）で確認できる。

閉鎖する前に，術者はスライドさせた組織が眼瞼裂の内側の眼球上に1mmほどはみ出していることを確認しなければならない。縫合糸を結紮したら，長く余った縫合糸を使って，最初に皮膚縫合を開始した部位まで連続縫合で閉鎖する。この部位で2つ目の埋没縫合を行い，縫合糸を切断する（図255）。この方法の全容はZ-形成術の項に記載してある（p.121）。

術者は，埋没縫合の結紮が眼瞼と眼球の隙間や皮膚表面にはみ出していないかをよく確認する。薄い眼瞼では皮下織の層と皮膚の層を分けて縫合するのが不可能である場合がある。眼瞼縁付近の皮膚を，吸収糸を用いて連続縫合または単純結節縫合で閉鎖し，残りの創縁を非吸収糸を用いて単純結節縫合で閉鎖する（図256～257）。

参考文献

Stades F, Gelatt K (2007) Eyelid surgery. In：*Veterinary Ophthalmology*, 4th edn. (ed K Gelatt) Blackwell Publishing, Ames, pp. 563–617.

van der Woerdt A (2004) Adnexal surgery in dogs and cats. *Vet Ophthalmol* 7: 284-290.

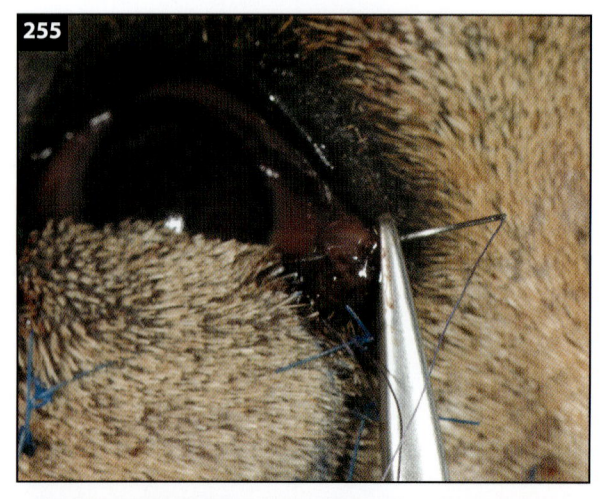

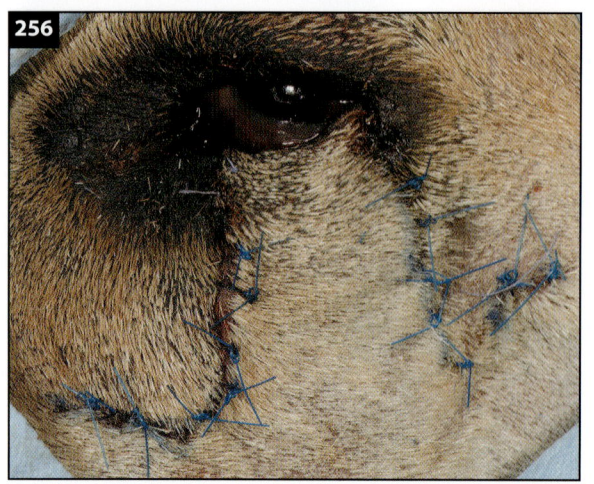

図255　創の反対側に2つ目の糸をかける。

図256　非吸収糸を用いて単純結節縫合で皮膚を縫合する。

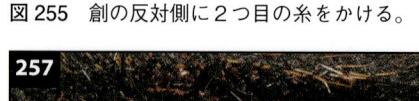

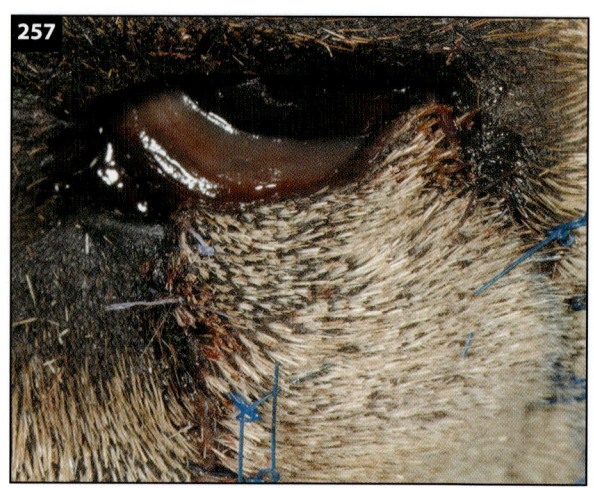

図257　フラップの自由縁は眼瞼裂側に1mmほどはみ出させる。

Z-形成術

概要

フラップをスライドさせるこの方法は，上眼瞼または下眼瞼の外側部分，すなわち外眼角の一部の欠損を再建するのに非常に有用である。これはシンプルかつ洗練された術式であり，最小限のテンションで比較的大きな欠損を確実に修復することができる。しかし，フラップをスライドさせるその他の手法と同様に，睫毛乱生を生じる可能性がある。

方法

患者を伏臥位に寝かせて頭部を軽く挙上させ，術野がよく見えるように傾ける。欠損部として切除する予定の下眼瞼の皮膚が青いインクで着色されている（図258）。この部分の皮膚を切除し，眼瞼に大きな全層欠損を作成した（図259）。Burowの三角の位置を慎重に設定し，皮膚上に青いインクで印をつける（図260）。1つ目の三角形を外眼角に隣接した位置に，もう1つの三角形をこれから閉鎖する欠損部の背側頂点に作成する。背側の三角形はメインの切開線と接する頂点が腹側を向くようにし，外眼角の三角形はメインの切開線と接する頂点が背側を向くようにする。

図258 青いインクで示した部分が欠損創となる。

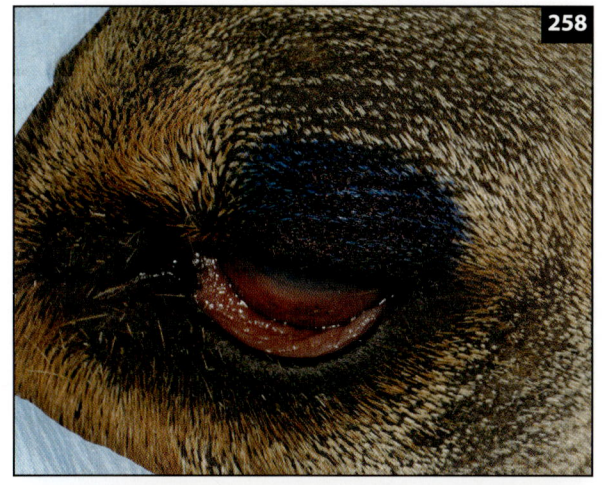

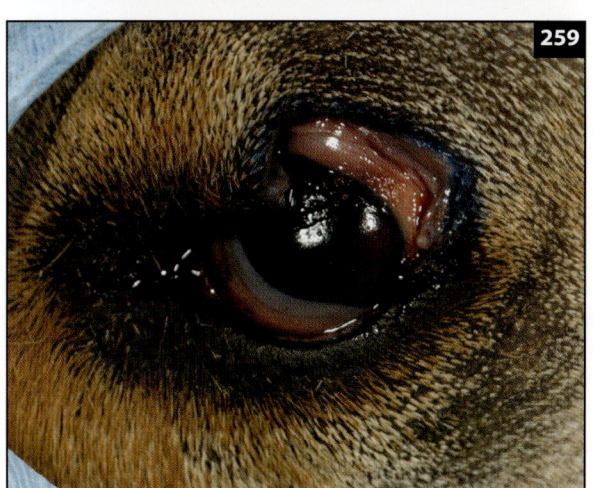

図259 皮膚を切除して全層欠損を作成する。

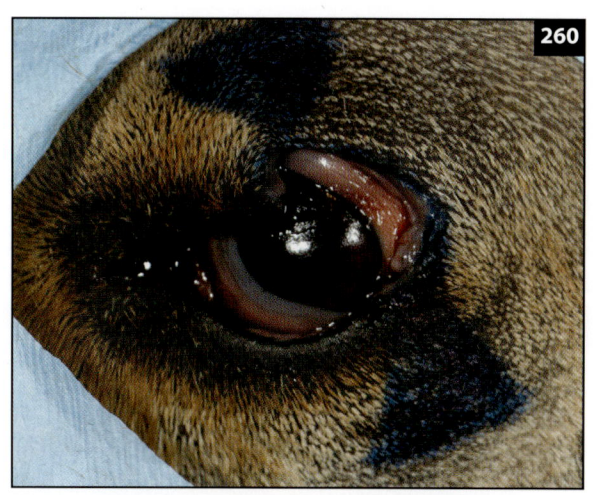

図260 写真のように，Burowの三角を慎重に設定する。

下描きをした三角形に沿ってメスで切皮し，剪刀で切除する（図261，262）。剪刀を用いて，伸展させる皮膚を慎重に剥離することで，テンションをほとんど伴わずにフラップを創の方向へ進展させることができる。その後，2つのBurowの三角を閉じる方向にしたがってフラップを移動させる（図263）が，組織間に存在するテンション（これは最小限であるべきだが）を軽減するために，最初の皮膚縫合を行う。縫合は上下それぞれの眼瞼における各々の切開線の中心部に行う（図264）。その際，フラップが収縮することを考慮して，新たな眼瞼縁となるフラップの辺縁が眼瞼裂の眼球側に，少なくとも1mmほど確実にはみ出すようにする。その後，それぞれの切開線の遠位側を閉鎖する（図265）。

次いで，再建された眼瞼縁の皮下織層を吸収糸で縫合

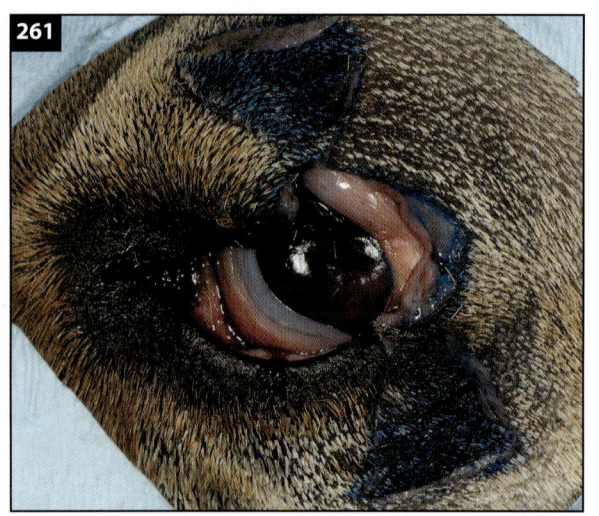

図261　下描きにしたがって，皮膚を切開する。

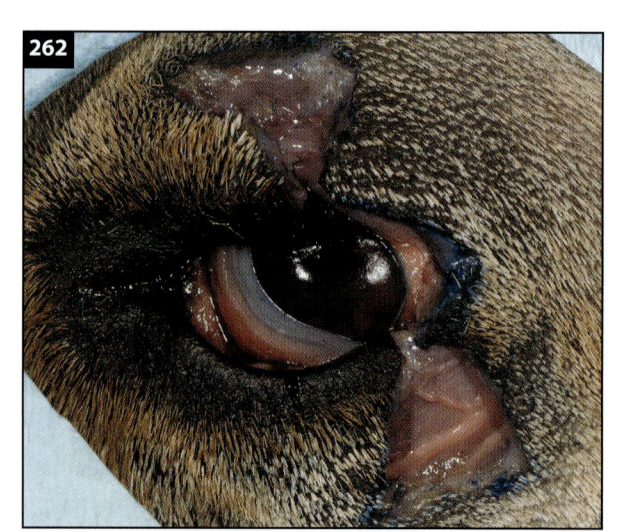

図262　切開した三角形部分を切除する。

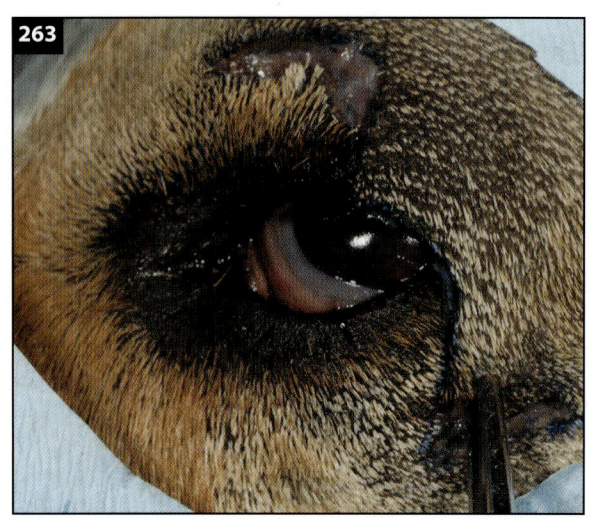

図263　慎重に組織を分離した後，欠損部は最小限のテンションで容易に閉じることができる。

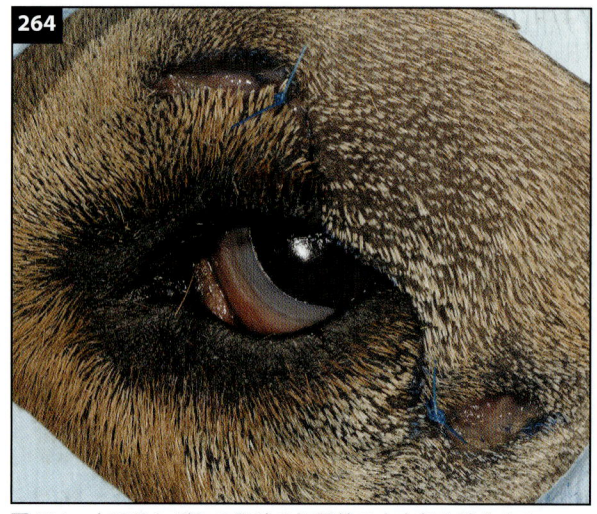

図264　上下それぞれの眼瞼の切開線の中央部を縫合する。

する．結紮部が皮膚に埋没するように針を刺入するが，これは支持縫合であるため，可能であれば常に瞼板を含めて縫合すべきである．最初に，上眼瞼から針を刺入する．創の内側3 mmのところから開始して皮膚表面と平行に針を進め，瞼板を通過し眼瞼縁付近から針を出す．次に，針の向きを変えて，伸展させたフラップの縁から1 mmの部分に刺入する；その際，スライドさせたフラップが眼瞼裂の内側に確実に1 mmほどはみ出すようにする．さらに針を皮膚と平行に進めて，切開線から3 mmの部分から針を出す（図266～268）．こうして形成された縫合糸のループを結ぶと結紮部が埋没する．

その後，長く余った縫合糸を使って皮下織層を連続縫合で閉鎖し，これを最初に皮膚縫合した部位まで行う．ここで再び埋没結紮を行い，糸を切断する．術者は埋没

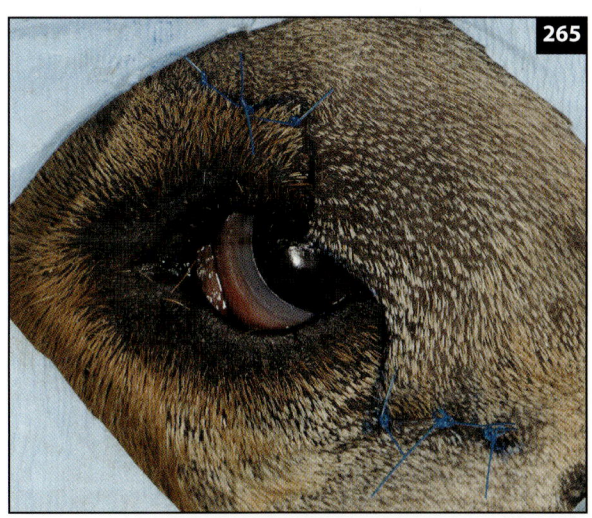

図265 それぞれの切開線の遠位側を閉鎖する．

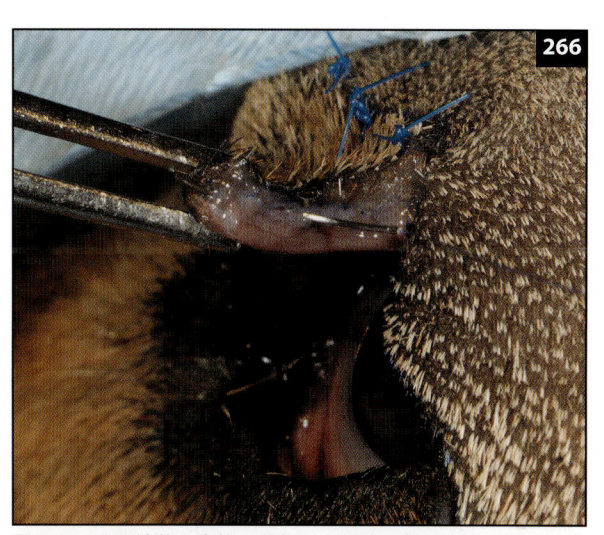

図266 埋没結紮の実施．最初に上眼瞼の創から3 mmのところから針を刺入し，眼瞼縁付近から針を出す．針は皮膚と平行に，瞼板の中を進める．

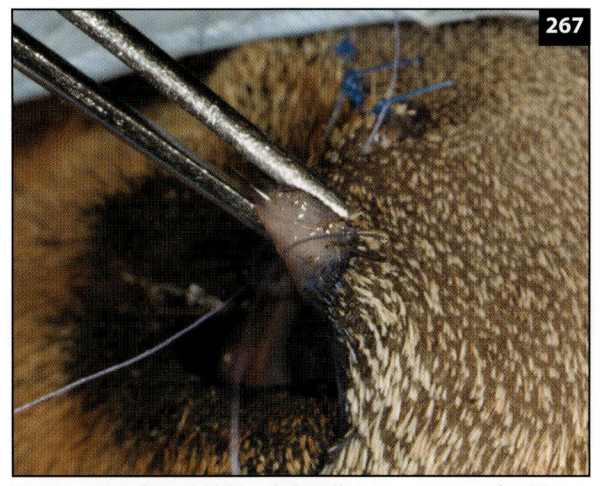

図267 針を創の反対側へ方向転換して，フラップの縁から1 mmのところから刺入し，創から3 mmのところに針を出す．

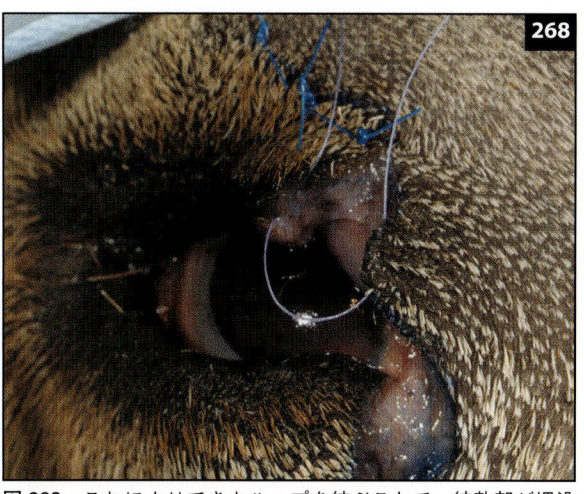

図268 これによりできたループを結ぶことで，結紮部が埋没する．

させた糸が眼瞼と眼球の隙間，または皮膚表面に決してはみ出したりすることのないように注意しなければならない。薄い眼瞼では，皮下織と皮膚を別々に縫合することが不可能な場合もある（図269，270）。眼瞼縁付近の皮膚は吸収糸を用いて連続縫合あるいは単純結節縫合で閉鎖し，残った創縁は非吸収糸を用いて単純結節縫合で閉鎖する（図271）。閉鎖する部位と眼球の距離が近い場合には，断端が軟らかい性質を持つ吸収性マルチフィラメント糸の方が好ましい。

下眼瞼の創縁も同様にして閉鎖する。最初の1糸を創の眼瞼側から刺入する。これを創縁から3mmのところから開始して瞼板を通過し，皮膚と平行に針を進め，眼瞼縁付近から針を出す。次に，針の向きをフラップの縁の方に変える。フラップの縁から1mm離れた部位から針を刺入する；こうすることでスライドさせた皮膚が眼瞼裂の内側へ確実に1mmほどはみ出すようになる。さらに針を皮膚と平行に進め，創縁から3mmのところで針を出す（図272，273）。こうして形成された縫合糸のループを

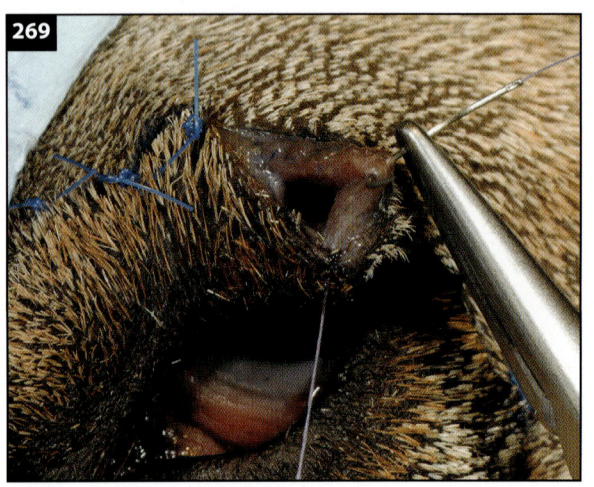

図269 短く余った方の縫合糸のみを切断し，長く余った方の縫合糸を皮下織層の閉鎖に利用する。

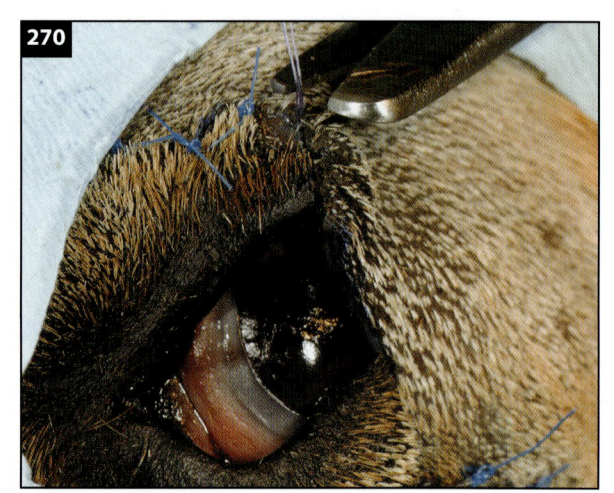

図270 結紮部を埋没させ，縫合糸を切断する。

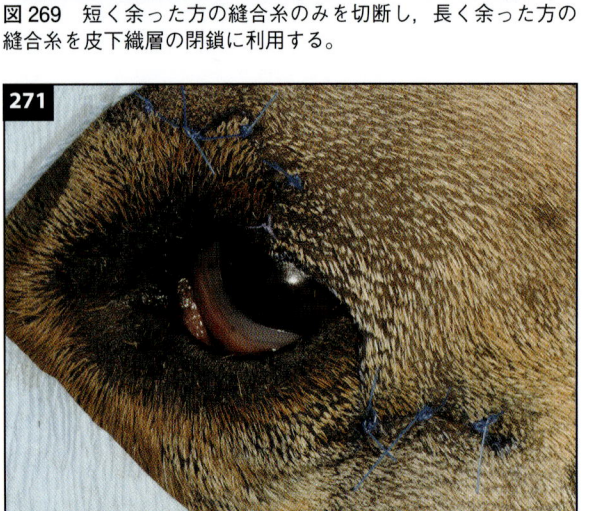

図271 残った創縁を単純結節縫合にて閉鎖する。眼球と結紮との距離が近い場合には，断端が軟らかい吸収性マルチフィラメント糸の方が好ましい。

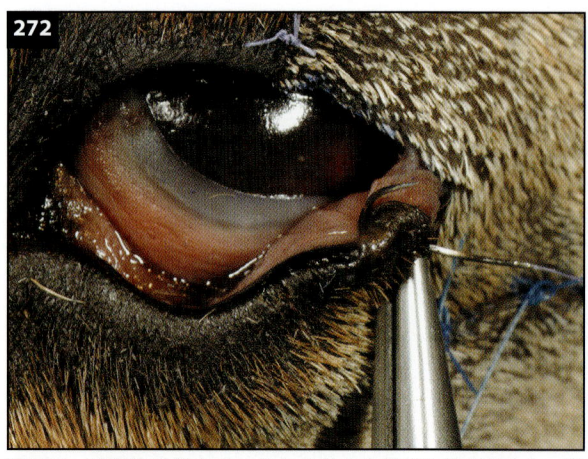

図272 下眼瞼の創内3mmのところから最初の針を刺入し，眼瞼縁付近から針を出す。針は皮膚と平行に，瞼板の中を進める。

結ぶと結紮部が埋没する（図274）。

　その後，長く余った縫合糸を使い，上眼瞼と同様に，眼瞼の厚さが2層での縫合に耐え得るようなら皮下織層と皮膚を別々に閉鎖する（図275）。眼瞼縁付近の皮膚は吸収糸で単純結節縫合にて閉鎖し，残りの創縁も非吸収糸を用いて同様の方法で閉鎖する（図276）。

参考文献

Stades F, Gelatt K (2007) Eyelid surgery. In： *Veterinary Ophthalmology*, 4th edn. (ed K Gelatt) Blackwell Publishing, Ames, pp. 563-617.

van der Woerdt A (2004) Adnexal surgery in dogs and cats. *Vet Ophthalmol* 7: 284-290.

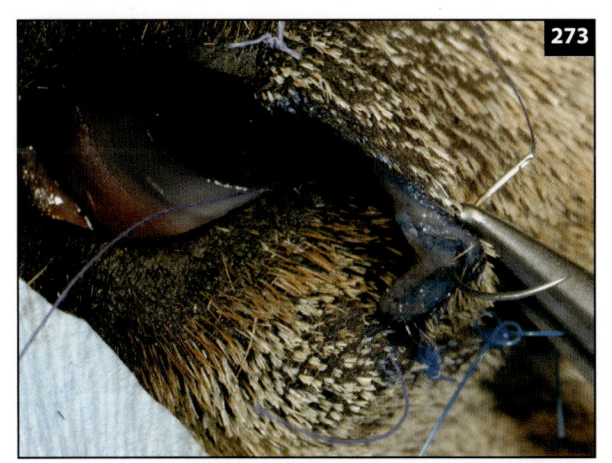

図273　針を創の反対側に方向転換して，フラップの縁から確実に1mmのところから刺入し，創から3mmのところに針を出す。

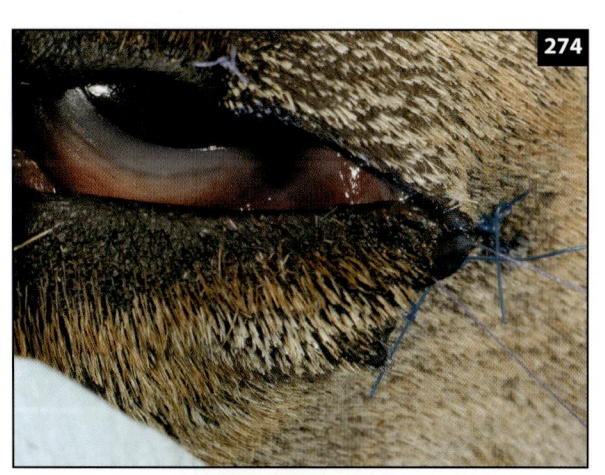

図274　結んだ時に結紮部が埋没するように，縫合糸のループを形成する。

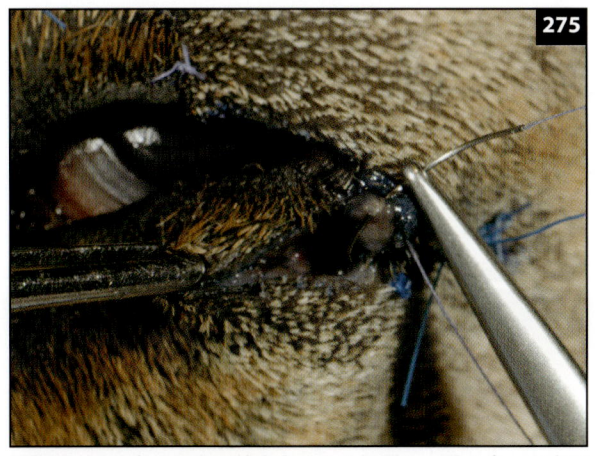

図275　短く余った方の縫合糸のみを切断し，長く余った方の縫合糸を皮下織層の閉鎖に利用する。

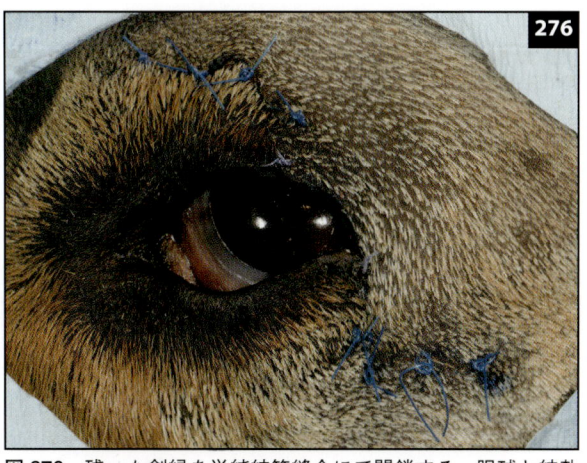

図276　残った創縁を単純結節縫合にて閉鎖する。眼球と結紮との距離が近い場合には，断端が軟らかい吸収性マルチフィラメント糸の方が好ましい。

半円形皮弁

概要

　この方法は皮膚の回転とスライドの両方の技術を用いるため，少々難しい術式といえる。上眼瞼または下眼瞼における長さの30～60％程度の欠損に対して利用される。しかし，上眼瞼の大きな欠損の再建では，瞬き反応にいくらかの障害を引き起こす可能性がある。これに加えて，眼瞼周囲の皮膚を利用するため，合併症として睫毛乱生が生じる可能性もある。

　半円形切開の半径は，欠損部の長さの2倍とし，皮弁は常に外側から内側に向けて回転させるようにする。さらに，皮弁を移動させやすくするため，切開部の遠位端にBurowの三角を作成・切除して，皮弁の皮下を慎重に剥離する。

方法

　患者を伏臥位に寝かせて頭部を軽く挙上させ，術野がよく見えるように傾ける。欠損部の2倍の長さを半径とするような，三角形の頂点からはじまる半円形の切開線を設定する。欠損部から顔面外側に向かって切開線の下描きをのばす（図277）。切開線の遠位端に作成したBurowの三角を切り抜き，皮膚および眼輪筋の皮弁を直下の組織から剥離することで，皮弁が内側に移動しやすくなる（図278）。

　皮弁を剥離し，内側に回転させ，欠損部に被せる。すると，延長した切開曲線の遠位端に作られた三角形の角が折りたたまれて創の反対側に接するようになるため，Burowの三角として作成された創は最小限のテンションで閉鎖ができる（図279）。

　まず，この折りたたまれた部位を縫合する。次に，この最初の縫合部から眼瞼縁までの距離の1/3の位置を縫合し，3番目の縫合部として2/3の位置を縫合する。これらの縫合を終えた時点で，皮弁にかかるテンションはなくなる。同時に皮弁の収縮に備えて，新たに作成した眼瞼縁は眼瞼裂の内側に1～2mmはみ出すようにしなければならない（図280）。

　眼瞼縁の縫合は，垂直マットレス縫合を反転させる形で行う埋没結紮により行う。創縁から5mmの皮弁側面から針を刺入し，皮弁の縁から1mmの，眼瞼と並置される少し前のところから針を出す。次に，そこから眼瞼縁のすぐ下に針を刺入して創内4mmの部分から針を出し，反対側の縫合縁と面を合わせるようにする（図281）。縫合糸を結紮し，長く余った方の糸を使って創の筋‐実質‐結膜層を，3番目に皮膚を縫合した位置まで縫合する（図282）。必要に応じて，最初に縫合した部分の皮下を吸収糸で縫合する。残りの皮膚を非吸収糸で単純結節縫合にて閉鎖する（図283，284）。

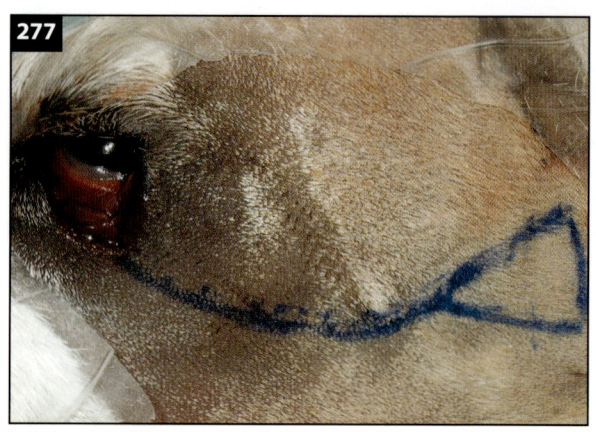

図277　半円形皮弁のための切開線が下描きされている。下眼瞼欠損部の腹側縁からはじまって，Burowの三角で終わっているのが示されている。

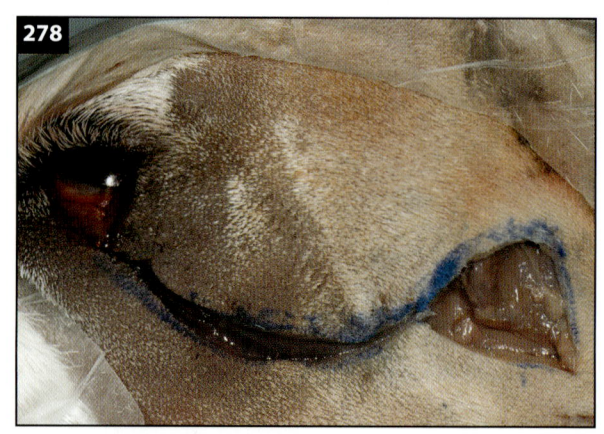

図278　下描きに沿って切皮し，皮弁皮下を剥離するためにBurowの三角を切除する。

参考文献

Pellicane CP, Meek LA, Brooks DE et al. (1994) Eyelid reconstruction in five dogs by the semicircular flap technique. *Vet Comp Ophthalmol* 4: 93-103.

Stades F, Gelatt K (2007) Eyelid surgery. In: *Veterinary Ophthalmology*, 4th edn. (ed K Gelatt) Blackwell Publishing, Ames, pp. 563-617.

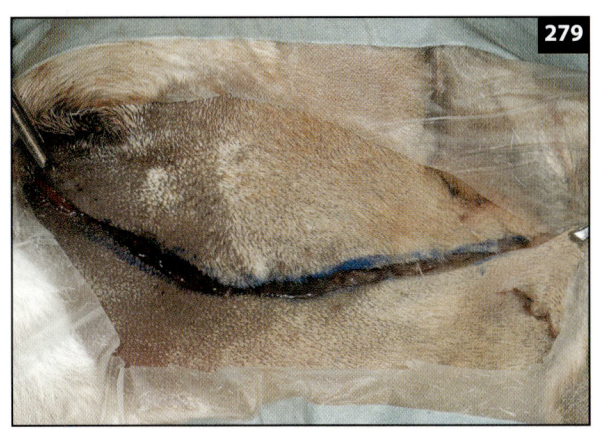

図279　皮弁を内側に回転させる過程で，Burowの三角が折りたたまれる。

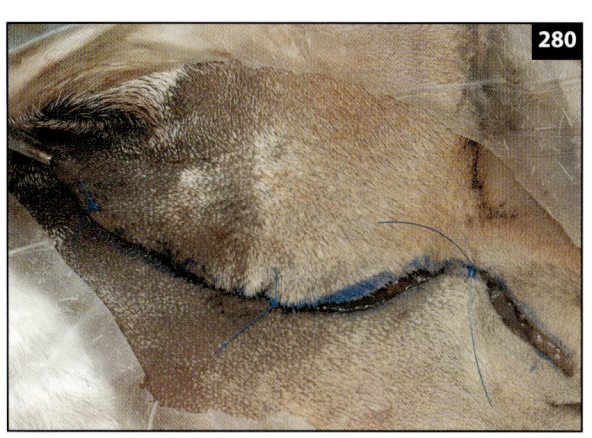

図280　最初の3カ所の縫合を終えた様子。これにより，皮弁と眼瞼縁との縫合に先立って，皮弁に残るテンションを最小限にすることができる。

図281　欠損部の閉鎖する際，皮弁と眼瞼縁とを並置させるために，垂直マットレス縫合を反転させた方法を用いる。

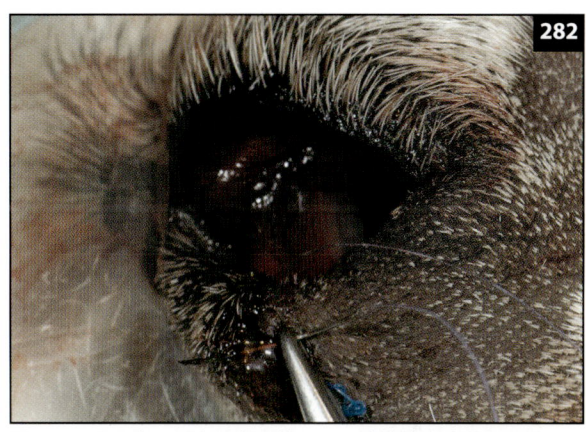

図282　長く余った方の糸を使って，連続縫合で深部の層を閉鎖する。

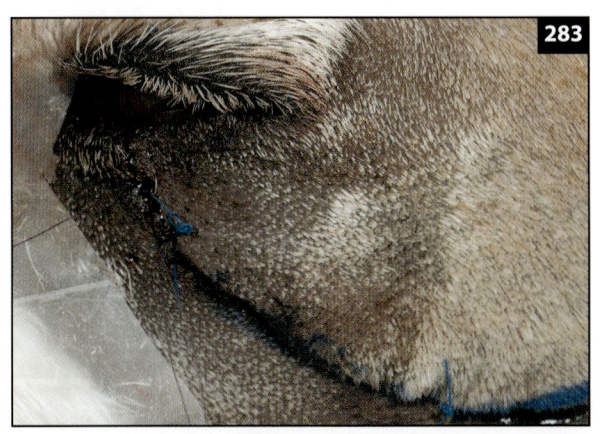

図283　必要に応じて，最初の3カ所の皮膚縫合の間に結節縫合を行い，ドナーサイトおよびレシピエントサイトの皮下織を並置する。

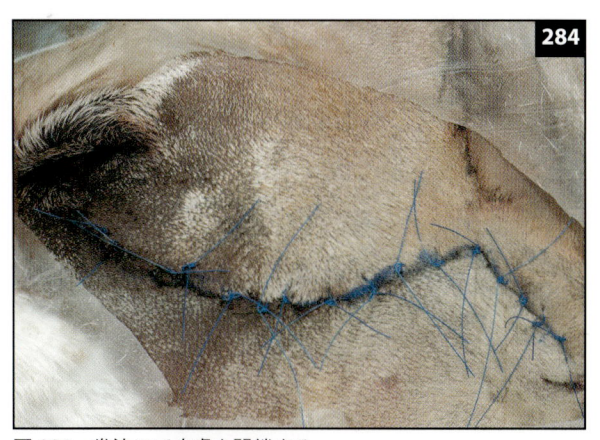

図284　常法にて皮膚を閉鎖する。

菱形フラップ

概要

　この術式はヒトにおいて，内眼角付近もしくはそれ自体に及ぶ欠損に対する再建法として記載されている。この部位の皮膚は下織と固着しており，このことがフラップの可動性を非常に乏しくしている。

　本書では，内眼角の再建および腫瘤切除の際に同時に摘除された上涙点の再建ができるように改良した方法を記載し，さらに瞼板縫合（図285）および8の字縫合（図286）を利用した。下涙点が温存されていれば上涙点の再建は不要である。内眼角領域にできた腫瘤の摘出が内眼角自体に及ばなかった場合には，よりシンプルなテクニックを使用する場合もある。

方法

　患者を伏臥位に寝かせて頭部を軽く挙上させ，術野がよく見えるように傾ける。内眼角において皮膚を切除する予定の領域に，青いインクを使って下描きをする（図287）。この部分を切除し，内眼角に大きな全層欠損を作成する。しかし，腫瘤の切除に先立ち，術者は涙小管から涙管を通り鼻腔まで太い径の非吸収糸を通し，上涙点をカニュレーション処置する必要がある（図288）（これを鼻翼付近に縫合する詳細な方法については，p.139の浅側頭動脈アキシャルパターンフラップを参照のこと）。縫合糸は3週間そのままにしておき，縫合糸の周囲に再上皮化が起きたら除去してもよい。

　切開線は，欠損部内側に位置する菱形の背外側1/4を形作るフラップとなるように設定する（図289）。フラップの幅は欠損部の幅よりやや広く，長さは少なくとも欠損部の背側頂点から創中心点までを結んだ直線以上の距離とする。フラップを作成したら，慎重に直下の組織から剥離，分離し，フラップを欠損部上に移動させる（図290）。フラップの採取時に生じた2つ目の欠損は，直接皮膚を並置することで閉鎖できる（図291）。

　そして，再建が必要な内眼角の領域を除き，切開線の全創縁の皮膚を縫合する（図292）。内眼角の皮膚は結紮部を埋没させた"ホールディング"縫合（例：瞼板を通して縫合する方法など）と，その次に行う支持縫合および8の字縫合による皮膚の並置により閉鎖することができる（図293）。この2層の縫合により術創の安定性が増し，離開のリスクが確実に減少する。術者は，内眼

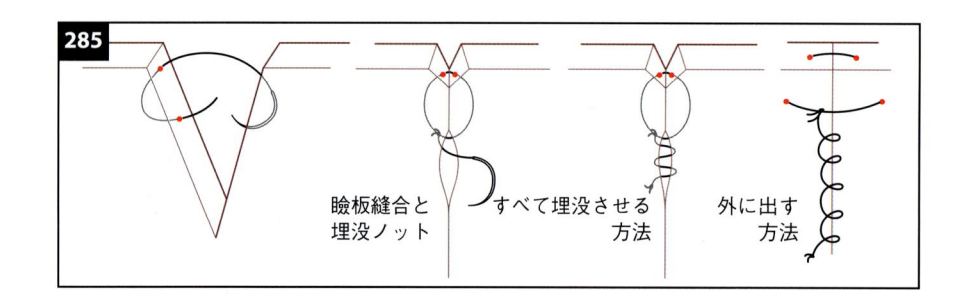

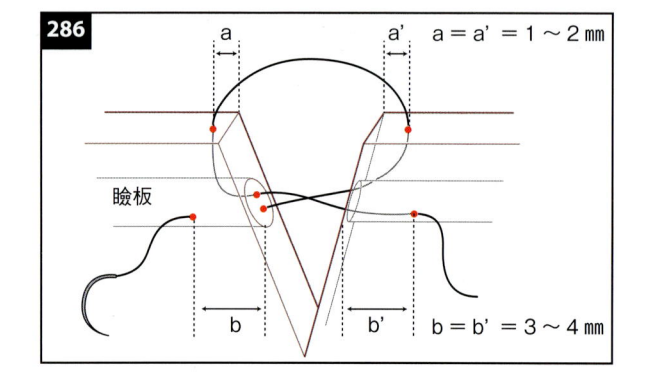

図285　瞼板縫合あるいは埋没ノット。この縫合の目的は垂直マットレス縫合パターンを利用しつつ埋没ノットを形成することである。長く余った糸はそのまま皮下を連続縫合するのに用いる。この方法が眼瞼縁に使用された場合，縫合糸が瞼板構造を通過することになるため，瞼板縫合と呼ばれる。再建法によっては，瞼板縫合に加えて皮膚表面に対し（下図に示すように）8の字縫合が使用されることもある。

図286　8の字縫合。この縫合法は単独で使用される場合もあれば，必要に応じて瞼板縫合と組み合わせて使用されることもある。この方法により創縁を完全に並列させ，結紮を眼球から離れた皮膚表面に作ることが可能となる。長く余った糸は，単純結節縫合にて皮膚表面を閉鎖するのに使用してもよい。

第 6 章　眼瞼の再建術　129

図287　青いインクで着色した部分が欠損創となる。

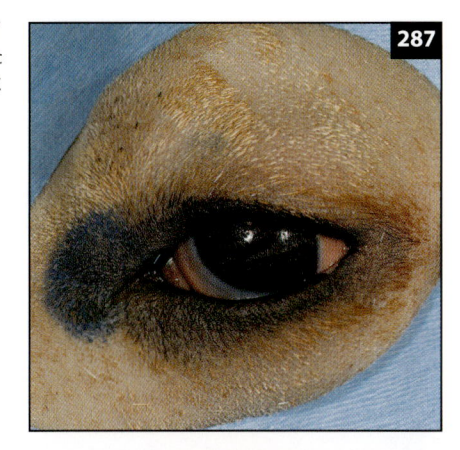

図288　太い径の非吸収糸を用いて、上涙点から鼻涙管を通り鼻孔から出るまで貫通させた後、全層欠損を作成する。

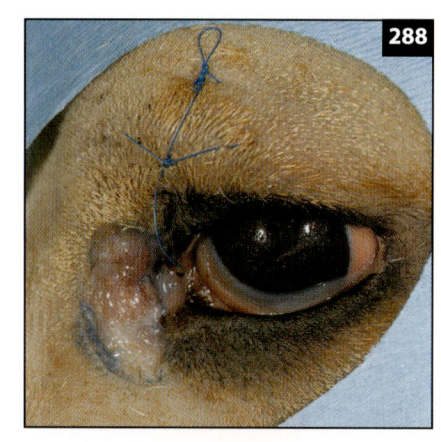

図289　写真のように、フラップが欠損部内側に位置する菱形の背外側1/4部分を形作るよう、慎重に切開線を設定する。

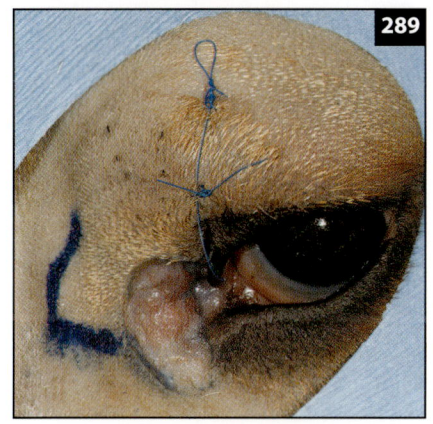

図290　下描き線にしたがって皮膚を切開し、フラップを下織から慎重に剥離する。

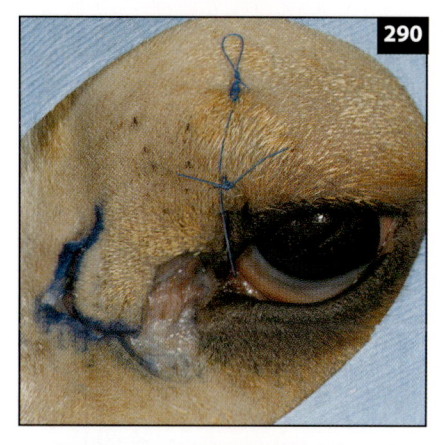

図291　皮膚縁同士を並置させて、ドナーサイトを閉鎖する。

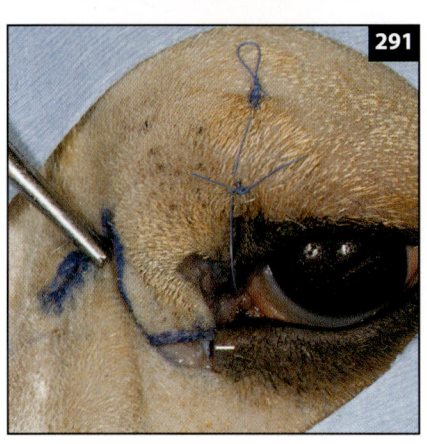

図292　内眼角の領域を除き、切開線の全創縁を吸収糸を用いて閉鎖する。

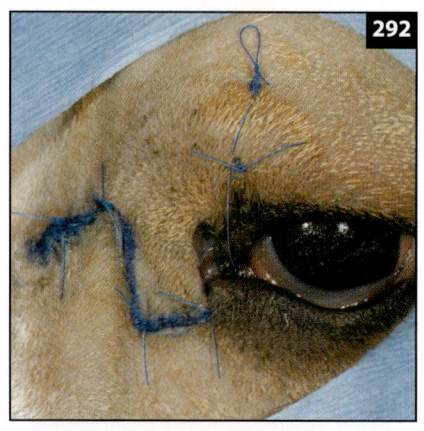

図293　内眼角は非吸収糸を用いて2層に閉鎖する。最初の縫合は、瞼板を通過させる。これにより組織の保持強度が増す。結紮は埋没させる。

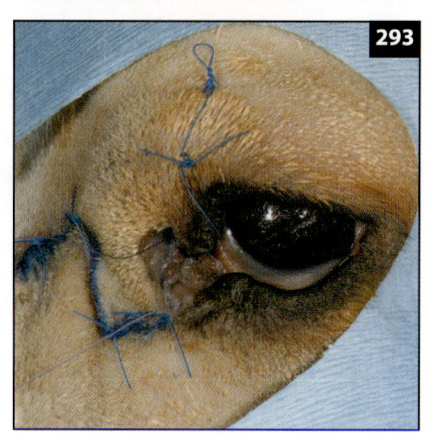

角の組織を縫合する際に鼻涙管や上・下眼瞼の涙小管を損傷しないように十分注意すべきである。

8の字縫合（図286）は，段違いによる欠損を防ぐために左右それぞれの縫合部位が互いに正確な鏡像関係になっていなくてはならず，高度な技術が要求される。最初に，下眼瞼の皮膚に針を刺入する。縁から約4mmの皮膚から針を刺入し，欠損部の皮下織から針を出す。次に，針を欠損部の反対側へ横断させ，眼瞼縁から約2mmの上眼瞼の皮下織から針を刺入し，創縁から1～2mm離れたところにあるマイボーム腺開口部付近もしくは腺開口部を通して針を出す。ここで針を再び下眼瞼へ横断させ，やはり創縁から1～2mm離れたところにあるマイボーム腺付近もしくは腺自体から針を刺入し，下眼瞼の眼瞼縁から2mmの皮下織から創内へ針を出す。針を最後にもう1回反対側へ横断させ，眼瞼縁から約4mmの上眼瞼の皮下織へ刺入し，眼瞼皮膚から針を出す。

このような方法で縫合することにより，組織内の縫合糸はマイボーム腺の開口部が位置する眼瞼縁の平坦部分に配置された左右対称のループとなる。縫合糸の両端は左右対称となって互いに創内で交差し，両先端部はそれぞれの創の側面から皮膚を通過し，外に出て互いが左右対称となる。これを皮膚表面上で結ぶことで，眼から離れた部位に結紮ができる（図294）。

残りの皮膚は非吸収糸を用い，糸の先端が眼球面に届かないように注意しながら閉鎖する（図295）。上涙点と涙小管の再建のためのカニュレーション処置のために残しておいた縫合糸は，約3週間後，縫合糸の周囲に再上皮化がみられたら取り除いてよい。

図294 2糸目は8の字縫合で行う。これは組織が左右対称に並置した状態で，瞼板に固定されるようにデザインされている。

図295 糸の断端が眼球に触れないことを確認しながら，単純結節縫合にて残りの皮膚を閉鎖する。

参考文献

Blanchard GL, Keller WF (1976) The rhomboid flap for the repair of extensive ocular adnexal defects. *J Am Anim Hosp Assoc* **12**: 576-580.

Hoffmann A, Blocker T, Dubielzig R et al. (2005) Feline periocular nerve sheath tumors: a case series. *Vet Ophthalmol* **8**: 153-158.

Ng SG, Inkster CF, Leatherbarrow B (2001) The rhomboid flap in medial canthal reconstruction. *Br J Ophthalmol* **85**: 556-559.

Teske SA (1998) The modified rhomboid transposition flap in periocular reconstruction. *Ophthalmic Plast Reconstr* **14**: 360-366.

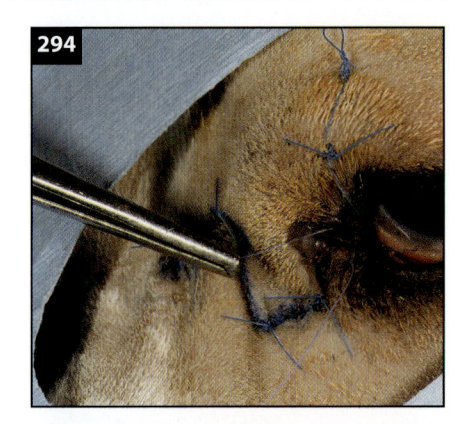

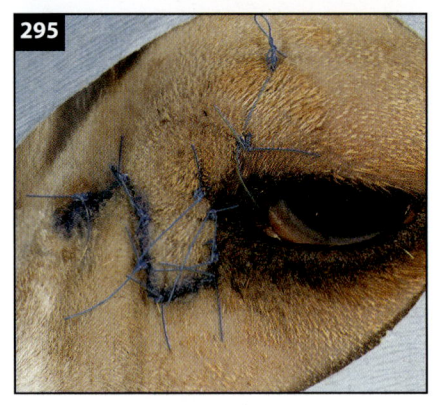

改良型交差眼瞼フラップ

概要

　この方法は2段階の手法を要するため少々難しいが，もともとはヒトにおける手技として1971年にMustardeによって報告された。その後，この方法はMungerとGourleyによって，犬と猫において眼瞼の長さの75%までの上眼瞼の欠損を修復するための方法として，外眼角および内眼角を温存しつつ，下眼瞼を含む回転皮弁が上眼瞼を再形成することができるように改良が加えられた。上眼瞼に転移されたフラップは，そこでしばらく治癒を待ってから切断される。その後，下眼瞼に作成された欠損部をH-形成術により修復する。

　以下に記した，さらなる改良を加えた方法では，手術の第1段階と第2段階の間において創全体に生じてしまうテンションを軽減するために，第1段階においてH-形成術があわせて実施される。H-形成術の代わりに，術者は口唇-眼粘膜皮膚皮下血管叢回転フラップを使用することも可能である。この術式については，犬や猫への適応として獣医学書にも記載されており，本書でも後述する（p.134）。

　第1段階から第2段階を実施するまでの間は，眼瞼の機能が障害されて角膜損傷を生じる危険性があるため，粘稠性の人工涙液および抗生物質の点眼液または眼軟膏を使用して，眼を濡れた状態に保つ必要がある。濡れた状態に保つことはまた，この期間のフラップとH-形成術部位の癒着を防ぐのにも役立つ。

方法

　患者を伏臥位に寝かせて頭部を軽く挙上させ，術野がよく見えるように傾ける。切除する予定の上眼瞼の中央部の皮膚が，青いインクで着色されている（図296）。この部分の皮膚を切除して，眼瞼に大きな全層欠損を作成する（図297）。

　下眼瞼から作成するフラップのサイズを慎重に決定する（図298, 299）。フラップの回転軸となる部分は，転移した眼瞼フラップと上眼瞼の欠損部が生着するまでの間，血液供給が確実に保たれるようにしなければならない。これは，フラップ遠位の大部分への直接的な血液供給源としての役割を果たしている。フラップの回転軸

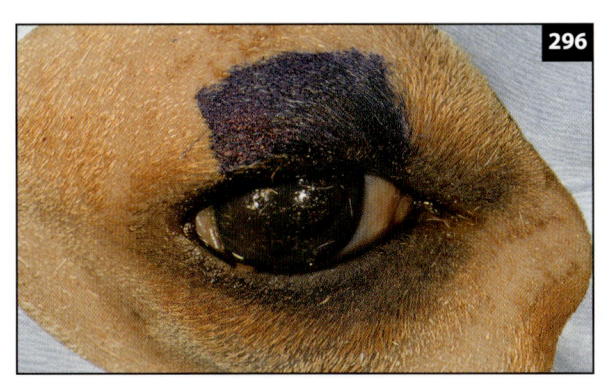

図296　青いインクで着色した部分が欠損創となる。

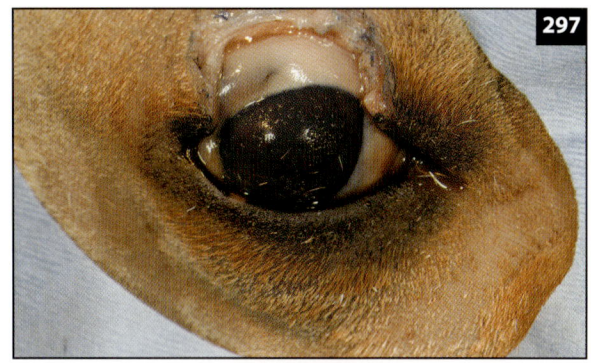

図297　皮膚を切除して全層欠損を作成する。

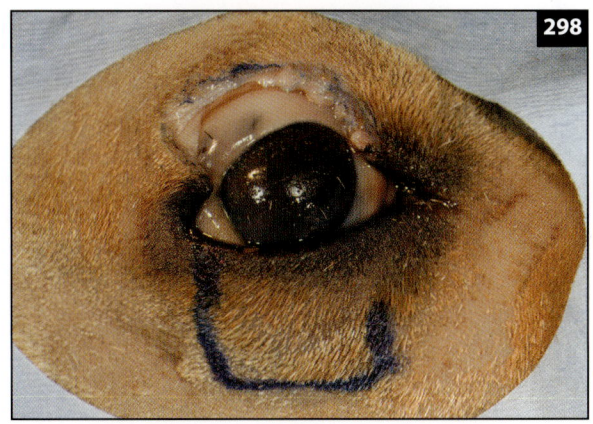

図298　内側を回転軸とする位置にフラップの下描きをする。

図299　下描き線にしたがって皮膚を切開する。

は，回転させるのに十分な程度に細くすべきであるが，直接的な血液供給が維持できる程度には太くなければならない。結膜組織は，それ自身が回転軸からの血液供給を維持するため，眼瞼を転移させる際には結膜を伴って回転させる。

フラップの外側縁を上眼瞼欠損部の内側縁に縫合するが，まず吸収糸で埋没結紮を行い，深部結膜の縫合から開始する（結び目の断端は眼球に当たらないように組織内に収まるようにする）（図300）。長く余った方の糸を使って，内側から外側へ連続縫合にて閉鎖する（図301）。2つの眼瞼縁は内側に並置されることになる。この接続部分は8の字縫合によって並置するのが最も好ましい（p.128，菱形フラップを参照）（図302）。残りの部分の皮膚は，非吸収糸を用いて連続縫合にて閉鎖する（図303）。

この結果生じる下眼瞼の欠損は，H-形成術にて閉鎖する（図304，305）。あるいはその代わりに，口唇-眼粘膜皮膚皮下血管叢回転フラップを利用することもできる。後者の方が時間がかかる上，より高度な技術が要求されるものの，美容的に優れており睫毛乱生のリスクもない。さらに，粘膜に縁取られた眼瞼を再建することができる。

2週間以内に，フラップは上眼瞼の欠損部と生着し，抜糸が可能となる。もしもフラップとH-形成術との間に癒着が生じたら，これを切断する。この段階でフラップの回転軸を切断し，下眼瞼の内側縁を上眼瞼の外側縁となる部位へ転移する。これには，回転フラップの新しい外側縁の一部を離開させ，余計な組織を除去して新規の眼瞼外側縁に合うように形成する必要がある。さらに，フラップの回転軸の切断により生じた下眼瞼内側の小さな創は，H-形成術の創に組み込むようにして縫合する（図306，307）。

参考文献

Esson D (2001) A modification of the Mustardé technique for the surgical repair of a large feline eyelid coloboma. *Vet Ophthalmol* 4: 159–160.

Munger RJ, Gourley IM (1981) Cross lid flap for repair of large upper eyelid defects. *J Am Vet Med Assoc* 178: 45–48.

Mustardé JC (1971) Surgical treatment of malignant tumors of the upper lid. *Chir Plastica* 1: 25–33.

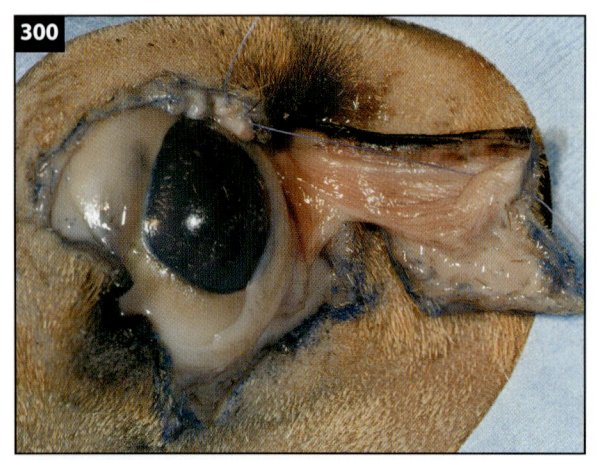

図300　転移させた眼瞼の外側結膜縁と，上眼瞼欠損部の内側結膜縁とを縫合する。

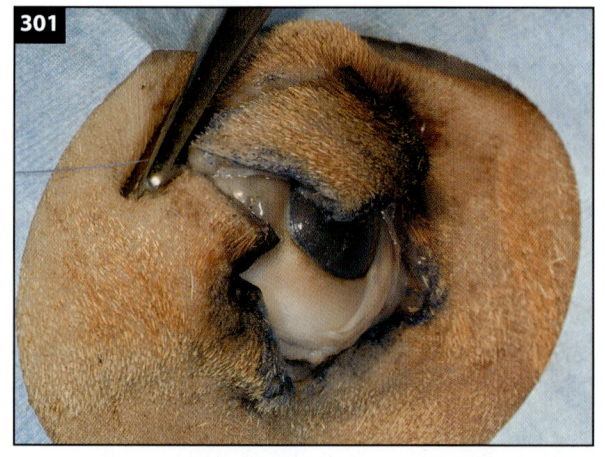

図301　長く余った縫合糸を使って，残りの結膜組織を連続縫合にて閉鎖する。

第6章　眼瞼の再建術

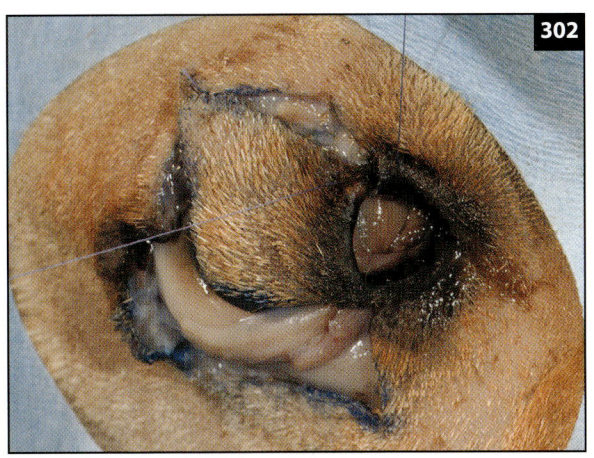

図302　上眼瞼の内側縁と転移させた眼瞼フラップを吸収糸で8の字縫合する。

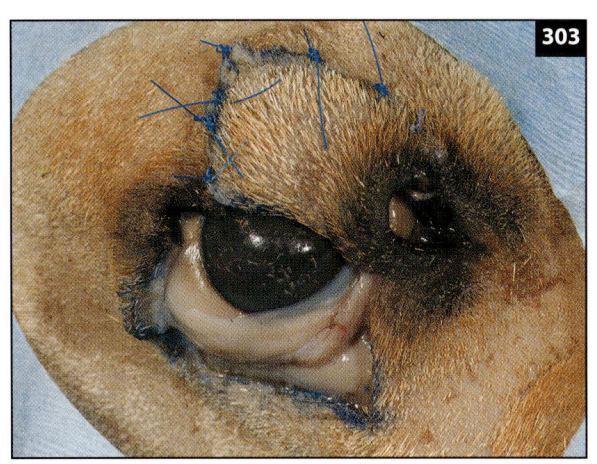

図303　非吸収糸を用いて，皮膚を単純結節縫合にて閉鎖する。

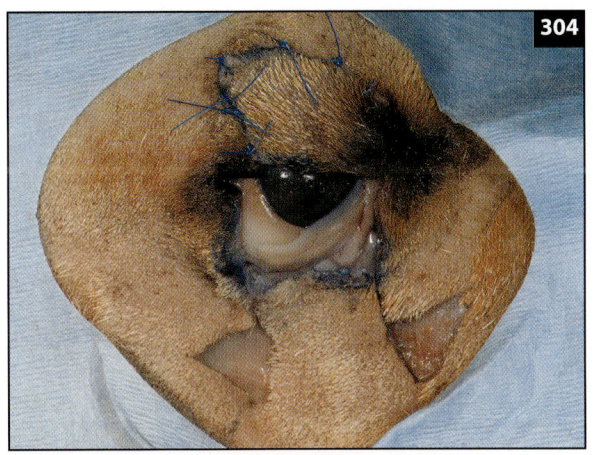

図304　下眼瞼に作成された欠損部はH-形成術にて閉鎖する。代わりの方法として口唇-眼粘膜皮膚皮下血管叢回転フラップを利用することもできる。

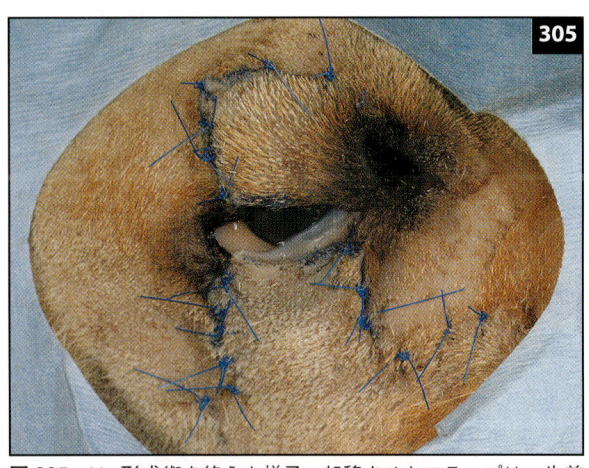

図305　H-形成術を終えた様子。転移させたフラップは，生着までに2週間を要する。

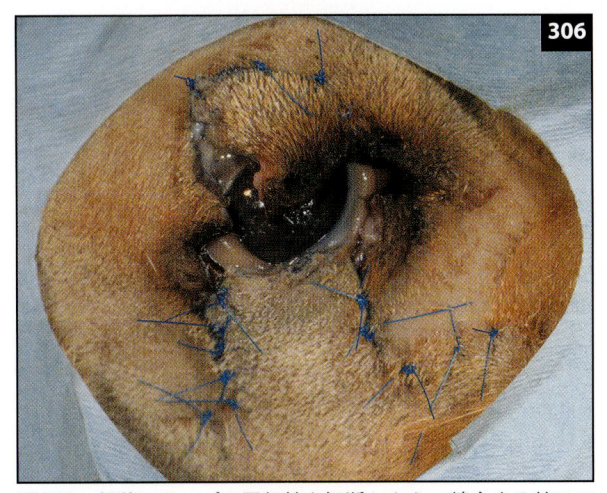

図306　転移フラップの回転軸を切断したら，縫合する前にフラップの形を整える。H-形成術を施した部位の内側に小さな欠損ができるので，これも縫合する。

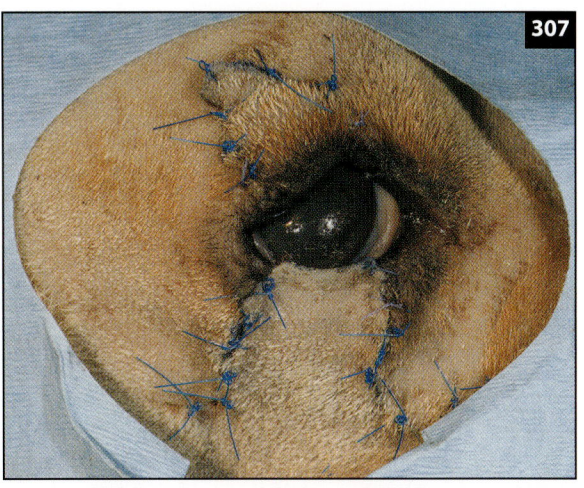

図307　結膜層を伴って，美容的かつ解剖学的に適切に整復された上眼瞼と新たに形成された下眼瞼。

口唇－眼粘膜皮膚皮下血管叢回転フラップ

概要

この術式は，犬の下眼瞼に生じた欠損の再建に利用されるが，上口唇縁およびこれに付随した粘膜面を含む，粘膜皮膚皮下血管叢回転フラップを作成する方法である。猫では，上眼瞼無形成に対する再建法としてMustardé法と組み合わせた術式が使用されており，またこの術式を改良して，上下口唇の外側および唇交連を使って上下の眼瞼外側および外眼角の再建をする方法が実施されている。口唇組織を使うことで粘膜を伴って眼瞼を再建することができるばかりでなく，柔らかくて破綻する可能性が低く，睫毛乱生を生じない眼瞼縁を再建することが可能となる。

方法

患者を伏臥位に寝かせて頭部を軽く挙上させ，術野がよく見えるように傾ける。術野には転移させる口唇切断部の粘膜面も含まれる。

切除する予定の下眼瞼の皮膚が青いインクで着色されている（図308）。この部分を切除して，大きな全層の眼瞼欠損を作成する（図309）。内眼角と外眼角をつなぐ線を2等分する想像線に対して，45°の角度でわずかに収束する2本の切開線を引き，全層口唇フラップの形状とサイズを決定する（図310）。フラップの尾側の切開は耳介のつけねを指し示すようにする。フラップの幅は口唇側より眼側が少し広くなるようにし，フラップの口唇側の幅は，閉鎖する欠損部の幅よりも1～2mm広く設定する。

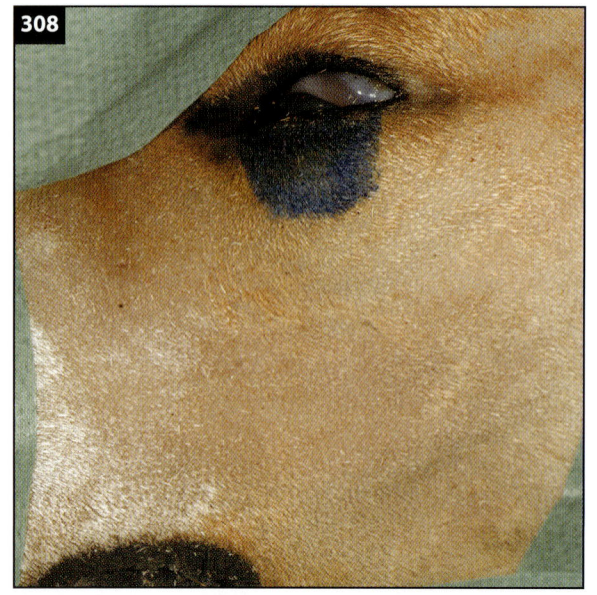

図308　青いインクで着色した部分が欠損創となる。

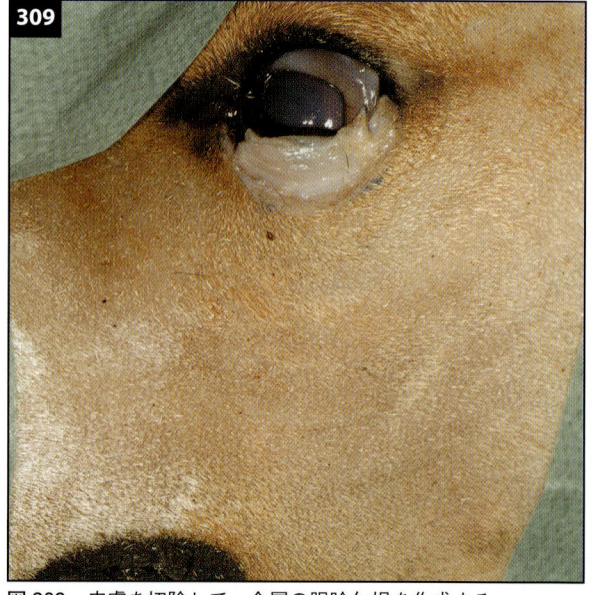

図309　皮膚を切除して，全層の眼瞼欠損を作成する。

フラップの辺縁を切皮する。口唇縁のみを全層切開とし，その上2～3cmの範囲が口唇粘膜を伴う皮膚となる；残りの部分は皮膚のみの切開とし，口腔内までは切開しない（図311，312）。フラップの粘膜側は，口腔内で周囲の粘膜表面から切り離される（図313）。こうすることで，先端部に2～3cmの粘膜表面を含むフラップができる。

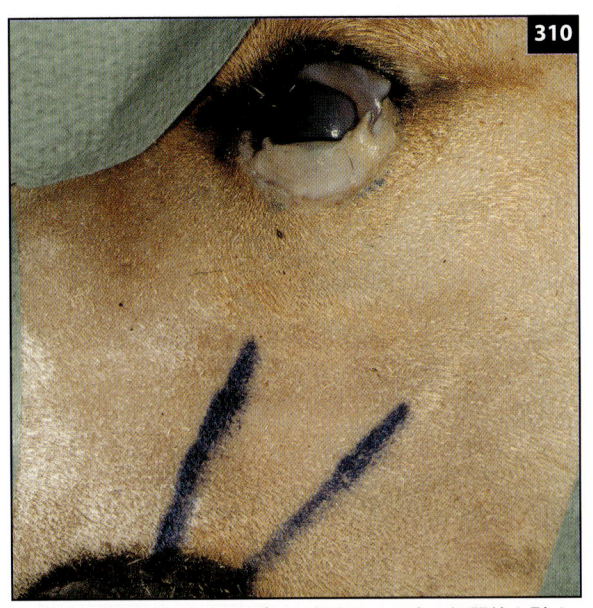

図310 口唇に向かってわずかに収束する2本の切開線を引く。

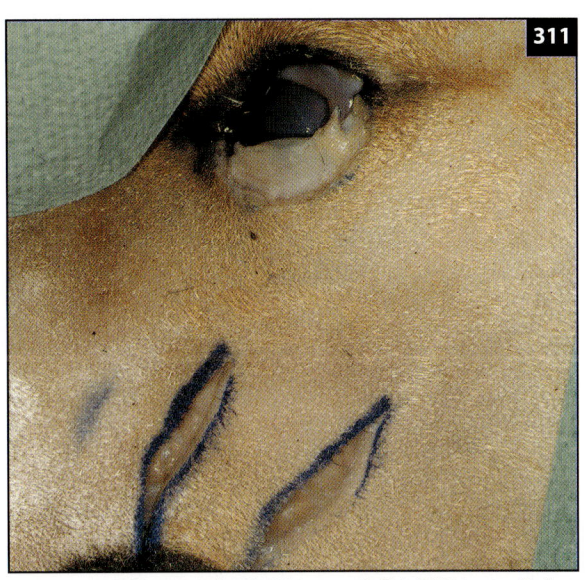

図311 口唇縁のみを全層切開とし，皮膚を貫通して口腔内の2～3cmの範囲を切開する。残りの切開線は皮膚のみを切開する。

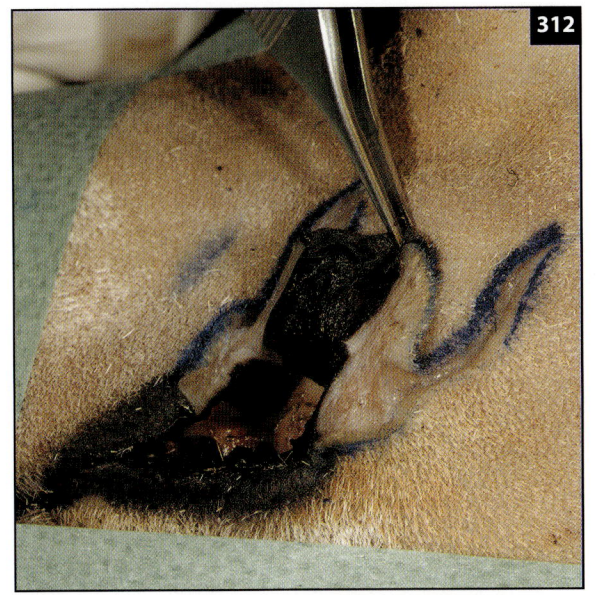

図312 フラップを挙上して粘膜側を露出した様子。

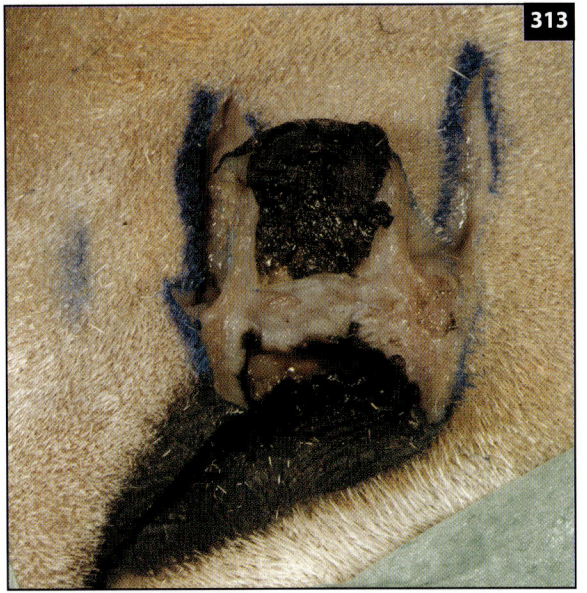

図313 フラップの粘膜側を口唇縁と平行に切開する。

次に，フラップの皮下をその基部まで皮下血管叢を損傷しないように最大限の注意を払いながら剥離する（図314）。そして，吻側切開腺の基部から下眼瞼欠損部の中央に向かって，フラップを渡すため，皮膚に橋状切開を入れる（図315, 316）。

次いで，フラップで欠損部を覆い，2層に縫合する。まず，1つ目の層は吸収糸を用いて眼瞼の創のそれぞれ両端部辺縁の結膜と，それに対応するフラップ先端の粘膜部の両サイドとを縫合する。縫合結紮部（ノット）は，眼球表面を容易に傷つける可能性があるため，新たに形成された結膜嚢側へはみ出さないように，組織内へ埋没させる（図317～319）。

次に，口唇部を2層に縫合するが，その際にも内側を縫合した吸収糸のノットが口腔内にはみ出さないように注意する（図320）。そして，非吸収糸を用いて単純結節縫合にて皮膚を閉鎖する（図321）。

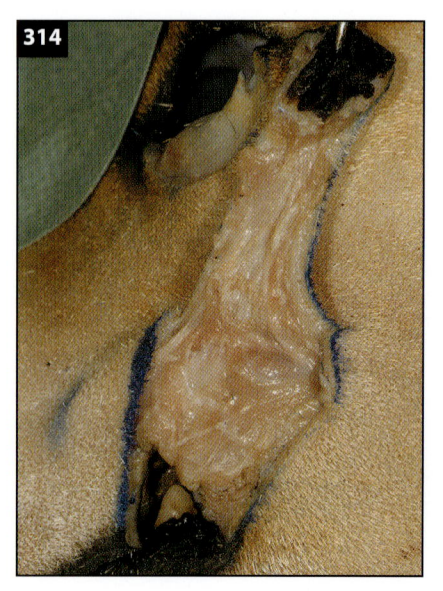

図314　皮下血管叢を損傷しないよう注意しながら，フラップの皮下を剥離する。

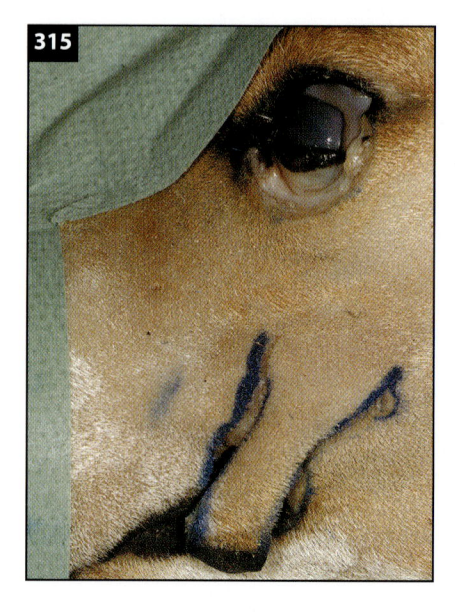

図315　フラップ基部の最吻側部と下眼瞼欠損部の中央部をつなぐ橋状切開の位置を決める。

第6章　眼瞼の再建術　137

図316　橋状切開を行う。

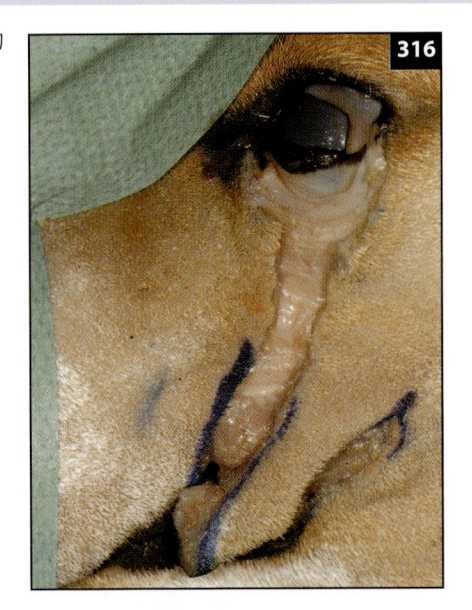

図317　転移させたフラップの粘膜部と結膜を縫合する。

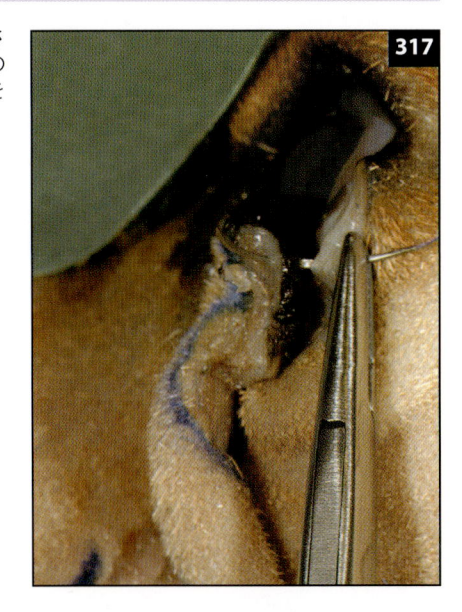

図318　吸収糸を用いて，埋没結紮を利用した単純結節縫合を行う。

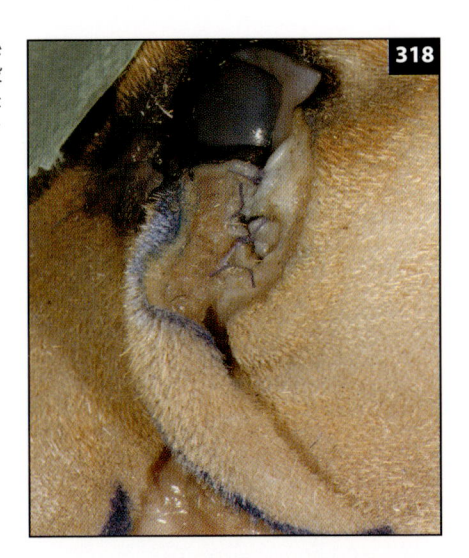

図319　内側に続いて外側も縫合する。

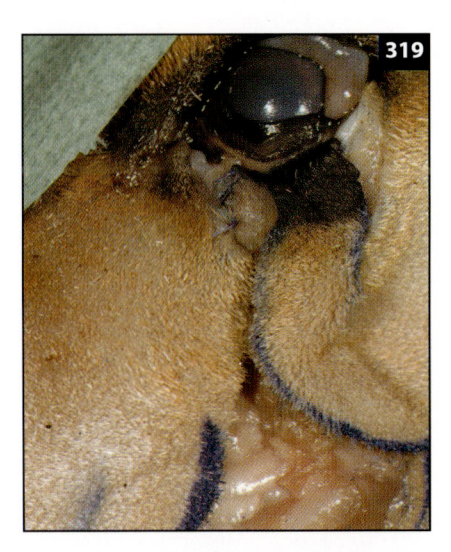

図320　口唇部を2層に縫合する。

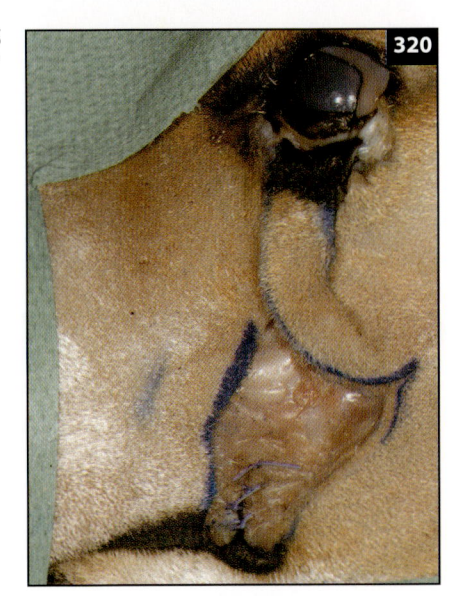

図321　非吸収糸を用いて単純結節縫合にて皮膚を閉鎖する。

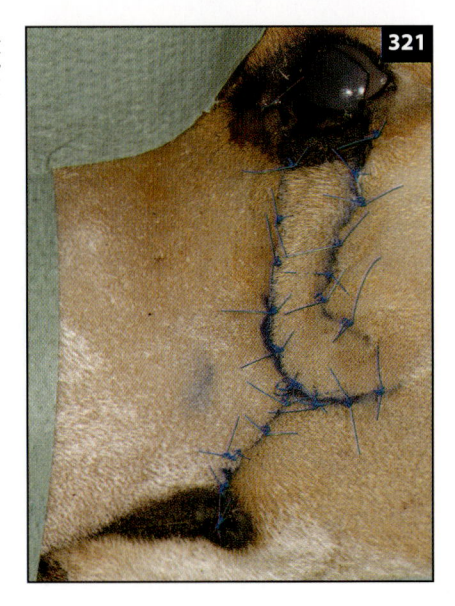

眼球に近い部分は吸収糸を使って8の字縫合にて閉鎖し（p.128，菱形フラップを参照），そのまま同じ糸で残りの皮膚を単純結節縫合にて閉鎖する（図322～325）。

参考文献

Esson D (2001) A modification of the Mustardé technique for the surgical repair of a large feline eyelid coloboma. *Vet Ophthalmol* **4**: 159-160.

Pavletic MM, Lawrence AN, Confer AW (1982) Mucocutaneous subdermal plexus flap from the lip for lower eyelid restoration in the dog. *J Am Vet Med Assoc* **180**: 921-926.

Whittaker CJ, Wilkie DA, Simpson DJ *et al.* (2010) Lip commissure to eyelid transposition for repair of feline eyelid agenesis. *Vet Ophthalmol* **13**: 173-178.

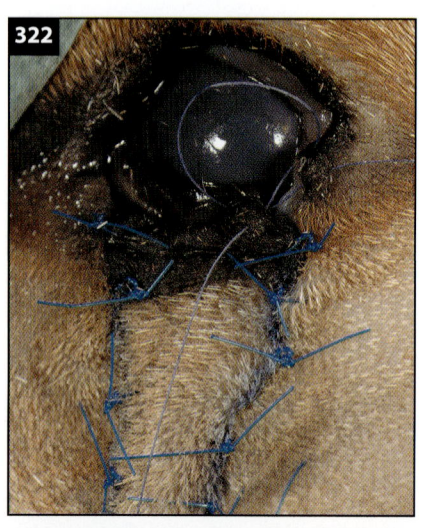

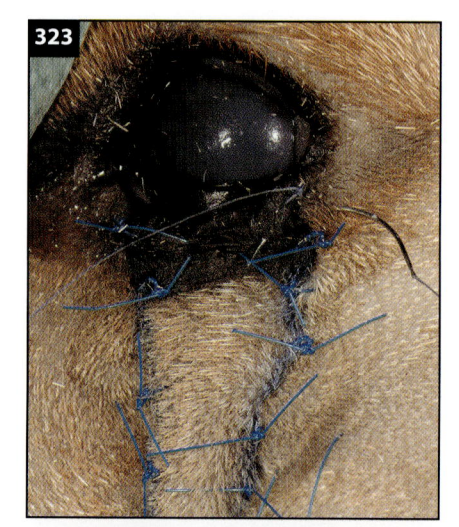

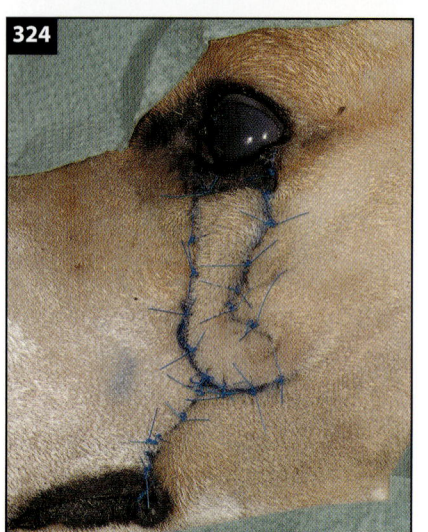

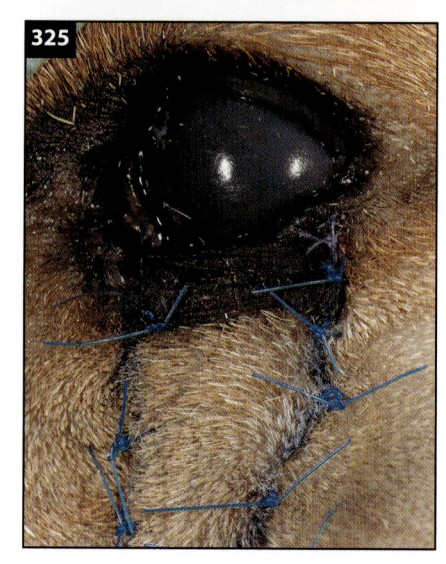

図322 吸収糸を用いて創の辺縁部を8の字縫合で閉鎖する。その際，縫合糸が事前に行った内側の埋没縫合に1糸重なっても構わない。

図323 8の字縫合を行った部位の直下の皮膚は，8の字縫合の結紮部から長く余った吸収糸をそのまま利用して，単純結節縫合にて閉鎖する。

図324 美容的な閉鎖であるか，結紮糸が長すぎたり眼球に触れたりしないかを注意する。

図325 粘膜側の形成が終了した縁が滑らかな眼瞼縁。

上眼瞼再建のための浅側頭動脈アキシャルパターンフラップ

概要

　高度な技術を要するこの術式は，肥満細胞腫により上涙点を含む広いマージンを切除する犬において，内眼角および上眼瞼の一部を再建するための方法として知られている。この術式は，過剰露出に伴い二次的に生じる眼球表面の障害を予防するために必要とされてきた，眼球摘出術に代わる方法として考案された。眼瞼腫瘍の治療のため，眼球全摘出術（眼球とその付属器および眼窩内容物の摘出）を行った後に顔面の皮膚再建が必要となる場合には，後耳介動脈アキシャルパターンフラップや，顔面動脈の皮枝を利用したアキシャルパターンフラップ（第5章参照）なども知られている。

方法

　患者を伏臥位に寝かせて頭部を軽く挙上させ，術野がよく見えるように傾ける。切除する予定の内側上眼瞼および内眼角の皮膚が青いインクで着色されている（図326）。この部分の皮膚を切除して眼瞼および内眼角に大きな全層欠損を作成し，これを浅側頭動脈アキシャルパターンフラップにより再建する。

　腫瘍の摘出に先立ち，太めの非吸収糸を使って上涙点にカニュレーション処置を施しておく。糸は涙小管および鼻涙管を通して遠位鼻腔の鼻孔から外に出す（図327）。糸は鼻孔から出たところで鼻翼付近の皮膚に縫い付けておく。通した縫合糸は，再上皮化により新たな涙点が形成されるまでの2週間はそのままにしておく。

　その後に皮膚を切除して，眼瞼および内眼角に大きな全層欠損を作成し，浅側頭動脈アキシャルパターンフラップにより再建を行う。鼻涙管の周囲は，穿刃のメス（例：No.11 Parker blade）を使って慎重に分離しなければならない（図328）。眼瞼の全層欠損とは，すなわちその結膜層をも含むという意味である。

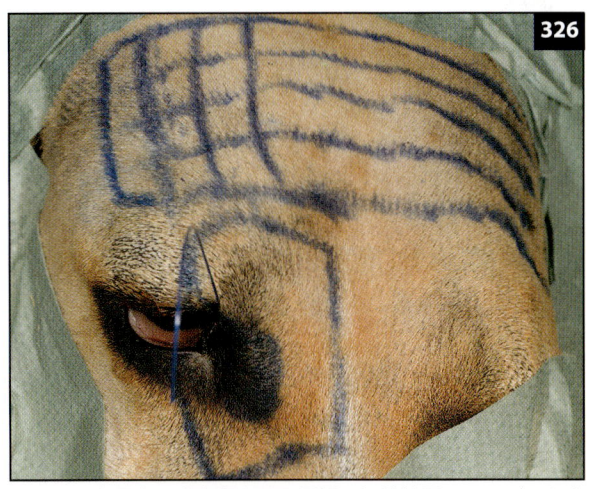

図326　内眼角の病変部とその周囲の切除範囲，およびこれを覆う予定のフラップの位置を示す。

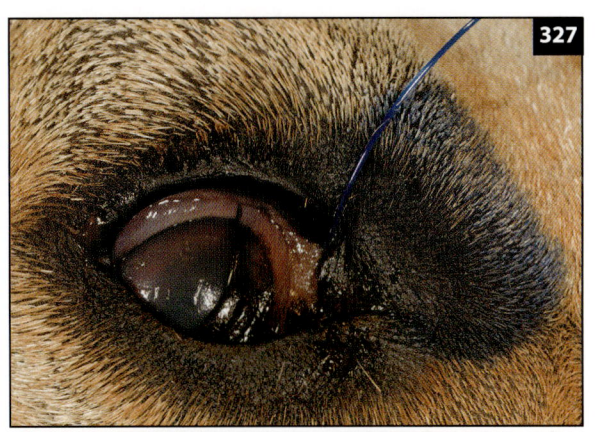

図327　太めの非吸収糸を使って上涙点にカニュレーション処置を施す。この糸は鼻涙管を通って，遠位鼻腔の鼻孔から外に出るようにする。

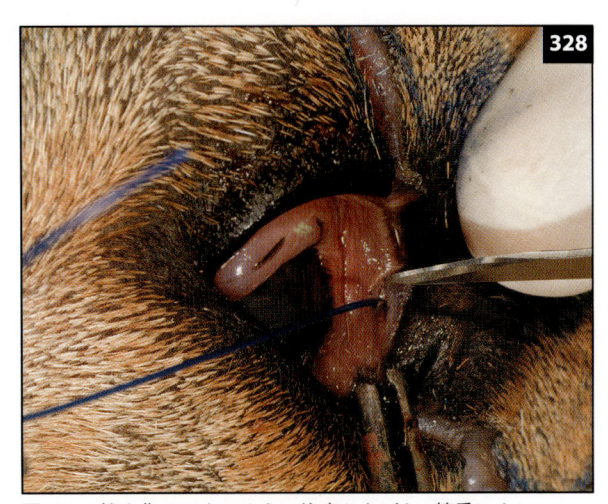

図328　管を傷つけないように注意しながら，慎重にカニュレーション処置を施した鼻涙管の周囲を切除する。

露出した第3眼瞼の眼瞼部分を覆っている結膜部もまた切除する（第3眼瞼との境界部の水平帯状の結膜領域は温存する）（図329）。残りの第3眼瞼はそのまま残す。腫瘍が適切なマージンで切除されると，大きな欠損ができてしまう（図330）。眼球表面の乾燥を防ぐために，この欠損を閉鎖する必要がある。

　欠損部を覆うために浅側頭動脈アキシャルパターンフラップを実施する。ここでは，フラップは頭部左側より起始しており，これを回転させて右側の欠損を覆うことになる。下描き線に沿って皮膚を切開し，フラップの皮

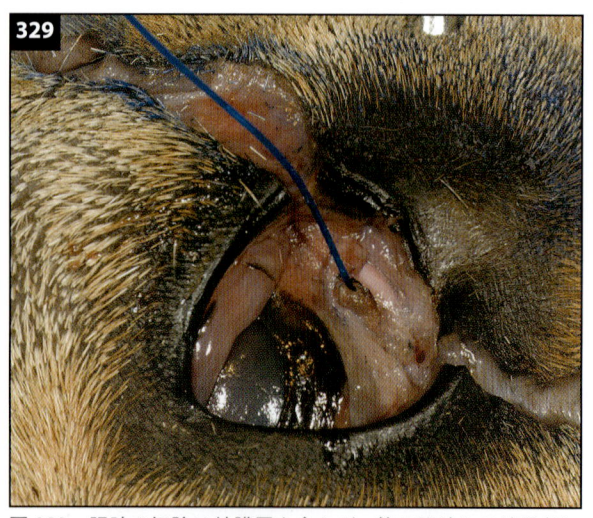

図329　眼瞼の切除は結膜層を含むが，第3眼瞼との境界部に沿った水平帯状の領域は温存する。

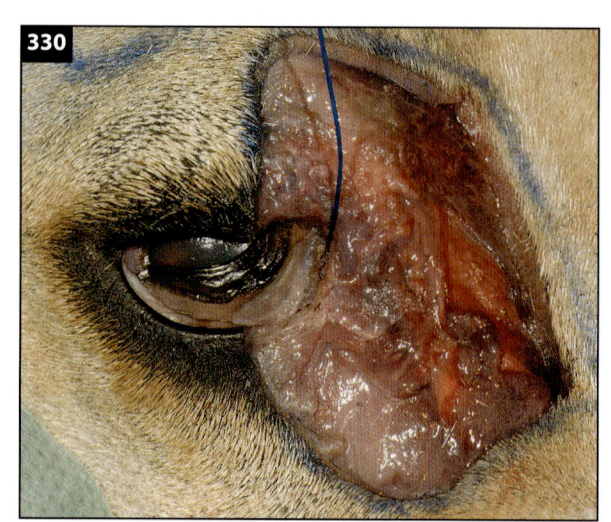

図330　作成された欠損の大きさを示す。眼球表面の露出を伴う。

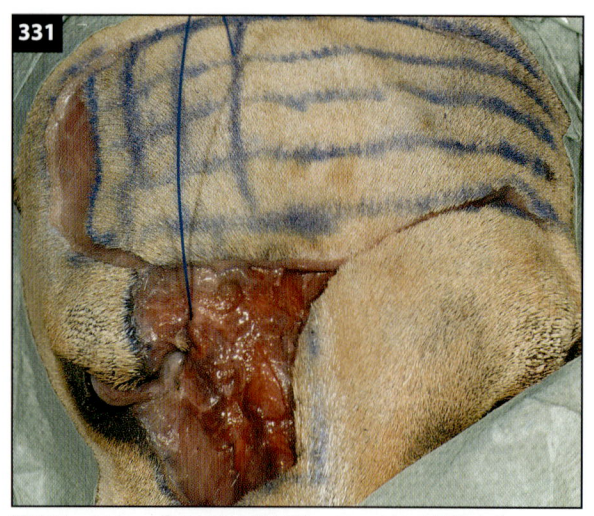

図331　フラップの下描き線に沿って，メスで切開する。

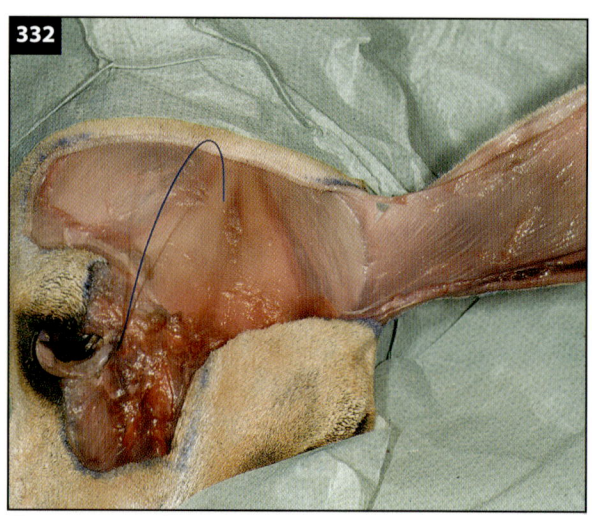

図332　フラップの皮下を慎重に剥離する。

下を慎重に分離，剥離する（図331, 332）。縫合する前に，テンションを伴わずにフラップで欠損部を覆う（図333）。第3眼瞼との境界部である水平帯状の結膜切開縁は，フラップの内側縁と縫合する（図334）。こうすることで，フラップの眼球と接する部分に軟らかい粘膜縁が含まれるようになる。フラップを新たに移動させた先の下織と縫合し，術後に貯留液が生じた場合のためにペンローズドレーンを設置する（図335）。ドレーンは術野の腹側に位置する皮膚から外に出し，術後3〜4日で取り外す。

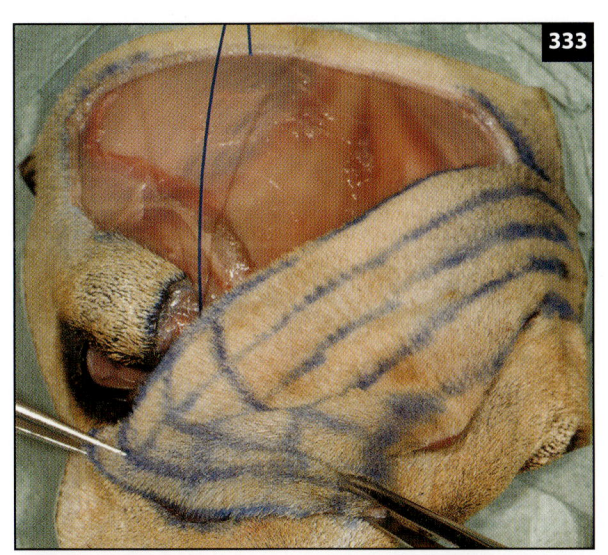

図333 縫合の前に，テンションを伴わずに欠損部をフラップで覆えることを確認する。

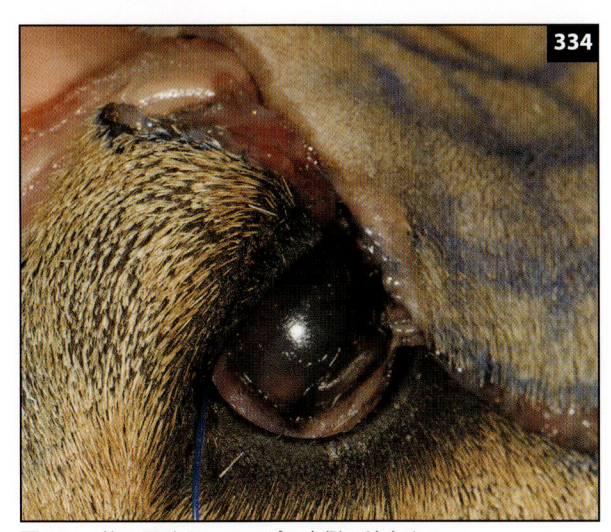

図334 第3眼瞼をフラップの内側に縫合する。

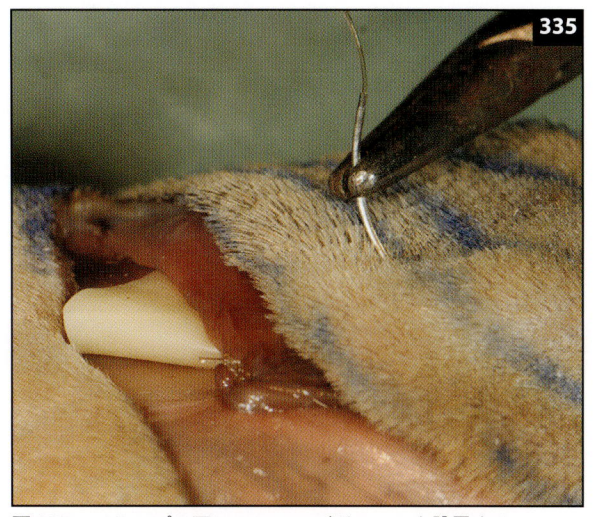

図335 フラップの下にペンローズドレーンを設置する。

頭部の皮膚はフラップ側へ近づけるようにして伸展させる。吸収糸を用いて皮下織を単純結節縫合で閉鎖し（図336），非吸収糸を用いて皮膚を単純結節縫合で閉鎖する（図337）。鼻涙管を通した縫合糸は鼻翼付近の皮膚へ縫合し，留めておく（図338）。縫合糸のもう一端は，第3眼瞼とフラップとの間の，再上皮化によって新たに形成させる涙点の皮膚に，抜けないように留めておく（図339, 340）。

参考文献

Jacobi S, Stanley BJ, Petersen-Jones S *et al.* (2008) Use of an axial pattern flap and nictitans to reconstruct medial eyelids and canthus in a dog. *Vet Ophthalmol* **11**: 395–400

Milgram J, Weiser M, Kelmer E *et al.* (2011) Axial pattern flap based on a cutaneous branch of the facial artery in cats. *Vet Surg* **40**: 347–351.

Stiles J, Townsend W, Willis M *et al.* (2003) Use of a caudal auricular axial pattern flap in three cats and one dog following orbital exenteration. *Vet Ophthalmol* **6**: 121–126.

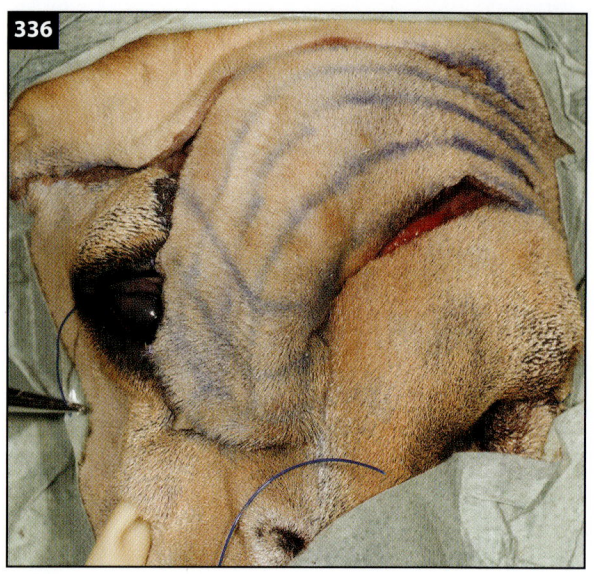

図336　フラップの皮下織を，創底部およびその周囲の皮下織と縫合する。

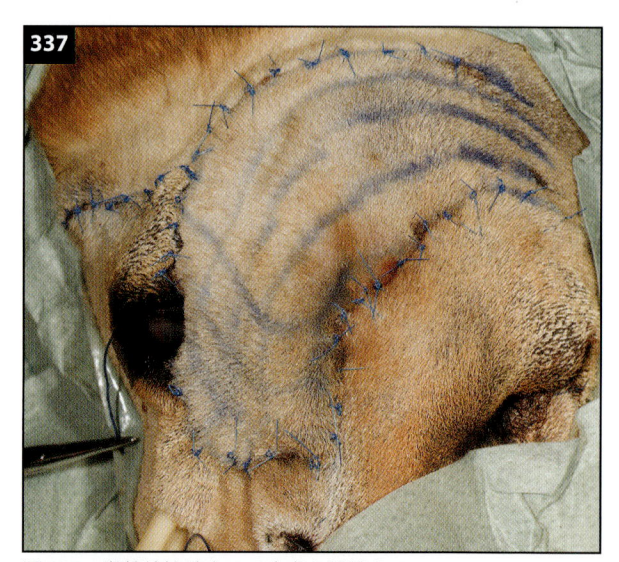

図337　単純結節縫合にて皮膚を閉鎖する。

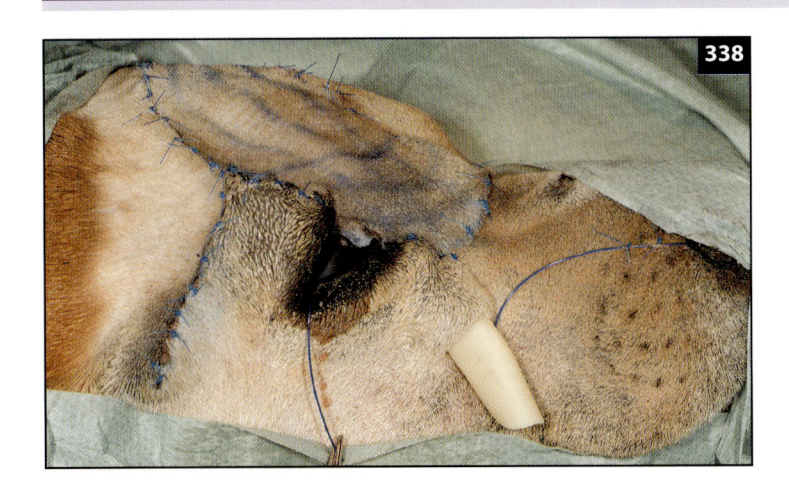

図338 鼻涙管を通って鼻孔から出した縫合糸は，鼻翼付近の皮膚と縫合して留めておく。この写真ではペンローズドレーンの出口も確認できる。

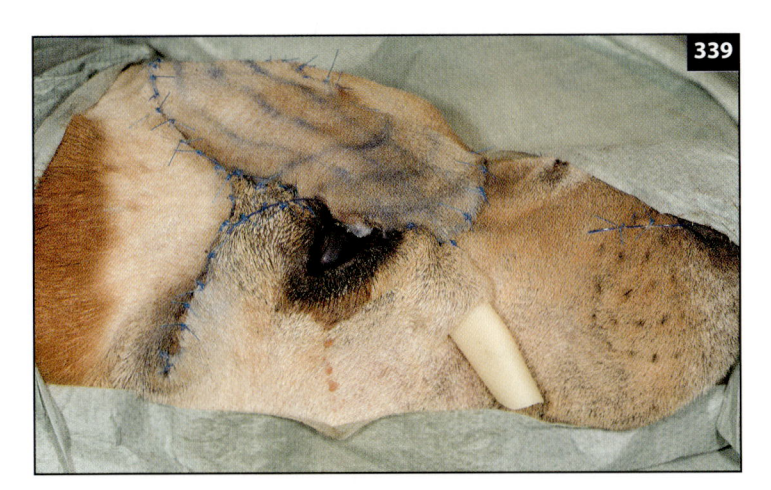

図339 縫合糸のもう一端は，第3眼瞼とフラップの間を通して表側の皮膚と縫合しておく。

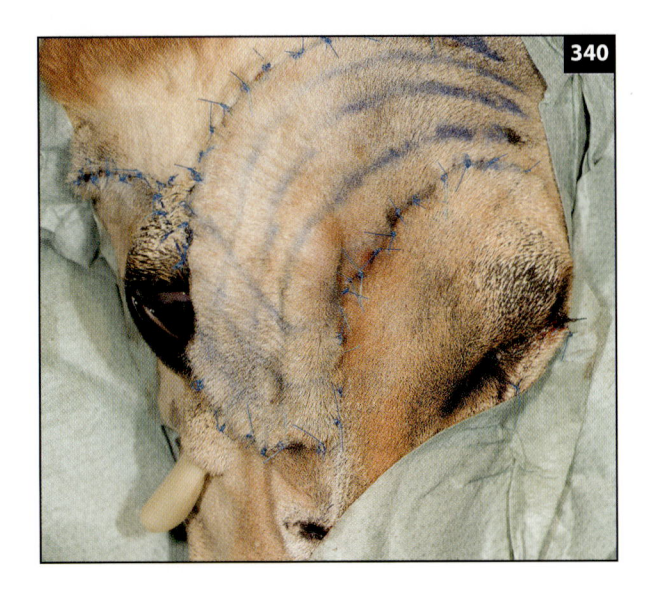

図340 フラップ，ペンローズドレーンおよび鼻涙管の縫合糸を背側から見た様子。

眼瞼内反症の再建と上眼瞼および下眼瞼に及ぶ外眼角眼瞼内反症の整復のためのアローヘッド法

概要

　眼瞼内反症の整復法は，すべてCelsus-Hotz法に基づいている。これは，眼瞼縁からほんの2 mmの距離の皮膚-眼輪筋を切除して内反症を捲り上げることで，皮膚の角度を調整し，眼球表面に被毛が当たらないようにするという方法である。

　眼瞼縁に沿って最初の切開を加え，整復が必要となる部位から1～2 mm延長する。次に，最初の切開線と同じ点に終始しつつ，途中のカーブでは最初の線から離れる曲線を描く。2本の線の間の最大距離は，眼瞼内反症の整復のために捲り上げる皮膚の量によって決定される。これにはいくつかの方法がある（例：捲れの効果が適切になるまで皮膚をつまむ方法，これは通常"ピンチ法"と呼ばれる）。全身麻酔の導入前に，角膜刺激による眼瞼痙攣の影響を最小限にするための点眼麻酔を施し，覚醒した状態で切り取る皮膚の量を見積もることが重要である。

　Celsus-Hotz法は，眼瞼縁の位置が異なる場合にも適応するように改良されてきた。ここで紹介するのはアローヘッド法を利用した症例であり，これはシャー・ペイをはじめとする短頭種でみられる外側の上下眼瞼内反症に関連して発生することの多い外眼角眼瞼内反症の修復法として用いられる方法である。

方法

　患者を伏臥位に寝かせて頭部を軽く挙上させ，術野がよく見えるようにやや傾ける。この症例は，外側の上下眼瞼にまで及ぶ外眼角眼瞼内反症を伴っている（図341）。

　まず，切開線の下描きをする（図342）。内側の切開線を，眼瞼縁から2 mmの位置に，内反を起こしている上下眼瞼それぞれの中心部より1 mm内側から引きはじめる。外眼角付近で2本の切開線が接するまで，眼瞼縁に沿ってそれぞれの線をのばす。次いで，外側の切開腺は内側の切開線の開始点と同じ点からはじめ，外眼角から4～6 mm離れた位置を終点とする。外側の切開線は内側の線から離れるように曲線を描き，その曲線の幅はあらかじめピンチ法によって，眼瞼内反症を整復するのに必要となる程度として決定されている。

　皮膚および眼輪筋を下描きに沿って切開し，2本の切開線の間にある皮膚-眼輪筋部を切除する（図343，344）。切除によってできた欠損部を単純結節縫合にて1層縫合する。第1糸は外眼角から開始する（図345）。次いで，上下眼瞼の切開腺内側端にそれぞれ1糸縫合をかける。その後，外眼角の第1糸から1～2 mm離れた位置に縫合糸をかける（図346）。さらに，最初の2糸の間にもう1糸をかけると，創縁を二分するようになる。同様に創縁を二分する操作を繰り返し，それぞれが1～2 mmの間隔となって創全体が閉鎖されるまで単純結節縫合を繰り返す（図347，348）。

参考文献

Stades F, Gelatt K (2007) Eyelid surgery. In：*Veterinary Ophthalmology*, 4th edn. (ed K Gelatt) Blackwell Publishing, Ames, pp. 563-617.

第6章　眼瞼の再建術　145

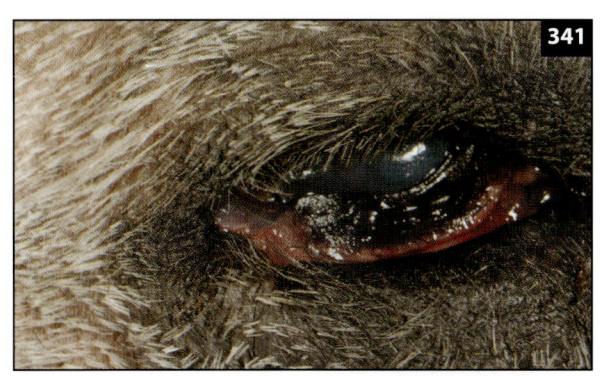

図341　眼の外側の上下眼瞼にまで及ぶ外眼角眼瞼内反症。

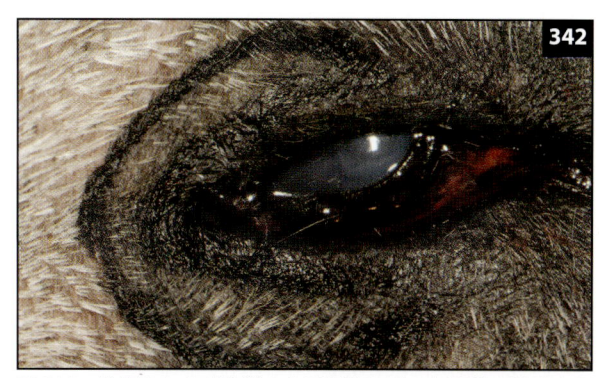

図342　外眼角および外側の上下眼瞼に及ぶ矢頭状の眼瞼内反症整復のための切開線を示す。

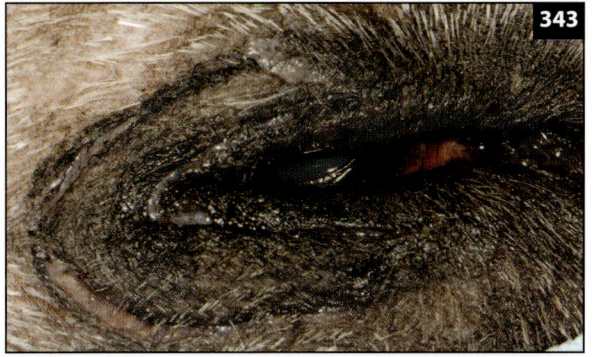

図343　本症例においては切皮範囲が右眼の眼瞼外側周囲を覆っている。

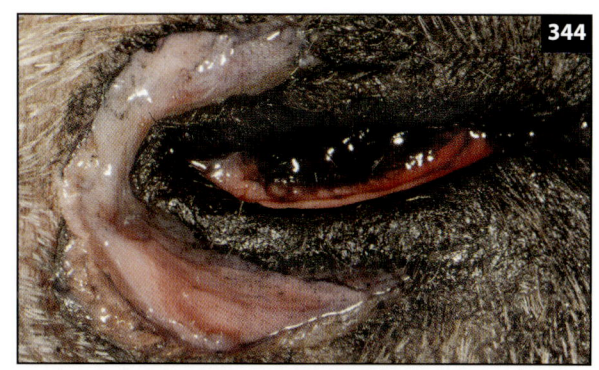

図344　分離された皮膚と眼輪筋を除去する。

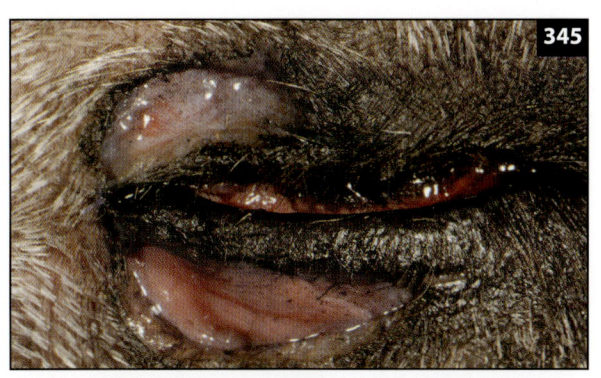

図345　単純結節縫合にて，外眼角から縫合を開始する。

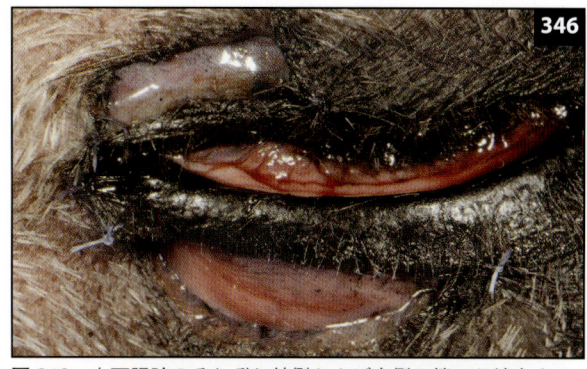

図346　上下眼瞼のそれぞれ外側および内側の端から縫合する。

図347　創縁を二分するようにして，最初の2糸の間を縫合していく。

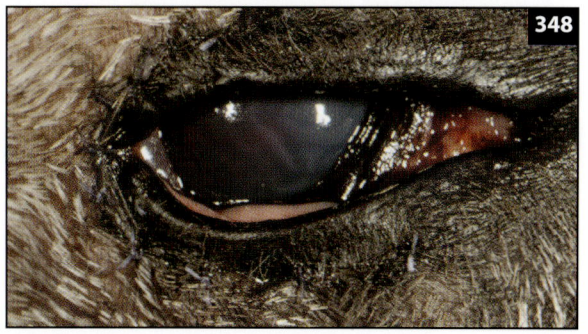

図348　アローヘッド法による眼瞼内反症整復のための皮膚縫合がほぼ完了した様子。

上眼瞼内反／睫毛乱生症の整復のためのStades法

概要

この術式は，顔面の皮膚が大きく弛み，重い耳を持つ犬における上眼瞼内反／睫毛乱生症を治療するための方法として，1987年にFrans Stadesにより報告された。これらの犬種は顔面の皮膚および上眼瞼の下垂を起こしやすく，さらにそのために上眼瞼結膜が眼球面と離れてしまい，上眼瞼内反症となる。

この方法では，上睫毛の列とこれに隣接する皮膚の被毛を上眼瞼縁から除去することによって内反が整復され，さらに眼瞼縁に沿って新たに被毛が生えるのを防ぐことができる。この状況はコッカー・スパニエルやクランバー・スパニエル，ブラッドハウンドおよびこれらと類似した顔面の特徴を持つ犬種でよく問題になる。この術式は，その動物の一生涯において継続する進行性の皮膚の下垂および外側の眼瞼内反を伴う中心部眼瞼外反症を生じる可能性のある下眼瞼の，どちらに対しても適応とはならない。さらに，この方法では眼瞼の長さは短縮しないので，ほとんどの中型〜大型犬における眼瞼の平均的長さである33mmを，7mmあるいはそれ以上まで超えることがある。これらの問題を解決するためには，追加の手技や改良が必要となる。

大眼瞼裂症の症例に関する報告では，その報告者はStades法をあらかじめ改良し，上眼瞼の中央部に楔状切開を加えることで長さを短縮することに成功している。その他の手技としては，下眼瞼の皮膚に楔状切開を加えて短縮する方法や，下眼瞼の外反症の修復のために特異的にデザインされ最近報告されたV-to-Y法，内・外眼角形成術，および眼瞼裂の長さを1段階の手技で短縮する方法や，頭部の過剰な皮膚を減量させるための除皺術（しわ取り術）などがある。

方法

患者を伏臥位もしくは横臥位に寝かせて頭部を軽く挙上させ，術野がよく見えるようにやや傾ける。青いインクを用いて切除範囲を下描きし（図349），上眼瞼から広範囲の皮膚を切除する。背側の結膜円蓋の内側に挿入した器具を使用し，切開線の最背側の曲線を決定する。上眼瞼は通常，その直上の外側に皮膚の弛みを形成する。

皮膚切開線の最外側端は外眼角の外側約2mmの部分から内側に向かって，ちょうど犬の上睫毛が生えなくなるポイントまで延長する；これは上眼瞼の内側1/4の位置となる。Bard-ParkerのNo.11などの穿刃のメスを上眼

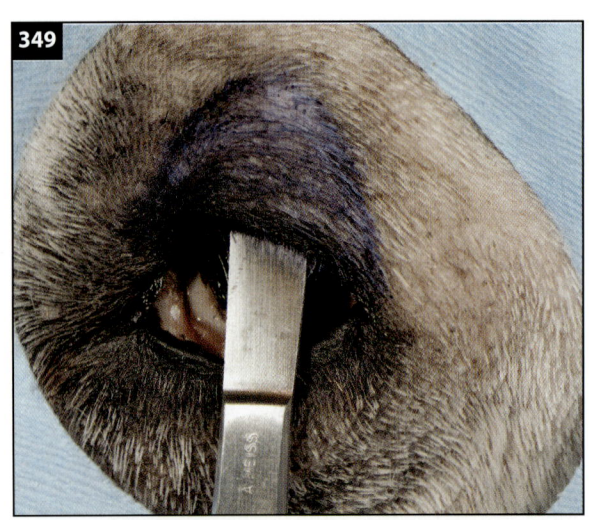

図349　背側結膜円蓋の位置とともに，Stades法における皮膚切開のための下描き線を示す。

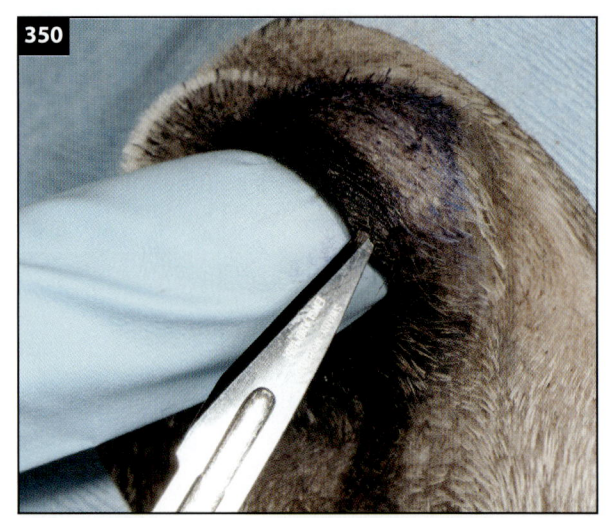

図350　穿刃のメスを使って，ぴんと張った眼瞼縁と平行に切り込みを入れる。

瞼に沿って，眼瞼縁と平行に，かつ眼瞼縁からわずかに1 mmの距離に挿入するようにして，最初の切開を加える（図350，351）。

　眼瞼は，指先もしくは器具を使用して引っ張り，テンションをかけた状態で操作する。その際，マイボーム腺は可能な限り傷つけずに温存するべきであるが，メスによる切開は，上睫毛およびこれと隣接する被毛の毛包を切断するのに十分な深さにまで入れるべきである。しかし，この操作は，毛包がしばしばマイボーム腺と非常に近い位置に並んでいることがあるために困難となる場合がある。もし，眼瞼縁から4 mm幅の範囲に毛包が確認された場合は，メス刃を用いて慎重に削り，すべて破壊するべきである（図352）。

　次に，最初の切開と同じ点に終始し，眼瞼の皮膚に対して垂直方向の切開を加える。この切開線は，前述した最背側の下描き線に届くようにして背側に曲線を描く（図353）。切開線により島状に残った皮膚を剥離して切除する（図354）。

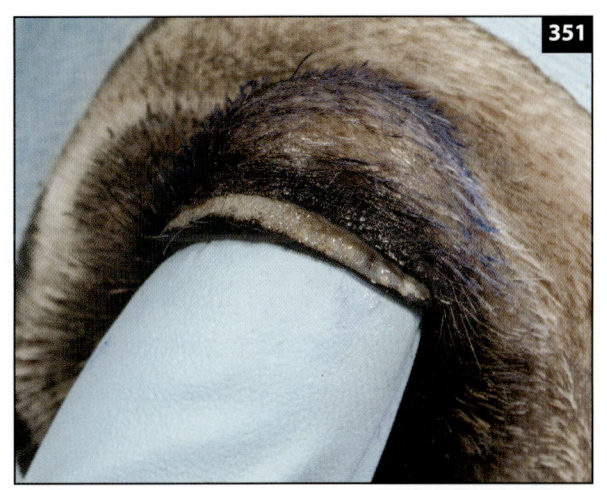

図351　外眼角の外側約2 mmの部分から上眼瞼の内側1/4まで，切開線を延長する。

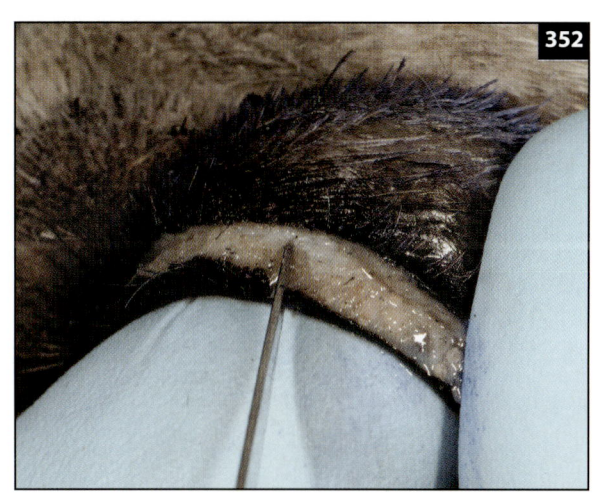

図352　眼瞼縁の上の創内に残存する毛包は，慎重に削って破壊する。

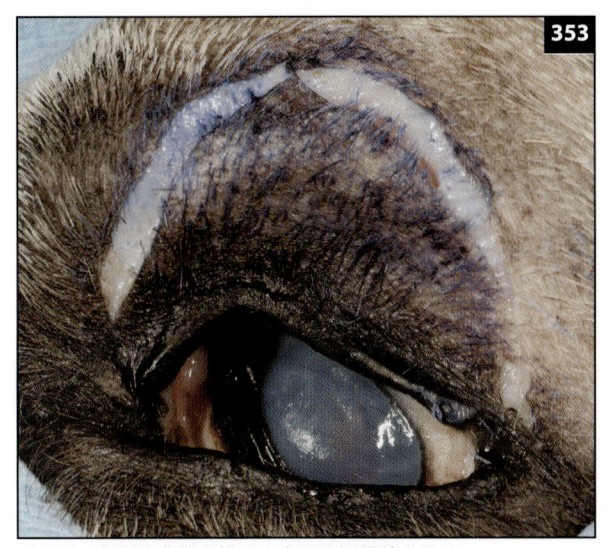

図353　背側に曲線を描く2本目の切開線を示す。

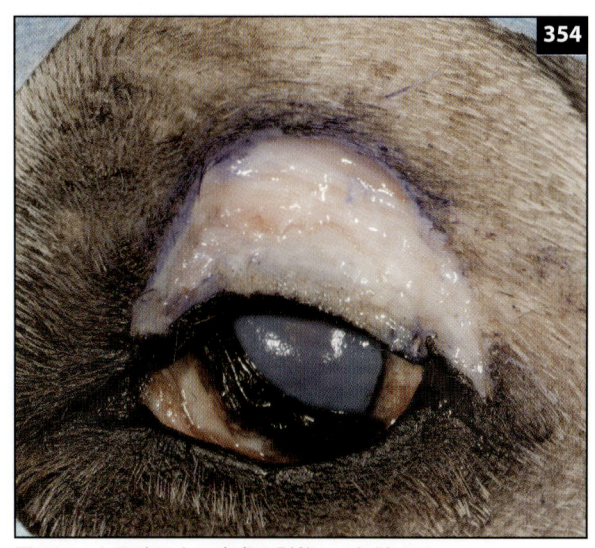

図354　上眼瞼の上の皮膚を剥離して切除する。

そして，創の背側縁の皮下を5 mmほど剥離して，自由に動くようにする。これによって，眼瞼縁の背側約4 mmの位置（マイボーム腺を含み，瞼板の背側縁にぴったり沿った領域）へ創縁を移動させ，過剰な眼瞼外反を引き起こすことなく縫合することができる（図355）。

縫合部の皮膚縁をしっかりと密着させるため，1～2 mmの間隔で単純結節縫合を行う。あるいは，3～4 mmの間隔で縫合した後，連続縫合を行ってもよい。眼瞼縁と皮膚縁の間に形成された，被毛のない帯状の領域は肉芽組織を形成しながら治癒していく（図356）。

参考文献

Donaldson D, Smith KM, Shaw SC *et al.* (2005) Surgical management of cicatricial ectropion following dermatophaties in two dogs. *Vet Ophthalmol* 8: 361-366.

Stades FC (1987) A new method for the correction of upper eyelid entropion-trichiasis: operation method. *J Am Anim Hosp Assoc* 23: 603-606.

Stades FC, Boevé MH (1987) Surgical correction of upper eyelid entropion-trichiasis: results and follow up for 65 eyes. *J Am Anim Hosp Assoc* 23: 607-610.

Stades FC, Boevé MH, van der Woerdt A (1992) Palpebral fissure length in the dog and cat. *Prog Vet Compar Ophthalmol* 2: 155-161.

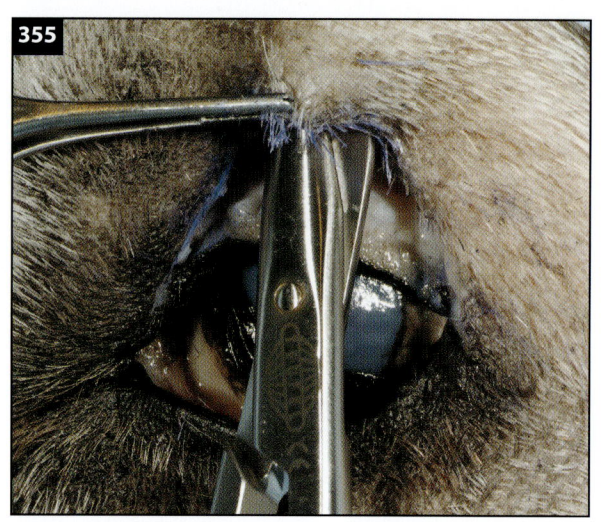

図355　創の背側の皮下を5 mmもしくはそれ以下の範囲で剥離して，皮膚縁を眼瞼縁の背側4 mmの位置まで移動できるようにする。

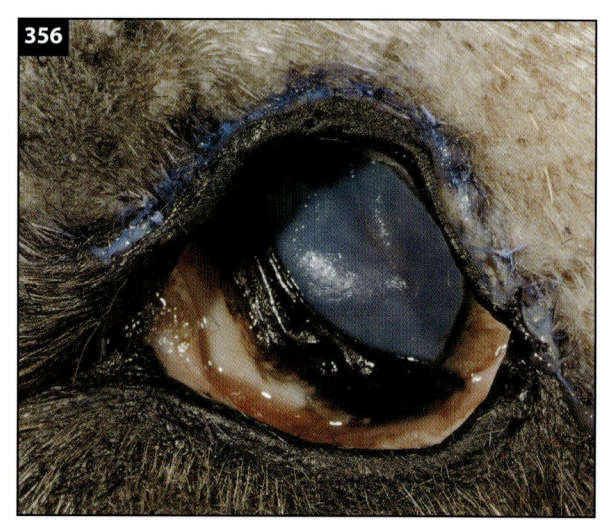

図356　縫合の結果残された被毛のない帯状の領域は肉芽組織を形成しながら治癒する。

犬の下眼瞼外反症および大眼瞼の整復のための Kuhnt-Szymanowski/Fox-Smith 法の Munger-Carter フラップへの改変

概要

　この術式はもともとヒトにおける方法として Kuhnt-Szymanowski により考案され，後に Blaskovic によって，マイボーム腺の損傷および眼瞼縁の裂開を防ぐように改良された。そして，さらに Fox と Smith により改変が加えられ，1984 年には Munger と Carter により犬の（彼らの記述によれば）アトニー性眼瞼内反症を整復するための方法として報告された。この方法は，フラップ下の楔状切開を結合させることで下眼瞼を短縮させる手法である。これにより下眼瞼中央の外反症や，内側と外側の内反症の合併症の整復が可能となり，結果として外眼角が持ち上がる。場合によっては，上眼瞼の長さを短縮させるために上眼瞼の楔状切開が必要となり，さらに必要な症例においては，その中心部分に楔状切開を併用してさらなる改良を加えた Stades 法を用いる場合もある。

方法

　患者を伏臥位に寝かせて頭部を軽く挙上させ，術野がよく見えるようにやや傾ける。下眼瞼縁から 2 mm 離れた位置に，眼瞼縁に沿って切開線を引く。切開線は中央部の眼瞼外反症の位置よりも約 2 mm 内側から開始して外側へ 10 mm 延長し，さらに外眼角の 4 mm 背側から下降させる（図 357）。これによって三角形のフラップが形成されるので，皮下を慎重に剥離し下方へ反転させる（図 358）。

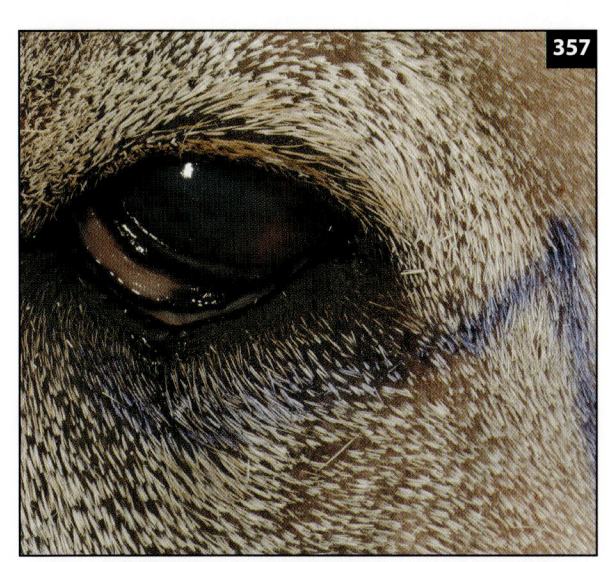

図 357　下眼瞼縁に沿って眼瞼中央部から外眼角の背外側へ向かい，そこから下降する線が切開線となる。

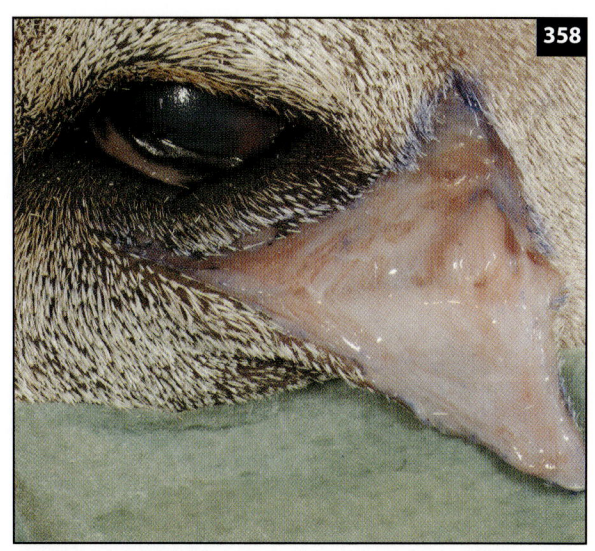

図 358　三角形の皮膚フラップを下方に反転し，眼瞼縁と眼瞼実質を露出した状態を示す。

下眼瞼縁および眼瞼実質，筋肉および結膜を，短縮したい眼瞼の長さと同じ量だけ楔状に切開し全層を切除する（図359, 360）。この欠損部は8の字縫合により閉鎖する（菱形フラップを参照）（図361, 362）。長く余った縫合糸を使って楔状切開部を眼瞼実質のレベル（これはまた創縁と結膜縁を近づけもする）で連続縫合にて閉鎖する（図363, 364）。

　フラップは楔状の切除で取り除いた皮膚の分だけ余ることになる。フラップは元の場所に縫合する前に，余った皮膚を切除して短縮しておく（図365, 366）。外眼角の外側やや背側に位置する三角形の頂点部分から単純結節縫合にて縫合をはじめる。残りの創縁は約1 mmの間隔で縫合し，閉鎖する（図367）。

参考文献

Munger RJ, Carter JD（1984）A further modification of the Kuhnt-Szymanowski procedure for correction of atonic entropion in dogs. *J Am Anim Hosp Assoc* 20: 651-656.

Stades F, Gelatt K（2007）Eyelid surgery. In： *Veterinary Ophthalmology*, 4th edn.（ed K Gelatt）Blackwell Publishing, Ames, pp. 563-617.

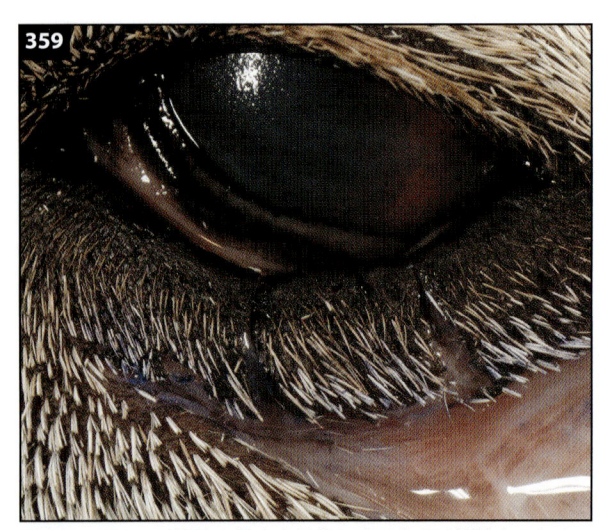

図359, 360　下眼瞼の長さを目的とする分だけ短縮するために，楔状の全層切除を施す。

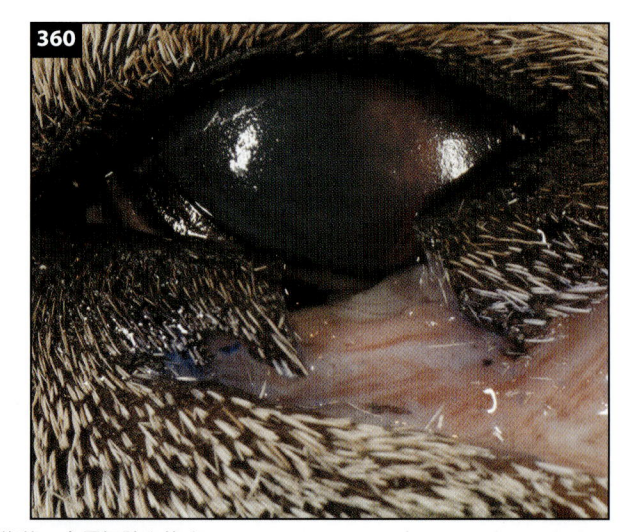

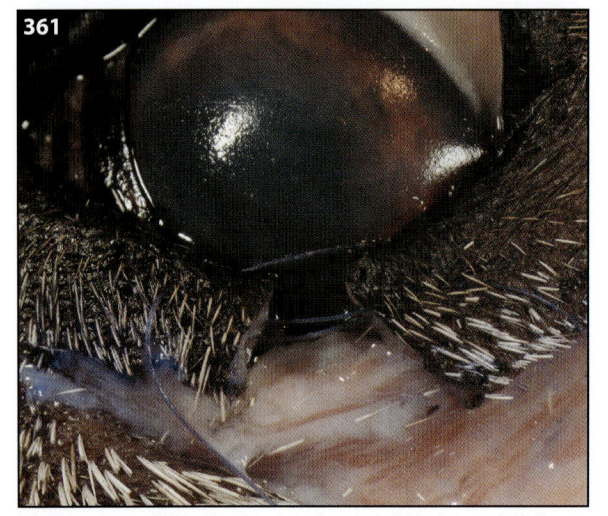

図361, 362　楔状の切除により生じた欠損部を8の字縫合によって閉鎖する。

第6章 眼瞼の再建術 151

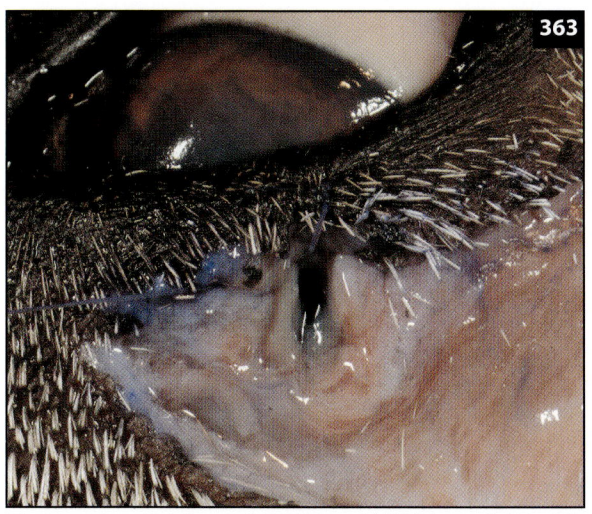

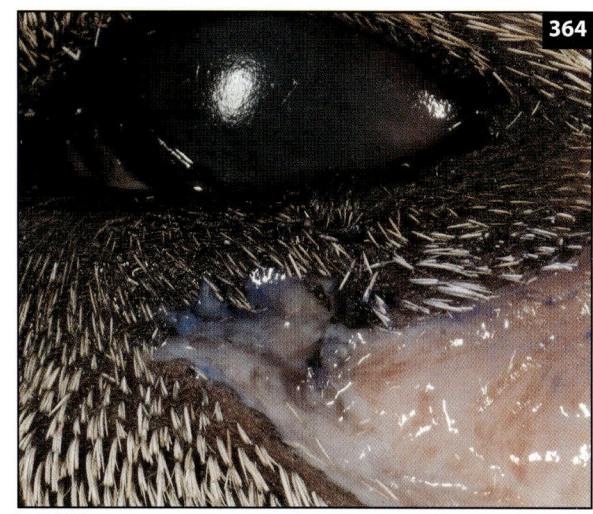

図363，364 長く余った糸を利用して連続縫合にて楔状切開部を完全に閉鎖する。

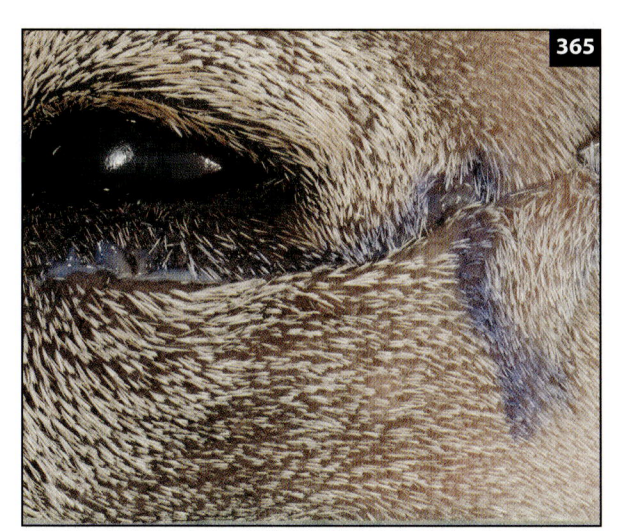

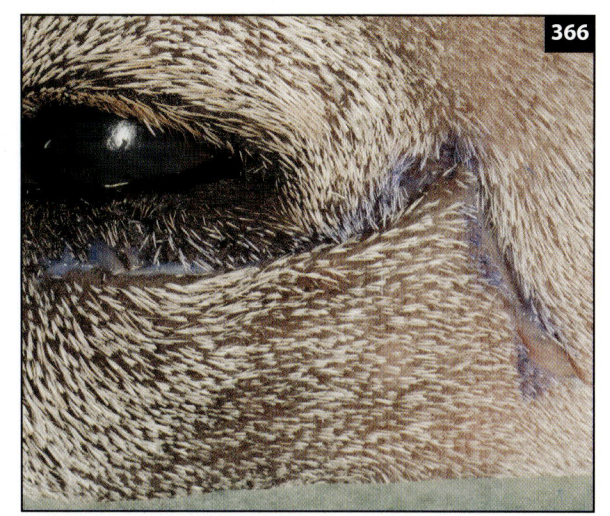

図365，366 フラップは，楔状切開により切除したのと同じ量の皮膚を切除して余剰分を短縮しておく。

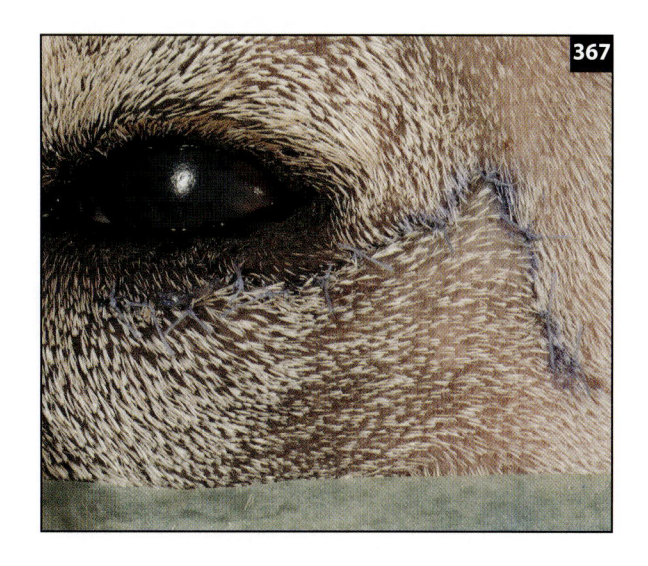

図367 外眼角の外側の三角の頂点部分から，創縁に沿って約1mmの間隔で縫合を進める。

第7章
頸部および体幹部の再建術

Marijn van Delden, Sjef C. Buiks and Gert ter Haar

- 浅頸アキシャルパターンフラップ
- 胸背アキシャルパターンフラップ
- 頭側浅腹壁アキシャルパターンフラップ
- 体幹皮筋フラップ（筋皮弁）
- 広背筋フラップ（筋皮弁）
- 外腹斜筋フラップ（筋弁）
- 大腿筋膜張筋フラップ（筋弁）
- 外陰形成術
- 陰嚢フラップ
- 尾フラップ（テールフラップ）／外側尾動脈アキシャルパターンフラップ

浅頸アキシャルパターンフラップ

概要

　浅頸アキシャルパターンフラップは，顔面や頸部，頭部，耳，肩および腋窩の大きな皮膚欠損に対して利用できる。このフラップは浅頸動静脈の浅頸枝の走行に基づいている。この動静脈はともに浅頸リンパ節および肩前の陥凹部の位置で，肩の頭側から皮膚に入り，肩甲骨のすぐ頭側を背側に向かって伸びている。

　フラップの境界線はそれぞれ，肩峰突起が腹側の，肩甲棘が尾側の，そして尾側の境界線と平行に引いた線が頭側の境界線となる。頭側の境界線は，肩甲棘から浅頸リンパ節までの距離の約2倍の位置とすべきである。フラップ遠位の境界線は背側正中であるが，反対側の肩の位置まで延長することもできる。浅頸アキシャルパターンフラップは，あらゆる方向に回転させることができるので，多方向に利用が可能である（図368，369）。

方法

　患者を横臥位にして，前肢が自然な状態で体幹部と直角になるように寝かせる。まず，肩甲棘に沿って線を引く；この線はフラップの尾側境界線となる。次に，尾側境界線から浅頸リンパ節の長さを2倍した位置に尾側境界線と平行に線を引き，頭側の切開線とする（図370）。フラップは，必要に応じて背側正中および反対側の肩関節まで延長することができる。反対側の浅頸直達性皮膚動静脈は剥離して分離すべきである。

　フラップは浅頸括約筋の下層で，遠位端から剥離する。フラップに支持糸をかけてドナーサイトから頸部の皮膚欠損部へ移動させ，縫合後にテンションがかからないことをあらかじめ確認しておく（図371）。フラップを剥離および移動させる際には，血管を損傷したり閉塞させたりしないように注意することが重要である（図372）。

　次に，フラップと欠損部をつなぐ橋状切開を入れる（図373）。フラップを欠損部上へ移動させて（必要に応じてペンローズドレーンを設置する），皮下織を吸収性モノフィラメント糸を用いて単純結節縫合で縫合する（図374）。皮膚を並置して，4-0の非吸収糸による単純結節縫合もしくはスキンステープラーにより閉鎖する（図375）。

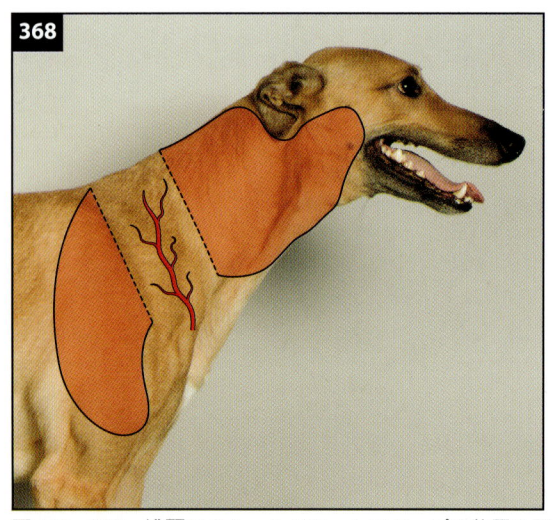

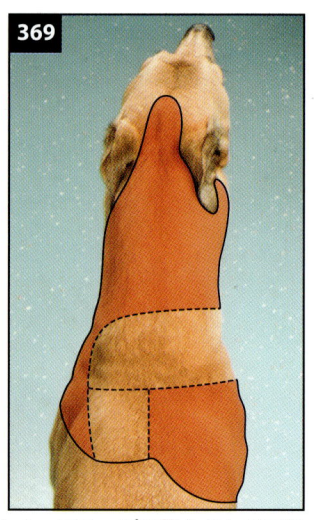

図368，369　浅頸アキシャルパターンフラップの位置を図示した。フラップで覆うことが可能な範囲を着色してある。

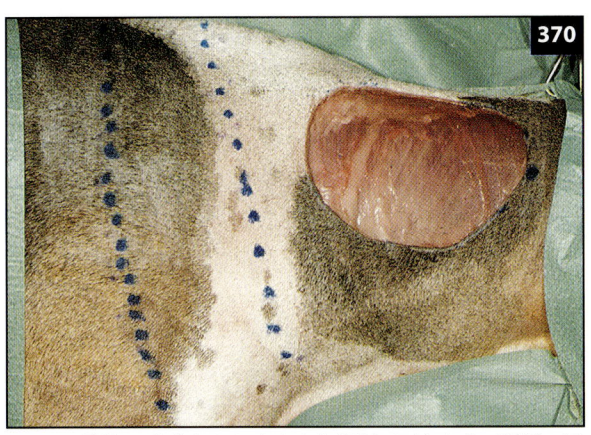

第 7 章 頸部および体幹部の再建術　155

図 370　頸部に作成された大きな欠損創。写真右方が頭側，下方が腹側となる。皮膚上に浅頸アキシャルパターンフラップの切開線を下描きする。

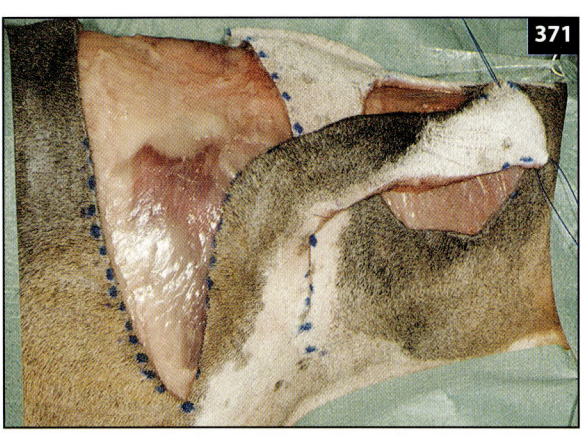

図 371　フラップの皮下を剥離した後，目的の位置に移動させる。

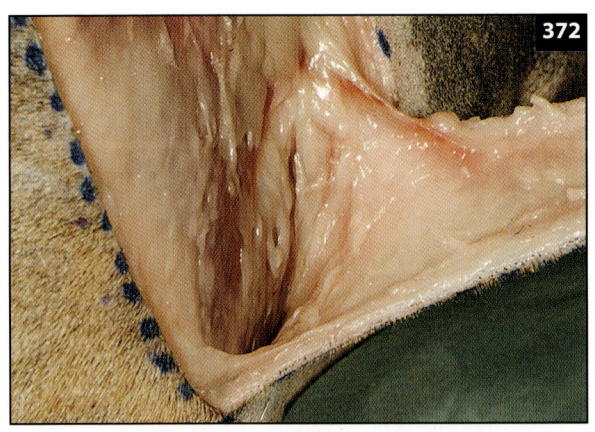

図 372　フラップの基部に，浅頸動脈の浅頸枝が確認できる。

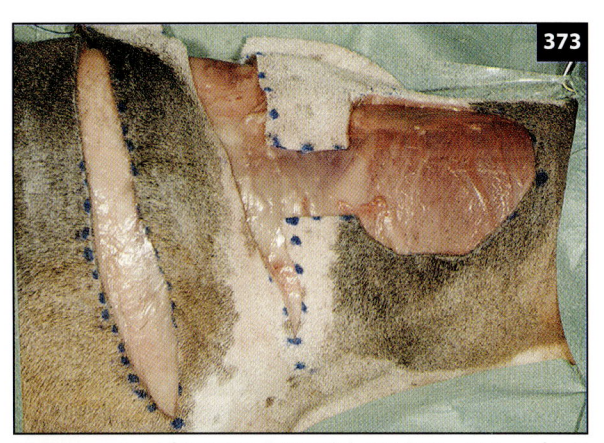

図 373　フラップを所定の位置に縫合する前に，フラップと欠損部の間に橋状切開を入れる。

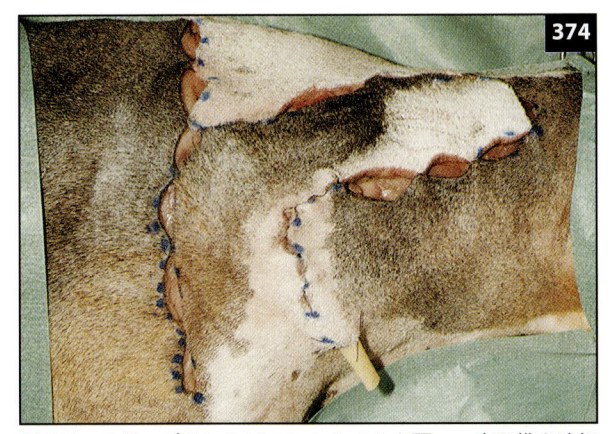

図 374　フラップでレシピエントサイトを覆い，皮下織を適切な位置に縫合する。この症例では，ペンローズドレーンが設置されている。

図 375　浅頸アキシャルパターンフラップの手技が終了した様子。皮膚はスキンステープラーを用いて閉鎖した。

図376〜379は，猫の耳介基部周囲にできた腫瘤を切除した際に生じた大きな欠損を，浅頸アキシャルパターンフラップにて閉鎖した例を示したものである。

参考文献

Degner DA (2007) Facial reconstructive surgery. *Clin Tech Small Anim Pract* 22: 82-88.

Hedlund CS (2007) Surgery of the integumentary. system. In：*Small Animal Surgery*, 3rd edn. (eds TW Fossum, CS Hedlund, AL Johnson *et al.*) Mosby Elsevier, St. Louis, p. 212.

Pavletic MM (2010) *Atlas of Small Animal Wound Management and Reconstructive Surgery*, 3rd edn. Wiley-Blackwell, Ames, pp. 374-375.

Pope ER (2006) Head and facial wounds in dogs and cats. *Vet Clin North Am Small Anim Pract* 36: 793-817.

胸背アキシャルパターンフラップ

概要

　胸背アキシャルパターンフラップは，肩部や前肢，肘部，腋窩および胸部の欠損に対して利用できる。このフラップは胸背動脈の皮枝と，これに関連した静脈の走行に基づいている。胸背部の皮膚動脈は中等度の太さを持ち，肩甲骨の後方で背側に向かって枝分かれしている。長いフラップを作成する場合には，反対側の胸背動静脈の皮枝を分離する必要がある。

　肩甲棘がフラップの頭側境界となる。肩後方の陥凹部をはさんで，頭側の切開線から肩後方の陥凹部までの幅

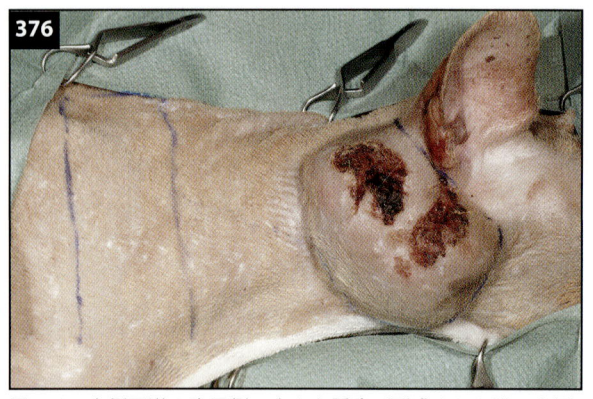

図376　右側耳道の腹尾側に大きな腫瘤が形成された猫の症例。浅頸アキシャルパターンフラップの位置が下描きされている。

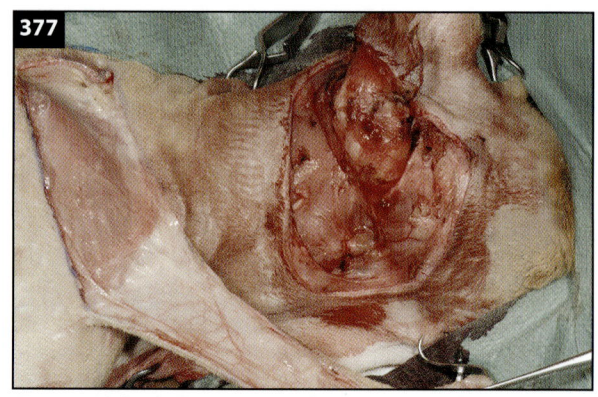

図377　腫瘤を切除し，フラップを作成している様子。

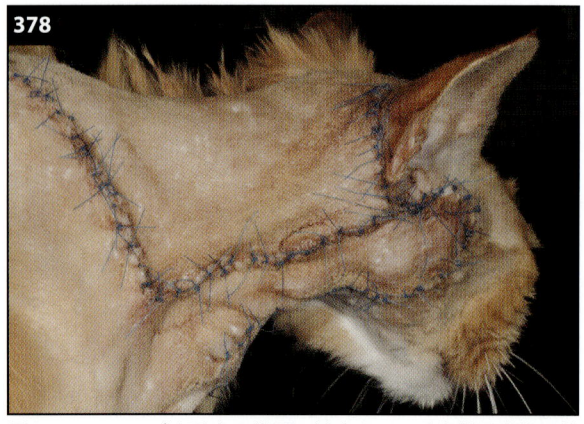

図378　フラップを所定の位置に縫合する。手術終了直後の様子。

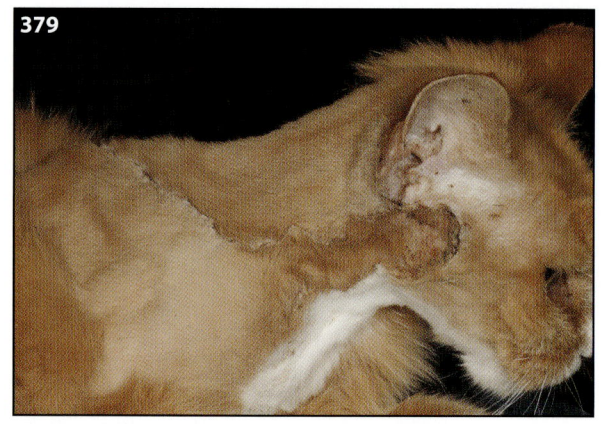

図379　術後10日経過し，抜糸が済んだ状態。

第7章　頸部および体幹部の再建術　157

と同じ距離に，頭側の切開線と平行に引いた線が尾側境界線となる。切開線は背側正中を越えて，反対側にまで延長することも可能である。あるいは，欠損の位置や形状によって，定型的な半島状フラップやホッケー・スティック状のフラップにすることもできる（図380～382）。

方法

患者を横臥位にして，前肢が自然な状態で体幹部と直角になるようにする。まず，肩甲棘に沿って線を引く；これがフラップの頭側縁となる。肩後方の陥凹部をはさんで，頭側切開線から肩後方の陥凹部までの幅と同じ距離に，頭側境界線と平行に引いた線が尾側切開線となる（図383）。フラップは必要に応じて背側正中もしくは反対側まで，あるいはホッケー・スティック状の形状にして延長させることができる。

フラップの境界線に沿って皮膚を切開する（図384）。フラップは体幹皮筋の下層で，遠位端から剥離を開始する。フラップを剥離および回転させる際に，血管を損傷

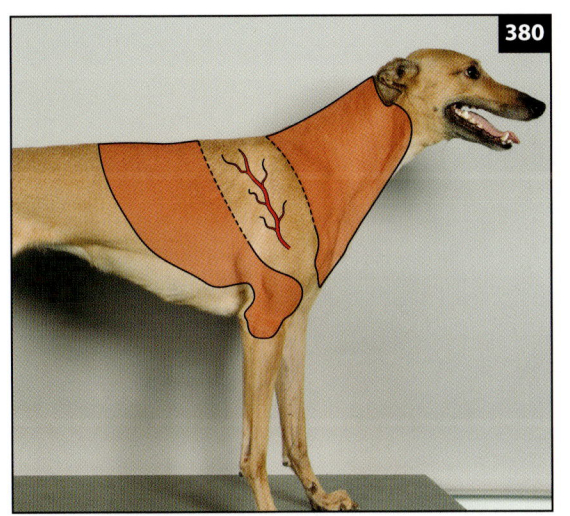

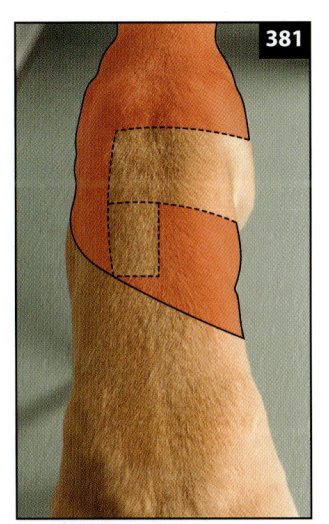

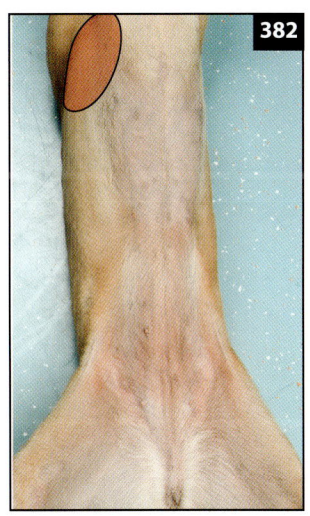

図380～382　胸背アキシャルパターンフラップの位置を図示した。フラップで覆うことが可能な範囲を着色してある。

図383　胸背アキシャルパターンフラップのための切開線を示す。フラップの血管走行および欠損部が皮膚上に描かれている。写真左方が頭側，下方が腹側となる。

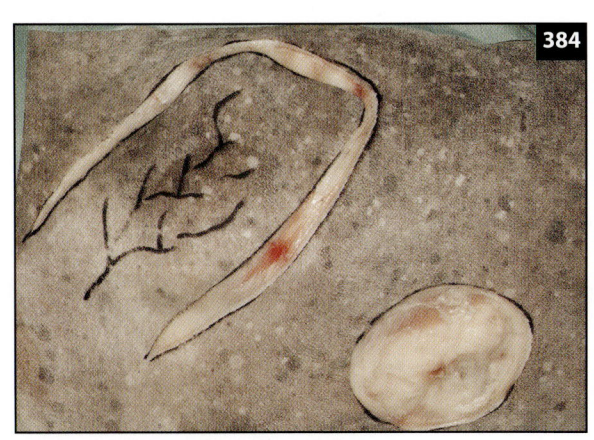

図384　欠損部の皮膚を切除し，胸背アキシャルパターンフラップを作成するため，皮膚を切開する。

したり閉塞させたりしないように注意しなければならない（図385，386）。

次に，フラップと欠損部をつなぐための橋状切開を施す（図387）。フラップを欠損部上へ回転させて，フラップの皮下織とレシピエントサイトの皮下織を（必要に応じてペンローズドレーンを設置した後）吸収性モノフィラメント糸を用いた単純結節縫合にて閉鎖する（図388）。さらに，ドナーサイトの皮下織は，吸収性モノフィラメント糸を用いて閉鎖する（図389）。皮膚を並置して，4-0の非吸収糸による単純結節縫合もしくはスキンステープラーを用いて閉鎖する（図390）。

図391～394は，犬の胸壁に生じた大きな欠損に対し，胸背アキシャルパターンフラップを用いて閉鎖した例を示したものである。

参考文献

Degner DA（2007）Facial reconstructive surgery. *Clin Tech Small Anim Pract* **22**: 82-88.

Hedlund CS（2007）Surgery of the integumentary system. In：*Small Animal Surgery*, 3rd edn. (eds TW Fossum, CS Hedlund, AL Johnson *et al.*) Mosby Elsevier, St. Louis, pp. 212-213.

Pavletic MM（2010）*Atlas of Small Animal Wound Management and Reconstructive Surgery*, 3rd edn. Wiley-Blackwell, Ames, pp. 376-377.

Pope ER（2006）Head and facial wounds in dogs and cats. *Vet Clin North Am Small Anim Pract* **36**: 793-817.

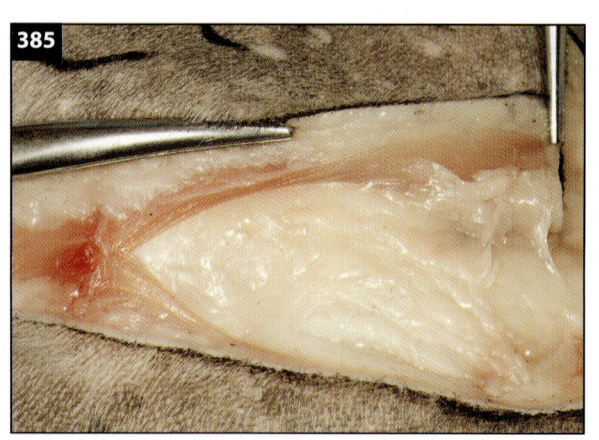

図385　体幹皮筋の下層でフラップを剥離する。

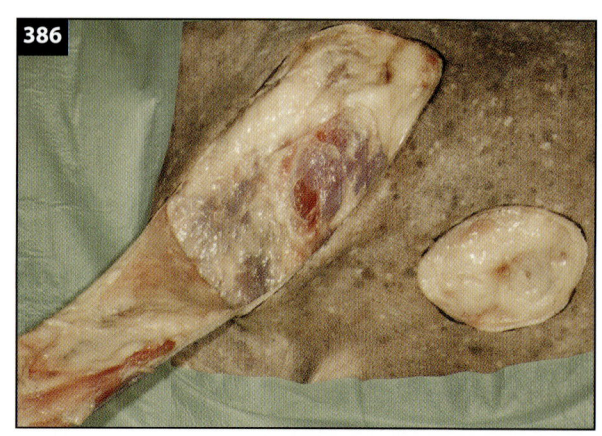

図386　フラップの基部が胸背動静脈の起始部付近になるまで剥離を進める。

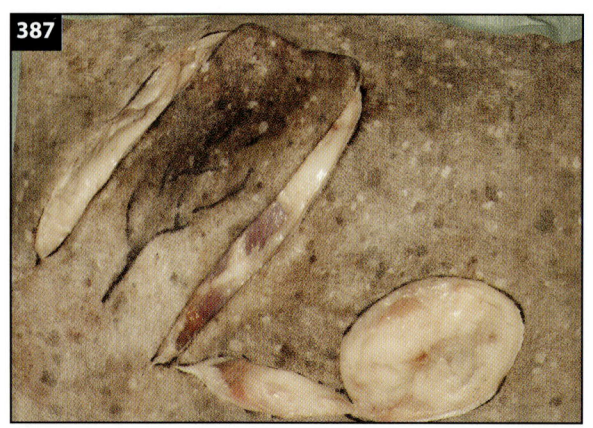

図387　フラップを目的の位置に縫合する前に，フラップと欠損部の間に橋状切開を入れる。

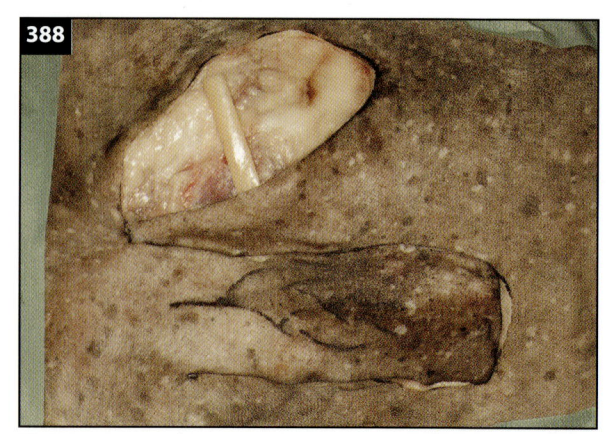

図388　フラップをレシピエントサイトに移動させ，皮下織を適切な位置に縫合する。この症例ではペンローズドレーンを設置した。

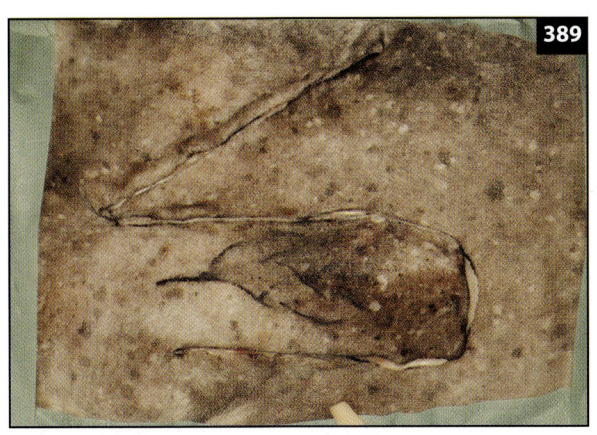

第7章 頸部および体幹部の再建術　159

図389　吸収性モノフィラメント糸を用いて，ドナーサイトの皮下織を閉鎖する。

図390　胸背アキシャルパターンフラップの手技が終了した様子。皮膚は非吸収性モノフィラメント糸を用いて単純結節縫合にて閉鎖する。

図391　胸部外側に広範囲の皮膚および皮下織の欠損を伴った犬を左側横臥位に寝かせた状態。写真右方が頭側となる。

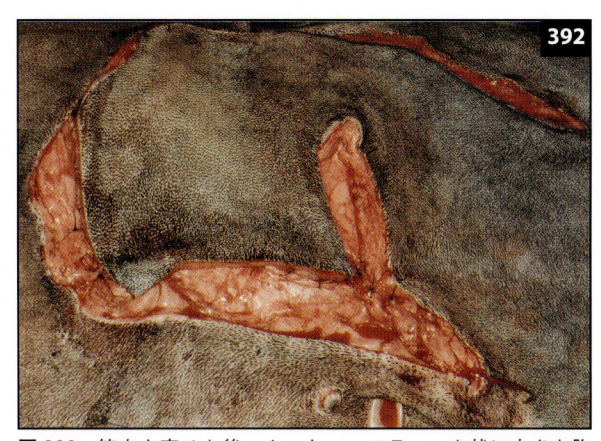

図392　筋肉を寄せた後，ホッケー・スティック状に大きな胸背アキシャルパターンフラップを作成し，目的の位置に移動させる。

図393　皮下織と皮膚を並置させて，適切な位置に縫合閉鎖する。写真ではペンローズドレーンが設置されている。

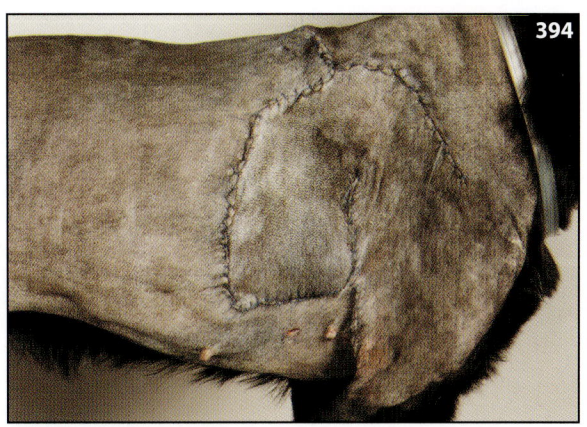

図394　術後3日目の様子。ペンローズドレーンは除去されている。

頭側浅腹壁アキシャルパターンフラップ

概要

頭側浅腹壁アキシャルパターンフラップは，胸骨部の外傷や腫瘍摘出後に生じた大きな皮膚欠損創を閉鎖するために利用される。

このフラップは頭側浅腹壁動脈の走行に基づいている。解剖学的には多少のバリエーションがあるものの，この動静脈はほとんどの動物で，肋骨弓の腹側縁尾側および剣状突起の外側の後腹部領域に存在している。血管が短いため，このフラップは尾側浅腹壁アキシャルパターンフラップに比べて小さく，覆うことのできる範囲が狭い。動物のサイズにもよるが，フラップの基部は頭側腹壁動静脈の部位に位置しており，この動静脈は最後肋骨肋軟骨結合部の数cm尾側および腹部傍正中から皮膚に入っている。

フラップは第二，第三，第四乳腺および場合によっては第五乳腺を含む。雄では，ドナーサイトの閉鎖およびフラップ壊死のリスク軽減のため，フラップ遠位端は包皮の手前までとなるようにすべきである。腹部正中線がフラップの内側境界線となり，また正中線〜乳頭の距離は外側の切開線を決定する際の目安となる。

フラップは半島状と島状のどちらの形状にもデザインすることができる（図395, 396）。

方法

患者を仰臥位にして前肢を頭側に伸ばした状態にする。剣状突起のすぐ外側からフラップが起始するように，フラップの下描きをする。腹部正中をフラップの内側切開線とし，乳頭をはさんで，正中線から乳頭までの距離と同距離の位置に外側の切開線を引く。尾側の境界は第四乳腺までとするのが好ましい（図397）。

下描きに沿って皮膚を切開する（図398）。剪刀を用いて，正中線からフラップ外側に向かって皮下筋層およびsupramammarius muscleの下層から剥離を開始する。フラップの分離と剥離の際に，頭側浅腹壁動静脈を損傷しないように気をつける（図399, 400）。

フラップの尾側端に支持糸をかけることで，フラップを傷つけずに欠損部へと回転させることができる。フラップを回転させる際に血管が捻れたり閉塞したりしないように注意する（図401）。フラップをレシピエントサイトに移動させ，吸収性モノフィラメント糸で単純結節縫合にて数カ所の皮下縫合を行う。ドナーサイトの皮下織は，吸収性モノフィラメント糸での単純結節縫合により閉鎖することができる。

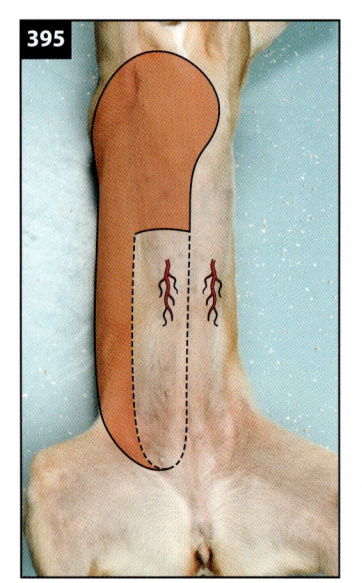

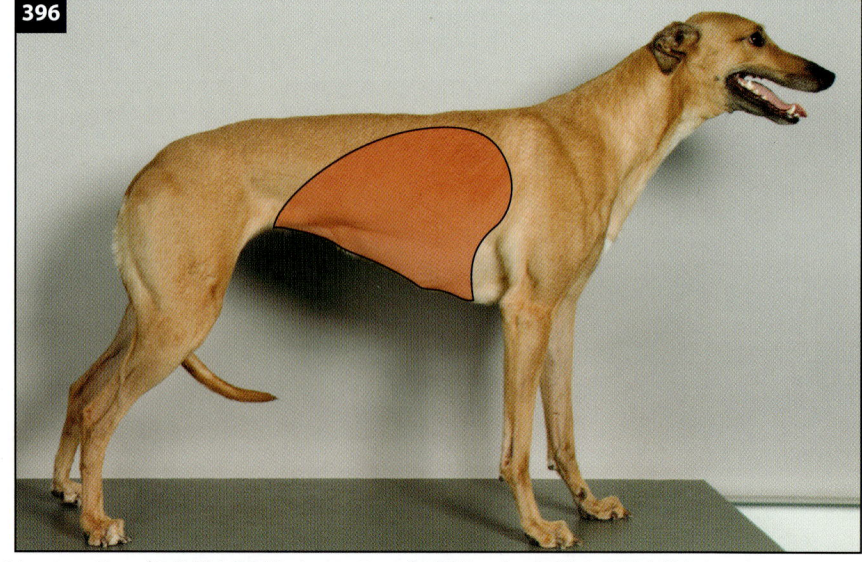

図395, 396　頭側浅腹壁アキシャルパターンフラップの位置を図示した。フラップで覆うことが可能な範囲を着色してある。

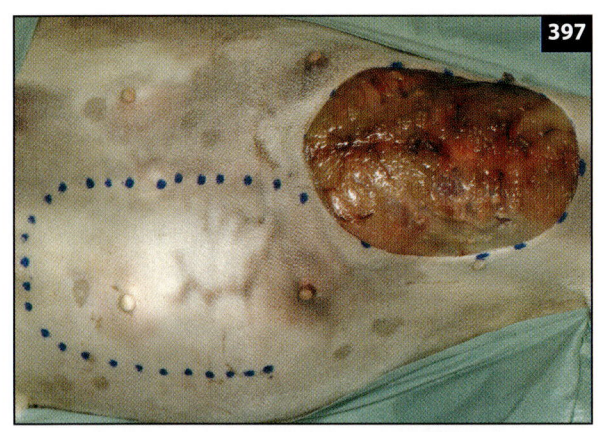

第7章　頸部および体幹部の再建術　161

図397　胸骨部の大きな欠損を作成し，頭側浅腹壁アキシャルパターンフラップの位置を下描きした。写真右方が頭側である。

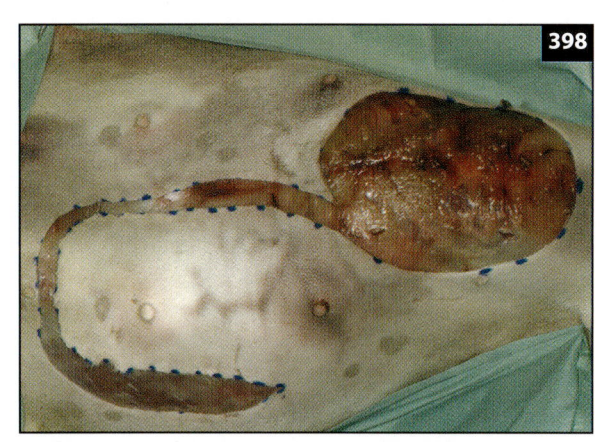

図398　フラップの下描きに沿って，皮膚を切開する。

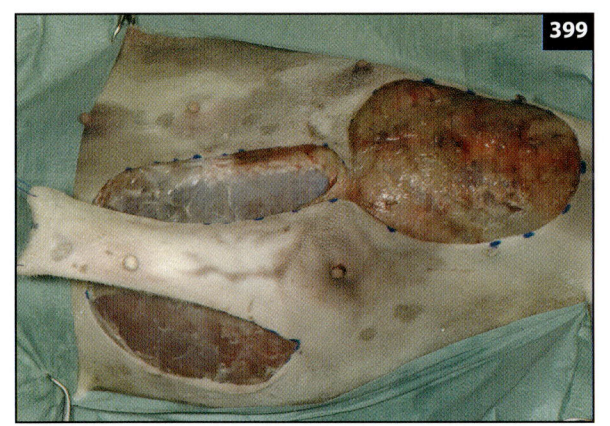

図399　フラップを皮下筋層および supramammarius muscle の下層で剥離したら，フラップに支持糸をかける。

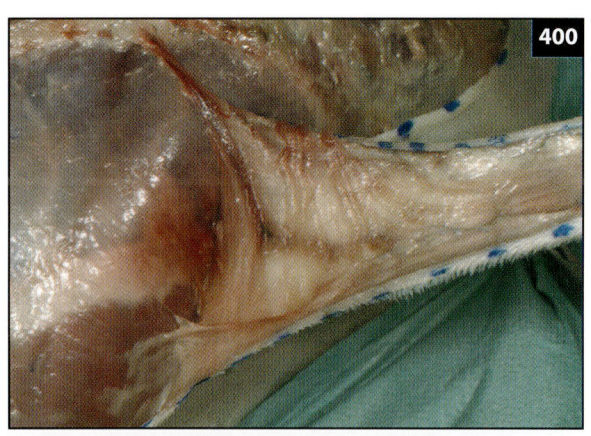

図400　フラップを剥離する際に血管を損傷しないように，またフラップを移動させる際に血管を捻ったり閉塞させたりしないように注意する。

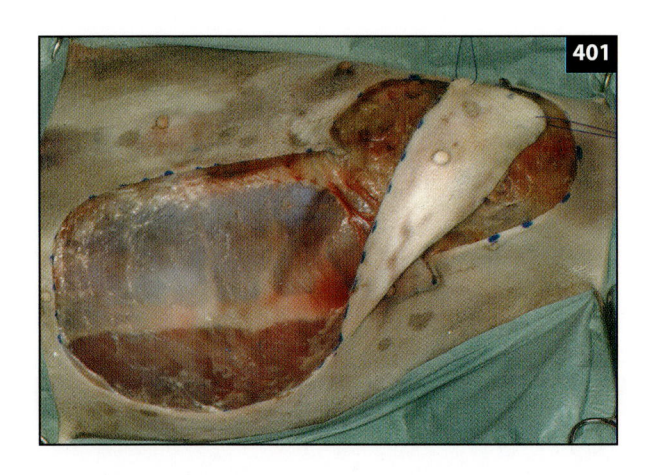

図401　支持糸を利用しながら，フラップを回転させて欠損部上に被せる。

必要に応じて，ドナーサイトの欠損部を覆う皮膚にウォーキングスーチャーを行う（図402）。皮下織は，全域にわたって吸収性モノフィラメント糸を用いて単純結節縫合にて閉鎖する（図403）。非吸収性モノフィラメント糸かスキンステープラーを用いて，ドナーサイトおよびレシピエントサイトの皮膚を閉鎖する（図404）。

参考文献

Hedlund CS (2006) Large trunk wounds. *Vet Clin North Am Small Anim Pract* **36**: 847–872.

Hedlund CS (2007) Surgery of the integumentary system. In：*Small Animal Surgery*, 3rd edn. (eds TW Fossum, CS Hedlund, AL Johnson *et al.*) Mosby Elsevier, St. Louis, p. 214.

Pavletic MM (2010) *Atlas of Small Animal Wound Management and Reconstructive Surgery*, 3rd edn. Wiley-Blackwell, Ames, pp.384–385.

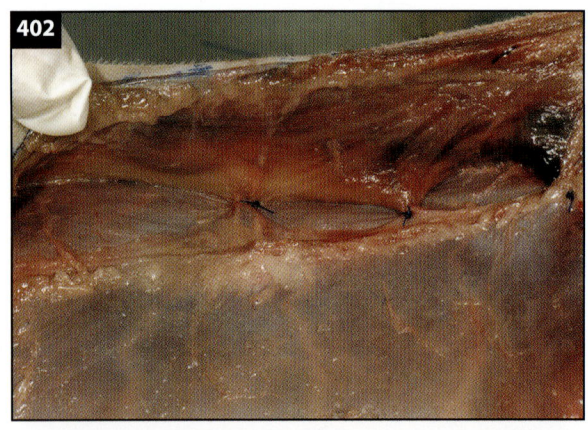

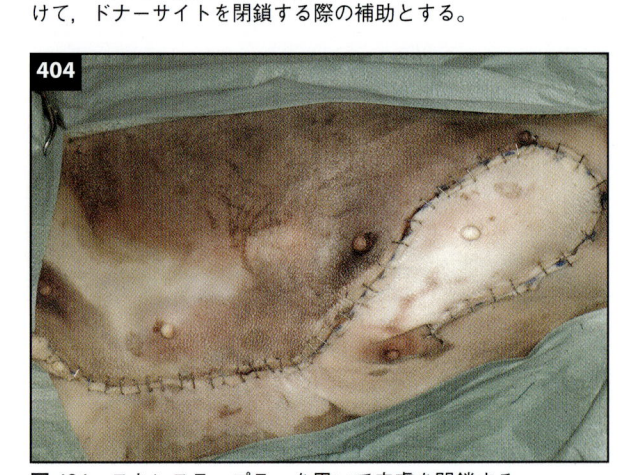

図402　体壁の筋膜と皮下筋膜にウォーキングスーチャーをかけて，ドナーサイトを閉鎖する際の補助とする。

図403　ドナーサイトおよびレシピエントサイトの皮下織を並置させる。

図404　スキンステープラーを用いて皮膚を閉鎖する。

体幹皮筋フラップ（筋皮弁）

概要

体幹皮筋フラップは，皮膚および皮下脂肪，体幹皮筋の3層からなる複合的なフラップである。このフラップは体幹部の欠損創や，前肢に生じた大きな創の閉鎖などに利用され，さらに胸背アキシャルパターンフラップおよび広背筋フラップも同領域から採取される。胸背アキシャルパターンフラップと体幹皮筋フラップは皮膚の欠損を覆うのに適している。一方，広背筋フラップは，胸部の筋肉と皮膚を同時に再建しなければならないような胸部の欠損を覆うのにより適している。

体幹皮筋フラップのランドマークは，肩峰突起の腹側縁と上腕三頭筋の尾側縁，第13肋骨の肋骨頭，および腋窩の皮膚の皺である。肩峰突起の腹側縁および上腕三頭筋の尾側縁から最後肋骨に向かって，フラップの背側縁を描く。腋窩の皮膚が弛んだ部位から背側縁と平行に引いた線が，フラップの腹側縁となる（図405～407）。

方法

前肢を自然な位置に置いた状態で，患者を横臥位にする。前述したランドマークにしたがって，フラップの下描きをする（図408）。

下描きをしたフラップの腹側縁から切皮を開始し，体幹皮筋の走行に沿って切開を延長する（図409）。フラップの残りの部分の皮膚，皮下織および体幹皮筋を切開

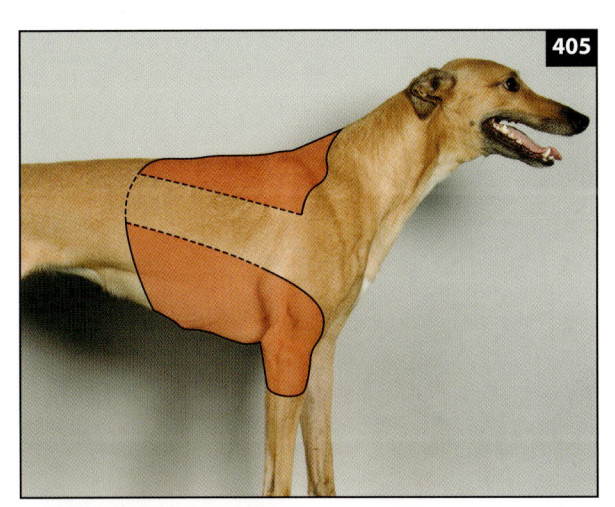

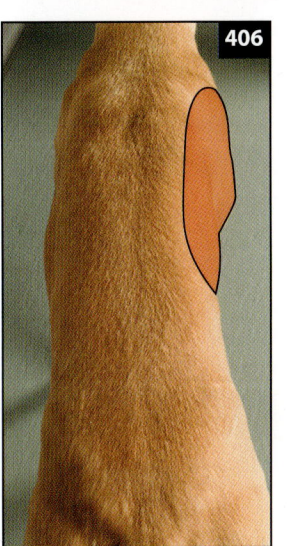

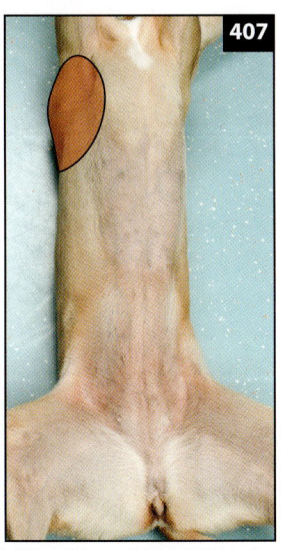

図405～407 体幹皮筋フラップ（筋皮弁）の位置を図示した。フラップで覆うことが可能な範囲を着色してある。

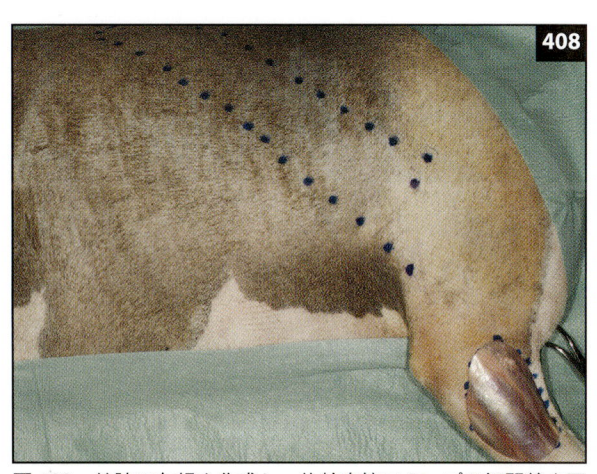

図408 前肢に欠損を作成し，体幹皮筋フラップの切開線を下描きする。

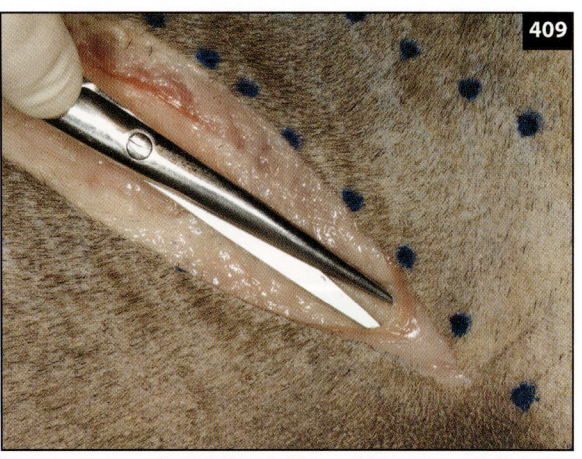

図409 フラップの腹側縁を切開し，剪刀を用いて体幹皮筋フラップを丁寧に剥離する。

し，続いてフラップの背側部より，体幹皮筋の深部からフラップの基部に向かって剥離を開始する。モノフィラメント糸による支持糸をかけることで，フラップを損傷せずに操作することができる（図410，411）。そして，フラップを前肢欠損部へ移動させ，サイズは適切であるか，テンションをかけずに縫合ができるかを確認する（図412）。

ドナーサイトとレシピエントサイトをつなぐ橋状切開を入れ，フラップを欠損部へ移動させる（図413, 414）。必要に応じてペンローズドレーンを設置し，ドナーサイトとレシピエントサイトを閉鎖する。フラップの筋層と皮下織は，吸収性モノフィラメント糸を用いてレシピエントサイトの皮下織と縫合する。ドナーサイトの体幹皮筋と皮下織は，2層をそれぞれに単純結節縫合もしくは連続縫合にて閉鎖する（図415, 416）。皮膚はスキンステープラーか非吸収性モノフィラメント糸を用いて，常法により閉鎖する（図417）。

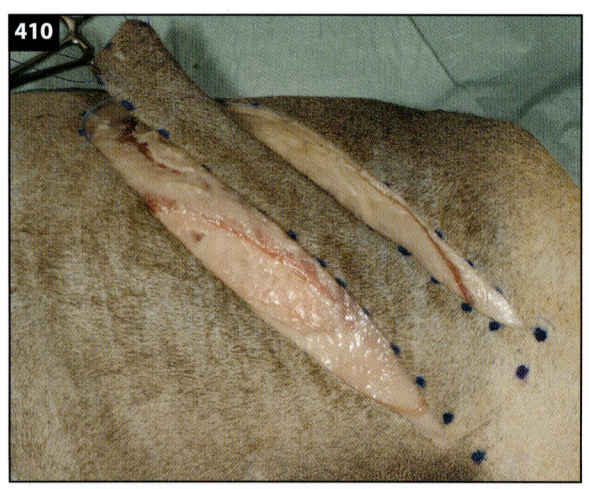

図410　周囲の皮膚，皮下織，体幹皮筋からフラップを切り離したら，支持糸を利用してフラップを持ち上げ，剥離する。

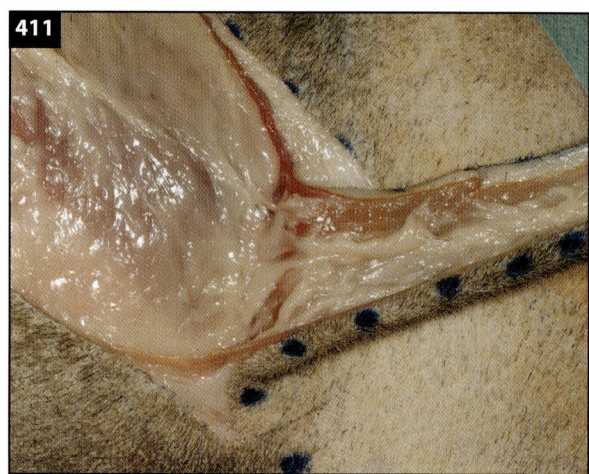

図411　フラップの基部に向かって，体幹皮筋の下層を剥離する。

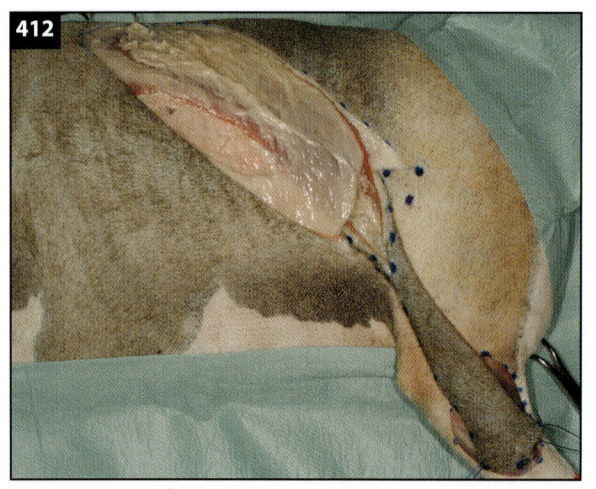

図412　フラップを欠損部の方へ回転させ，そのサイズと橋状切開の位置を確認する。

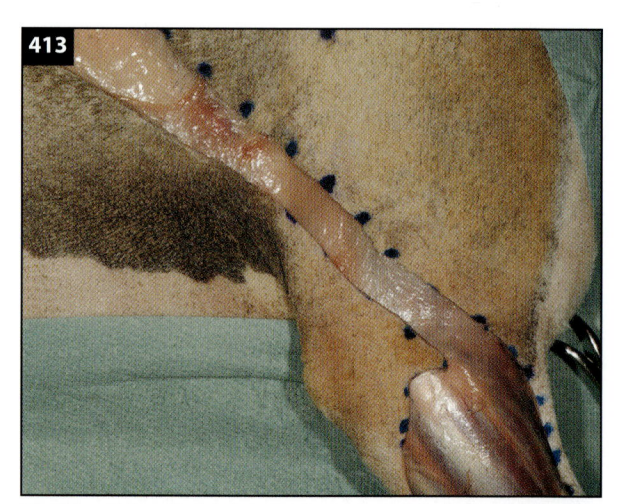

図413　ドナーサイトとレシピエントサイトの間に橋状切開を入れる。

参考文献

Hedlund CS (2006) Large trunk wounds. *Vet Clin North Am Small Anim Pract* **36**: 847–872.

Pavletic MM (2010) *Atlas of Small Animal Wound Management and Reconstructive Surgery*, 3rd edn. Wiley-Blackwell, Ames, pp. 492–493.

Pavletic MM, Kostolich M, Koblik P *et al.* (1987) A comparison of the cutaneous trunci myocutaneous flap and latissimus dorsi myocutaneous flap in the dog. *Vet Surg* **16**: 283–293.

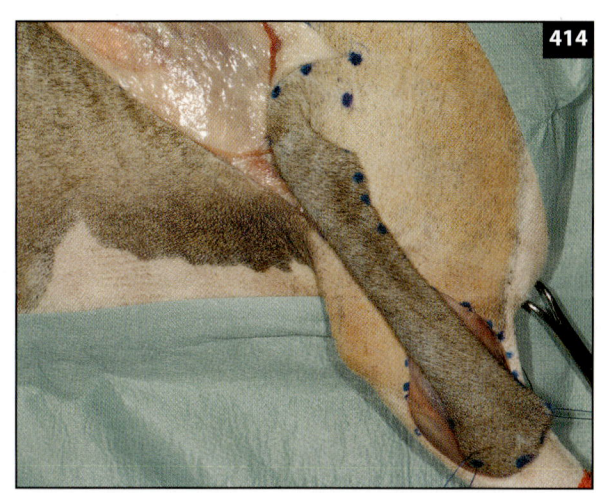

図414　フラップを移動させて欠損部上に被せる。

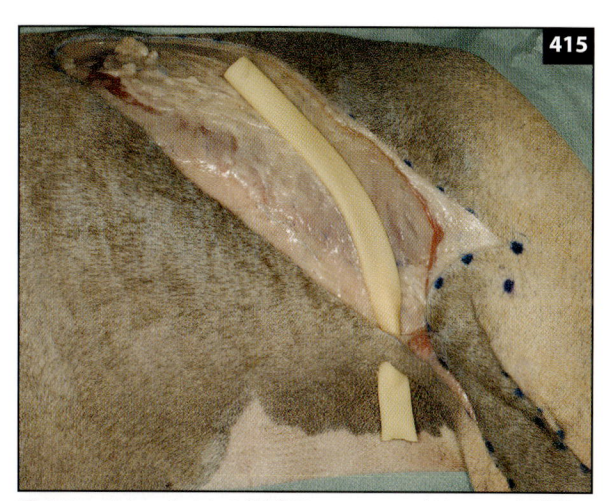

図415　ドナーサイトの筋層下にペンローズドレーンを設置する。

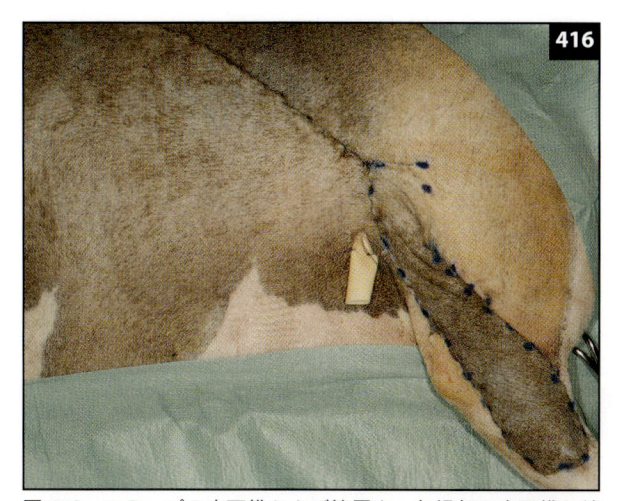

図416　フラップの皮下織および筋層を，欠損部の皮下織と縫合する。ドナーサイトの体幹皮筋と皮下織は別々に縫合する。

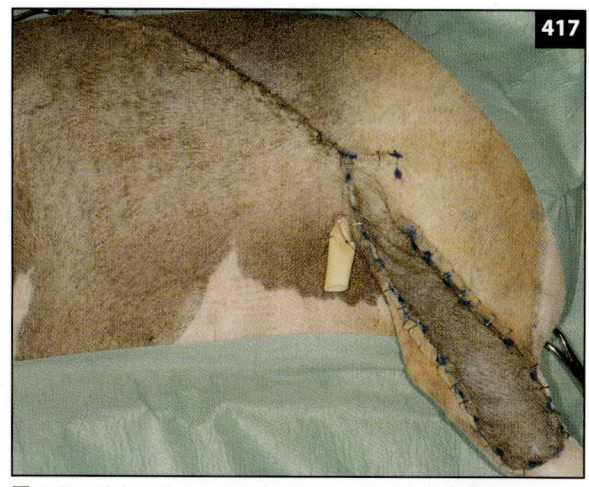

図417　ドナーサイトとレシピエントサイトの皮膚をスキンステープラーもしくは非吸収性モノフィラメント糸を用いて閉鎖する。

広背筋フラップ（筋皮弁）

概要

広背筋フラップは，胸部の大きな欠損創や腹壁の欠損，肘の創傷に対して利用される。このフラップは厚みがあるため，肉芽組織が増殖しにくい部位（例：肘など）における再建や，胸壁の再建が必要な場合などに対する利用価値が非常に高い。

広背筋は胸腰椎の棘突起の胸腰筋膜，および第11～13肋骨（最後肋骨から2～3本）の筋付着部から起始している。広背筋の着点は，上腕骨の大円筋粗面である。

筋の背側と腹側は，胸背動脈および胸壁から出ている肋間動脈の分枝により血液供給を受けている。これらの分枝はまた，筋の表面を貫通して体幹皮筋および皮膚へ向かう。広背筋へ入る最も発達した肋間動脈は，第5肋間から出ている分枝であり，この動脈は筋中央部の血液灌流に大きく関わっている。また，肋間動脈は広背筋の背側部とこれを覆っている体幹皮筋にも分枝を供給している。

広背筋フラップのランドマークは，肩峰突起の腹側縁と上腕三頭筋の尾側縁，第13肋骨の肋骨頭，および腋窩の皮膚の皺である（図418～420）。

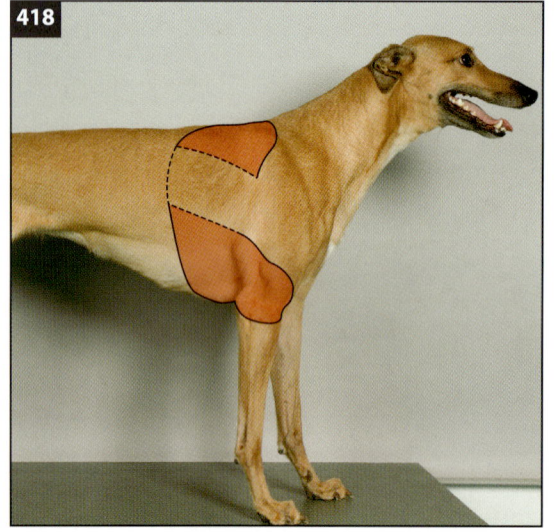

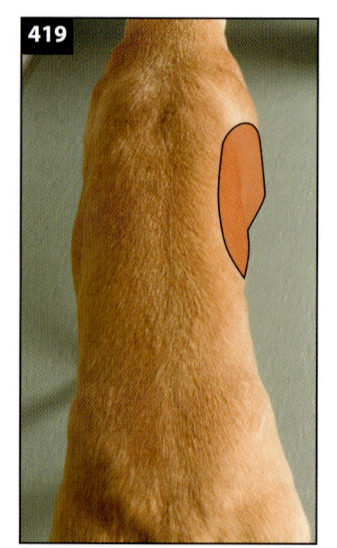

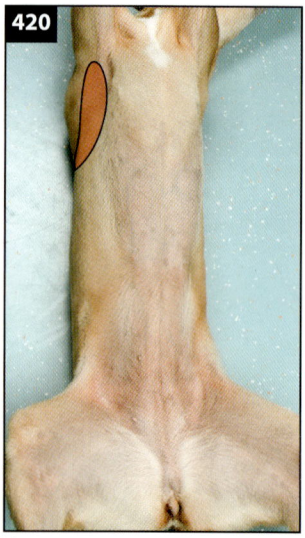

図418～420 広背筋フラップ（筋皮弁）の位置を図示した。フラップで覆うことが可能な範囲を着色してある。

方法

前肢を自然な位置に置いた状態で患者を横臥位にする．前述したランドマークにしたがって，フラップの下描きをする（図421）．

下描きをしたフラップの腹側縁から切皮を開始し，体幹皮筋の走行に沿って切開を進める（図422）．メス刃または剪刀を用いて，その下に走行する広背筋にまで切開を進める．フラップの残りの部分を皮膚，皮下織，体幹皮筋，広背筋の順に切開し，続いてフラップの背側部より広背筋の深部から剥離を開始する（図423）．

フラップにモノフィラメント糸による支持糸をかけ，フラップの基部に向かって剥離を進める（図424）．筋を剥離する際，肋間動脈の分枝を分離・結紮して，広背筋の深部で処理する．また，肩後方の陥凹部の位置で，

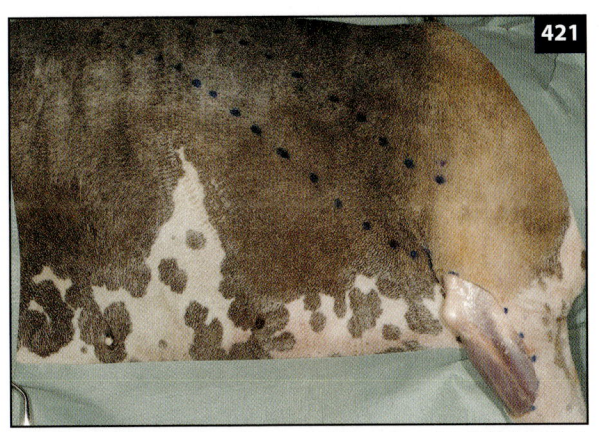

図421　前肢に欠損を作成し，広背筋フラップの位置を下描きする．

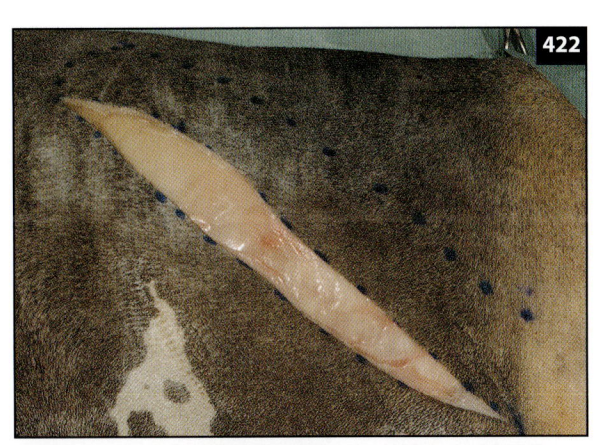

図422　フラップの腹側縁を切開した．皮膚および皮下織を切開した後，さらに深部の体幹皮筋および広背筋まで切開を進める．

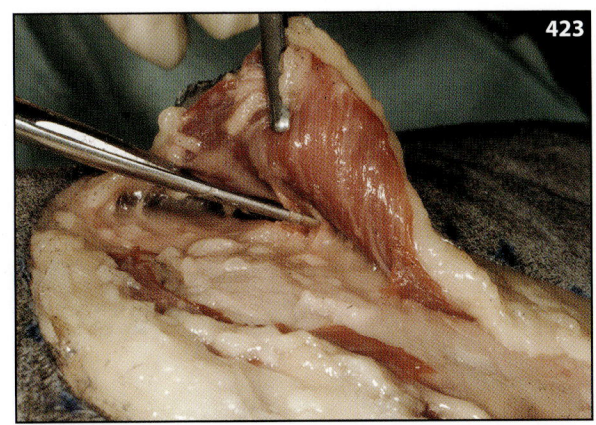

図423　剪刀を使用して広背筋を剥離する．

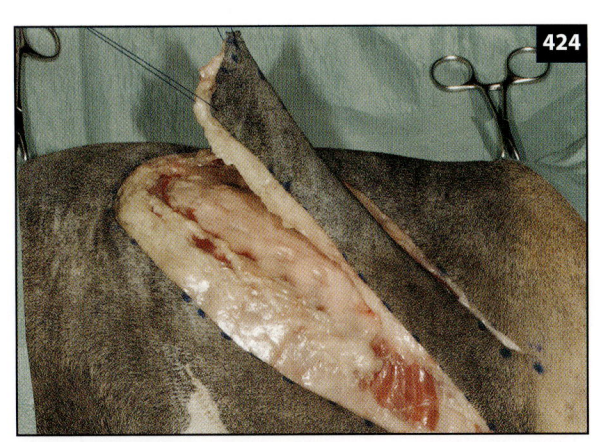

図424　胸背動脈が確認できる部分まで，広背筋深部の剥離を進める．

上腕三頭筋との境界部のすぐ尾側に胸背動脈を確認し，これを確保しておく（図425）。胸背動脈を損傷したり閉塞させたりしないように注意しながら，フラップを目的の位置まで転移させる。

フラップのサイズと橋状切開の位置を決定する（図426）。橋状切開はドナーサイトとレシピエントサイトをつなぐ切開である（図427）。

広背筋と欠損部の皮下織を吸収性モノフィラメント糸を用いて単純結節縫合することで（必要に応じてペンローズドレーンを設置する），フラップを固定する（図428）。次に，ドナーサイトを3層に縫合する。まずは広背筋を吸収性モノフィラメント糸を用いて単純結節縫合もしくは連続縫合にて閉鎖する（必要に応じてペンローズドレーンを設置する）。続いて，吸収性モノフィラメント糸を用いて皮下織を並置させる（図429）。次いで，皮膚を非吸収性モノフィラメント糸もしくはスキンステープラーを用いて閉鎖する（図430）。

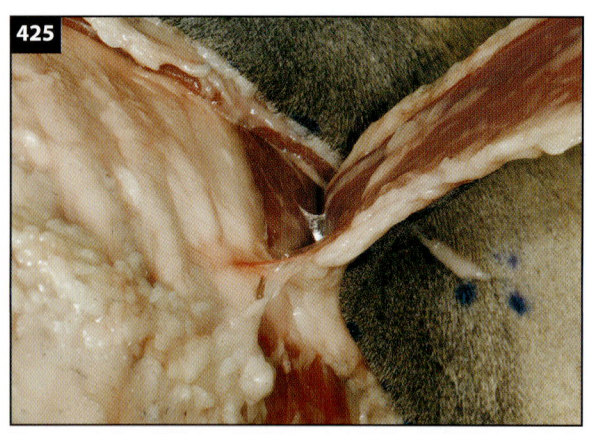

図425　上腕三頭筋との境界部のすぐ尾側で胸背動脈が広背筋に入っているのが目視できる。

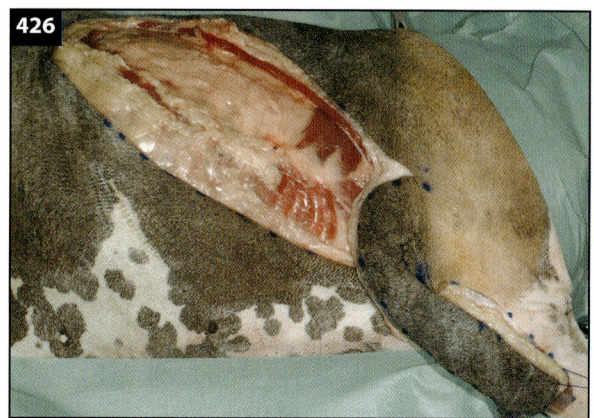

図426　支持糸を使い，フラップをドナーサイトからレシピエントサイトへ移動させる。

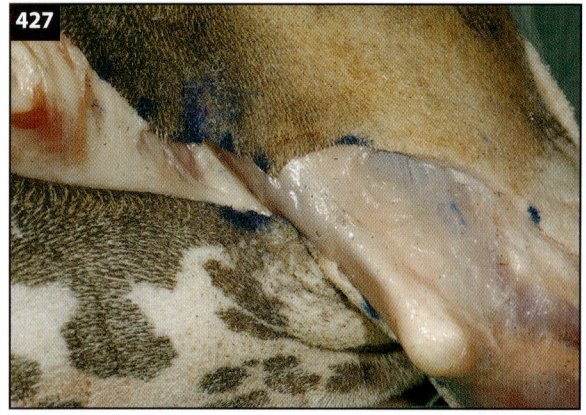

図427　ドナーサイトとレシピエントサイトをつなぐように，橋状切開を入れる。

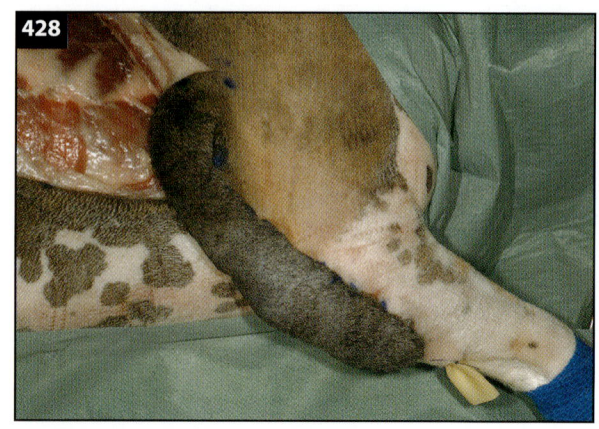

図428　ペンローズドレーンを設置し，フラップをレシピエントサイトに縫合する。

参考文献

Halfacree ZJ, Baines SJ, Lipscomb VJ *et al.* (2007) Use of a latissimus dorsi myocutaneous flap for one-stage reconstruction of the thoracic wall after en bloc resection of primary rib chondrosarcoma in five dogs. *Vet Surg* **36**: 587–592.

Hedlund CS (2006) Large trunk wounds. *Vet Clin North Am Small Anim Pract* **36**: 847–872.

Monnet E, Rooney MB, Chachques JC (2003) In-vitro evaluation of the distribution of blood flow within a canine bipedicled latissimus dorsi muscle flap. *Am J Vet Res* **64**: 1255–1259.

Pavletic MM (2010) *Atlas of Small Animal Wound Management and Reconstructive Surgery*, 3rd edn. Wiley-Blackwell, Ames, pp.494–495.

Pavletic MM, Kostolich M, Koblik P *et al.* (1987) A comparison of the cutaneous trunci myocutaneous flap and latissimus dorsi myocutaneous flap in the dog. *Vet Surg* **16**: 283–293.

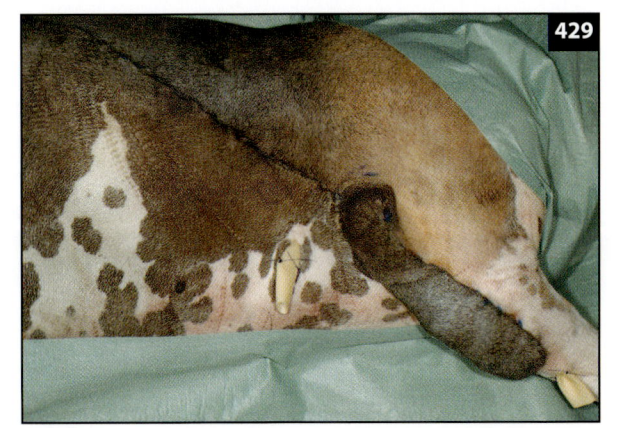

図429　ドナーサイトを閉鎖する。広背筋と皮下織を別々に縫合する。

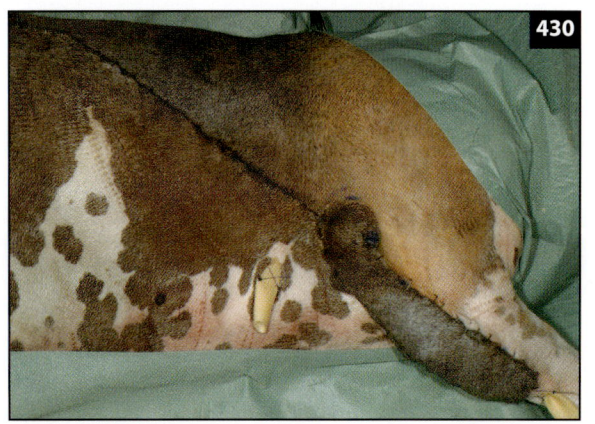

図430　スキンステープラーを用いて，ドナーサイトとレシピエントの皮膚を閉鎖する。

外腹斜筋フラップ（筋弁）

概要

外腹斜筋フラップは腹壁や尾側胸壁の全層欠損を閉鎖する目的に使用される。この筋弁は，弾力性と柔軟性に優れており，中型犬でも10×10cmの面積の欠損を覆うのに十分な大きさがある。

外腹斜筋は2つのパーツから構成されている；第5肋骨から起始して第13肋骨に至る肋骨部と，第13肋骨から起始して胸腰筋膜に至る腰部である。筋の腱膜は白線に合流しており，その線維は腹尾側へ向かう。頭側の腹大動脈の分枝，頭側の下腹神経およびその周辺の静脈により，神経脈管の束が形成される。腰部の外腹斜筋フラップを胸壁もしくは腹壁の欠損部上へ回転させて移動する際，この神経脈管束を傷つけないように注意する（図431，432）。

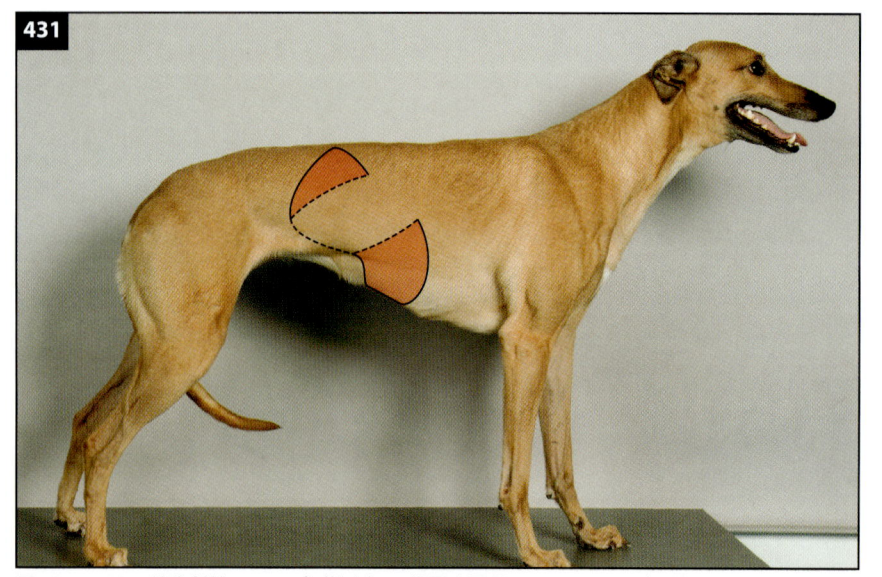

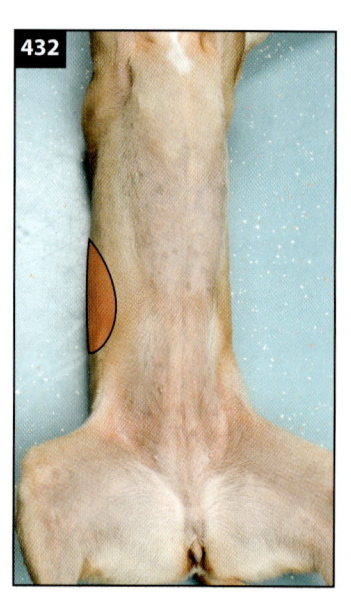

図431，432　外腹斜筋フラップ（筋弁）の位置を図示した。フラップで覆うことが可能な範囲を着色してある。

方法

両前肢を自然な位置に置いた状態で，患者を横臥位にする（写真では右側横臥位）。背側筋の位置から腹部正中にかけて，第13肋骨の尾側5.0cmの位置に傍肋骨切開の下描きをする（図433）。

皮膚を切開し，次いで切開部と欠損部（写真の症例では第11～12肋間の尾側胸壁にある）の間の皮下を剥離する（図434）。外腹斜筋の筋膜縁を確認し，腹側縁を白線より分離し，尾側へは皮膚切開の位置まで分離する。神経脈管束を温存しながら筋を剥離し，フラップを欠損部のそばに移動させる（図435）。

フラップを欠損部上に移動させ，縫合部分全体の位置を決定するため，まずフラップの両角を欠損部の頭側に一時的に縫合する。さらに，フラップの基部を欠損部尾側の角と縫合する（図436）。

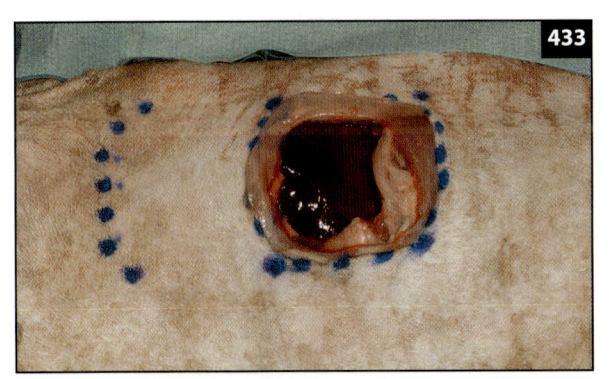

図433 犬を右側横臥位に寝かせる。写真右方が頭側，上方が腹側となる。胸部尾側に，第11～12肋骨の部分切除を伴った欠損創を作成した。欠損内部に肝臓が見える。外腹斜筋フラップを作成するため，傍肋骨切開の下描きをした。

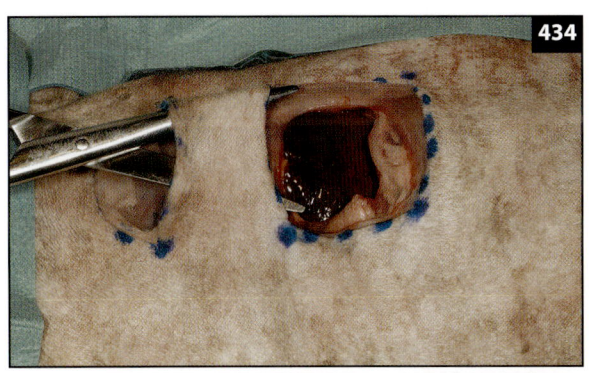

図434 皮膚を切開した後，剪刀を用いて欠損部と切開部の間の皮下を切開創の方向から剥離する。

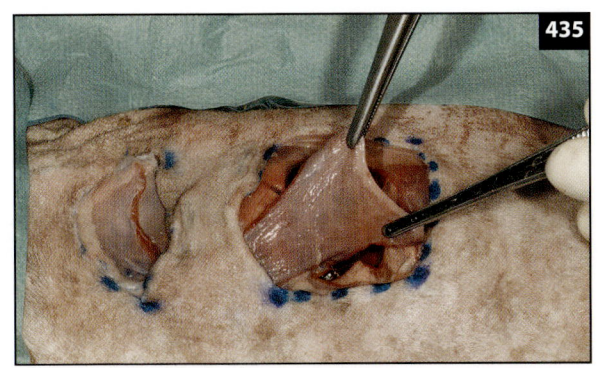

図435 欠損を閉鎖するようにデザインされた筋の一部を，腰椎部の筋肉から尾側および腹側を分離して，欠損部上へ移動させる。

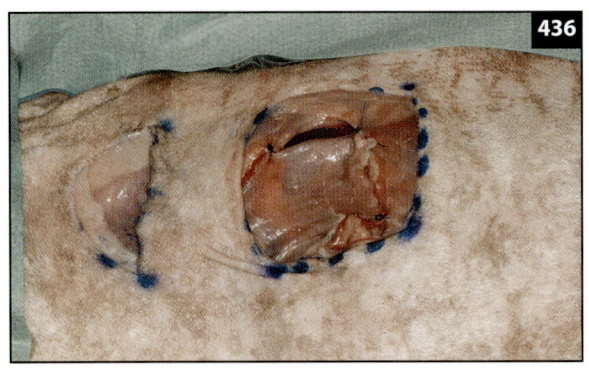

図436 フラップを一時的に欠損部上へ縫合する。

続いて，頭側の2カ所の縫合を取り除き，フラップを後方に反転してフラップの内側面を露出させる．次に，腹横筋の位置を確認し（図437），外腹斜筋の内側の筋膜と腹横筋を縫合する．単純結節縫合もしくは連続縫合を用いて，この層を閉鎖する．この2つの筋層を並置することは，術後の腹壁ヘルニアを防ぐうえで重要である（図438）．フラップを再び頭側に牽引し，吸収性モノフィラメント糸を用いて単純結節縫合で所定の位置に縫合する．

腹壁の欠損を閉鎖した後，ドナーサイトおよびレシピエントサイトの皮下織を吸収性モノフィラメント糸で縫合する（図439）．皮膚は非吸収性モノフィラメント糸もしくはスキンステープラーを用いて，常法により閉鎖する（図440）．

参考文献

Hedlund CS (2006) Large trunk wounds. *Vet Clin North Am Small Anim Pract* **36**: 847–872.

Pavletic MM (2010) Atlas of Small *Animal Wound Management and Reconstructive Surgery*, 3rd edn. Wiley-Blackwell, Ames. pp. 496–497.

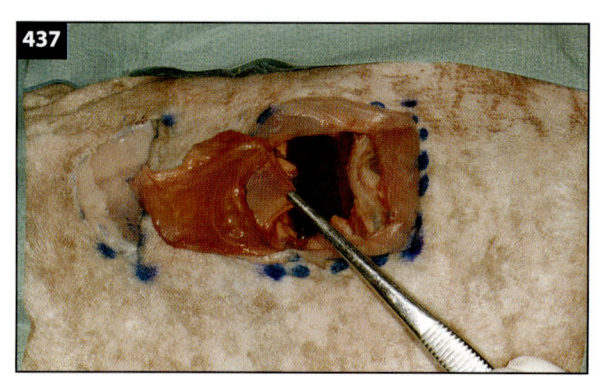

図437 フラップを後方へ反転させて，腹横筋を確認する．

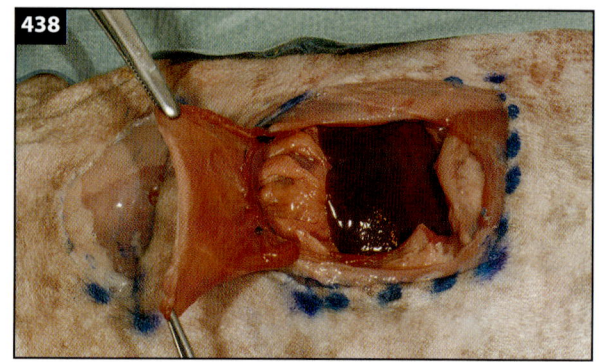

図438 連続縫合にて腹横筋と外腹斜筋を縫合する．

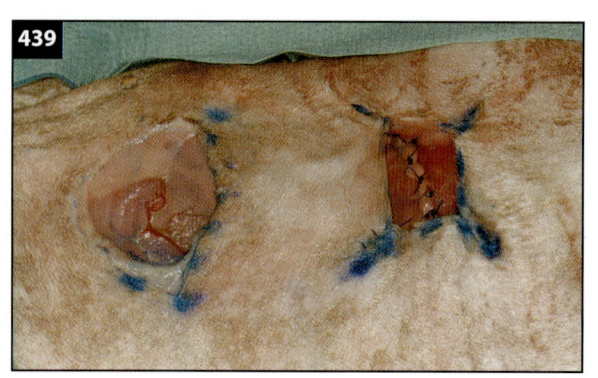

図439 フラップを適切な位置に縫合し，皮下織を並置させる．

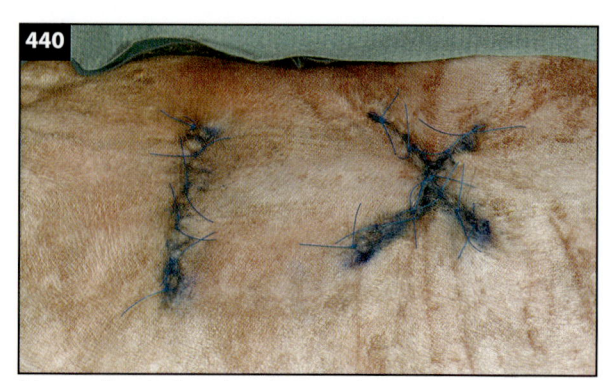

図440 第3章（p.51）で解説した方法を用いて，皮膚を常法にしたがい閉鎖する．

第7章　頸部および体幹部の再建術　173

大腿筋膜張筋フラップ（筋弁）

概要

　大腿筋膜張筋フラップは，腹壁の全層欠損や骨盤部の慢性創を覆うのに利用できる。この筋皮弁は，弾力性と柔軟性があるため，軟部組織と筋膜の両者を必要とするような腹部創傷の再建に対しても有効な選択肢の1つとなる。この術式は，ヒトの再建外科においては一般的に使用されている。

　大腿筋膜張筋は殿筋群の中の1つであり，大腿動脈の分枝である外側大腿回旋動脈より血液の供給を受けている（図441〜443）。

方法

　後腹部領域および後肢全体を操作しやすいように，犬を横臥位にする（図444）。次に，フラップの下描きをする。このフラップの解剖学的ランドマークは，背側が大転子，腹側が後膝，尾側が大腿二頭筋，頭側が縫工筋となる。フラップの尾側縁は，表層の大腿二頭筋と深部の外側広筋の間の溝に位置する。一方，頭側縁は大腿筋膜張筋と縫工筋の間にできる，尾側縁と平行な溝に位置する（図445）。

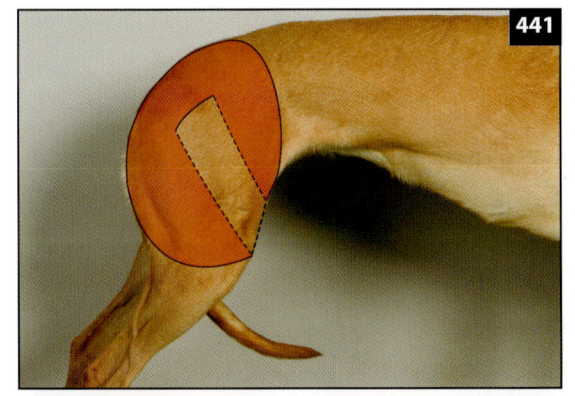

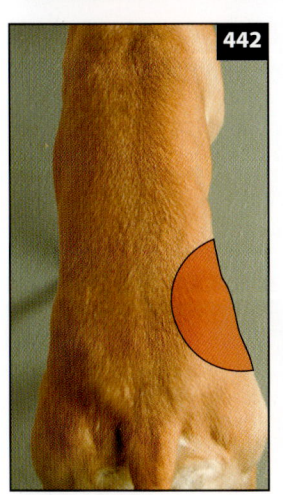

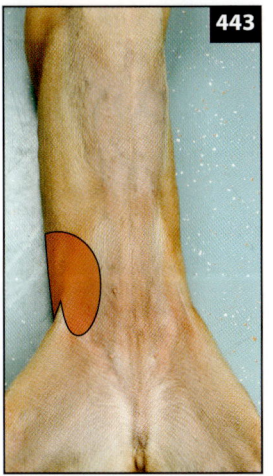

図441〜443　大腿筋膜張筋フラップ（筋弁）の位置を図示した。フラップで覆うことが可能な範囲を着色してある。

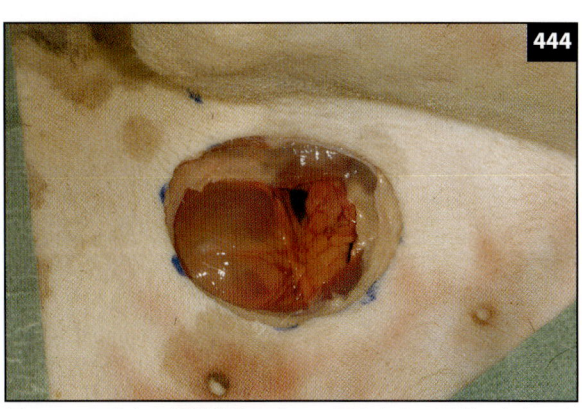

図444　患者を右側横臥位にする。写真左方に頭側，上方に左後肢が位置する。腹壁の欠損を作成した。

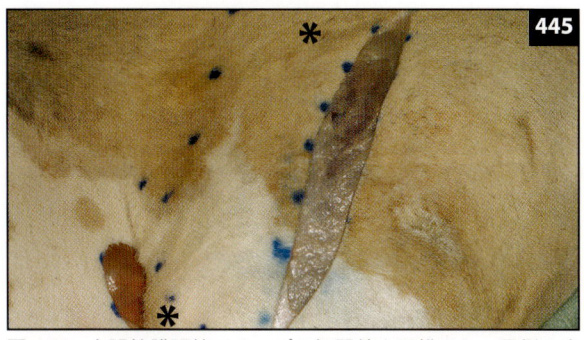

図445　大腿筋膜張筋フラップの切開線を下描きし，尾側の皮膚の切開を行う。上方の＊は大転子の位置を示し，下方の＊は膝の位置を示している。

皮膚および皮下織，深部筋膜を切開する。大腿筋膜張筋の剥離をフラップの遠位端からはじめ，近位方向に向かって進める。フラップには支持糸をかける（図446）。次に，ドナーサイトとレシピエントサイトをつなぐための橋状切開を入れる（図447）。フラップを欠損部上へ回転させ，最初にフラップ遠位の2つの角を欠損部に縫合し，フラップを固定する（図448）。欠損部の背尾側に腹直筋の断面が位置しており，欠損部の背尾側の両角とフラップとを縫合する。

ここで頭腹側の2カ所の縫合を一旦解除し，フラップを尾側へ反転させてフラップの内側面（裏側）が見えるようにする（図449）。大腿筋膜張筋フラップの内側面と腹直筋を，吸収性モノフィラメント糸で単純結節縫合する（図450）。次に，同じく吸収性モノフィラメント糸でフラップを欠損部上に縫合する（図451）。そして，吸収性モノフィラメント糸を用いた連続縫合もしくは単純結節縫合で，フラップの皮下織と欠損部とを並置させる（必要に応じてペンローズドレーンを設置する）。

ドナーサイトの皮下織は常法にて閉鎖する（図452）。ドナーサイトとレシピエントサイトの皮膚を非吸収性モノフィラメント糸で単純結節縫合にて閉鎖する（図453）。

参考文献

Demirseren ME, Gokrem S, Ozdemir OM *et al.* (2003) Hatchet-shaped tensor fascia lata musculocutaneous flap for the coverage of trochanteric pressure sores: a new modification. *Ann Plast Surg* 51: 419-422.

Josvay J, Sashegyi M, Kelemen P *et al.* (2006) A modified tensor fascia lata musculofasciocutaneous flap for the coverage of trochanteric pressure sores. *J Plast Reconstr Aesthet Surg* 59: 137-141.

Paletta CE, Freedman B, Shehadi SI (1989) The VY tensor fasciae latae musculocutaneous flap. *Plast Reconstr Surg* 83: 852-7；discussion 858.

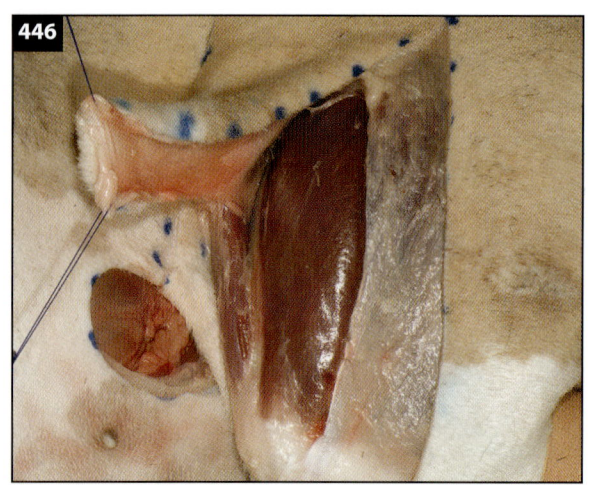

図446　支持糸を利用して大腿筋膜張筋フラップを剥離する。外側広筋と縫工筋が確認できる。

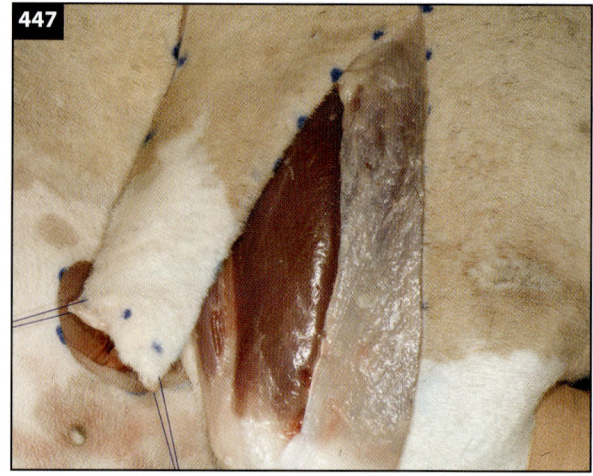

図447　フラップを欠損部上へ移動させて，橋状切開の位置を決定する。

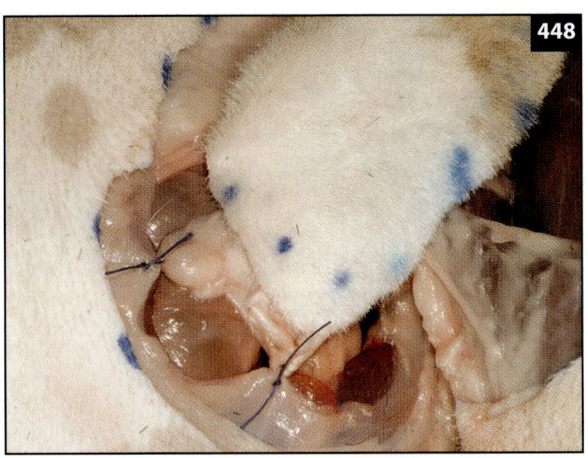

第 7 章 頸部および体幹部の再建術

図448 フラップの背尾側の縫合位置を決定するため，最初にフラップの頭腹側の両角を適切な位置に縫合する。

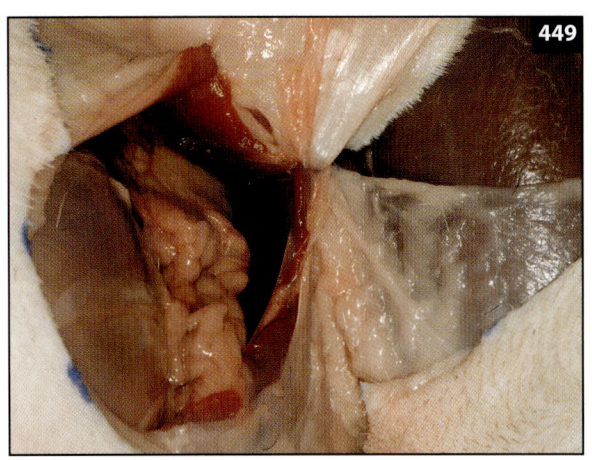

図449 頭腹側の縫合を取り外し，後方に反転してフラップの内側面（裏側）を露出させる。

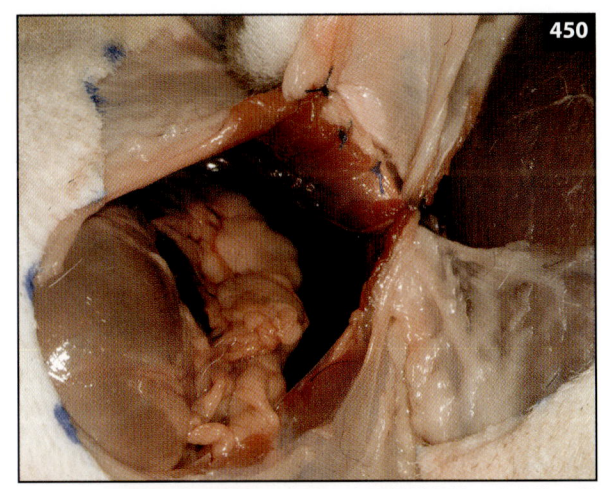

図450 欠損部の背尾側縁の位置で大腿筋膜張筋と腹直筋を単純結節縫合にて縫合する。

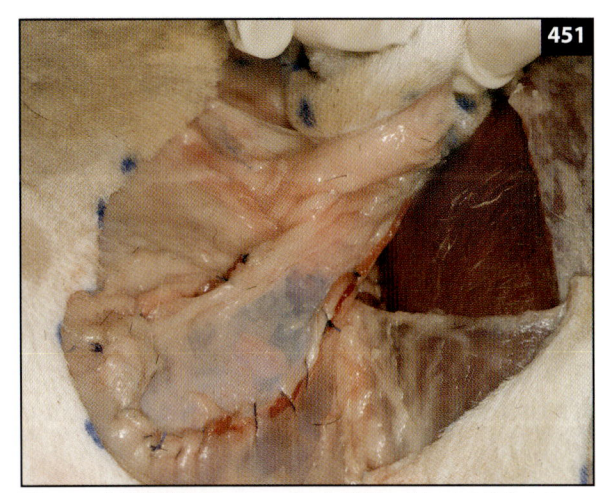

図451 大腿筋膜張筋フラップを欠損部に合わせて縫合する。

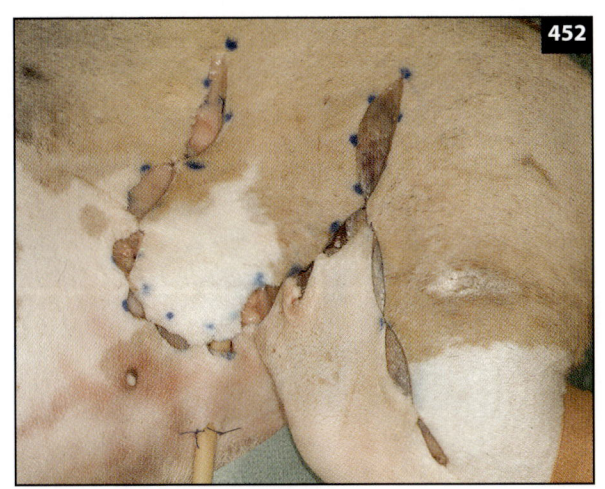

図452 ペンローズドレーンを設置し，ドナーサイトおよびレシピエントサイトの皮下織を並置させる。

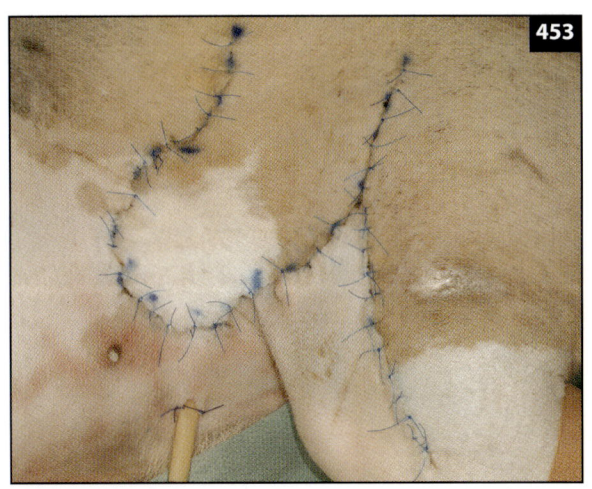

図453 レシピエントサイトとドナーサイトの皮膚を常法にしたがい閉鎖する。

外陰形成術

概要

外陰部周囲の余剰皮膚の皺によって引き起こされる外陰部周囲皮膚炎は，外陰形成術によって治療することが可能である。この術式は予防的な処置としても利用することができるが，重度な膿皮症が存在する場合には，手術を行う前に内科的治療を施しておく。

皺の位置や角度によって，腹側外陰形成術，背側外陰形成術またはこれらを組み合わせた外陰形成術を用いる。

方法

患者を伏臥位にする。皮膚の皺をつまんでみて，切除すべき皮膚の範囲を評価する。腹側の陰唇交連付近からはじまって，外陰部背側を覆うように1周するような，2本の三日月形の切開線を下描きする。この際，背側部分の皮膚が最も多く切除されるように設定する（図454）。

2本の線にしたがって切開し，三日月形の余剰皮膚部分を切除する（図455）。吸収性モノフィラメント糸を用いて，埋没ノットによる単純結節縫合で皮下織を閉鎖する。最初の縫合は3時，9時，12時の位置に行う。ここで，切除範囲が適切かどうかを確認する。もしも，まだ皺が残っているようであれば，外側切開線に沿って切除範囲を拡大する（図456）。

十分な皮膚が切除されたら，吸収性モノフィラメント糸を用いて単純結節縫合にて皮下織を閉鎖する（図457）。次に，非吸収性モノフィラメント糸を用いて，単純結節縫合で，皮膚を常法にしたがい閉鎖する（図458, 459）。

参考文献

Hedlund CS (2007) Surgery of the integumentary system. In：*Small Animal Surgery*, 3rd edn. (eds TW Fossum, CS Hedlund, AL Johnson *et al.*) Mosby Elsevier, St. Louis, p. 245.

Hedlund CS (2007) Surgery of the reproductive and genital systems. In：*Small Animal Surgery*, 3rd edn. (eds TW Fossum, CS Hedlund, AL Johnson *et al.*) Mosby Elsevier, St. Louis, pp. 721-723.

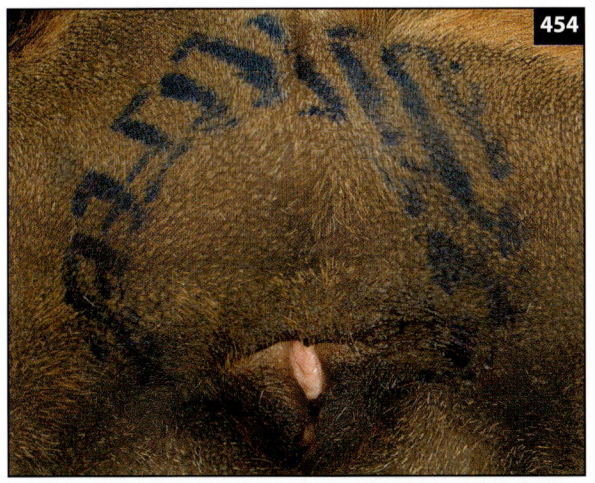

第7章　頸部および体幹部の再建術　177

図454　患者を伏臥位にする。上方の写真欄外に肛門が位置している。切除範囲を評価した後，2本の三日月形の切開線を下描きする。

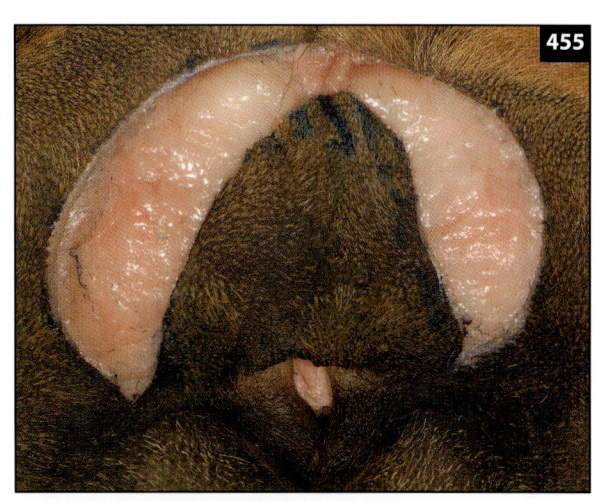

図455　外陰部周囲の余剰皮膚を切除する。

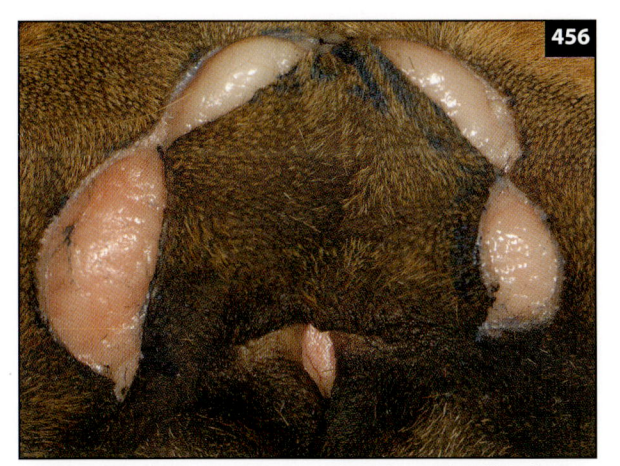

図456　吸収性モノフィラメント糸を用いて皮下織を寄せる。最初に3時，9時，12時の位置から縫合を開始する。

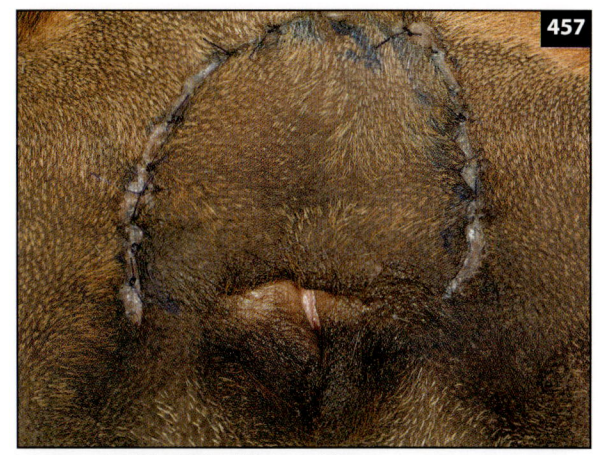

図457　皮下織の縫合が終了した様子。

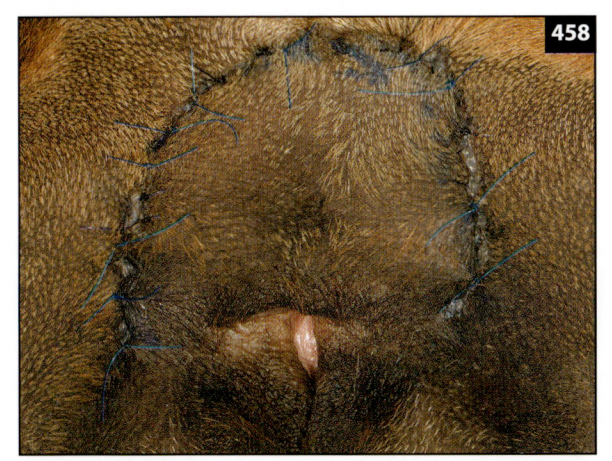

図458　非吸収性モノフィラメント糸を用いて，皮膚を単純結節縫合にて閉鎖する。

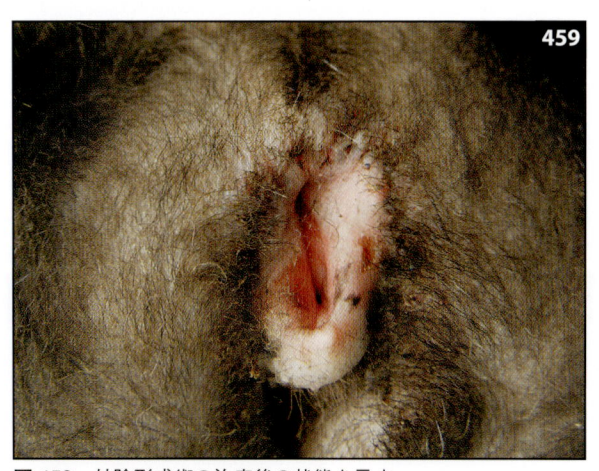

図459　外陰形成術の治癒後の状態を示す。

陰嚢フラップ

概要

　陰嚢フラップは，会陰部や大腿部尾側もしくは内側の大きな欠損に対して適応され，容易に利用が可能な局所の皮下血管叢フラップである。陰嚢の皮膚は薄く，体幹部の皮膚に比べて伸縮性に優れている。これは陰嚢の皮下にある肉様膜層による。肉様膜は平滑筋でできており，コラーゲンや弾性線維に富んでいる。

　陰嚢は外陰部動脈および精巣挙筋動脈の会陰枝により血液供給を受けている。欠損再建術に先立ち，未去勢の犬では陰嚢前切開による去勢手術を行う。陰嚢フラップは去勢済みの犬でも実施できるが，残存する陰嚢皮膚の伸展性は劣る。

方法

　犬を仰臥位の姿勢に寝かせて，両後肢を頭側に広く開脚させた状態にする（図460）。陰嚢前切開による去勢手術を実施するが，切開創は（写真に示すように）常法により陰嚢前切開部を閉鎖するか，もしくはフラップの基部に統合させる（図461）。

　欠損部の反対側にフラップの基部がくるように，陰嚢の基部を頭外側に切開する。次に，陰嚢の皮膚を肉様膜および腹筋膜から分離するように剥離し，支持糸をかける（図462）。欠損部とフラップにかかるテンションを軽減するため，欠損部を閉鎖する前に両後肢を内転させておく。この際，下腿はやや頭背側方向へ向ける。

　陰嚢の皮下織と欠損部の皮下織を，吸収性モノフィラメント糸を用いて単純結節縫合にて閉鎖する（図463）。また，皮膚は常法にて非吸収性モノフィラメント糸を用い，単純結節縫合にて閉鎖する（図464）。

参考文献

Hedlund CS (2007) Surgery of the integumentary system. In：*Small Animal Surgery*, 3rd edn. (eds TW Fossum, CS Hedlund, AL Johnson *et al.*) Mosby Elsevier, St. Louis, pp. 159–259.

Matera JM, Tatarunas AC, Fantoni DT *et al.* (2004) Use of the scrotum as a transposition flap for closure of surgical wounds in three dogs. *Vet Surg* **33**: 99–101.

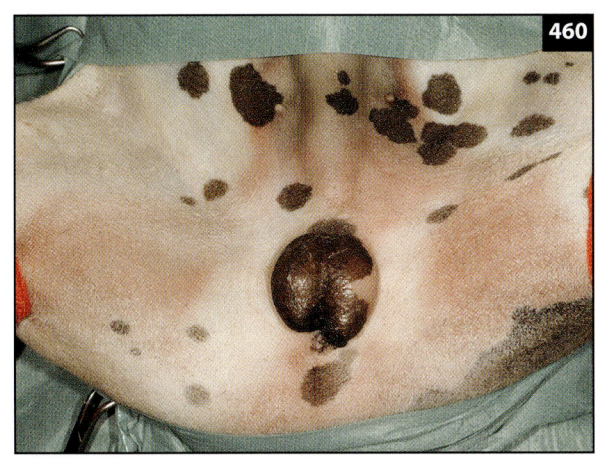

第7章 頸部および体幹部の再建術　179

図460　患者を仰臥位にし，陰嚢フラップの作成に先立って，陰嚢前切開による去勢手術を実施する。

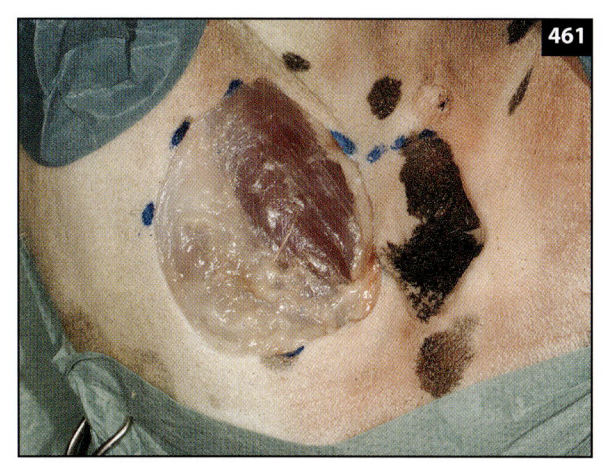

図461　去勢後，右大腿部内側に広範囲の皮膚欠損を作成した。陰嚢フラップ作成のための陰嚢頭外側の切開線を示す。

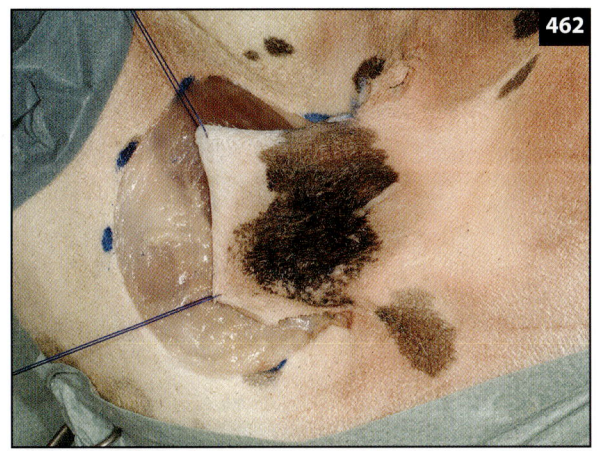

図462　陰嚢の皮膚を分離したら，支持糸を使って欠損部を覆うようにフラップを伸展させる。

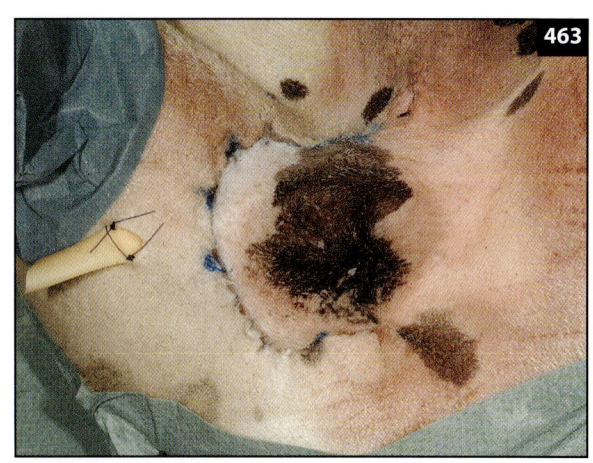

図463　両後肢を軽く内転させ，ペンローズドレーンを設置して皮下織を寄せる。

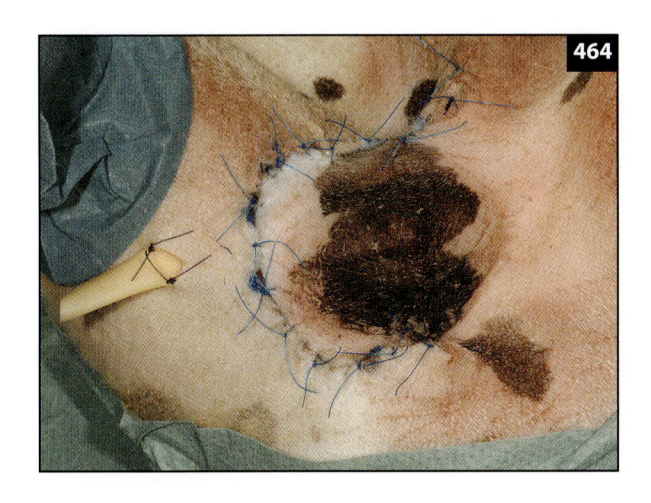

図464　常法にて皮膚を閉鎖する。

尾フラップ（テールフラップ）／外側尾動脈アキシャルパターンフラップ

概要

尾フラップ（テールフラップあるいは外側尾動脈アキシャルパターンフラップ）は，体幹の背尾側部の大きな欠損創や，会陰部および後肢の欠損創を閉鎖するために使用される。このフラップの実施には，断尾が必要となる。フラップ遠位の壊死のリスクを軽減させるため，尾の皮膚のうち近位頭側の75％をフラップとして使用するべきである。体幹背尾側の欠損を覆う場合は尾の長軸に沿って背側正中を切開し，会陰部や後肢近位の欠損を覆う場合は腹部正中を切開する。

尾フラップ（テールフラップ）は，後殿動脈から出る外側尾動脈の走行に基づいているが，これらはすべて，尾の皮下織内における，近位尾椎の横突起の外側および腹側を走行している。尾の遠位では，血管は横突起の背側を走行している（図465～467）。

方法

犬を伏臥位に寝かせ，フラップのための切開線を下描きする（図468）。

尾の基部から先端に向かって背側正中切開を入れる（図469）。左右の外側尾動静脈を損傷しないように注意しながら，尾椎周囲の皮下織を分離する（図470）。周囲の皮下織から尾が完全に分離できたら，第2尾椎間もしくは第3尾椎間で尾椎を切断する（図471～473）。さらに，尾の先端部を，これを覆っている皮膚とともに切除すると，約75％の皮膚がフラップとして確保される（図474，475）。

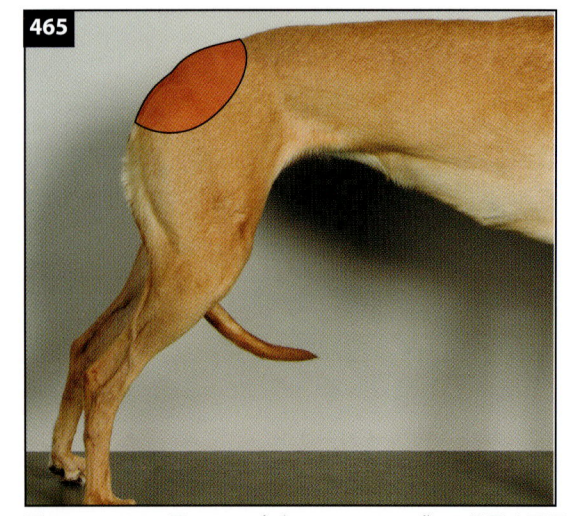

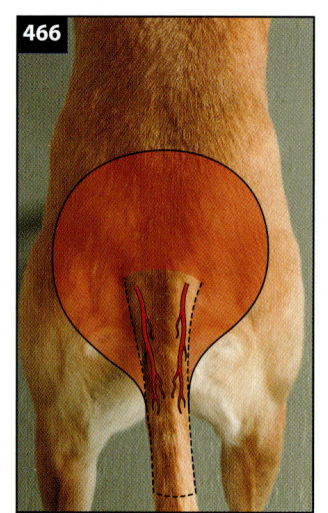

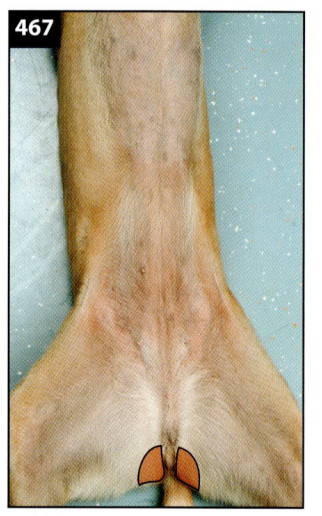

図465～467　尾フラップ（テールフラップ）の位置を図示した。フラップで覆うことが可能な範囲を着色してある。

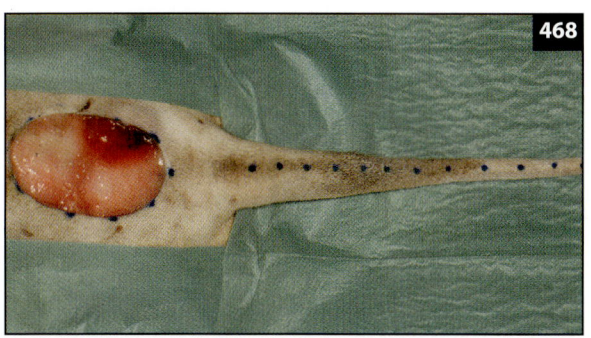

第7章　頸部および体幹部の再建術　181

図 468　尾フラップ作成のための切開線が下描きされた犬の腰部および尾の背側像。背尾側に欠損が作成されている。

図 469　背側正中の皮膚を切開する。

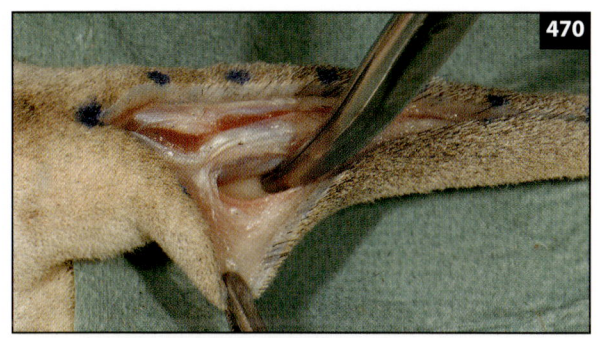

図 470　尾椎から皮下織を分離する。

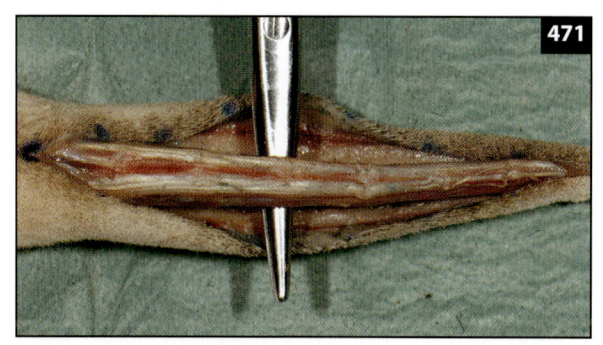

図 471　左右の外側尾動脈を温存した状態で，尾全体の皮膚を分離する。

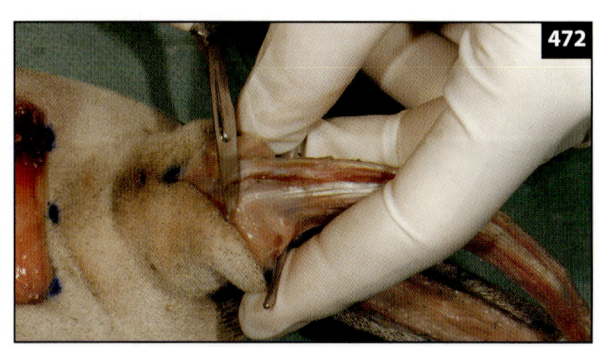

図 472　第2尾椎間で尾椎を切断する。

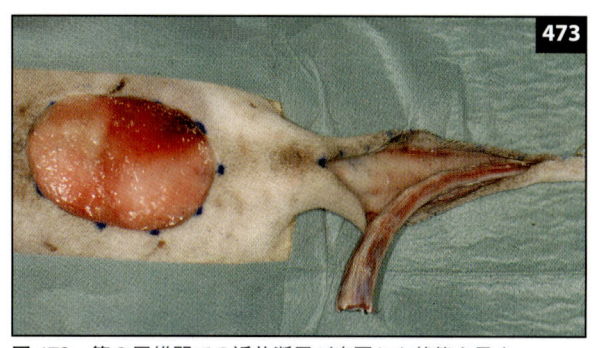

図 473　第2尾椎間での近位断尾が完了した状態を示す。

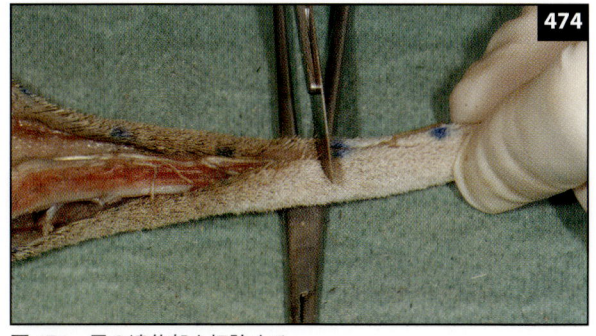

図 474　尾の遠位部を切除する。

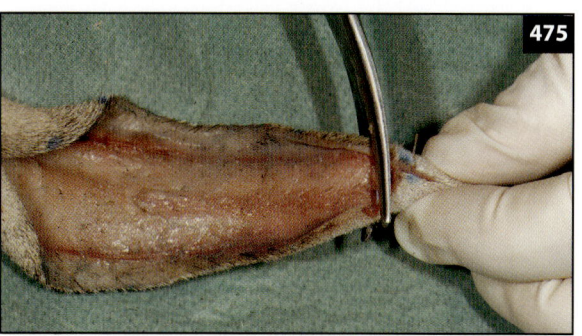

図 475　尾の遠位は，周囲の皮膚とともに切除する。

フラップの端に支持糸をかけ，目的となる位置に反転させて，フラップの適切な長さを決定する（図476）。次に，ドナーサイトとレシピエントサイトをつなぐための橋状切開を入れる（図477）。欠損部をフラップで覆い，吸収性モノフィラメント糸を用いて単純結節縫合にて皮下織を閉鎖する（図478）。次いで，皮膚を非吸収性モノフィラメント糸を用いて，単純結節縫合にて閉鎖する（図479）。

参考文献

Hedlund CS (2006) Large trunk wounds. *Vet Clin North Am Small Anim Pract* 36：847-872.

Pavletic MM (2010) *Atlas of Small Animal Wound Management and Reconstructive Surgery*, 3rd edn. Wiley-Blackwell, Ames. pp. 400-401.

Saifzadeh S, Hobbenaghi R, Noorabadi M (2005) Axial pattern flap based on the lateral caudal arteries of the tail in the dog：an experimental study. *Vet Surg* 34：509-513.

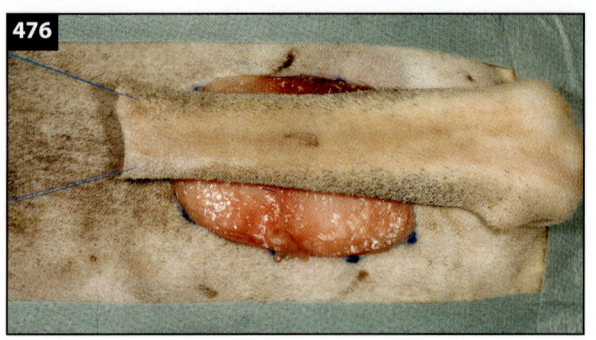

図476　支持糸を利用して，フラップを欠損部上へ反転させる。フラップの適切な長さと橋状切開の位置を決定する。

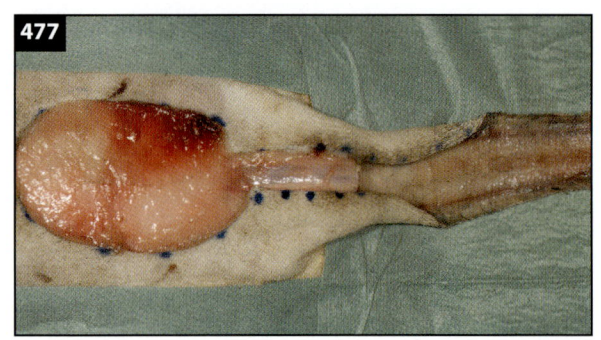

図477　ドナーサイトとレシピエントサイトの間に橋状切開を入れる。

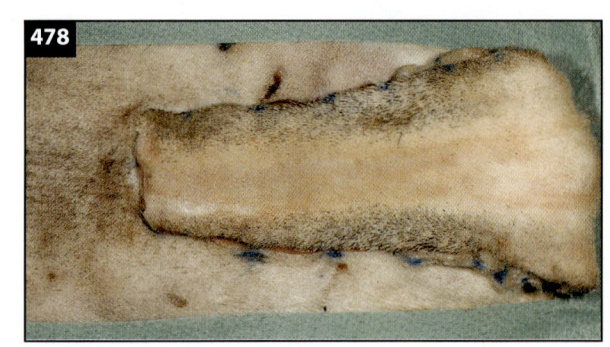

図478　皮下織を縫合した様子。

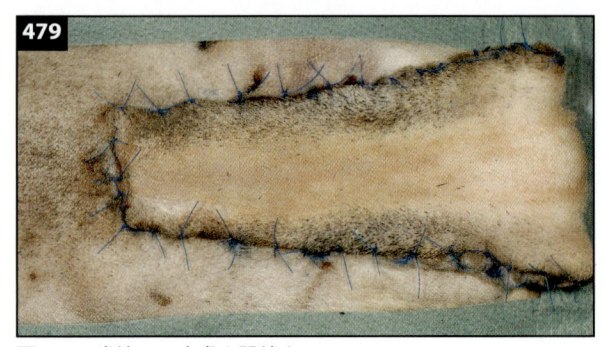

図479　常法にて皮膚を閉鎖する。

第8章
前肢の再建術

Sjef C. Buiks, Tjitte Reijntjes and Jolle Kirpensteijn

- 外側胸動脈アキシャルパターンフラップ
- 浅上腕アキシャルパターンフラップ
- （前肢）腋窩フォールド皮弁
- 尺側手根屈筋フラップ（筋弁）
- 指節骨フィレット法（第一指／狼爪［P-1］）
- 指節骨フィレット法（第二～四指）
- 肉球融合術
- 部分的肉球移植術

外側胸動脈アキシャルパターンフラップ

概要

外側胸動脈アキシャルパターンフラップは，主に肘部の欠損創の再建に利用されるが，その他にもフラップが届く範囲内の難治性創傷に対しても使用が可能である。

このフラップは外側胸動静脈の走行に基づいている。外側胸動脈は腋窩動脈の2番目の分枝であり，尾側へ走行し，深部に入って腋窩リンパ節に向かう。この動脈はまた，深胸筋や広背筋へと分岐している。

外側胸動脈には，多数の浅枝がある。皮下織におけるこの血管ネットワークは，動脈主幹部の背側および腹側の皮膚へ分布しており，その範囲は腹部正中線から背部正中線にまで及んでいる。外側胸動脈の解剖学的位置は犬と猫で類似しているが，犬ではこの動脈が第8肋骨尾側までの腹部および外側の範囲の皮膚に分布しているのに対し，猫では最後肋骨付近にまで分布している。

外側胸動脈から浅枝へ分枝する点がフラップの中心部となる。このポイント（上腕三頭筋の尾側で，深胸筋の背側縁付近）は，触知することが可能である。フラップのランドマークは，正中線が腹側縁に，そしてフラップの中心から腹側縁までの幅と同距離かつ腹側縁と平行に引いた線が背側縁となる。尾側縁は，犬では第8肋骨，猫では第13肋骨の位置となる。フラップ壊死のリスクを軽減するため，より小さなフラップにすることも可能である（図480，481）。

方法

前肢を自然な位置に置いた状態で，患者を横臥位に寝かせる。写真の症例では，肘部（右前肢）に大きな欠損創を作成した（図482）。

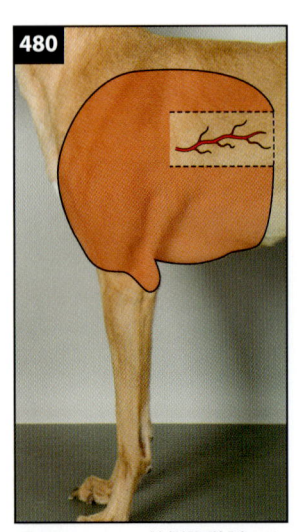

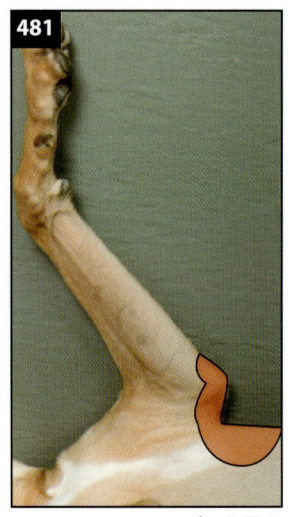

図480，481　外側胸動脈アキシャルパターンフラップの位置を図示した。フラップで覆うことが可能な範囲を着色してある。

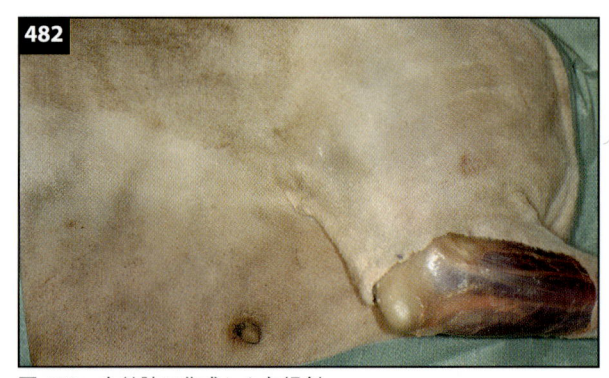

図482　右前肢に作成した欠損創。

前述したランドマークにしたがって，ドナーサイトに外側胸動脈アキシャルパターンフラップの下描きをする（図483）。まず，下描きしたフラップの腹側縁から切皮を開始する。次に，背側縁から頭腹側のフラップ基部に向かって剥離を進める。フラップの両角に支持糸をかけ，フラップを前肢の欠損部上へ移動させる（図484）。そこで，吸収性モノフィラメント糸を用いて，フラップと欠損部辺縁の皮下織とを縫合する。

次に，ドナーサイトの皮下織を吸収性モノフィラメント糸で連続縫合もしくは単純結節縫合にて閉鎖する（必要に応じてペンローズドレーンを設置する）（図485）。皮膚をスキンステープラーもしくは非吸収糸による単純結節縫合にて閉鎖する（図486）。

参考文献

Benzioni H, Shahar R, Yudelevich S *et al.* (2009) Lateral thoracic artery axial pattern flap in cats. *Vet Surg* 38: 112-116.

Pavletic MM (2010) *Atlas of Small Animal Wound Management and Reconstructive Surgery*, 3rd edn. Wiley-Blackwell, Ames. pp. 378-379.

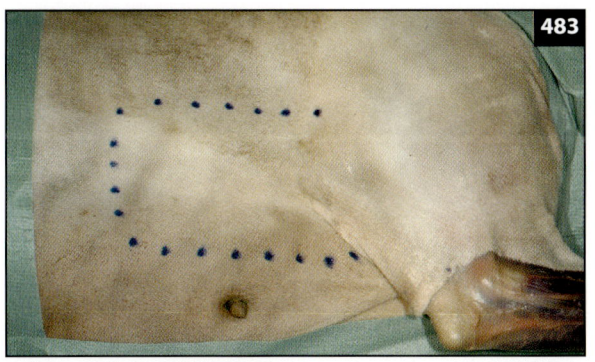

図483　皮膚上に外側胸動脈アキシャルパターンフラップの下描きをする。腹側縁は，必要に応じて腹部正中まで延長できる。

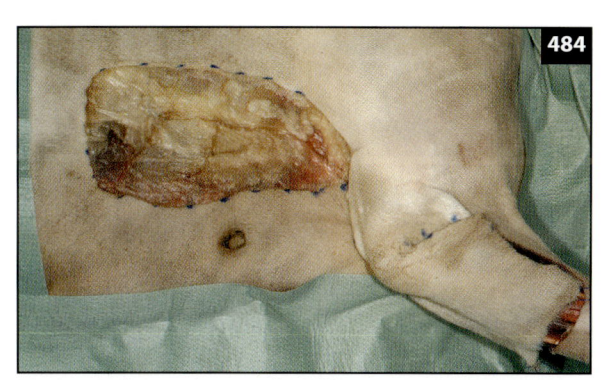

図484　切皮およびフラップの剥離をした後，橋状切開を施し，フラップを欠損部上へ移動させる。

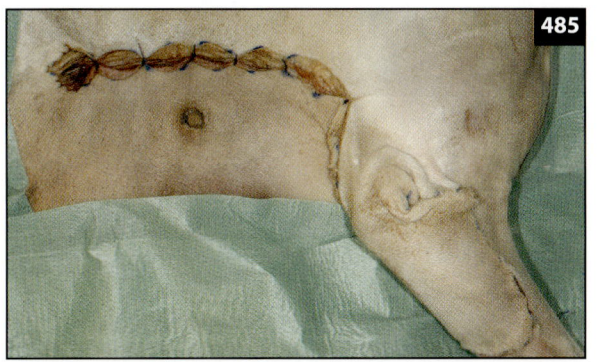

図485　吸収性モノフィラメント糸を用いて，フラップとレシピエントサイトおよびドナーサイトの皮下織を閉鎖する。

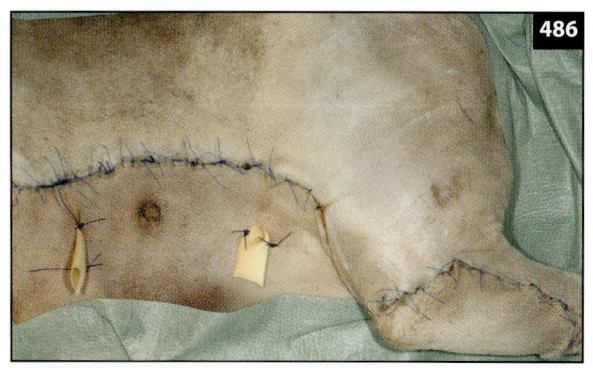

図486　非吸収性モノフィラメント糸を用いて，皮膚を単純結節縫合にて閉鎖する。

浅上腕アキシャルパターンフラップ

概要

このアキシャルパターンフラップは，前腕部の創傷や肘を含む欠損創の再建に使用できる。浅上腕動脈の皮枝は，前腕の頭内側に分布している。橈側皮静脈は，この血管の外側を走行している（図487～489）。

方法

犬を仰臥位に寝かせる。肘関節を曲げないように，前肢を伸展させる。肩関節，上腕骨頭側および肘を含むドナーサイトの毛を刈り，術前の準備をする。

フラップの領域を洗浄し，常法にしたがって消毒をする。必要に応じて，創面のデブリードマンを行う。フラップは，常に健康な肉芽床の上に被せるべきである。創縁からの上皮化部分は，必要に応じて切除する。

肘関節から上腕骨大結節に向かって，2本の平行線を引く。2本の線の距離は，欠損部の幅と等しくする。ドナーサイトは過剰なテンションを伴わずに，確実に閉鎖できることが重要であり，フラップの幅は大結節に向かって徐々に細くなるようにする。フラップに必要な長さは，欠損部とフラップの間の回転軸となるポイントからの距離によって決定する（図490）。

下描きにしたがって，フラップ遠位から基部に向かって切皮をする。次に，フラップを挙上し外側に回転させて欠損部上へ移動させる。フラップの長さが短く，欠損部を覆うことができない場合には，フラップ基部の切皮により延長することができる（図491）。フラップを回転させやすくするため橋状切開を施すが，これによりフラップを延長させることもできる（図492）。

フラップの操作を容易にするため，支持糸をかける（図493）。

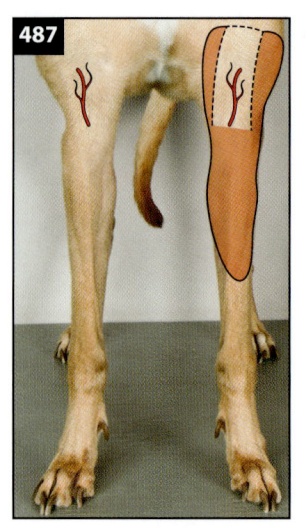

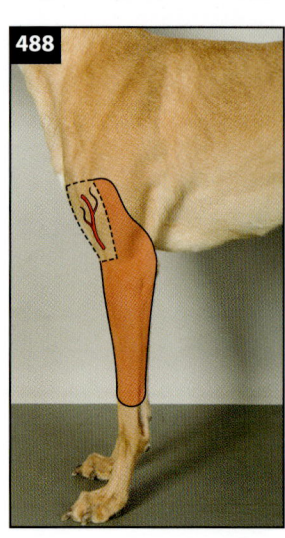

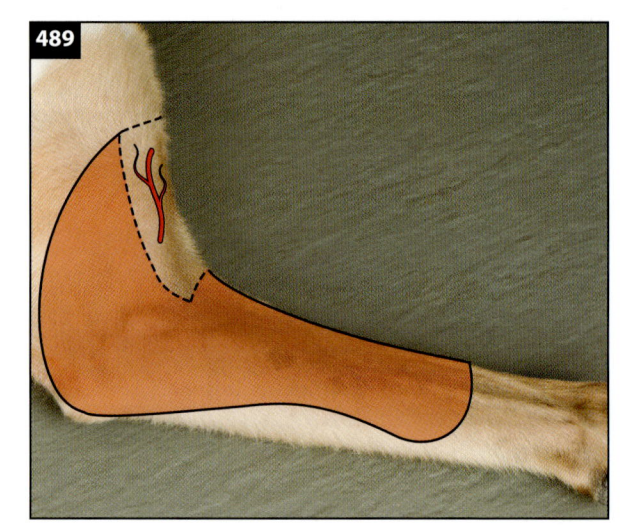

図487～489　浅上腕アキシャルパターンフラップの位置を図示した。フラップで覆うことが可能な範囲を着色してある。

第8章　前肢の再建術　187

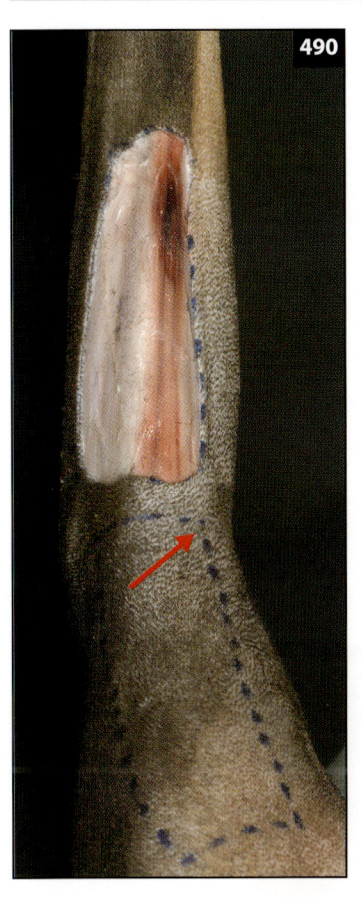

図490　欠損部およびドナーサイトの背面像。回転軸の中心となるポイントを矢印で示した。

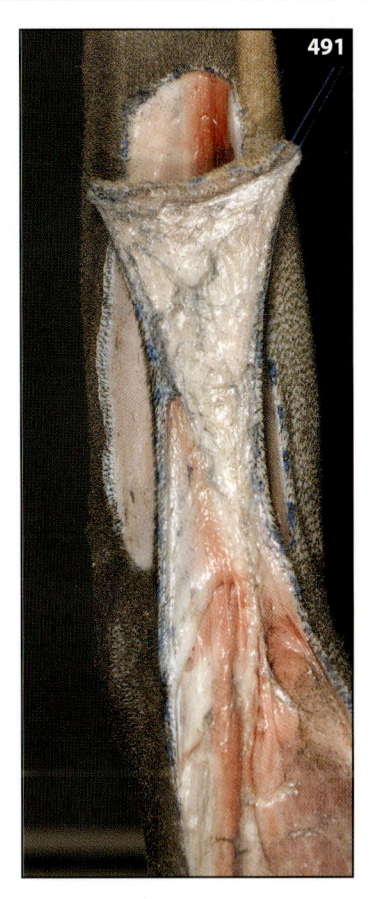

図491　適切なフラップの長さを評価する。

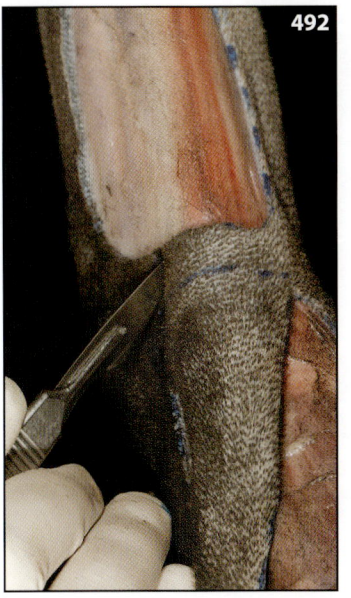

図492　フラップの回転を容易にするための橋状切開を入れる。

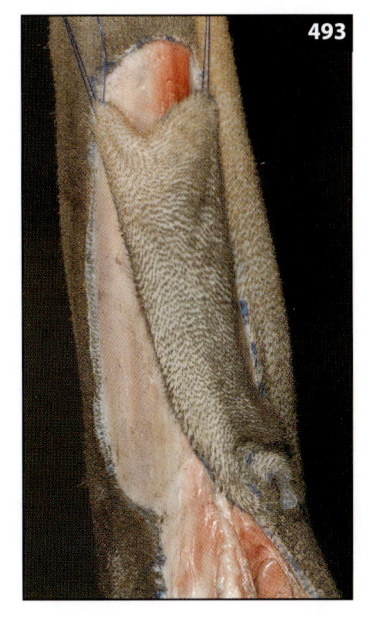

図493　支持糸を利用して，欠損部を覆うようにフラップを回転させる。

3-0の吸収性モノフィラメント糸を用いて，フラップの遠位端と近位端を部分的に縫合する（図494）。次に，吸収性モノフィラメント糸で皮下織を単純結節縫合もしくは連続縫合し，皮膚を非吸収性モノフィラメント糸により単純結節縫合してフラップを所定の位置にしっかりと縫合する。必要に応じて，創の遠位端に位置するようにドレーンチューブを設置する。ドナーサイトの皮下織を，吸収性モノフィラメント糸による単純結節縫合あるいは連続縫合にて閉鎖し，次いで皮膚を非吸収性モノフィラメント糸による単純結節縫合にて閉鎖する（図495）。

参考文献

Done SH, Goody PC, Evans SA *et al*. (1996) (eds) *Color Atlas of Veterinary Anatomy. Volume 3: the Dog and Cat*. Mosby, St. Louis, p. 4.33 (fig. 4.56).

Dyce KM, Sack WO, Wensing CJG (1996) *Textbook of Veterinary Anatomy*. WB Saunders, Philadelphia, p. 461.

Fossum TW, Hedlund CS, Hulse DA *et al*. (2002) (eds) *Small Animal Surgery*, 2nd edn. Mosby, St. Louis, p. 171.

Pavletic MM (2010) *Atlas of Small Animal Wound Management and Reconstructive Surgery*, 3rd edn. Wiley-Blackwell, Ames, pp. 380–382.

Straw R (2007) Reconstructive surgery in veterinary cancer treatment. In: *Proceedings of the World Small Animal Veterinary Association Congress*, Sydney.

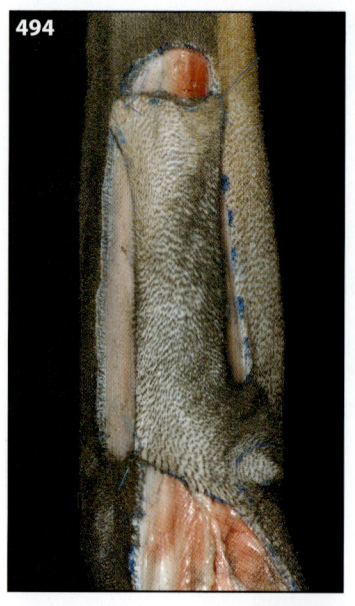

図494 欠損部の基部を縫合して，フラップを部分的に固定する。

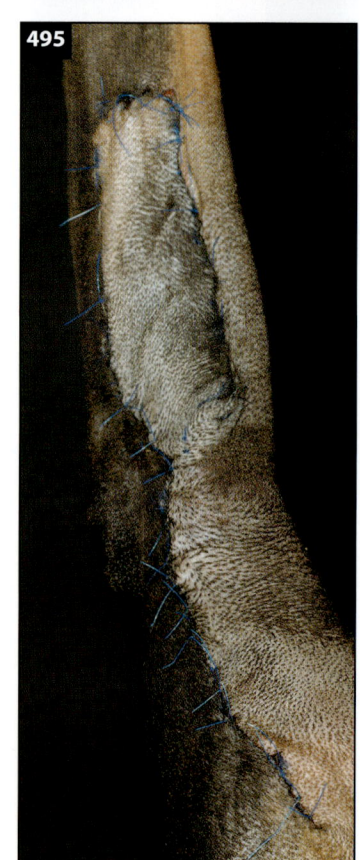

図495 ドナーサイトおよび欠損部の縫合が終了した状態の背面像。

（前肢）腋窩フォールド皮弁

概要

腋窩フォールド皮弁は，胸部の外側および腹側の創傷を閉鎖する目的で使用される（図496, 497）（※訳注：腋窩および大腿〜脇腹にある余剰の皮膚の皺を本書ではスキンフォールド〔あるいは，単にフォールド〕とする）。

方法

ドナーサイトおよび欠損部へアプローチしやすいように，犬を横臥位に寝かせる。皮弁を欠損部上へ縫合する際は，横臥位のまま前肢を背軸方向へ伸ばした状態で行うか，または仰臥位にする（図498）。

ドナーサイトと欠損部周囲の毛を刈り，術前の準備をする。その範囲は，前肢つけねの胴体と肩甲部および前肢近位の領域を含む。前肢遠位は，滅菌されたバンデージで覆う。必要に応じて，欠損部のデブリードマンを行う。皮弁は常に健康な肉芽床の上に被せるようにすべきである。

次に，欠損部のサイズと，これを覆うのに必要な皮膚の量を決める（図499）。これは，体壁から肘部にかけての皮膚の弛みを摘みながら行う。採取する皮膚が広範囲すぎるとドナーサイトを閉じる際に過剰なテンションがかかってしまう。皮膚を挙上する際に肘を曲げたり伸

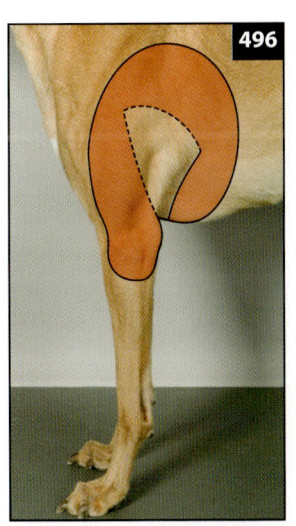

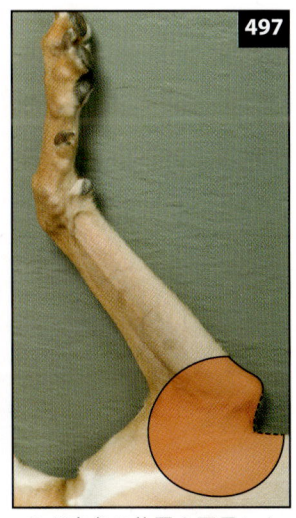

図 496, 497　（前肢）腋窩フォールド皮弁の位置を図示した。皮弁で覆うことが可能な範囲を着色してある。

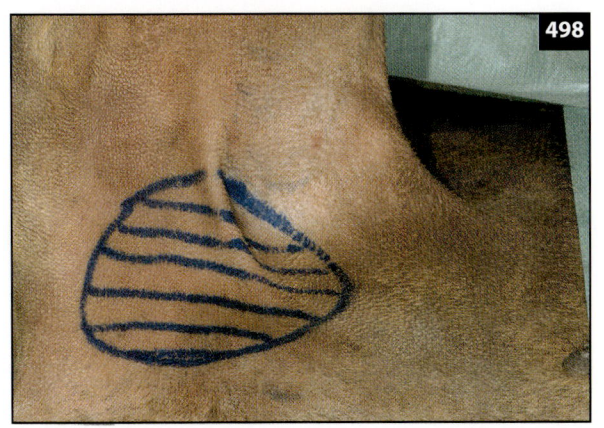

図 498　欠損部作成予定部位の内側像。前肢が背軸方向に伸ばされていることに注意。

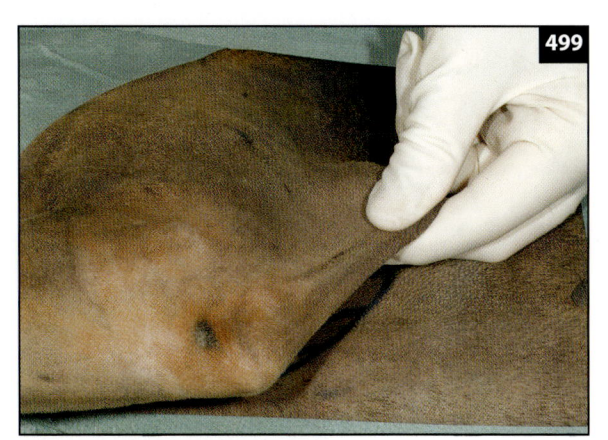

図 499　必要な皮膚の量を評価する。

ばしたりすることで，皮膚の弛みの外側境界線を描くことができる（図500）。

2本の線を引き，皮弁の下描きをする；1本目は上腕骨を覆っている皮膚の内側に，2本目はその外側に引く。2本の線は三日月形を描きながら，遠位でつながる。皮弁の幅は欠損部の幅と同等にし，さらに皮弁の長さの約50％とするのが理想的である。皮弁基部の幅は，皮下血管叢からの血液灌流を良好にするため，十分に広く取る（図501，502）。

下描きにしたがって皮膚を切開する（図503）。上腕三頭筋から分離するようにして，皮弁を剥離する。皮弁の遠位に吸収性モノフィラメント糸による支持糸をかけて，皮弁を欠損部上へ移動させやすいようにする（図504）。皮弁を所定の位置に固定する前に，皮弁を内側に方向転換させて欠損部の最も遠い位置へ橋渡しさせるようにする。近位の皮膚端と，その反対側の皮弁基部の皮膚とを寄せて，1糸縫合する（図505）。

次に，皮弁とレシピエントサイトの皮下織を，単純結節縫合にて2カ所縫合する（図506）。続いて，皮弁の皮下織全域を吸収性モノフィラメント糸で縫合する；必要に応じてウォーキングスーチャーとペンローズドレーンを設置する（図507）。さらに，非吸収性モノフィラメント糸による単純結節縫合で，皮膚を閉鎖する（図508）。

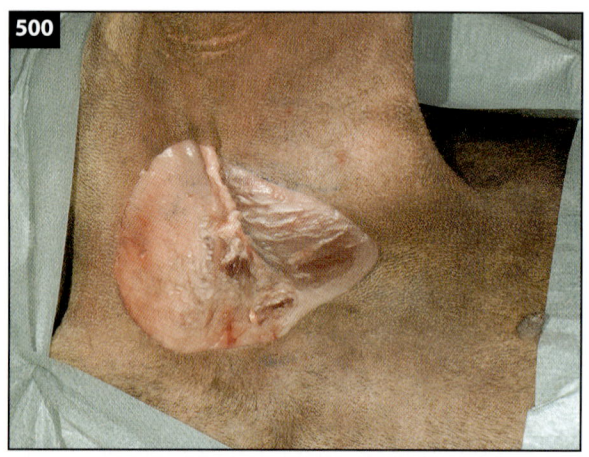

図500　欠損部を作成した。

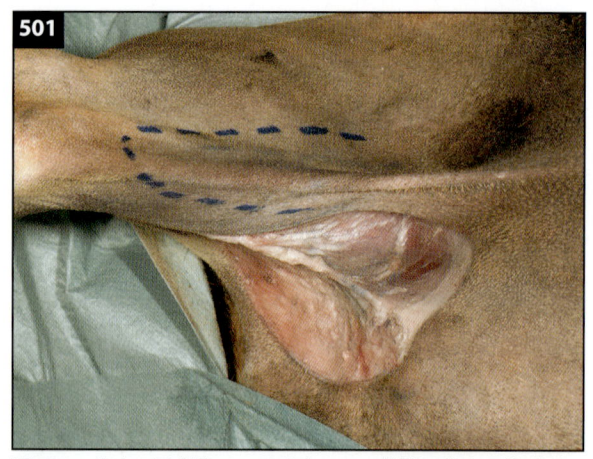

図501　術中の尾側像。この時点では，前肢は前方へ伸ばされている。

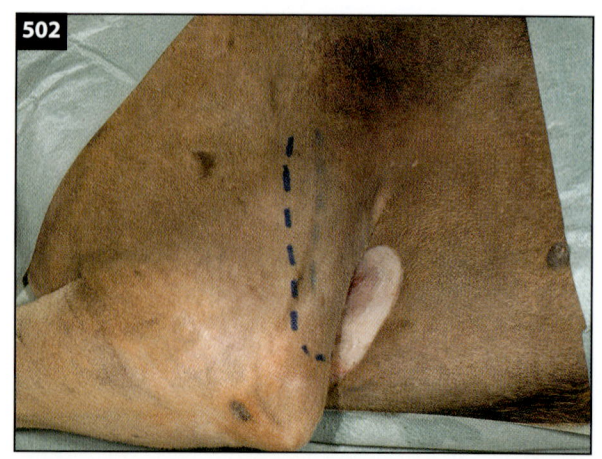

図502　ドナーサイトの側面像。欠損部の尾側部分が観察できる。

第8章 前肢の再建術 191

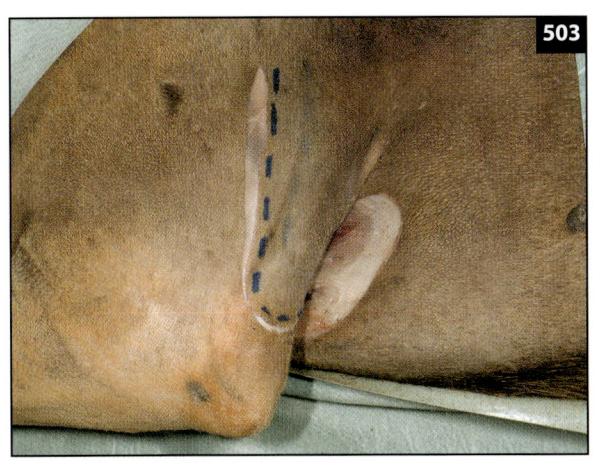

図503 皮弁の外側縁を切皮した様子。

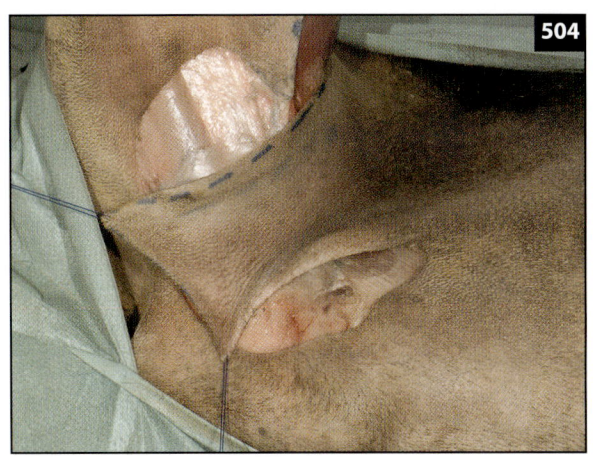

図504 皮弁を欠損部上へ移動させる。

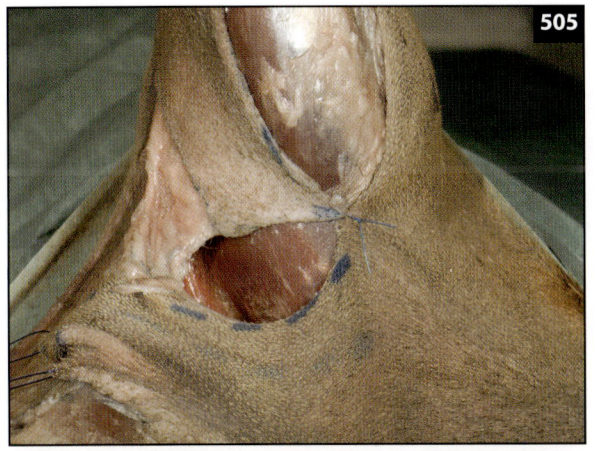

図505 近位の皮膚端と，その反対側の皮弁基部とを寄せて1糸縫合し，欠損部上に皮弁を橋渡しさせるようにする。

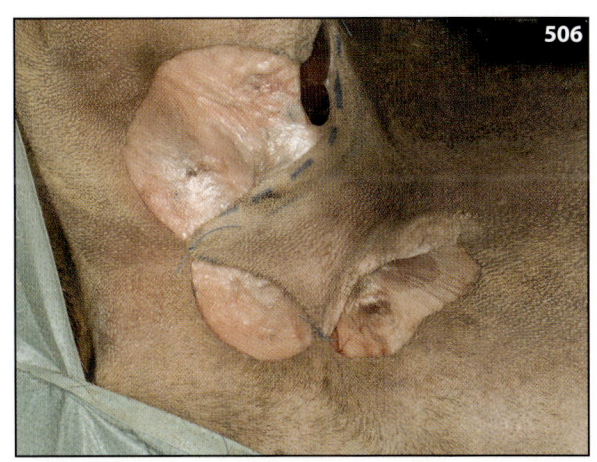

図506 皮弁を部分的に固定する。

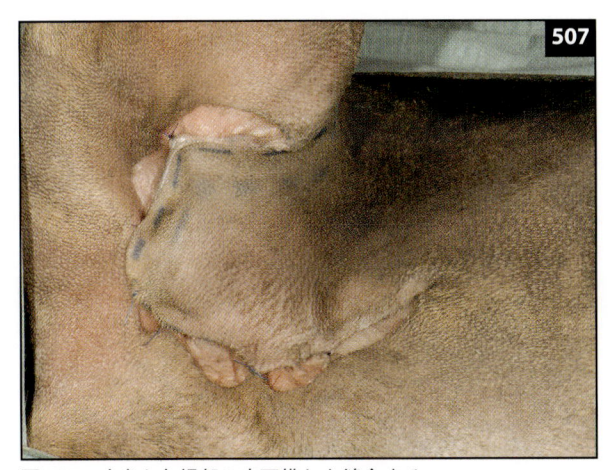

図507 皮弁と欠損部の皮下織とを縫合する。

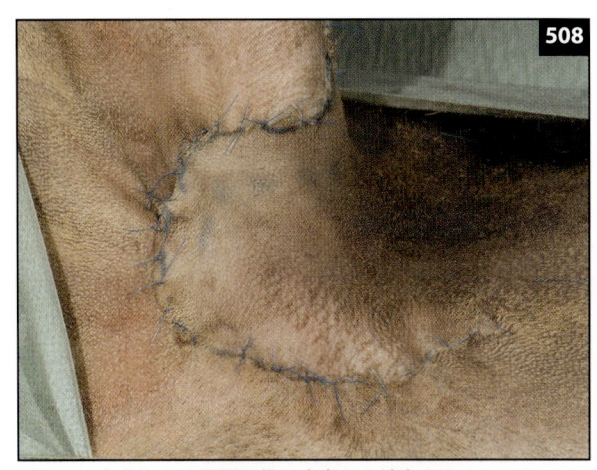

図508 皮弁とその周囲組織の皮膚とを縫合する。

続いて，ドナーサイトを2層に縫合する：皮下織を吸収性モノフィラメント糸で単純結節縫合もしくは連続縫合にて閉鎖し，皮膚を非吸収性モノフィラメント糸による単純結節縫合にて閉鎖する（図509〜511）。

肘部付近の皮膚欠損に対して，この手技を用いた症例を図512，513に示した。

参考文献

Fossum TW, Hedlund CS, Hulse DA *et al.* (2002) (eds) *Small Animal Surgery*, 2nd edn. Mosby, St. Louis, pp. 166–167.

Hunt GB (1995) Skin fold advancement flaps for closing large sternal and inguinal wounds in cats and dogs. *Vet Surg* **24**: 172–175.

Hunt GB, Tisdall PLC, Liptak JM *et al.* (2001) Skin fold advancement flaps for closing large proximal limb and trunk defects in dogs and cats. *Vet Surg* **30**: 440–448.

Pavletic MM (2010) *Atlas of Small Animal Wound Management and Reconstructive Surgery*, 3rd edn. Wiley-Blackwell, Ames, pp. 334–335.

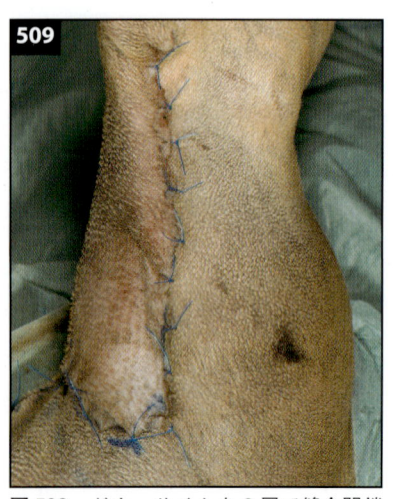

図509 ドナーサイトを2層で縫合閉鎖する。

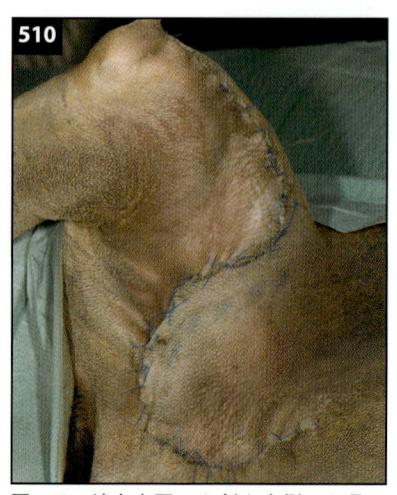

図510 縫合完了した創を内側から見た様子。肘にできたドッグイヤーは切除されていないことに注目。

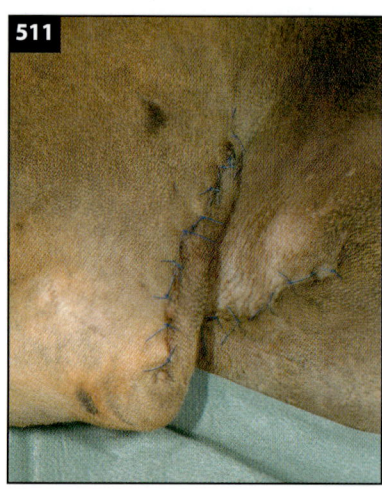

図511 転移した皮弁とドナーサイトを外側から見た様子。

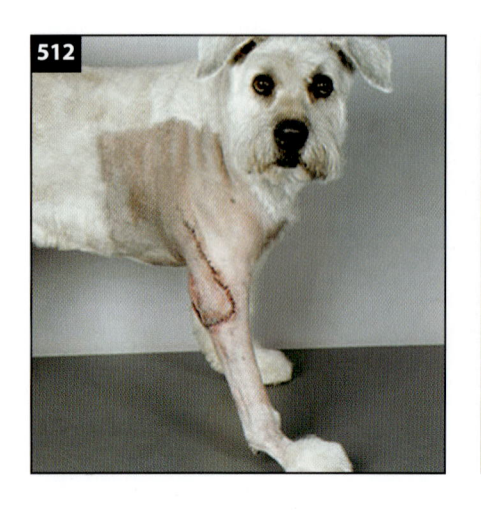

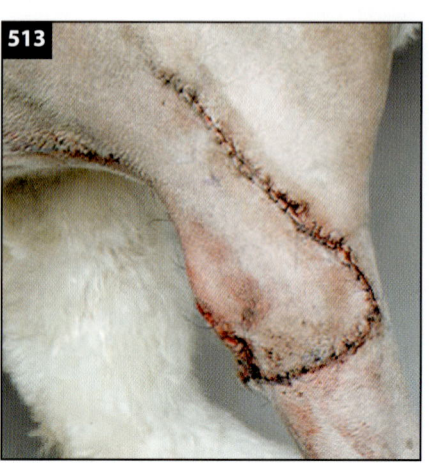

図512，513 前肢に生じた欠損創に対し，(前肢)腋窩フォールド皮弁を用いて創閉鎖した犬の症例を示す。

尺側手根屈筋フラップ（筋弁）

概要

尺側手根屈筋フラップには，尺側手根屈筋の上腕頭までが含まれる。この筋弁は前腕部や手根部，中手部領域の慢性創傷例に対して使用できる。尺側手根屈筋は，上腕骨内側上顆より起始し，副手根骨に停止している。つまり，尺側手根屈筋には手首を屈曲させる働きがある。

尺側手根屈筋の上腕頭は後骨間動脈により血液供給を受けており，これは遠位の腱より筋肉内へ流入している（図514～516）。

方法

犬を横臥位に寝かせる。肘と手首を含むドナーサイトの毛刈りをする。フラップの領域を常法にて洗浄し，術前の準備をする。欠損部は，必要に応じてデブリードマンを行う。フラップは常に健康な肉芽床の上に被せるようにすべきである。必要に応じて，創縁周囲の上皮化部分を除去する。肢端部には，滅菌グローブを被せておくとよい（図517）。

前腕の尾外側に沿って，肘の下から遠位に向かって副手根骨の2cmの位置まで切開する（図518）。前腕と手根部の筋膜を切開して，尺側手根屈筋の尺骨頭を露出さ

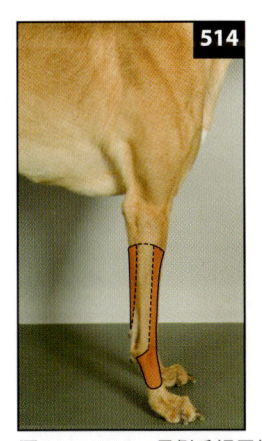

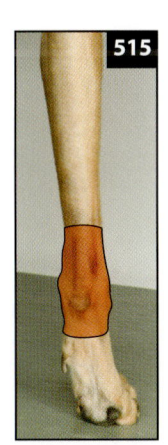

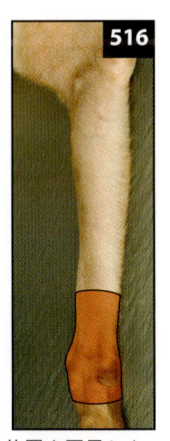

図514～516　尺側手根屈筋フラップ（筋弁）の位置を図示した。フラップによって覆うことが可能な範囲を着色してある。

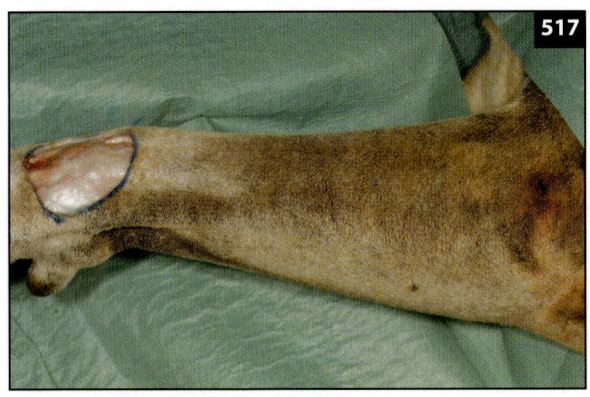

図517　欠損部と前腕近位の背外側像。

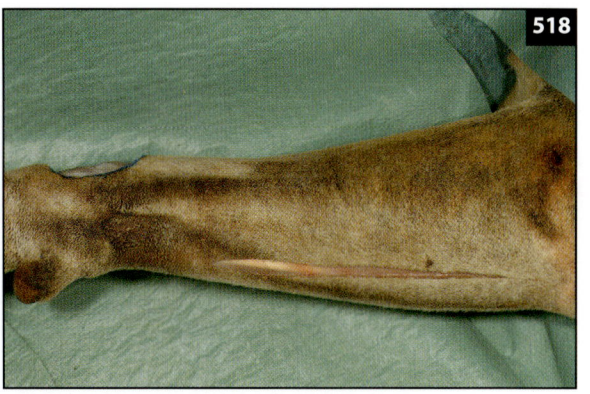

図518　上腕部の尾外側に沿って切開を入れる。

せる（図519，520）。上腕頭を露出しやすくするため，尺側手根屈筋の尺骨頭は遠位の腱の位置で切断する（図521）。尺側手根屈筋の上腕頭は，外側尺骨筋の外側と尺側手根屈筋の尺骨頭尾側との間に確認できる（図522）。

上腕頭の筋膜付着部を鈍的に分離した後，尺側手根屈筋をその中間部と近位部との間で切断する（図523）。ドナーサイトとレシピエントサイトの間に橋状切開を入れ，フラップを欠損部上へ移動させる（図524）。

吸収性モノフィラメント糸を用いて，単純結節縫合もしくは連続縫合にて，フラップを欠損部上に縫合する。隣接する皮膚を用いてフラップを閉鎖する場合は，閉鎖を容易にするため，皮下を剥離して皮下織にウォーキングスーチャーを用いてもよい（図525，526）。尺側の腱は吸収性モノフィラメント糸を用いた単純結節縫合，もしくは特定の腱縫合パターンにより固定する（図527，528）。必要に応じて，ドレーンチューブを設置する。筋弁を皮膚で覆うことができない場合は，筋の表面をwetバンデージで覆う。2週間後，肉芽組織の増殖がみられたら，フリースキングラフトによる一次閉鎖が可能となる。

参考文献

Chambers JN, Purinton PT, Allen SW *et al.* (1998) Flexor carpi ulnaris (humeral head) muscle flap for reconstruction of distal forelimb injuries in two dogs. *Vet Surg* 27: 342.

Done SH, Goody PC, Evans SA *et al.* (1996) (eds) *Color Atlas of Veterinary Anatomy. Volume 3: the Dog and Cat.* Mosby, St Louis, p. 4.28 (fig. 4.47).

Dyce KM, Sack WO, Wensing CJG (1996) *Textbook of Veterinary Anatomy.* WB Saunders, Philadelphia, p. 86.

Fossum TW, Hedlund CS, Hulse DA *et al.* (2002) (eds) *Small Animal Surgery*, 2nd edn. Mosby, St. Louis, pp. 178–179.

Szentimrey D (1998) Principles of reconstructive surgery for the tumor patient. *Clin Tech Small Anim Pract* 13: 70–76.

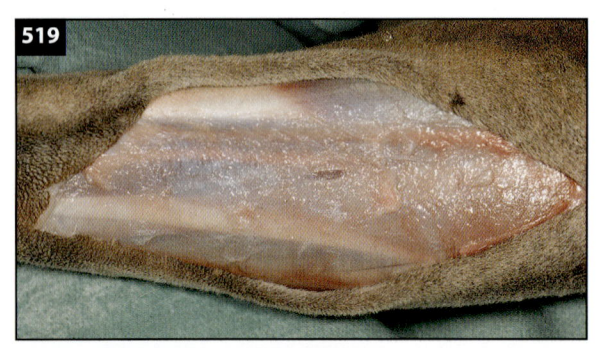

図519 皮膚を切開すると筋膜が露出する。

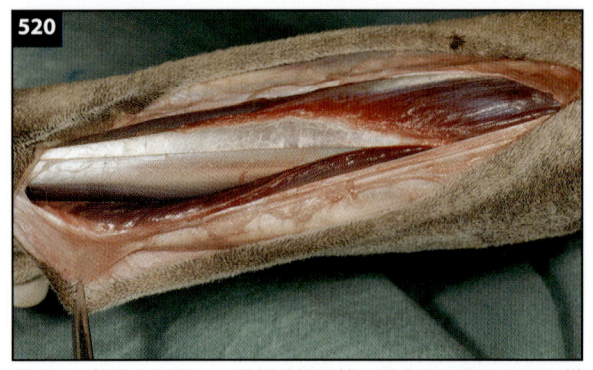

図520 筋膜を切開し，尺側手根屈筋の尺骨頭が露出された様子。

図521 尺側手根屈筋の尺骨頭を遠位の腱の位置で切断する。

第8章 前肢の再建術　195

図522　尺側手根屈筋の上腕頭を分離する。

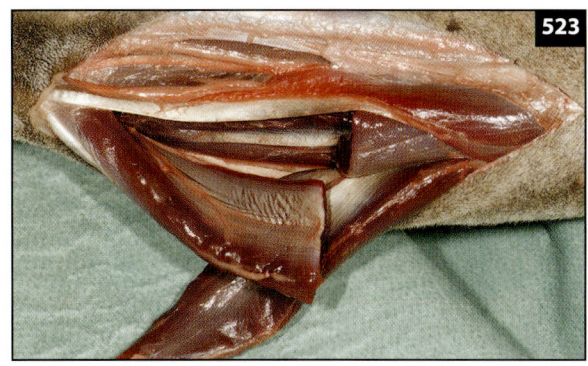

図523　尺側手根屈筋の上腕頭をその中間部から近位1/3の間で切断する。

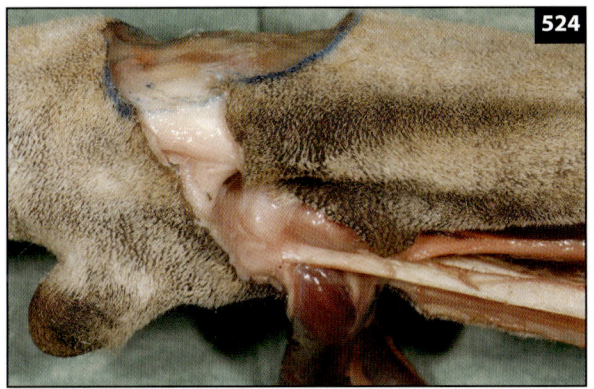

図524　橋状切開により，フラップ領域と欠損部が連続した様子。

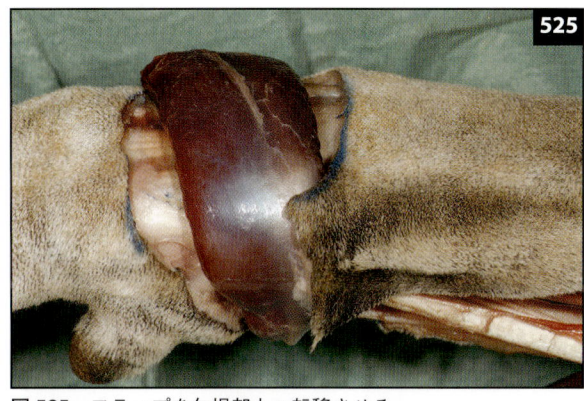

図525　フラップを欠損部上へ転移させる。

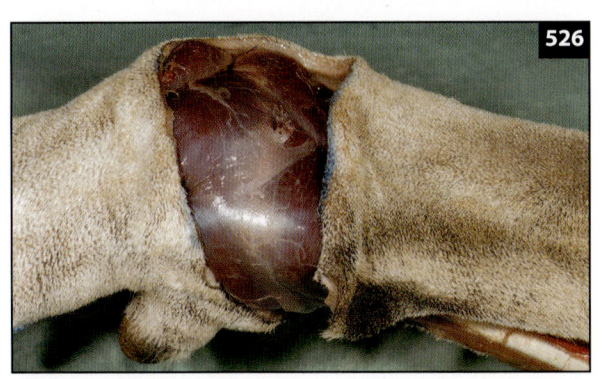

図526　皮下織を寄せやすくするためにウォーキングスーチャーが必要な場合がある。

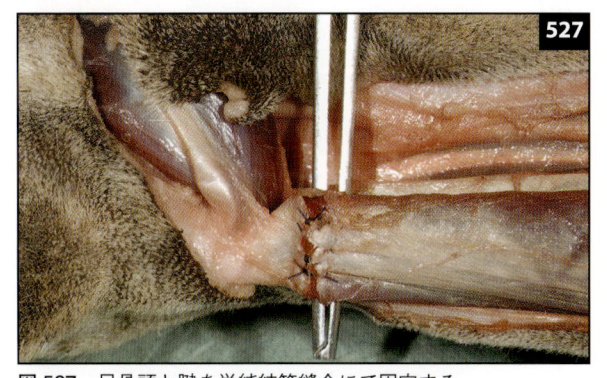

図527　尺骨頭と腱を単純結節縫合にて固定する。

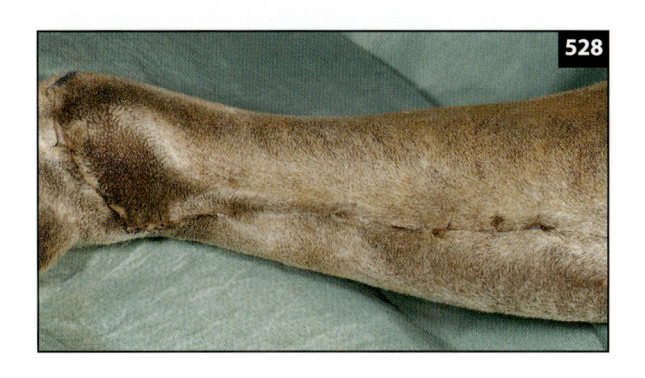

図528　非吸収性モノフィラメント糸を用いて皮膚を閉鎖する。

指節骨フィレット法(第一指/狼爪[P-1])

概要
　手根部の背側や中手部の創傷は，ローカル伸展フラップあるいは尺側手根屈筋フラップにより覆うことができる。一方，掌や爪の外側などの手根部遠位の小さな創傷は，第一指（P-1）の皮膚を利用した指節骨フィレットフラップにより覆うことが可能である（図529～531）。

方法
　患肢の内側にアクセスしやすい姿勢にして，犬を横臥位に寝かせる。患肢の遠位部を毛刈りする。フラップの領域を常法にしたがって洗浄し，術前の準備をする。必要に応じて，欠損創のデブリードマンを行う。フラップは常に健康な肉芽床の上に被せるようにすべきである。もしも創縁に上皮化部分がみられるのであれば，これを除去する（図532）。

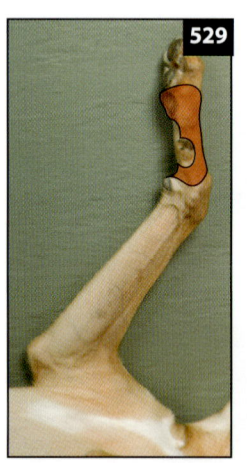

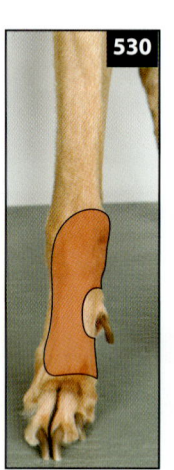

図529～531　指節骨フィレット法の位置を図示した。フラップで覆うことが可能な範囲を着色してある。

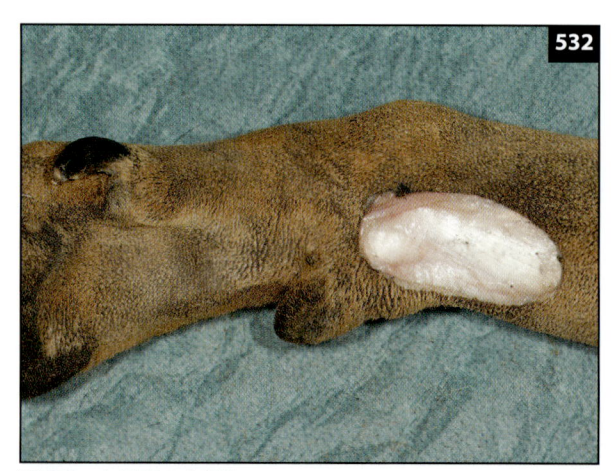

図532　欠損部の内側像。

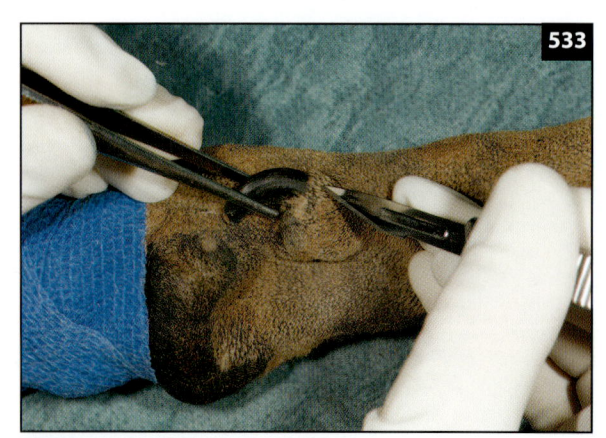

図533　爪床の周囲を円形に切開する。

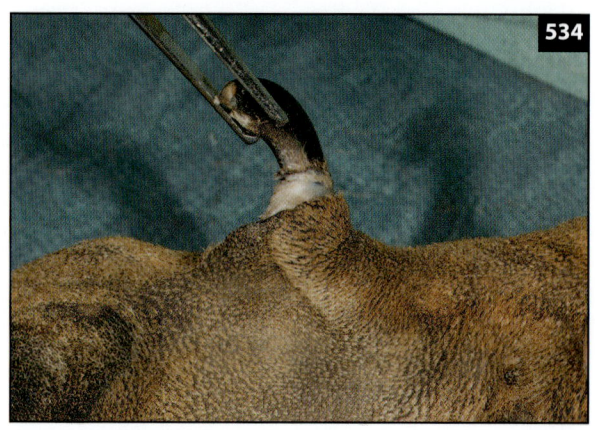

図534　爪周囲の皮膚を切開した様子。

第8章　前肢の再建術　197

　No.11のメス刃を用いて，爪の基部の周囲に円形の皮膚切開を行う（図533～535）。下描きに沿って，第一指の皮膚を切開し（図536, 537），爪を慎重に切除する。第一指に分布している動静脈は，吸収性モノフィラメント糸にて結紮するか，もしくは焼灼する。次に，指骨と中手骨を除去する（図538）。

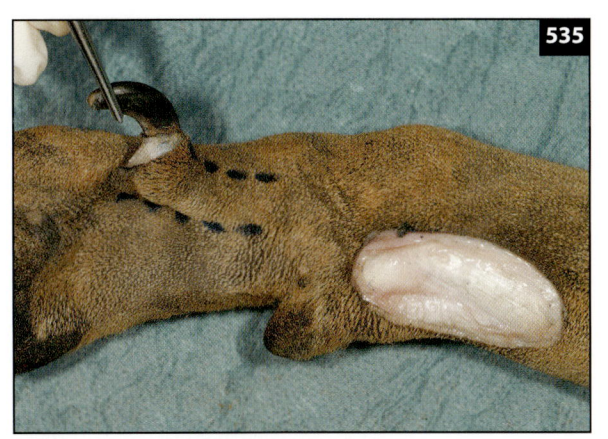

図535　フラップの境界線を下描きする。

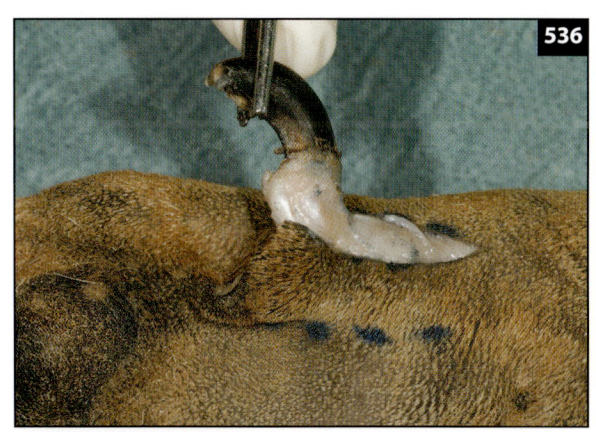

図536　一方を切開する。

図537　第一指を脱臼させ，切断する。

図538　第一指除去後のドナーサイトの様子。

尾外側の点線部分を切開し，フラップを欠損部上へ回転移動させやすいように橋状切開を入れる（図539）。そして，フラップを欠損部上へ移動させる（図540）。

フラップの皮下織を吸収性モノフィラメント糸で単純結節縫合もしくは連続縫合にて閉鎖する（図541，542）。続いて，非吸収性モノフィラメント糸を用いて，皮膚を単純結節縫合にて閉鎖する（図543）。

参考文献

Bradley DM, Shealy PM, Swaim SF (1993) Meshed skin graft and phalangeal fillet for paw salvage: a case report. *J Am Anim Hosp Assoc* **29**: 427–433.

Done SH, Goody PC, Evans SA *et al.* (1996) (eds) *Color Atlas of Veterinary Anatomy. Volume 3: the Dog and Cat.* Mosby, St Louis, p. 4.41 (fig. 4.73).

Dyce KM, Sack WO, Wensing CJG (1996) (eds) *Textbook of Veterinary Anatomy.* WB Saunders, Philadelphia, pp. 79, 462–463.

Fossum TW, Hedlund CS, Hulse DA et al. (2002) (eds) *Small Animal Surgery,* 2nd edn. Mosby, St. Louis, pp. 206–208.

Slatter D (2003) *Textbook of Small Animal Surgery, Volume 2.* WB Saunders, Philadelphia, p. 1987.

Swaim SF, Henderson RA (1997) (eds) *Small Animal Wound Management,* 2nd edn. Williams & Wilkins, Philadelphia, pp. 342, 352.

第8章 前肢の再建術　199

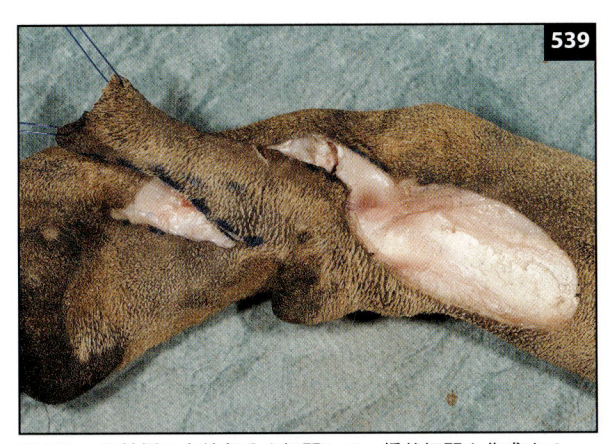

図539　尾外側の点線部分を切開して，橋状切開を作成する。

図540　フラップを欠損部上へ転移させる。

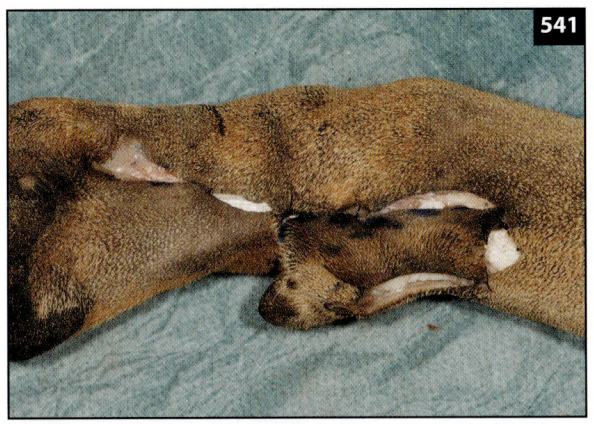

図541　フラップを欠損部に縫合する。

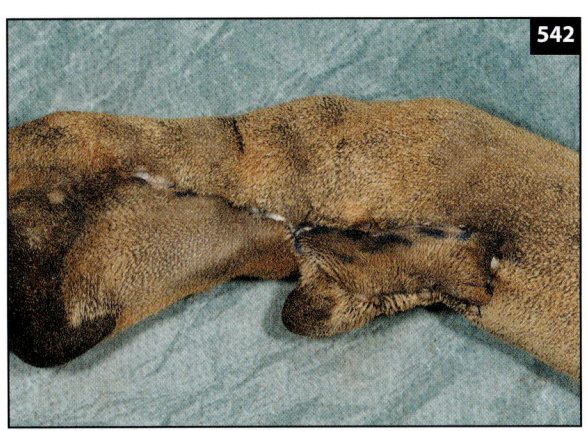

図542　皮下織が閉鎖された様子。

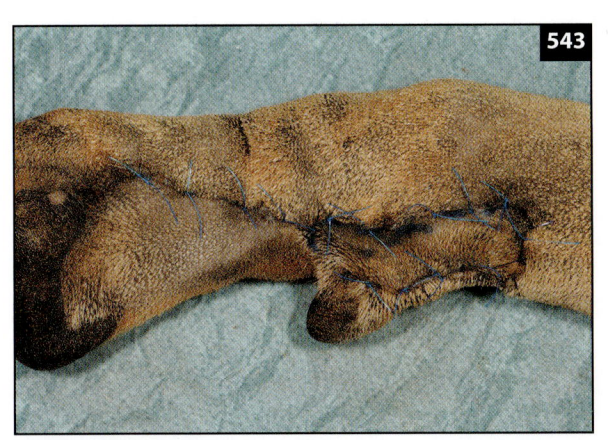

図543　皮膚の閉鎖が終了した様子。

指節骨フィレット法（第二～四指）

概要

指節骨フィレットフラップは，指骨や肢端部の欠損創を閉鎖するために利用できる。この方法は，他の指骨や肢端背側の欠損創を閉鎖するために使用することも可能である。

方法

患者を横臥位に寝かせる。遠位肢端部の内側と外側，および爪先と欠損部周囲の毛刈りをする。欠損部の領域は慎重に洗浄およびデブリードマンを行い，どの指を切除するべきか検討する（図544）。

肢端部の指間背側の皮膚を，近位から遠位に向かって切開する。さらに，この切開を指底部まで延長する（図545，546）。次に，背側の血管を結紮する（図547）。続いて，近位指節骨（基節骨）およびその腱を切除する。指骨は，できる限り骨に近い部分から慎重に分離するようにする（図548～550）。末節骨と爪（第三指骨）を切除し（図551），最後に中間指節骨（中節骨）とその腱を切除する（図552）。

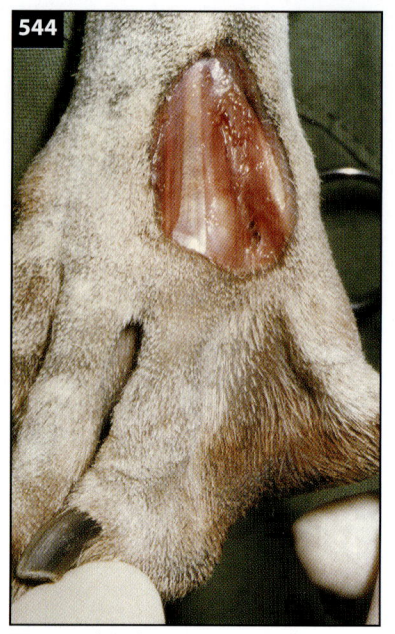

図544　欠損部を洗浄し，デブリードマンを実施した様子。

図545，546　肢端背側の皮膚を切開し（図545），指底部まで切開を延長する（図546）。

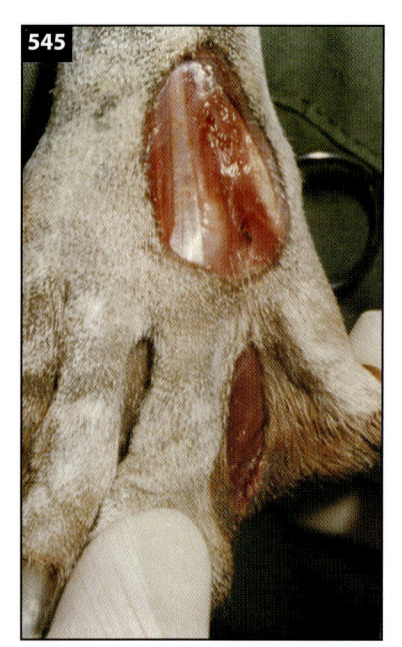

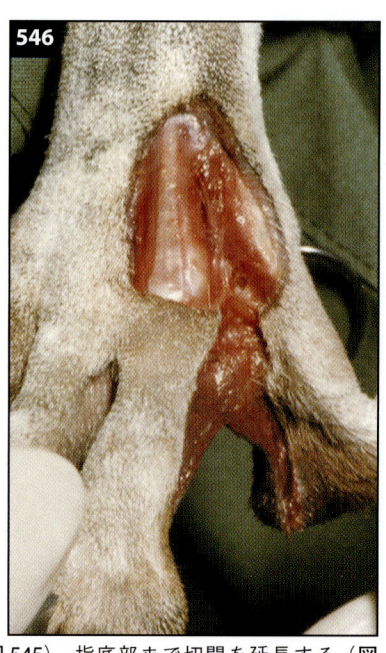

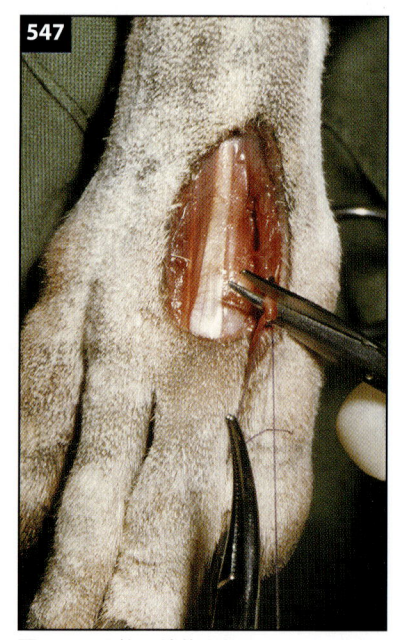

図547　血管を結紮する。

第8章　前肢の再建術　201

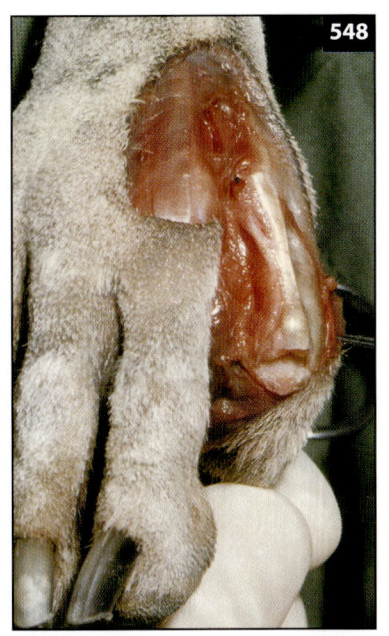

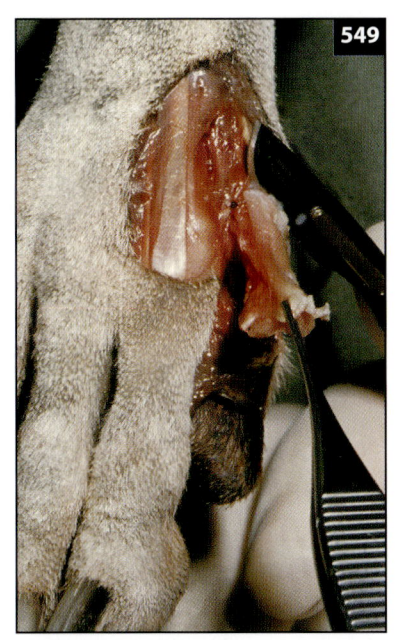

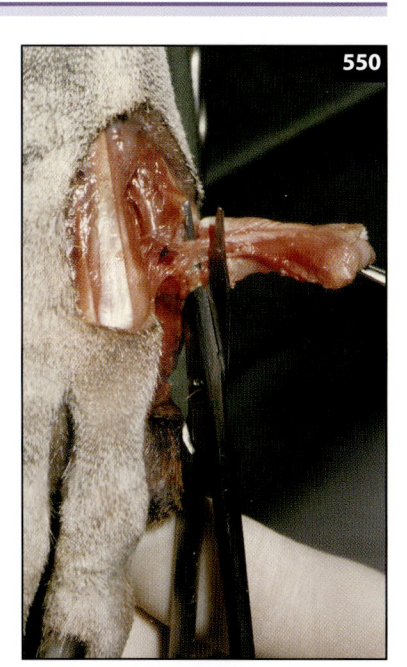

図548～550　近位指節骨（基節骨）とその腱を切除する。指内の骨は，できる限り骨に近い部分から慎重に分離する。

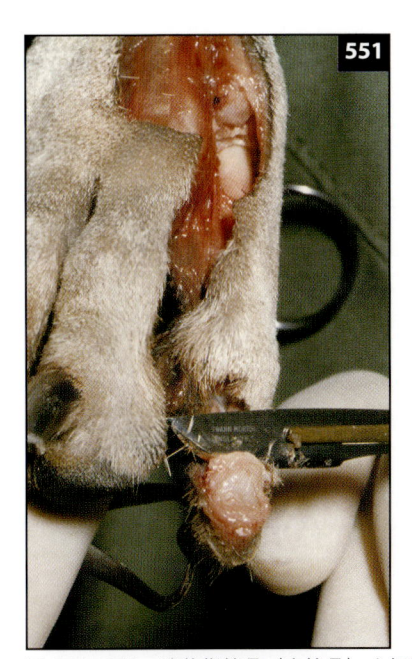

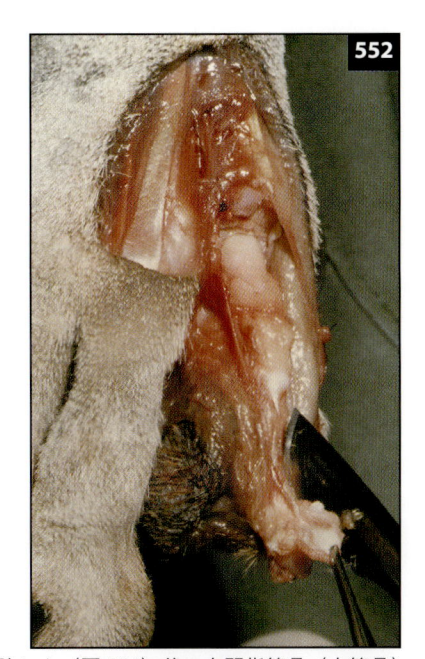

図551, 552　遠位指節骨（末節骨）を切除した（図551）後，中間指節骨（中節骨）を切除する（図552）。

続いて，フラップを適切なサイズにトリミングする（図553～555）。肢端部の背側を覆うため，フラップは1枚につながった状態を維持する。

吸収性モノフィラメント糸を用いて，フラップと皮下織をまず数カ所縫合する（図556～558）。次に，吸収糸を用いて皮下織を連続縫合した後，皮膚を非吸収性モノフィラメント糸による単純結節縫合により閉鎖する（図559，560）。

参考文献

Barclay CG, Fowler JD, Basher AW (1987) Use of the carpal pad to salvage the forelimb in a dog and cat：an alternative to total limb amputation. *J Am Anim Hosp Assoc* **23**: 527-532.

Basher AWP, Fowler JD, Bowen CVA *et al.* (1990) Microneurovascular free digital pad transfer in the dog. *Vet Surg* **19**: 226-231.

Demetriou JL, Shales JC, Hamilton MH *et al.* (1990) Reconstruction of a nonhealing lick granuloma in a dog using a phalangeal fillet technique. *J Am Anim Hosp Assoc* **43**: 288-291.

Fowler D (2006) Distal limb and paw injuries. *Vet Clin North Am Small Anim Pract* **36**: 819-845.

Gourley IM (1978) Neurovascular island flap for treatment of trophic metacarpal pad ulcer in the dog. *J Am Vet Med Assoc* **14**: 119-125.

Pavletic MM (2010) *Atlas of Small Animal Wound Management and Reconstructive Surgery*, 3rd edn. Wiley-Blackwell, Ames, pp. 538-545.

Swaim FS, Garret PD (1985) Foot salvage techniques in dogs and cats：options, do's and don'ts. *J Am Anim Hosp Assoc* **21**: 511-519.

Swaim SF, Henderson RA (1997) (eds) *Small Animal Wound Management*, 2nd edn. Williams & Wilkins, Philadelphia, pp. 342-346.

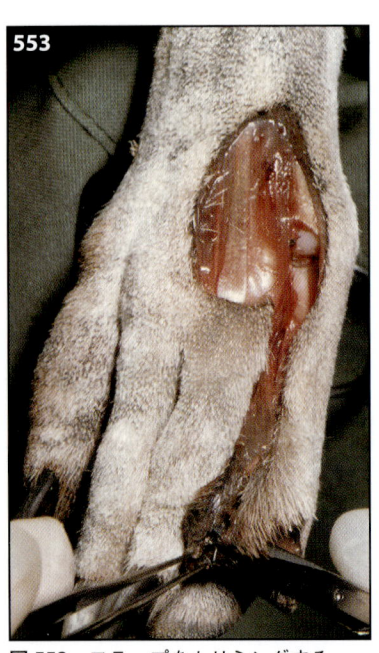

図553　フラップをトリミングする。

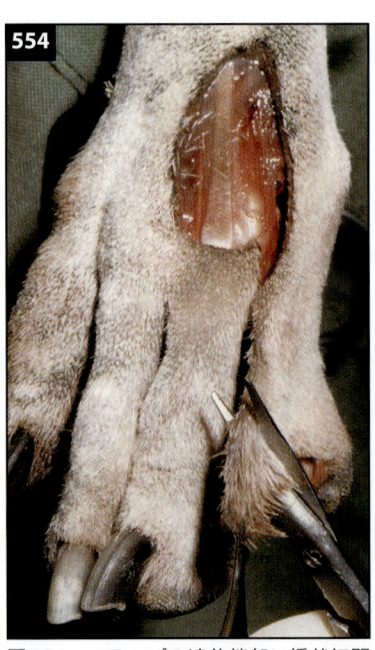

図554　フラップの遠位端部に橋状切開を入れる。

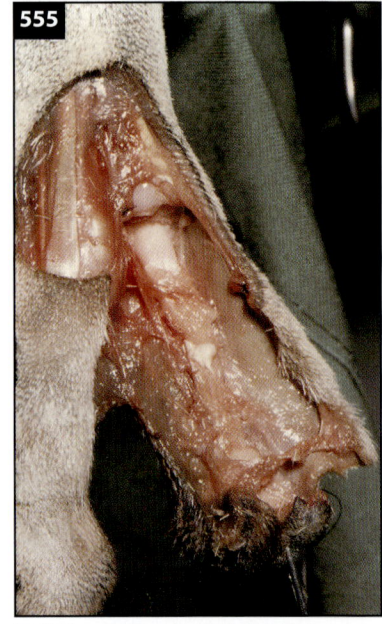

図555　フラップの全体像を示す。

第 8 章　前肢の再建術　203

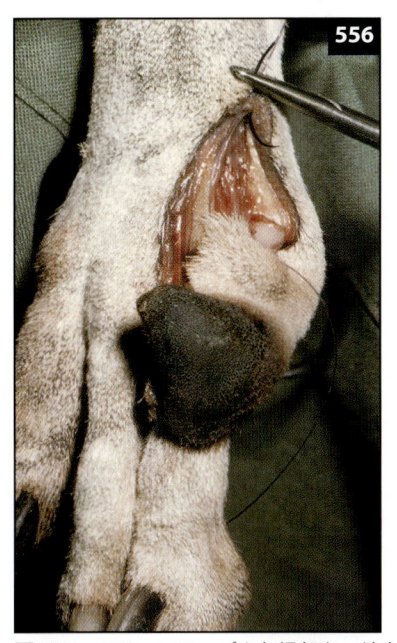

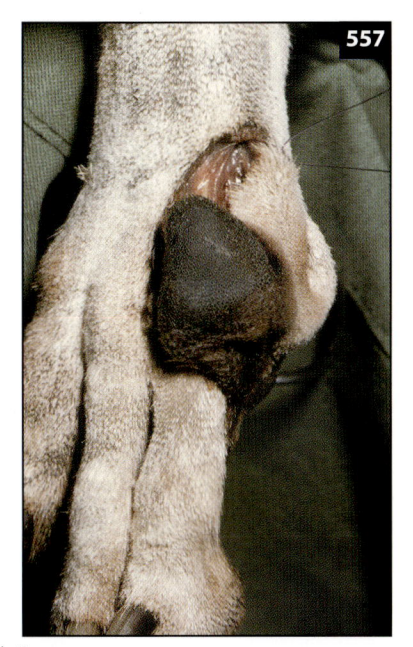

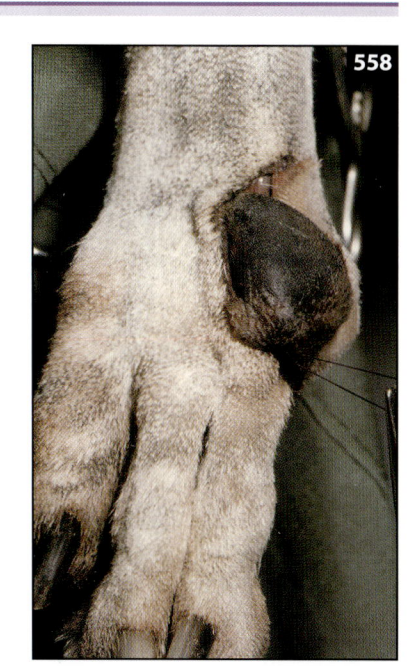

図 556 〜 558　フラップを欠損部上へ縫合する。

図 559　非吸収性モノフィラメント糸で皮膚を縫合する。

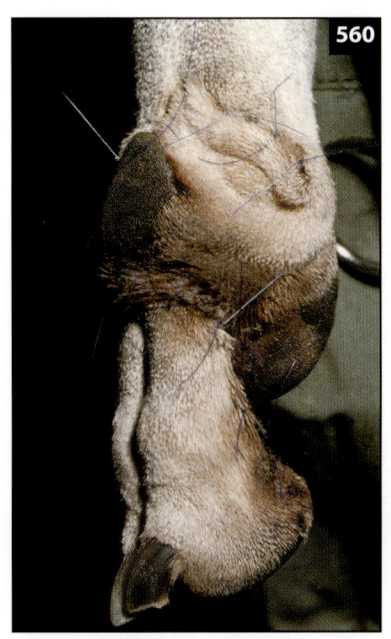

図 560　皮膚縫合が完了した様子。

肉球融合術

概要

肉球融合術は，内科的な治療に反応しない深刻な指間皮膚炎の治療として推奨される。すべての指間および肉球間の皮膚を切除して，指と肉球をまとめて縫合し，1つの"足"を形成する。

方法

患者を横臥位に寝かせる。遠位肢端部の被毛を刈るが，指間の皮膚は特に慎重に毛刈りをする。肢端部を洗浄し，常法にしたがって術前の準備をする。指間の皮膚に線を引いて，除去すべき範囲の皮膚に下描きをする（図561，562）。第三指と第四指の間の背軸方向の皮膚の切除範囲は，軸側方向の切除範囲よりも短くなる（図563）。

次に，足底側／掌側の皮膚に線を引いて，指球と足底球／掌球の間の除去すべき範囲に印を付ける（図564）。指間の皮膚を除去し（図565〜567），足底側の皮膚も除去する（図568，569）。

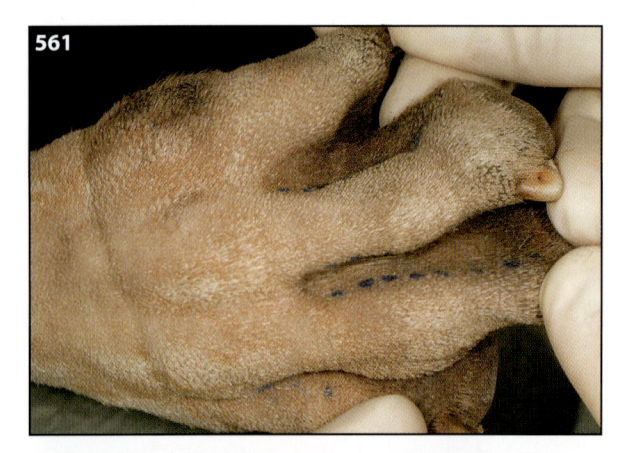

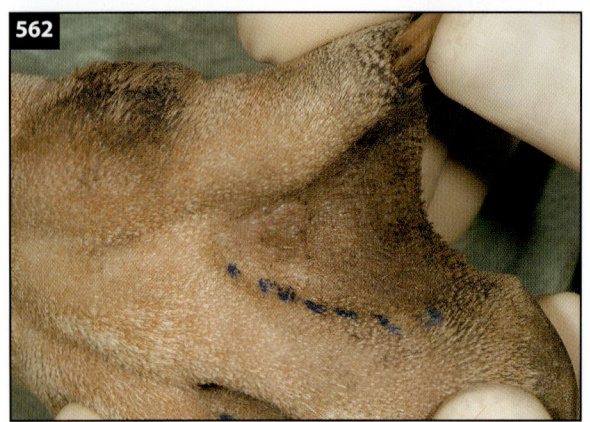

図561，562　除去する範囲の皮膚に下描きをする。隣り合った指の間の皮膚は，できるだけ除去する。

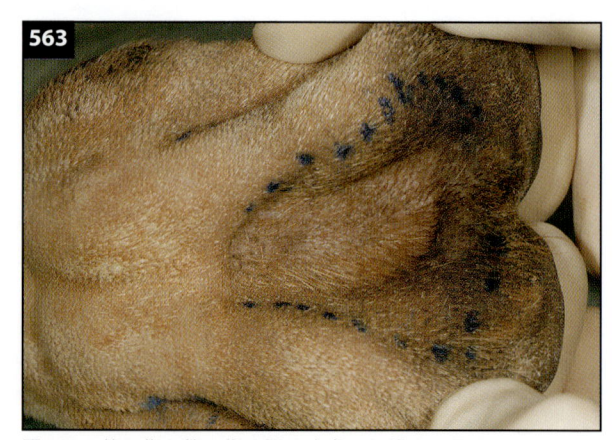

図563　第三指と第四指の間の皮膚の下描きを示す。

第 8 章　前肢の再建術　205

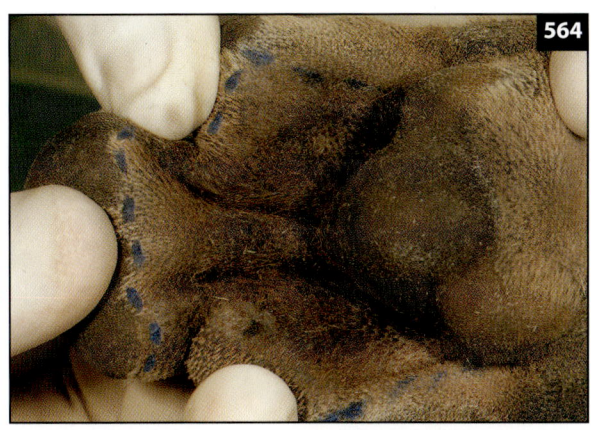

図 564　足底部／掌部の除去する皮膚範囲の下描きを示す。

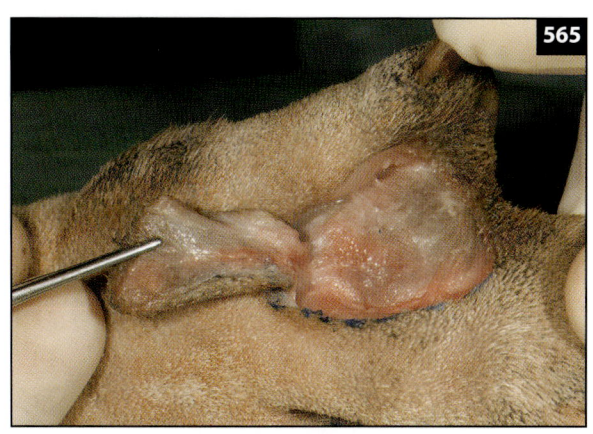

図 565　第二指と第三指の間の皮膚を除去した様子。

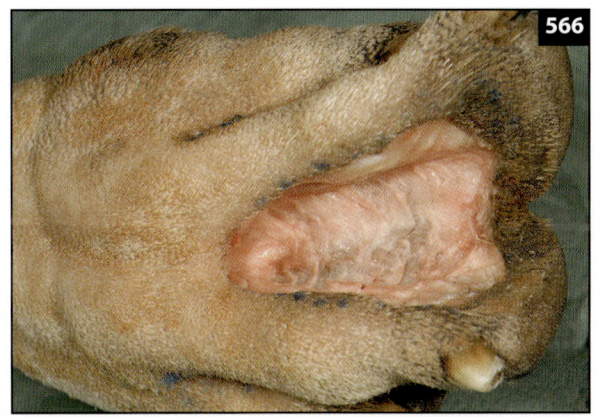

図 566　第三指と第四指の間の皮膚を除去した様子。

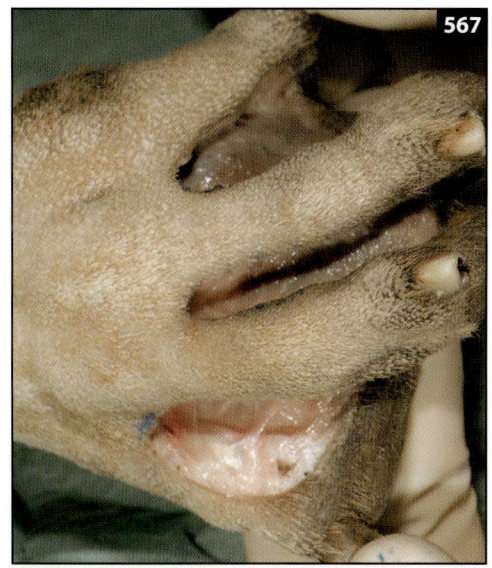

図 567　肢端の背側面の皮膚をすべて除去した様子。

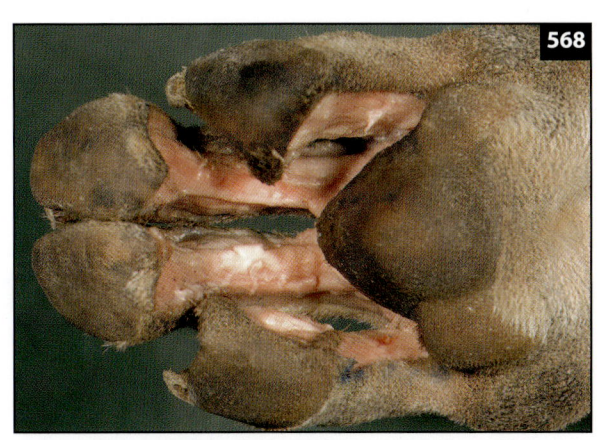

図 568　肢端の足底側／掌側の皮膚をすべて除去した様子。

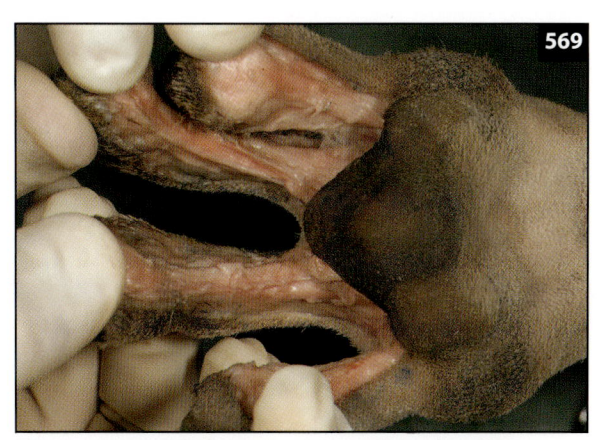

図 569　すべての皮膚を除去した状態の足底／掌の様子。

指球および足底球／掌球を，吸収性モノフィラメント糸を用いて1つに縫合する（図570～572）。肢端背側の皮下織を吸収性モノフィラメント糸で連続縫合により閉鎖する。続いて，肢端背側の皮膚を単純結節縫合により閉鎖する（図573）。この方法においては，ドレーンチューブの設置は必要ない。

参考文献

Fowler D (2006) Distal limb and paw injuries. *Vet Clin North Am Small Anim. Pract* **36**: 819-845.

Gregory C, Gourley IM (1990) Use of flap and or grafts for repair of skin defects of the distal limb of the dog and cat. *Prob Vet Med* **2**: 424-432.

Pavletic MM (2010) *Atlas of Small Animal Wound Management and Reconstructive Surgery*, 3rd edn. Wiley-Blackwell, Ames, pp. 538-545.

Swaim FS, Garret PD (1985) Foot salvage techniques in dogs and cats: options, do's and don'ts. *J Am Anim Hosp Assoc* **21**: 511-519.

Swaim SF, Henderson RA (1997) (eds) *Small Animal Wound Management*, 2nd edn. Williams & Wilkins, Philadelphia, pp. 364-369.

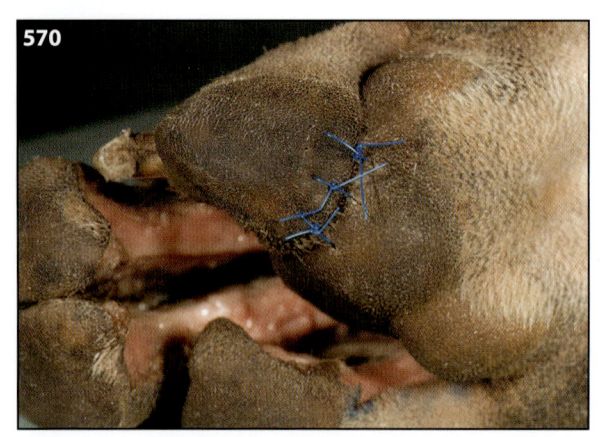

図570，571 第二指の肉球（図570）と第五指の肉球（図571）を足底球／掌球に縫合する。

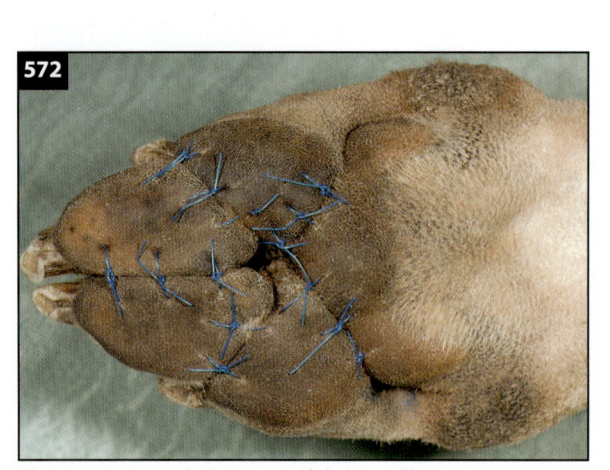

図572 すべての肉球が1つに縫合された様子。

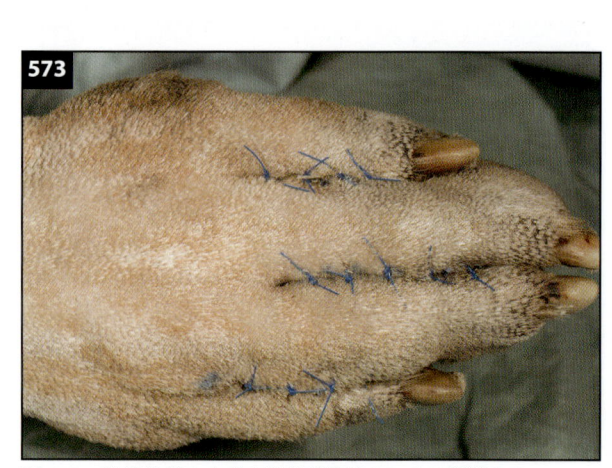

図573 肢端背側の皮膚を単純結節縫合により閉鎖する。

部分的肉球移植術

概要

部分的肉球移植術は，指球の著しい外傷の際に使用することができる。無傷の他の肉球から採取したグラフトを利用して，欠損部に負重可能な表面を再生させる方法である。

以下に示す例のように，他の前肢の指球からパンチグラフトにより採取したものを掌球に移植するのが普通であるが，同肢の別の肉球や，場合によっては同一の肉球からの移植も可能である。

方法

患者を横臥位に寝かせる。前肢端部の内側および外側，指周囲の毛刈りをし，術前の準備をする。生検用パンチを用いて，無傷の肉球から全層の組織片を採取する（図574）。表層の角質層のみではなく，全層のグラフトを確実に採取することが重要である。これに代わる方法としては，メス刃を使って表皮を四角形に切除してもよい（図575，576）。

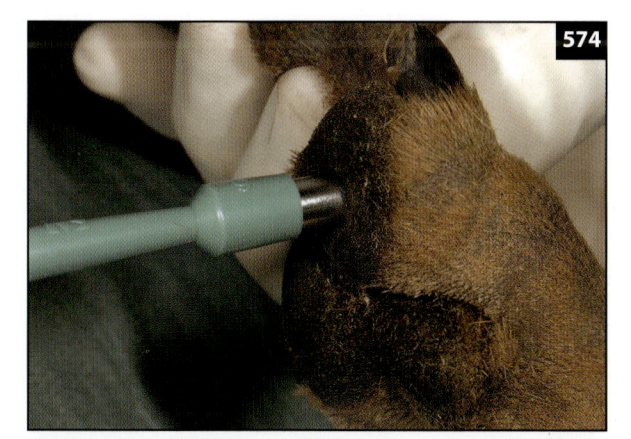

図574，575　生検用パンチ（図574）もしくはメス刃（図575）を用いてグラフトを採取する。

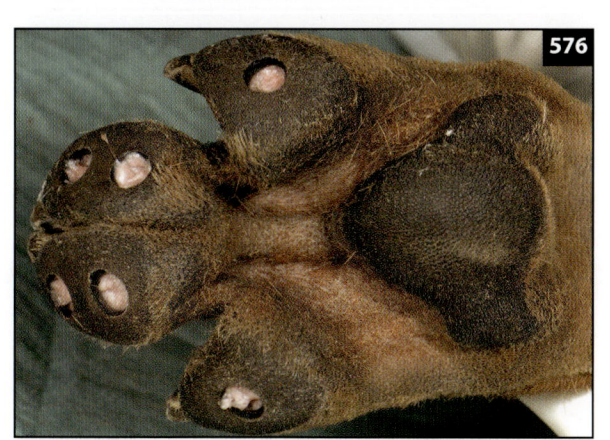

図576　グラフトを採取した後のドナー肢の様子。

次に，採取したグラフトを欠損部の表層に縫合する。確実に縫合するため，縫合糸を緩めた状態で組織に数カ所通してから糸を結紮する（図577～580）。

創の治癒には時間がかかるということを覚えておくことが重要である。可能であれば，特別にあつらえた副木を使って患肢を固定する。

参考文献

Bradley DM, Scardino MS, Swaim SF (1998) Construction of a weight-bearing surface on a dog's distal pelvic limb. *J Am Anim Hosp Assoc* **34**: 387-94.

Fowler D (2006) Distal limb and paw injuries. *Vet Clin North Am Small Anim Pract* **36**: 819-845.

Neat BC, Smeak DD (2007) Reconstructing weight-bearing surfaces: digital pad transposition. *Compend Contin Ed Pract Vet* **29**: 39-46.

Pavletic MM (2010) *Atlas of Small Animal Wound Management and Reconstructive Surgery*, 3rd edn. Wiley-Blackwell, Ames, pp. 556-558.

Swaim FS, Bradley DM, Steiss JE *et al*. (1993) Free segmental paw pad grafts in dogs. *Am J Vet Res* **54**: 2161-2170.

Swaim FS, Riddell KP, Powers RD *et al*. (1992) Healing of segmental grafts of digital pad skin in dogs. *Am J Vet Res* **53**: 406-10.

Swaim FS, Garret PD (1985) Foot salvage techniques in dogs and cats: options, do's and don'ts. *J Am Anim Hosp Assoc* **21**: 511-519.

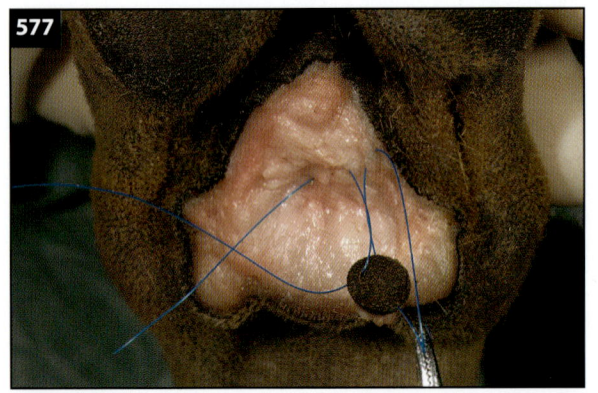

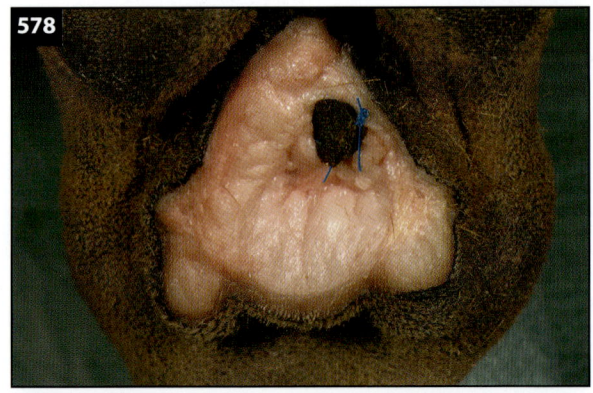

図577, 578　グラフトにあらかじめ数カ所糸を通してから（図577），すべての縫合糸をしっかりと結紮する（図578）。

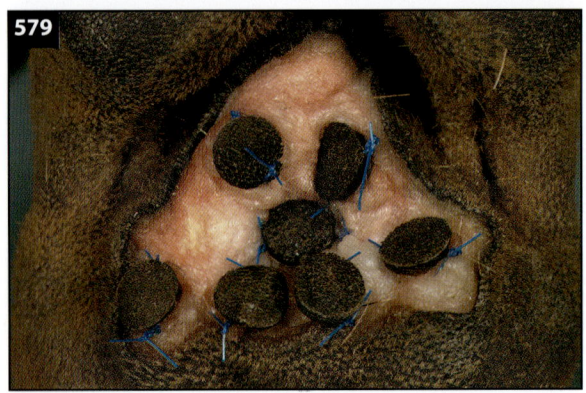

図579　すべてのグラフトを欠損部上に縫合した様子。

図580　肢端部とグラフトが適切に縫合された欠損創を示す。

第9章
後肢の再建術

Tjitte Reijntjes and Jolle Kirpensteijn

- 深腸骨回旋アキシャルパターンフラップ
- 尾側浅腹壁アキシャルパターンフラップ
- 側腹フォールド皮弁
- 膝部アキシャルパターンフラップ
- 前部縫工筋フラップ（筋弁）
- 後部縫工筋フラップ（筋弁）
- 逆行性伏在導管フラップ
- 肉球（足底球）移植術

深腸骨回旋アキシャルパターンフラップ

概要

深腸骨回旋アキシャルパターンフラップ（腹側枝）は，脇腹や大腿部の内外側および骨盤領域に生じた欠損に対して利用できる．深腸骨回旋動脈は腸骨翼の頭腹側より出ているが，この腹側枝のみを利用する（図581, 582）．

方法

患者を横臥位に寝かせて，欠損部周囲の毛刈りをする．フラップ採取部位の皮膚を洗浄し，常法にしたがって術前の準備をする．必要に応じて，欠損部のデブリードマンを行う．

腹壁尾外側にフラップの下描きをする．最初に大転子と腸骨翼の中心から尾側の線を引きはじめて，大腿骨長軸に沿って遠位方向へ延長する．次に，尾側の線と平行になるように，頭側の線を引く．欠損部を覆うために設定したフラップの下描きを図583に示す．

下描きにしたがって，切皮をする（図584）．次に，フラップを剥離し，欠損部上へ移動させやすいよう支持糸をかける（図585）．フラップを挙上して欠損部を覆うように移動させ，サイズが適しているかどうかを評価する（図586）．必要に応じて，フラップと欠損部をつなぐ橋状切開のための線を引き，切皮する（図587）．

吸収性モノフィラメント糸を用いて，フラップを欠損部に固定するため，数カ所を縫合する（図588）．

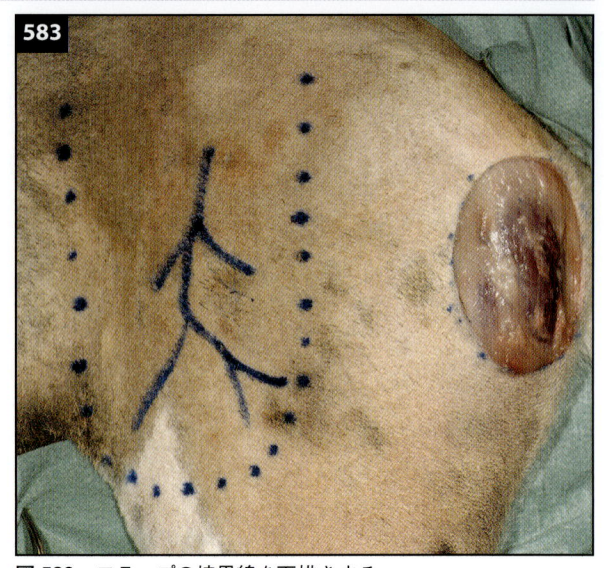

図583 フラップの境界線を下描きする．

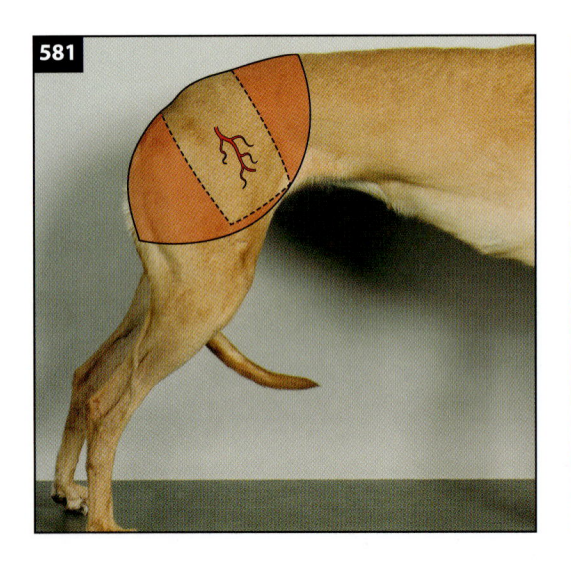

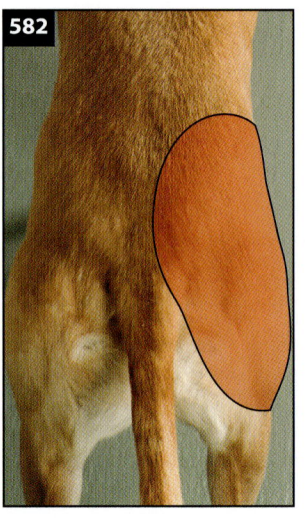

図581, 582 深腸骨回旋アキシャルパターンフラップの模式図を示す．フラップで覆うことが可能な範囲を着色してある．

第9章 後肢の再建術 211

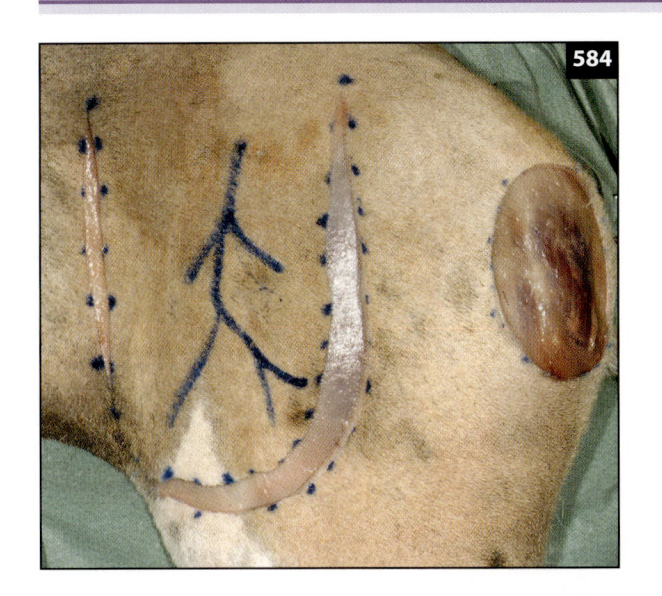

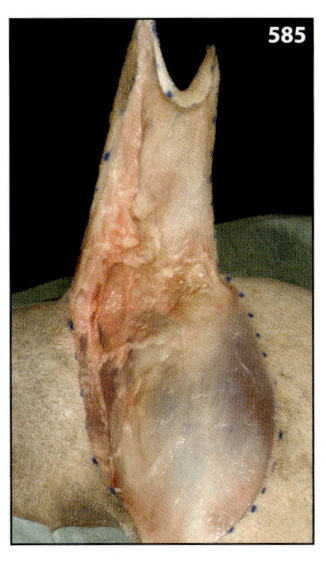

図584, 585 フラップの下描きにしたがって切皮し（図584），剥離する（図585）。

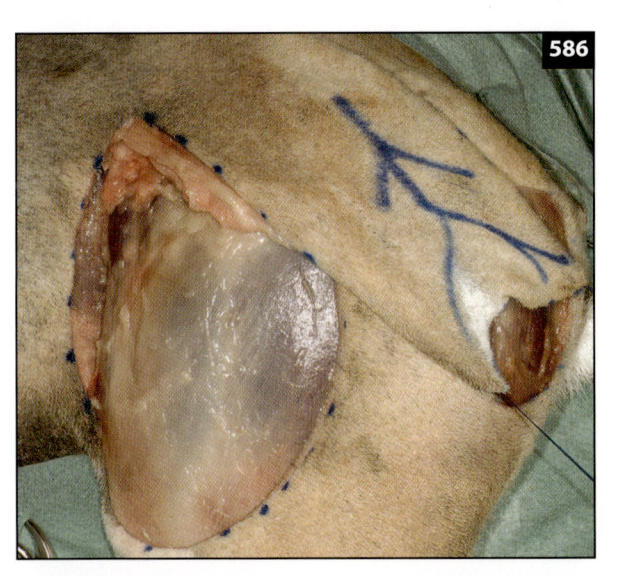

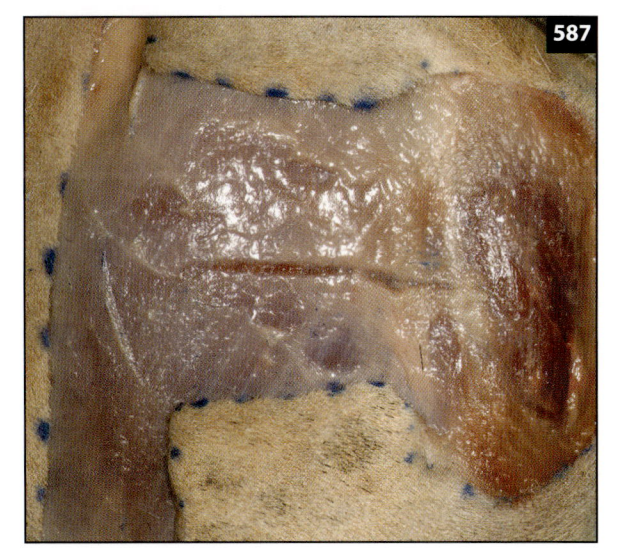

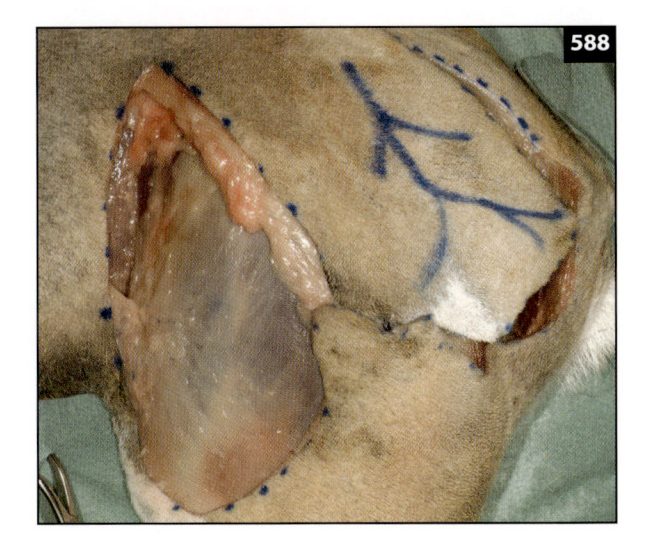

図586 支持糸を利用して，フラップを欠損部上へ移動させる。

図587 橋状切開の可能な位置に印を付け，これを切開する。

図588 皮下織を並置させ，数カ所を縫合する。

ドレーンチューブを設置し（図589），吸収性モノフィラメント糸を用いて単純結節縫合で，フラップおよびドナーサイトの皮下織を閉鎖する。次に，スキンステープラーもしくは非吸収性モノフィラメント糸を用いた単純結節縫合にて，フラップおよびドナーサイトの皮膚を閉鎖する（図590）。

参考文献

Gregory C, Gourley IM (1990) Use of flap and or grafts for repair of skin defects of the distal limb of the dog and cat. *Prob Vet Med* **2**: 424–432.

Jackson AH, Degner AD (2003) Iliac cutaneous free flap in cats. *Vet Surg* **32**: 341–349.

Pavletic MM (1981) Canine axial pattern flaps using the omocervical, thoracodorsal, and deep circumflex iliac direct cutaneous arteries. *Am J Vet Res* **42**: 391–406.

Pavletic MM (2010) *Atlas of Small Animal Wound Management and Reconstructive Surgery*, 3rd edn. Wiley-Blackwell, Ames, pp. 386–387.

Teunissen BD, Walshaw R (2004) Evaluation of primary critical ischemia time for the deep circumflex iliac cutaneous flap in cats. *Vet Surg* **33**: 440–445.

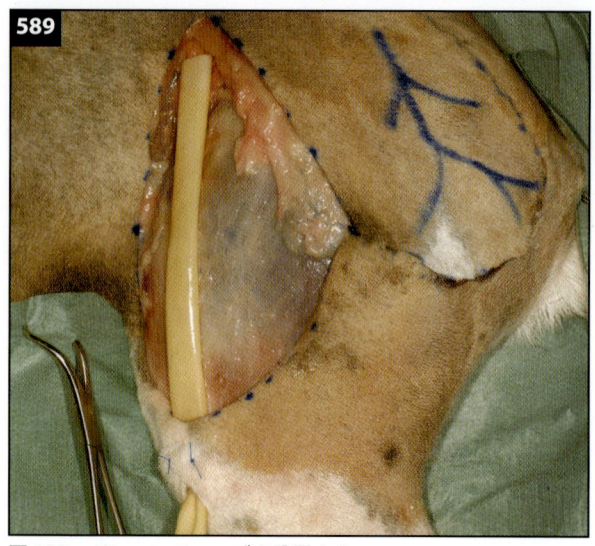

図589　ドレーンチューブを設置する。

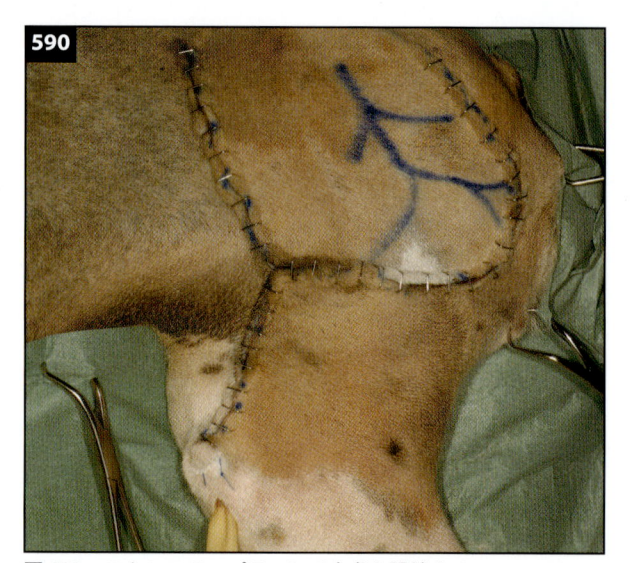

図590　スキンステープラーにて皮膚を閉鎖する。

第9章 後肢の再建術　213

尾側浅腹壁アキシャルパターンフラップ

概要

　尾側浅腹壁アキシャルパターンフラップは，後肢の内外側や後腹部，脇腹，鼠径部，包皮（雄），会陰部および乳腺部（雌）の皮膚欠損に対して利用が可能である。術者は，雌犬に関しては避妊手術が行われない限り，乳腺の活動が維持されることを認識しておくべきである。雄でこの手技を実施する場合には，フラップの壊死を防ぐために包皮基部の皮膚を切らずに残しておく必要がある。浅腹壁静脈の包皮枝は結紮する（図591，592）。

方法（内側への使用例）

　尾側浅腹壁動静脈は，鼠径輪から出て左側もしくは右側の腹壁に血液を供給している（図593）。腹壁および欠損部の周囲を毛刈りして洗浄し，常法にしたがって術前の準備をする。必要に応じて，欠損部のデブリードマンを実施する。フラップは，常に健康な肉芽床の上に被せるようにする。欠損部周囲に残る上皮化部分は除去する。

　後腹部の傍正中に長方形を描き，欠損部を覆うのに十分となるようできるだけ頭側まで（第三乳腺部まで，もしくはこれよりやや頭側まで），これを延長する。フラップの幅は乳頭から正中線までの距離の2倍となるようにする（図594）。

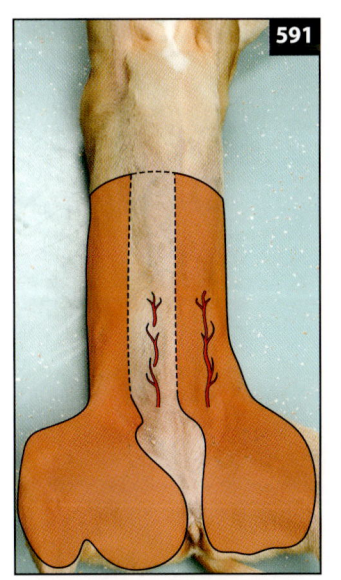

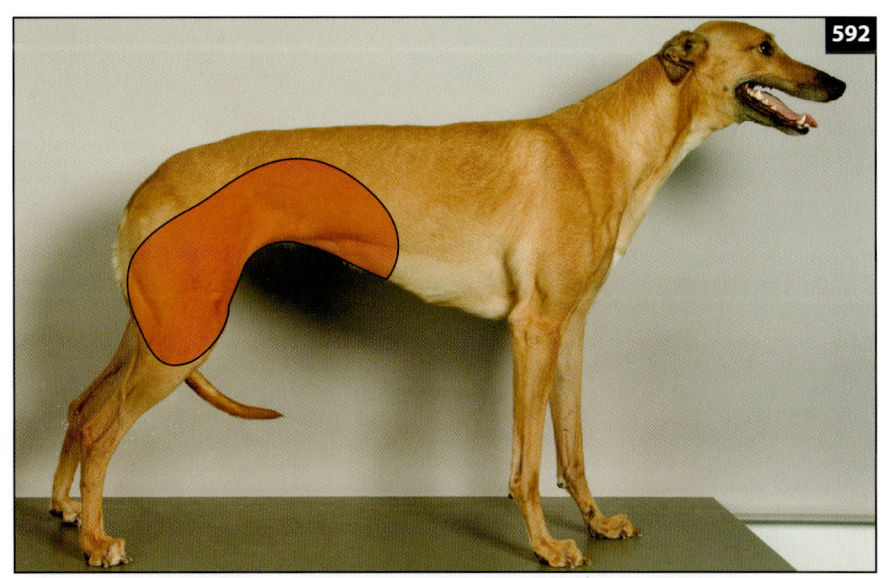

図591，592　尾側浅腹壁アキシャルパターンフラップの模式図を示す。フラップで覆うことが可能な範囲を着色してある。

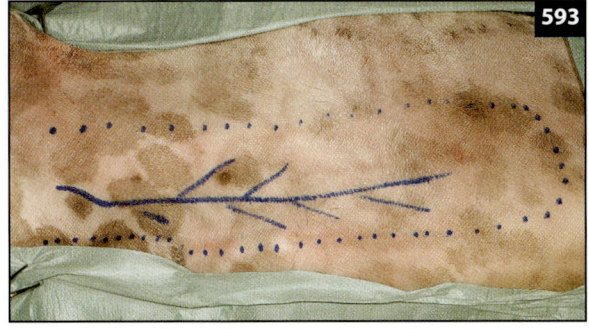

図593　フラップの下描きをする。包皮の境界に沿っていることに注目。

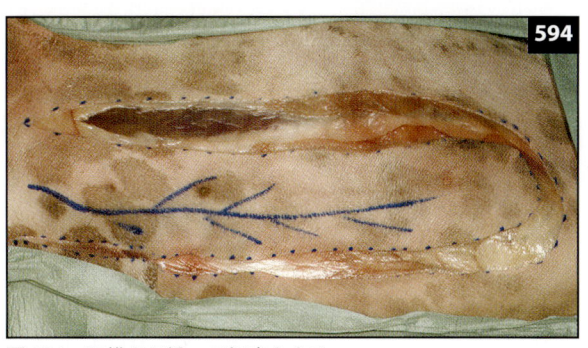

図594　下描きに沿って切皮をする。

フラップをsupramammarius muscleの深部，かつ外腹斜筋の表層で剥離し，浅腹壁静脈の包皮枝は結紮する（図595, 596）。フラップと欠損部をつなぐため，橋状切開線を設定する（図597）。橋状切開部を切り離し（図598），支持糸を利用してフラップを欠損部上へ移動させる（図599）。

続いて，ドナーサイトおよび欠損部にドレーンを設置する。吸収性モノフィラメント糸を用いて，単純結節縫合で皮下織を並置する（図600）。次いで，スキンステープラーもしくは非吸収性モノフィラメント糸を用いて，単純結節縫合で皮膚を閉鎖する（図601）。

参考文献

Aper RLA, Smeak DD (2005) Clinical evaluation of caudal superficial epigastric axial pattern flap reconstruction of skin defects in 10 dogs (1989-2001). *J Am Anim Hosp Assoc* **41**: 185-192.

Bauer MS, Salisbury SK (1995) Reconstruction of distal hind limb injuries in cats using the caudal superficial epigastric skin flap. *Vet Comp Orthop Traumatol* **8**: 98-101.

Fossum TW, Hedlund CS, Hulse DA *et al.* (2002) (eds) *Small Animal Surgery*, 2nd edn. Mosby, St. Louis, p. 172.

Mayhew PD, Holt DE (2003) Simultaneous use of bilateral caudal superficial epigastric axial pattern flaps for wound closure in a dog. *J Small Anim Pract* **44**: 534-538.

Pavletic MM (2010) *Atlas of Small Animal Wound Management and Reconstructive Surgery*, 3rd edn. Wiley-Blackwell, Ames, pp. 382-383.

Swaim SF, Henderson RA (1997) (eds) *Small Animal Wound Management*, 2nd edn. Williams & Wilkins, Philadelphia, pp. 325-327.

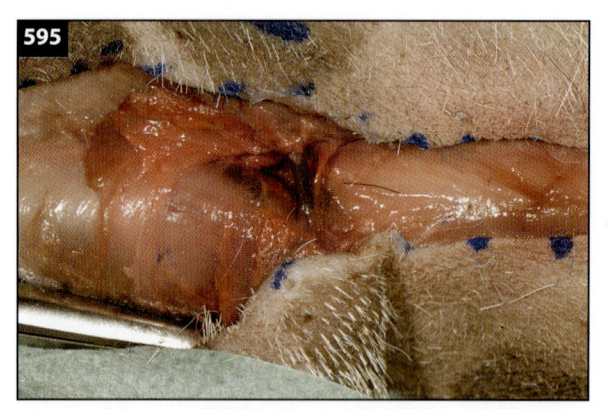

図595　雄犬では，浅腹壁静脈の包皮枝を結紮する必要がある。

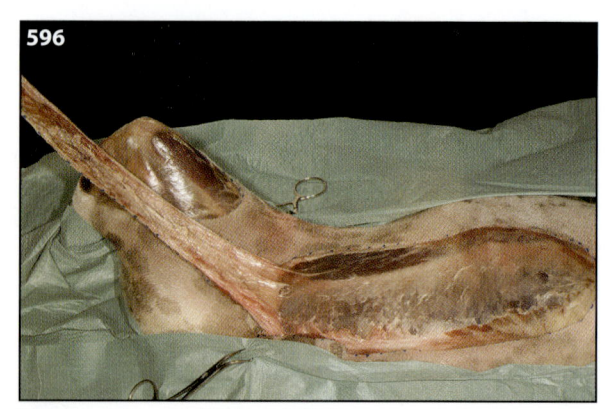

図596　フラップを下織から剥離する。

第9章 後肢の再建術 215

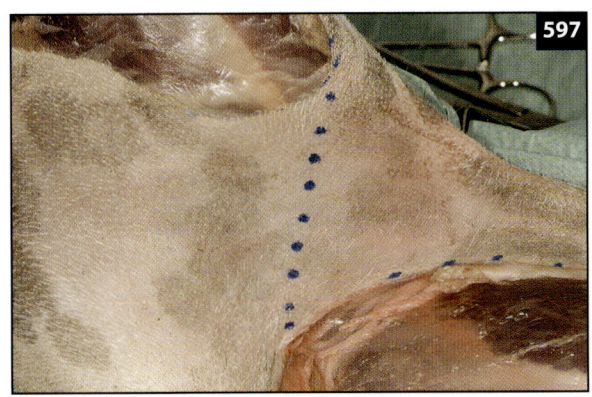

図597 橋状切開のための下描き線を引く。

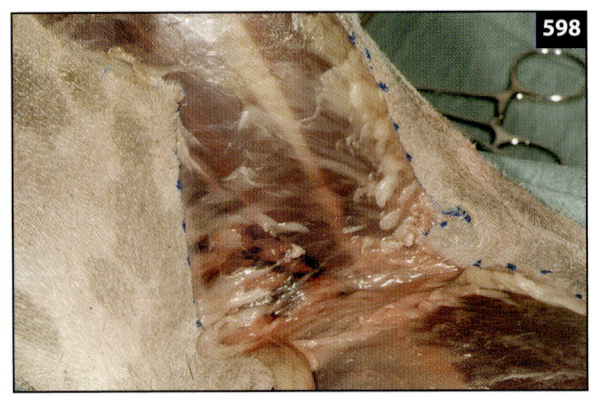

図598 下描きにしたがって，橋状切開を施す。

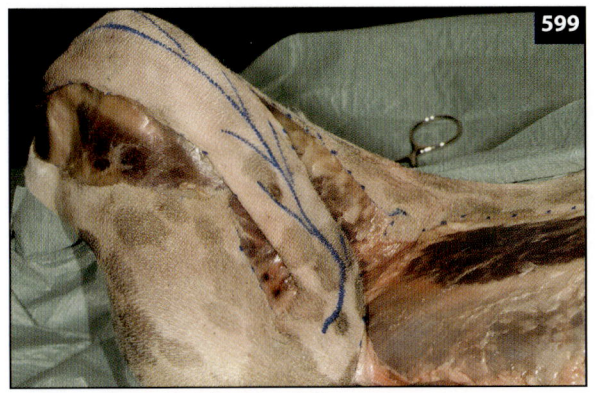

図599 フラップを欠損部上へ移動させる。

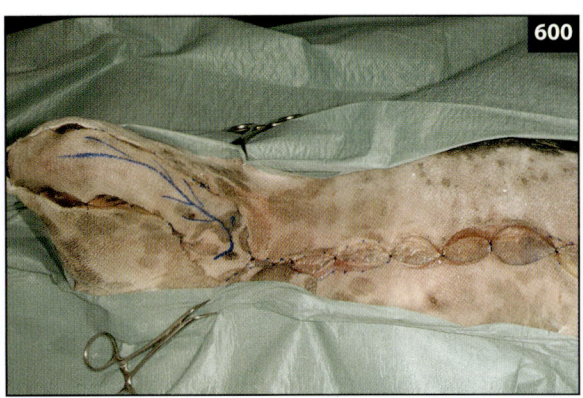

図600 吸収性モノフィラメント糸にて皮下織を閉鎖する。

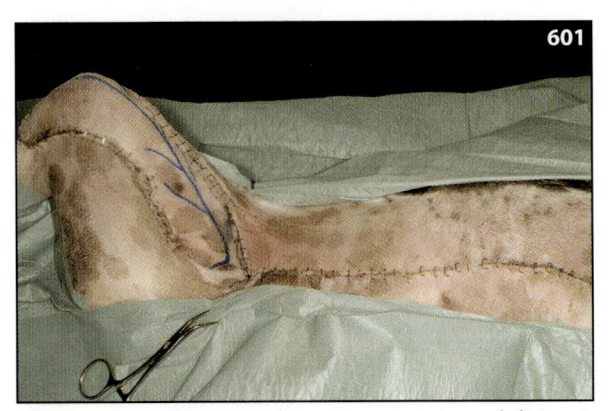

図601 ドナーサイトおよびレシピエントサイトの皮膚をスキンステープラーで閉鎖する。

側腹フォールド皮弁

概要

犬および猫において，膝の頭側にある皮膚の弛み（フォールド）は，後腹部領域および後肢の欠損創を覆うために利用される。この皮弁は，深腸骨回旋動脈の腹側枝を経由して，独立した血液供給を受けている。側腹フォールド皮弁は片側のみでも利用されるが，より大きな欠損創を閉鎖する場合には，両側での使用が可能である（図602，603）。

方法

患者を仰臥位に寝かせ，大腿部の内外側を毛刈りする（図604）。また，欠損部周囲の被毛も同様に毛刈りをする。皮弁採取部位の皮膚を洗浄し，常法にしたがって術前の準備を行う。必要に応じて，欠損部のデブリードマンを実施し（皮弁は常に健康な肉芽組織の上に被せるべきである），創縁の上皮化部分は除去する（図605）。

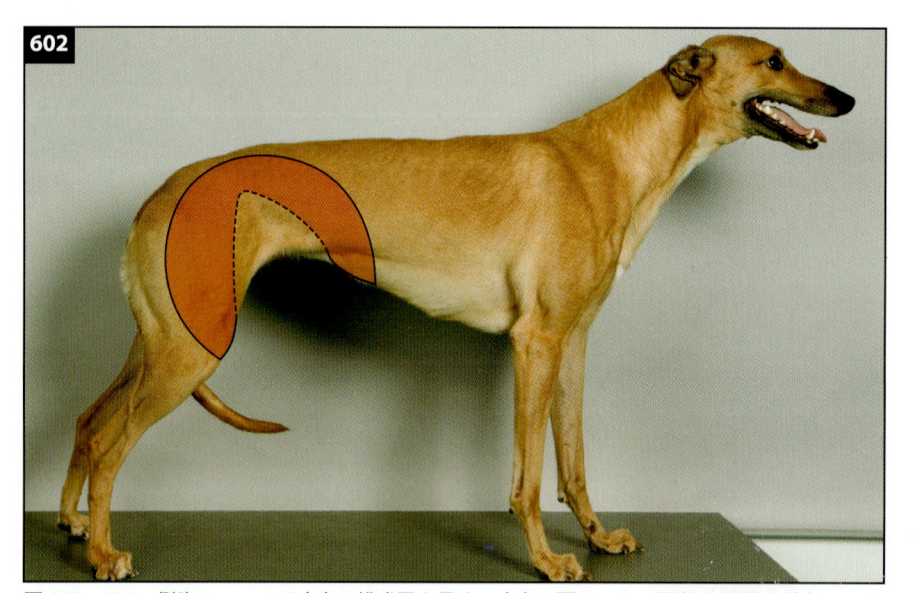

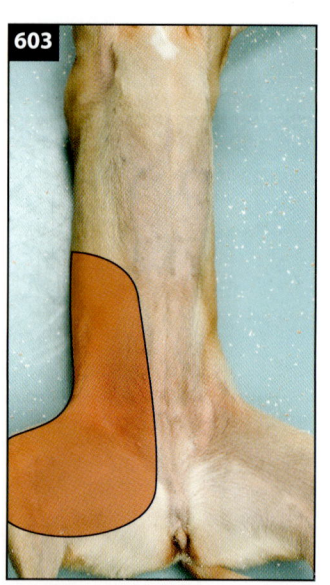

図602，603　側腹フォールド皮弁の模式図を示す。皮弁で覆うことが可能な範囲を着色してある。

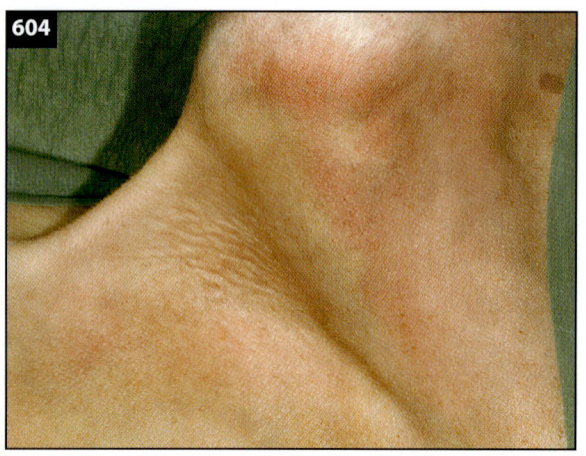

図604　大腿部内外側の毛刈りをする。

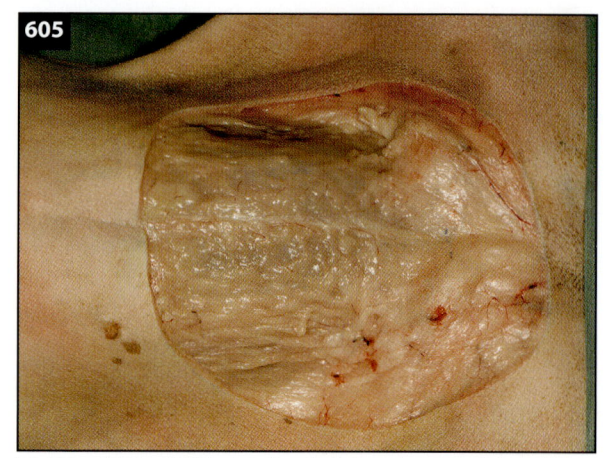

図605　術野の準備をした後，後腹部に大きな皮膚欠損創を作成した。

第9章 後肢の再建術 **217**

　側腹部の弛んだ皮膚を指で摘み，皮弁に利用できそうな皮膚の量を確認する（図606）。大腿部内側の近位から遠位に向かい，外側近位の大腿部へ戻ってくる1本の線を引くと，U字型の皮弁が描かれる（図607〜609）。このU字型の下描きにしたがって皮膚を切開し，皮弁を作成する（図610，611）。

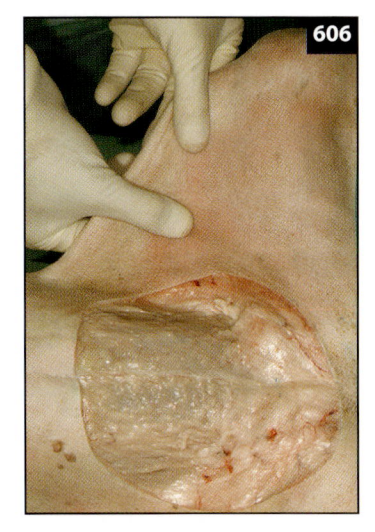

図606　皮弁として利用できる皮膚の量を確認する。

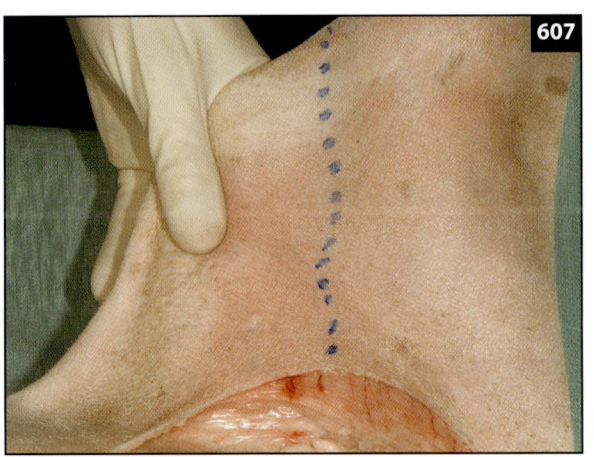

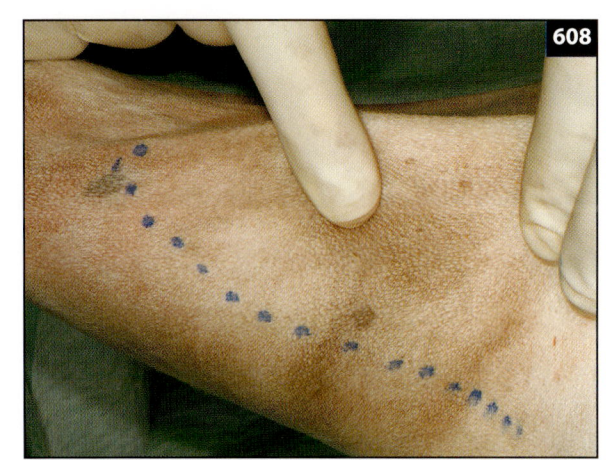

図607，608　側腹フォールド皮弁の内側（図607）および外側（図608）の境界線を示す。

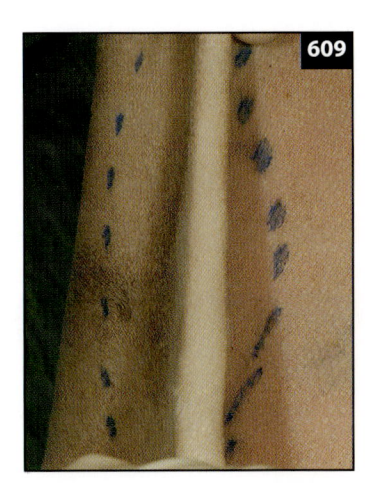

図609　側腹フォールド皮弁の切開線を頭側から見た様子。

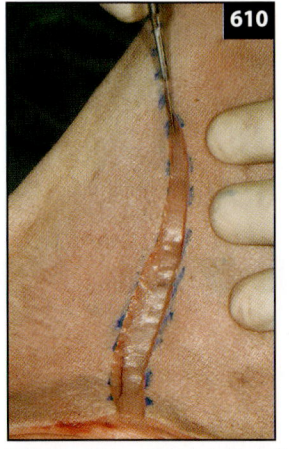

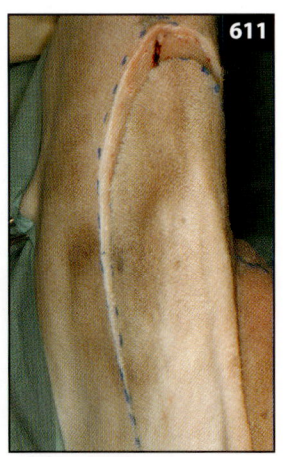

図610，611　皮弁の内側（図610）および外側（図611）をそれぞれ切開する。

皮弁を慎重に皮下から剥離する；支持糸を利用することで，この操作がしやすくなる（図612, 613）。皮弁を持ち上げ，回転させて目的の位置に移動させる（図614）。この時，必要に応じて橋状切開を入れる。

ドレーンを設置し，モノフィラメント糸を用いて約2cmの間隔で皮弁と欠損部とを数カ所縫合する（図615, 616）。皮下織はまず，ドナーサイトをモノフィラメント糸で単純結節縫合により数カ所縫合する。続いて，ドナーサイトとレシピエントサイトの皮下織を，モノフィラメント糸による連続縫合にて閉鎖する（図617）。次に，ドナーサイトとレシピエントサイトの皮膚をスキンステープラーもしくはモノフィラメント糸を用いて，単純結節縫合にて閉鎖する（図618）。

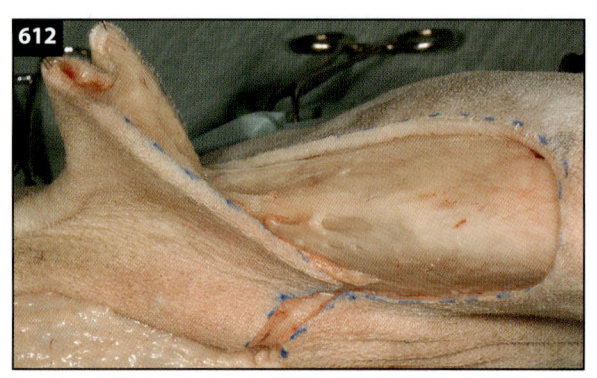

図612 支持糸を利用して，皮弁を持ち上げる。

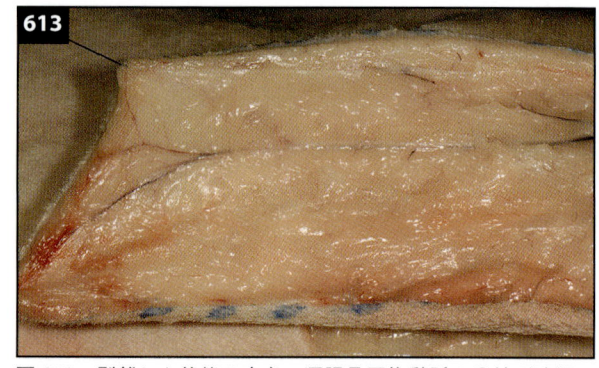

図613 剥離した状態の皮弁；深腸骨回旋動脈の分枝が確認できる。

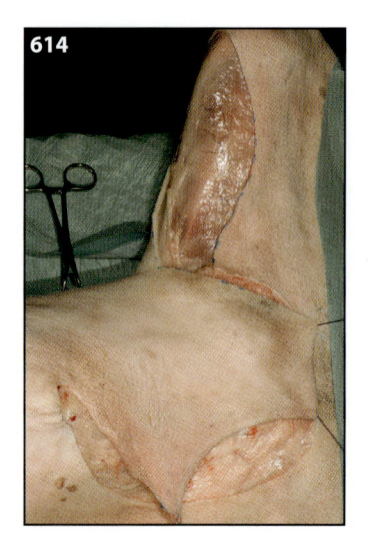

図614 皮弁を欠損部上へ移動させた様子。

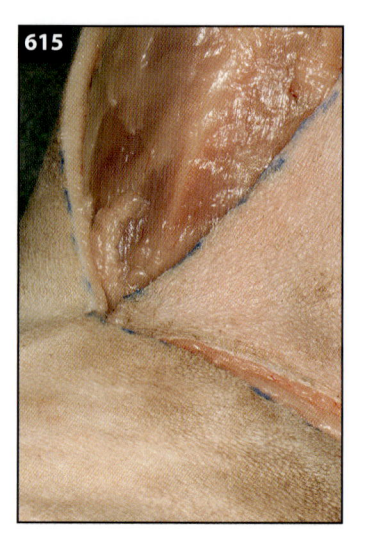

図615 創縁同士を正確に並置させることが重要である。

参考文献

Connery NA, Bellenger CR (2002) Surgical management of haemangiopericytoma involving the biceps femoris muscle in four dogs. *J Small Anim Pract* **43**: 497–500.

Fossum TW, Hedlund CS, Hulse DA *et al.* (2002) (eds) *Small Animal Surgery*, 2nd edn. Mosby, St. Louis, pp. 166–167.

Hunt GB (1995) Skin fold advancement flaps for closing large sternal and inguinal wounds in cats and dogs. *Vet Surg* **24**: 172–175.

Hunt GB, Tisdall PLC, Liptak JM et al. (2001) Skin-fold advancement flaps for closing large proximal limb and trunk defects in dogs and cats. *Vet Surg* **30**: 440–448.

Pavletic MM (2010) *Atlas of Small Animal Wound Management and Reconstructive Surgery*, 3rd edn. Wiley–Blackwell, Ames, pp. 390–391.

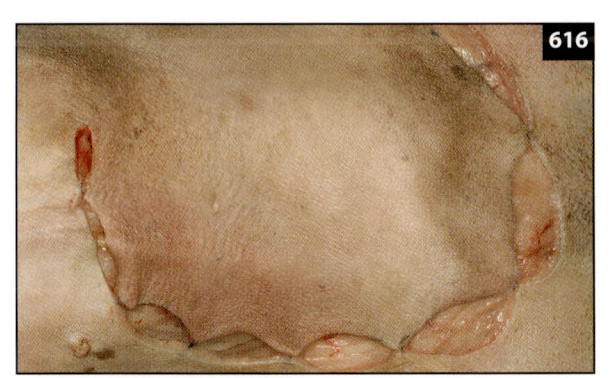

図616 数カ所の支持糸を利用して，皮弁を欠損部に縫合する。

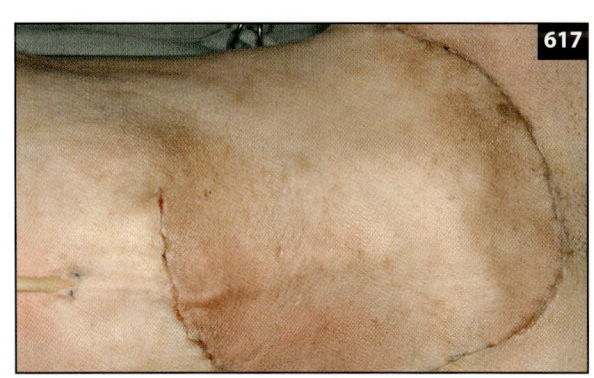

図617 レシピエントサイトの皮下織を縫合する。

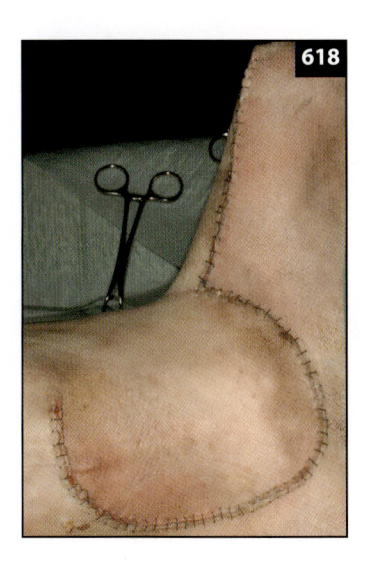

図618 ドナーサイトとレシピエントサイトの皮膚をスキンステープラーにて閉鎖する。

膝部アキシャルパターンフラップ

概要

膝部アキシャルパターンフラップは，脛部の内外側に生じた欠損を覆うのに使用される。この部位は，伏在動脈の膝関節枝および内側伏在動脈から血液供給を受けている（図619～621）。

方法

患者を横臥位に寝かせる。大腿部と脛部の内外側，および欠損部周囲の毛刈りをする。フラップ採取部位を洗浄し，常法にしたがって術前の準備をする。必要に応じて，欠損部のデブリードマンを実施し（フラップは常に健康な肉芽組織の上に被せるべきである），創縁の上皮化部分は除去する。

大腿部外側にフラップの下描き線を引く。すなわち，膝蓋骨の約1cm近位からはじまり脛骨粗面の1.5cm遠位に終わる，大腿骨に平行となる線を引く。フラップ基部から流入する膝動脈の2本の分枝からの血液供給は極めて重要であるため，フラップ基部の幅は先端部よりも広くする（図622）。

下描き線にしたがって切皮をする。フラップを剥離し，フラップを操作するための支持糸を設置する。フラップ基部を走行する伏在動脈の膝関節枝を傷つけないように注意する（図623）。そして，フラップを回転させて欠損部上へ移動させる（図624）。別の方法としては，フラップを筒状にすることも可能である。写真の印を付けた範囲の皮膚および皮下織を1層に縫合して，フラップを筒状に縫い込む（図625）。筒状にしたフラップを創面に被せて欠損部に縫合する（図626）。

橋状切開を入れる場合は，下描きにしたがってフラップと欠損部の間をつなぐように切皮する（図627）。ドレーンを設置し，フラップを欠損部へ縫合する（図628）。フラップの皮下織を連続縫合で，ドナーサイトの皮下織を単純結節縫合で，それぞれ閉鎖する（図629）。欠損部およびドナーサイトの皮膚は，スキンステープラーもしくは単純結節縫合にて閉鎖する。

参考文献

Fossum TW, Hedlund CS, Hulse DA *et al.* (2002) (eds) Small Animal Surgery, 2nd edn. Mosby, St. Louis, p. 173.

Kostolich M, Pavletic MM (1987) Axial pattern flap based on the genicular branch of the saphenous artery in the dog. *Vet Surg* **16**: 217–222.

Pavletic MM (2010) *Atlas of Small Animal Wound Management and Reconstructive Surgery*, 3rd edn. Wiley-Blackwell, Ames, pp. 392–393.

図619～621 膝部アキシャルパターンフラップの模式図を示す。フラップで覆うことが可能な範囲を着色してある。

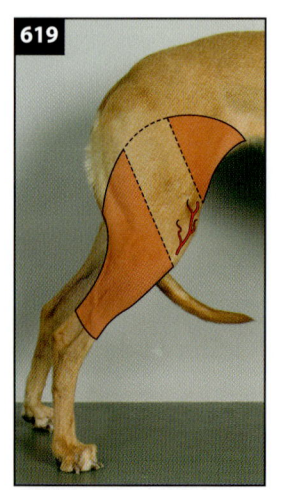

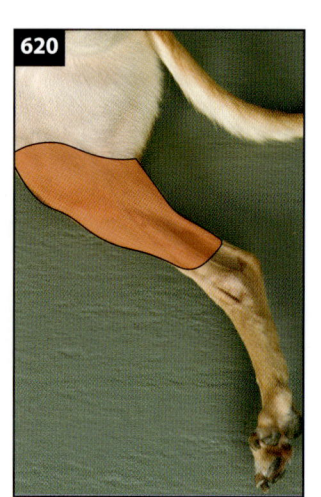

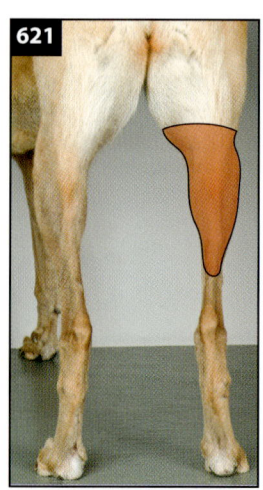

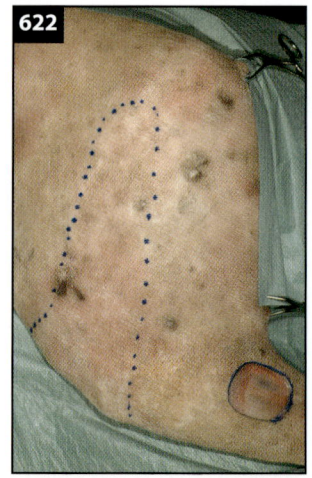

図622 フラップの下描きを示す（外側像）。フラップ基部の幅は先端部よりも広くする。

第9章 後肢の再建術　221

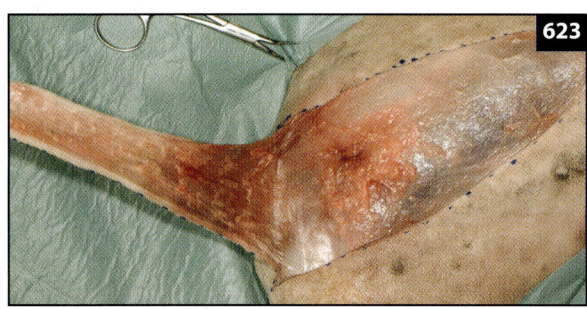

図623　フラップを剥離する。

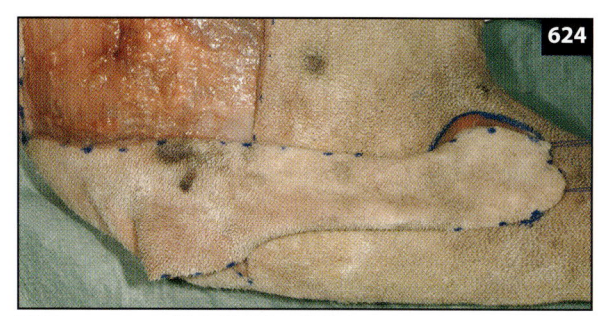

図624　フラップを欠損部上へ移動させる。

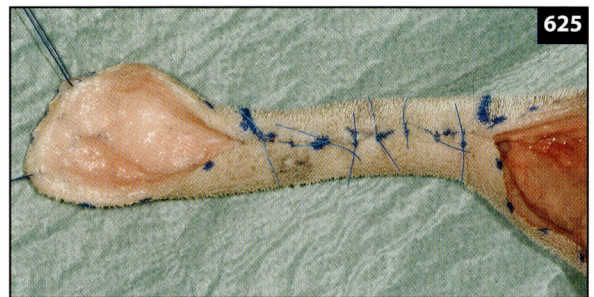

図625，626　写真の例では，フラップは筒状に縫合され（図625），これを反転させて欠損部上へ移動させ，縫合する（図626）。

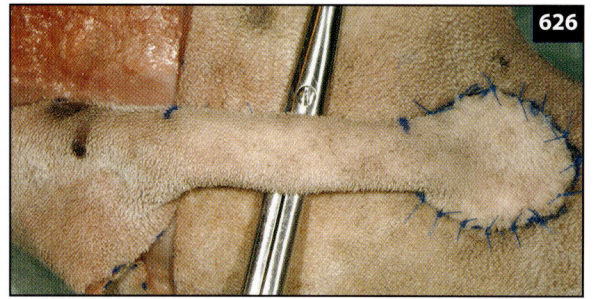

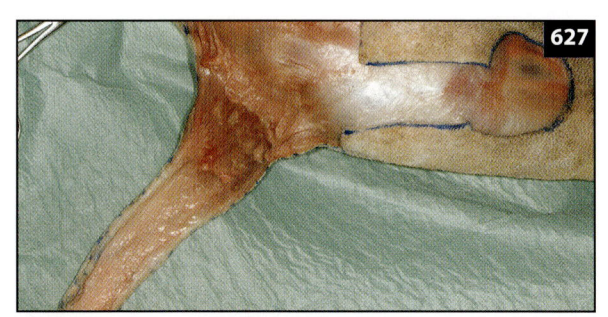

図627　フラップ，橋状切開および欠損部を上から見た様子。

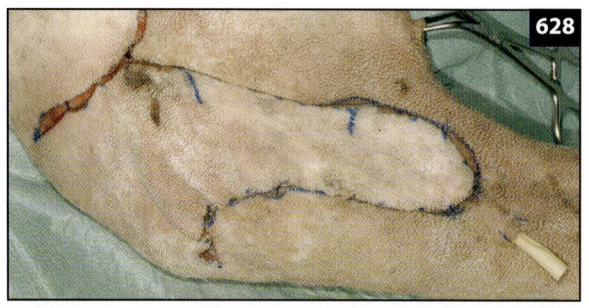

図628　ドレーンを設置し，フラップ（上の写真の例とは異なり筒状になっていない）を数カ所縫合する。

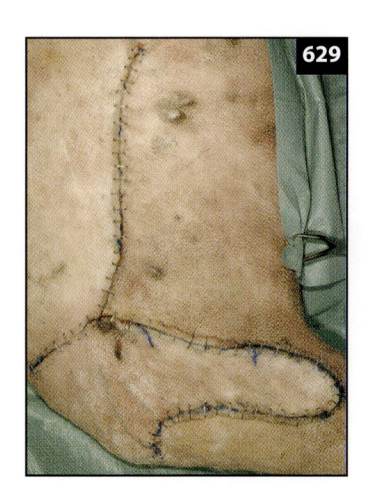

図629　閉鎖の完了したドナーサイトおよびレシピエントサイトの様子。

前部縫工筋フラップ（筋弁）

概要

前部縫工筋フラップは非常に汎用性が高く，後腹部および鼠径部領域の皮膚欠損に対して利用される（図630）。

方法

患者を仰臥位に寝かせる。後肢の内外側および欠損部周囲の毛刈りをする。フラップ採取部位を洗浄し，常法にしたがって術前の準備をする。必要に応じて，欠損のデブリードマンを実施し（フラップは常に健康な肉芽組織の上に被せるべきである），創縁の上皮化部分は除去する。

縫工筋の尾側縁に沿って皮膚を切開し，これを膝蓋骨の上まで延長する（図631）。皮下織を分離して前部縫工筋を露出し（図632），後部縫工筋から分離する（図633, 634）。次に，この筋を起始部である脛骨粗面付近で分離して，腱膜より切断する（図635）。次に，フラップを反転させて欠損部上へ移動させ（図636），単純結節縫合にて固定する（図637）。ドレーンを設置し，ドナーサイトの皮下織を単純結節縫合にて並置させる（図638）。

筋弁とその周囲の皮下織を連続縫合にて縫合し，皮膚をスキンステープラーもしくは単純結節縫合にて閉鎖する（図639）。露出した状態で残った筋弁の表面は，後でスキングラフトにより覆うことも可能である。

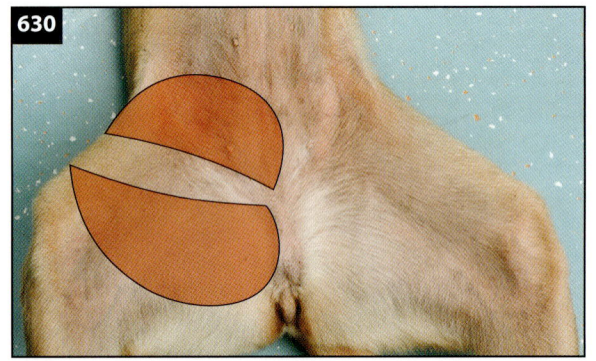

図630　前部縫工筋フラップ（筋弁）の模式図を示す。フラップで覆うことが可能な範囲を着色してある。

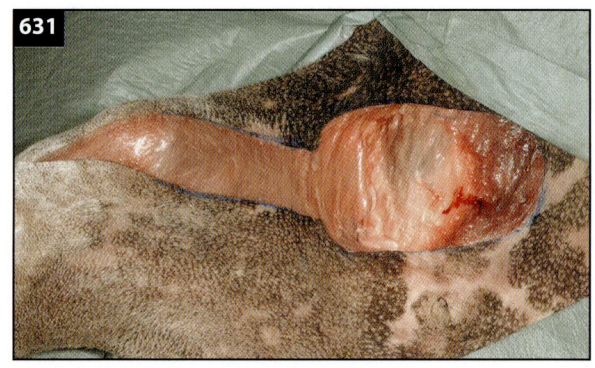

図631　皮膚の切開を膝蓋骨の位置まで，遠位に延長する。

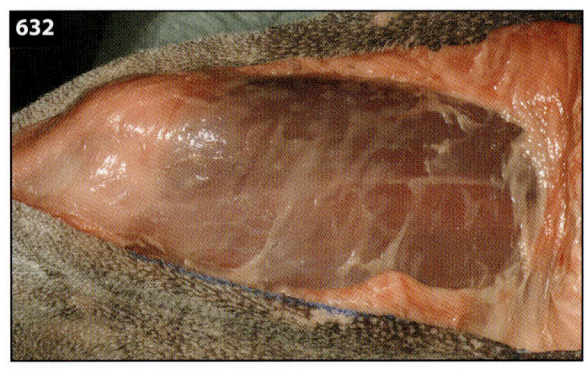

図632　縫工筋が露出されている。

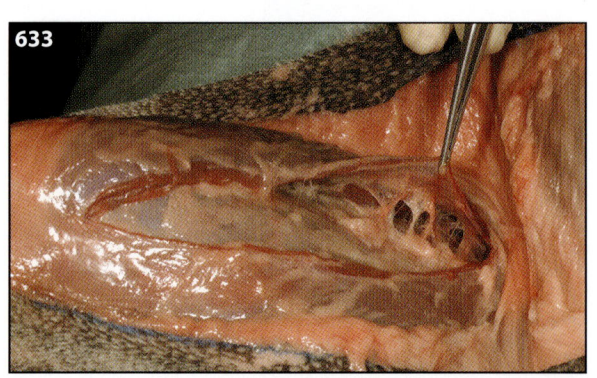

図633　前部縫工筋を後部から切り離す。

参考文献

Fossum TW, Hedlund CS, Hulse DA *et al.* (2002) (eds) *Small Animal Surgery*, 2nd edn. Mosby, St. Louis, pp. 177-178.

Pavletic MM (1990) Introduction to myocutaneous and muscle flaps. *Vet Clin North Am Small Anim Pract* **20**: 127-146.

Pavletic MM (2010) *Atlas of Small Animal Wound management and Reconstructive Surgery*, 3rd edn. Wiley-Blackwell, Ames, pp. 500-501.

Philibert D, Fowler JD (1996) Use of muscle flaps in reconstructive surgery. *Compend Cont Educ Pract Vet* **18**: 395-402.

Sylvestre AM, Weinstein MJ, Popovitch CA *et al.* (1997) The sartorius muscle flap in the cat: an anatomic study and two case reports. *J Am Anim Hosp Assoc* **33**: 91-96.

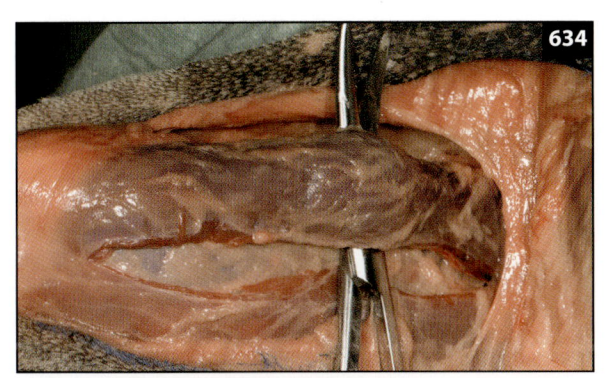

図634　前部縫工筋の頭側縁を分離させる。

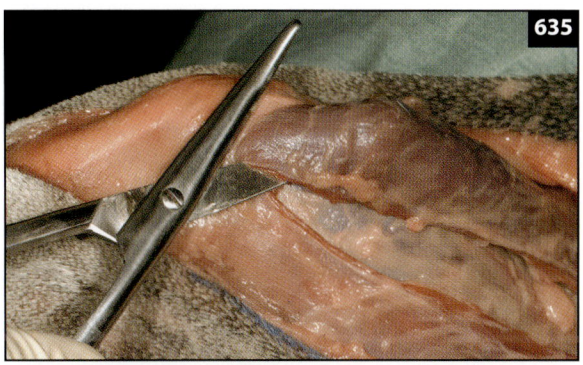

図635　前部縫工筋をその基部から分離して，切断する。

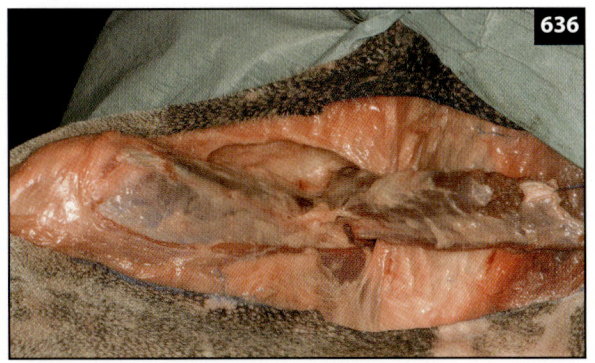

図636　フラップを反転させて，欠損部上へ移動させる。

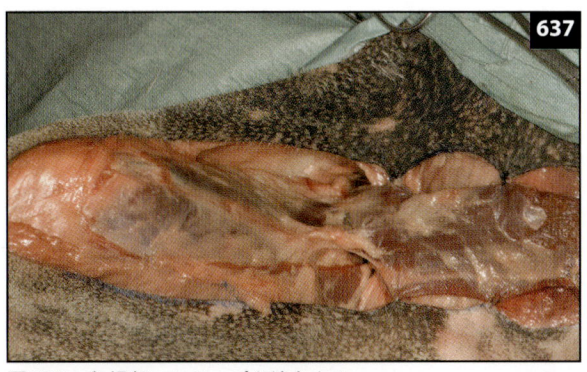

図637　欠損部へフラップを縫合する。

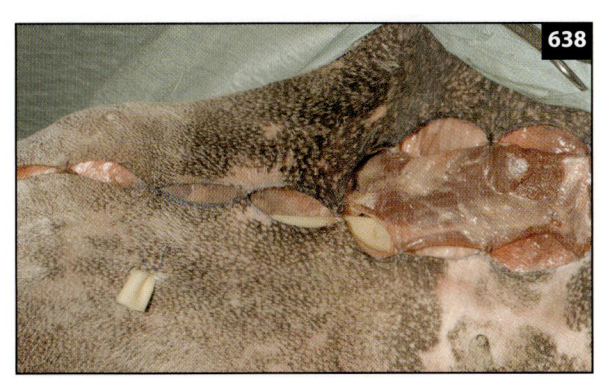

図638　単純結節縫合にて皮下織を並置させる。

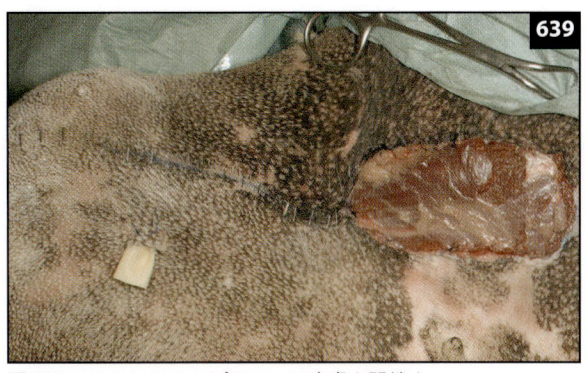

図639　スキンステープラーにて皮膚を閉鎖する。

後部縫工筋フラップ（筋弁）

概要

縫工筋は，後肢の中足部表面のような遠位に生じた欠損創を覆う目的で使用することも可能である（図640）。

方法

患者を仰臥位に寝かせる。後肢の内外側および欠損部周囲の毛刈りをする。フラップ採取部位を洗浄し，常法にしたがって術前の準備をする。必要に応じて，欠損部のデブリードマンを実施し（フラップは常に健康な肉芽組織の上に被せるべきである），創縁の上皮化部分は除去する。

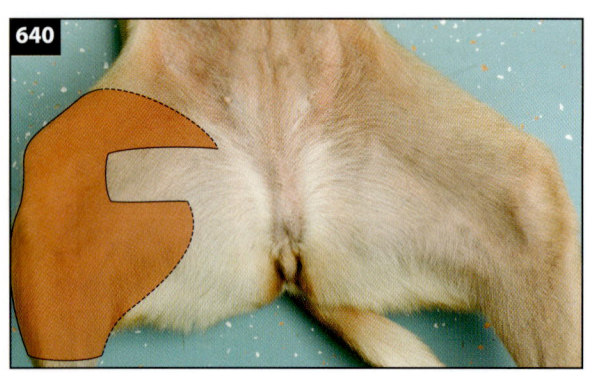

図640 後部縫工筋フラップ（筋弁）の模式図を示す。フラップで覆うことが可能な範囲を着色してある。

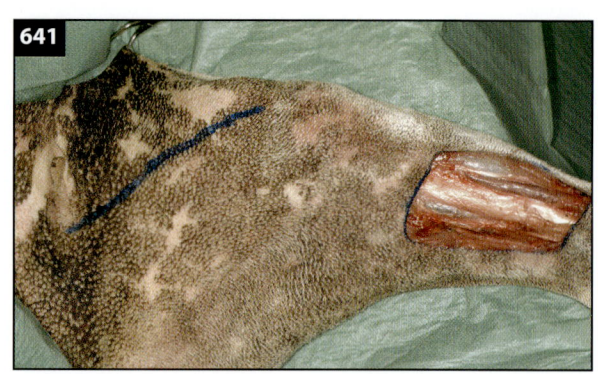

図641 後部縫工筋の尾側縁に沿って線を引く。

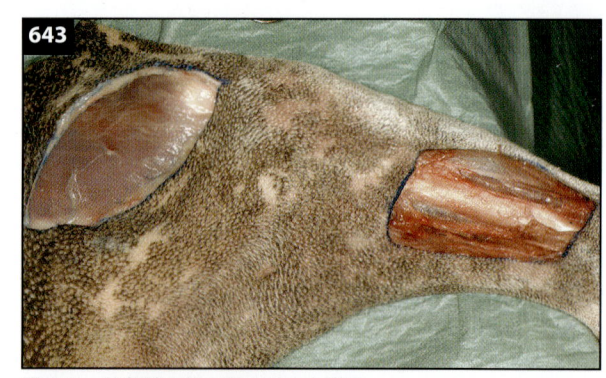

図642 下描きにしたがって，切皮をする。

図643 後部縫工筋が露出された様子。

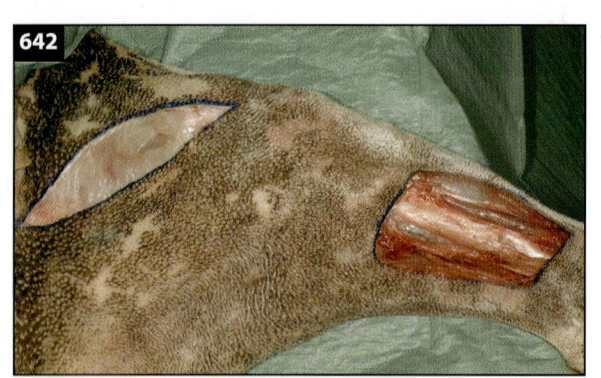

図644 前部縫工筋と後部の筋腹が分離された様子。

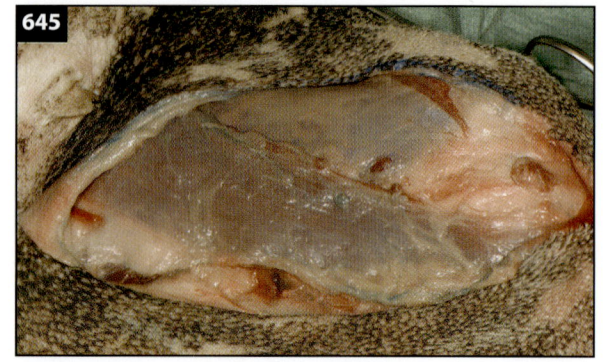

図645 縫工筋の尾側縁を露出，分離する。

後部縫工筋の尾側縁に沿って，切開線を下描きする（図641）。この線にしたがって，皮膚を切開する（図642）。皮下織を分離して後部縫工筋を露出させる（図643）。次に，後部縫工筋を前部縫工筋から分離する（図644）。縫工筋の尾側縁を露出，分離させ（図645），縫工筋の尾側縁につながる伏在動静脈を確認する（図646）。そして，これを結紮し，大腿動静脈から伏在動静脈が起始する部位で切断して，血流を遠位から近位へ逆流させる。

　次に，縫工筋の股関節付近を挙上して，起始部から数cmのところで切断する（図647, 648）。フラップを一時的に欠損部上へ反転させて，その位置を確認する（図649）。フラップを元に戻し，橋状切開の下描きをして，その部位を切皮する（図650, 651）。

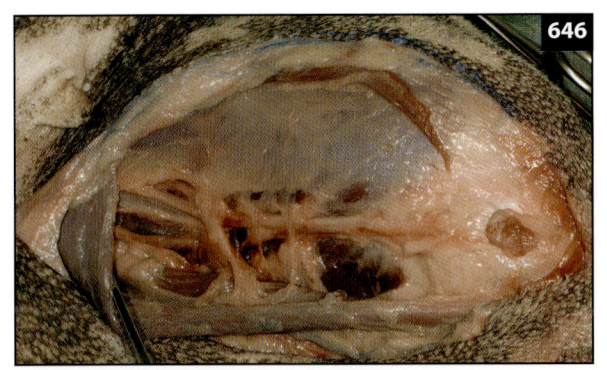

図646　伏在動静脈を確認して，分離する。

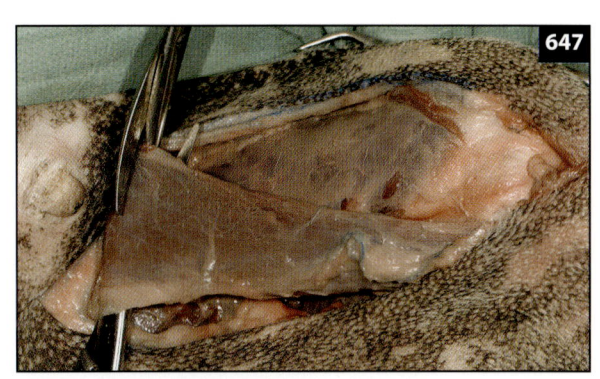

図647　縫工筋の尾側を切断する。

図648　分離して作成されたフラップを示す。

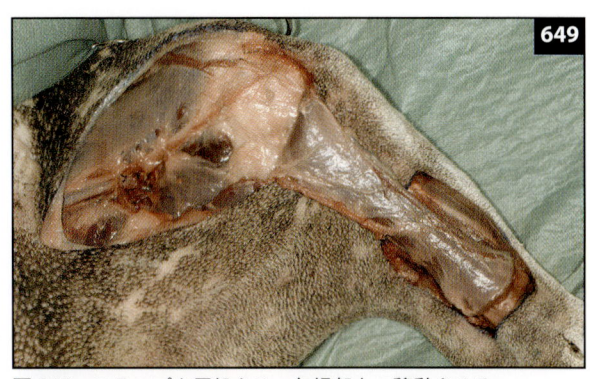

図649　フラップを反転させ，欠損部上へ移動させる。

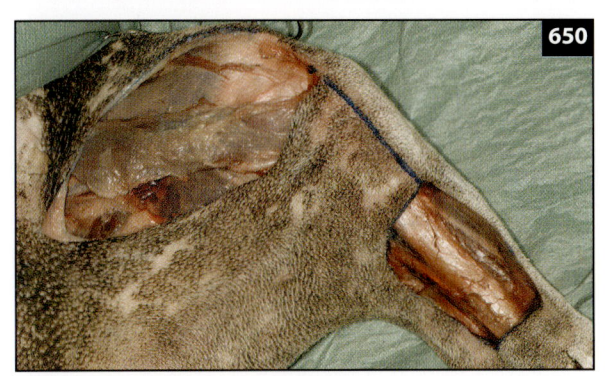

図650　橋状切開のための切開線を示す。

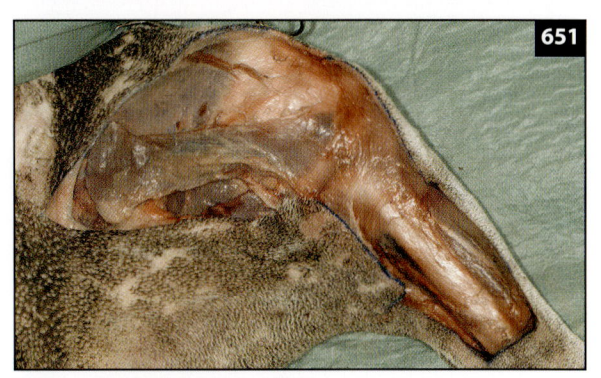

図651　橋状切開を実施した様子。

フラップを再び欠損部上へ移動させ（図652），単純結節縫合によりフラップを目的の位置に，数カ所縫合する（図653）。

ドレーンを設置し，皮下織と皮膚を常法にしたがって閉鎖する（図654）。露出した状態で残ったフラップの表面は，後でスキングラフトにより覆うことも可能である。

参考文献

Fossum TW, Hedlund CS, Hulse DA *et al.* (2002) (eds) Small Animal Surgery, 2nd edn. Mosby, St. Louis, pp. 177–178.

Pavletic MM (1990) Introduction to myocutaneous and muscle flaps. *Vet Clin North Am Small Anim Pract* **20**: 127–146.

Pavletic MM (2010) *Atlas of Small Animal Wound Management and Reconstructive Surgery*, 3rd edn. Wiley-Blackwell, Ames, pp. 500–501.

Philibert D, Fowler JD (1996) Use of muscle flaps in reconstructive surgery. *Compend Cont Educ Pract Vet* **18**: 395–402.

Sylvestre AM, Weinstein MJ, Popovitch CA *et al.* (1997) The sartorius muscle flap in the cat: an anatomic study and two case reports. *J Am Anim Hosp Assoc* **33**: 91–96.

Weinstein MJ, Pavletic MM, Boudrieau RJ (1988) Caudal sartorius muscle flap in the dog. *Vet Surg* **17**: 203–210.

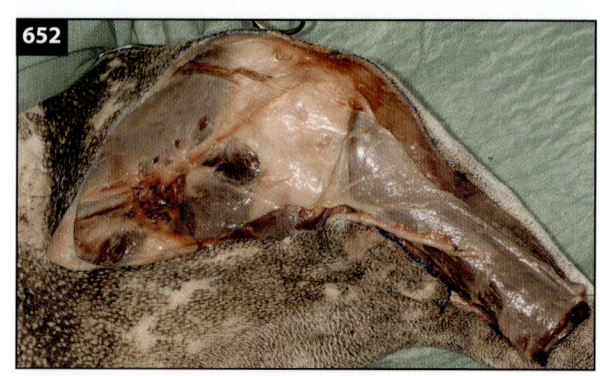

図652　フラップを再び欠損部上へ移動させる。

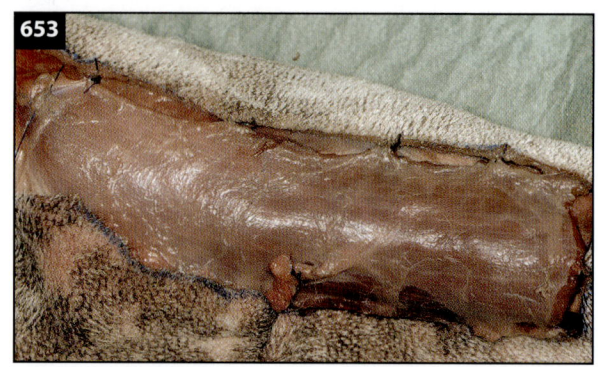

図653　数カ所を縫合して，フラップを目的の位置に固定する。

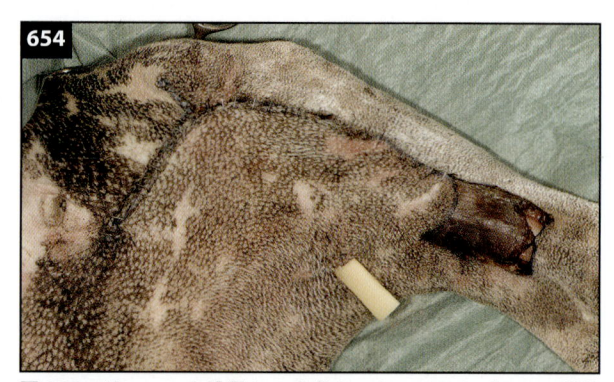

図654　ドレーンを設置し，皮膚をスキンステープラーで閉鎖した様子。

逆行性伏在導管フラップ

概要

逆行性伏在導管フラップは，足根関節のような遠位の欠損創の皮膚再建に利用される。このフラップの血行は内側伏在動静脈に基づいている。血流を逆行させるため，これらの動静脈は近位で結紮する。頭側の内外側伏在動脈および中足動脈の動脈吻合を介して，適切な血流が確保される（図655～657）。

方法

患者を仰臥位に寝かせ，後肢および欠損部周囲の毛刈りをして洗浄し，常法にしたがって術前の準備をする。必要に応じて，欠損部のデブリードマンを実施し（フラップは常に健康な肉芽組織の上に被せるべきである），創縁の上皮化部分は除去する。

欠損部の大きさを確認し，この創面を覆うのに必要なフラップのサイズを決定する。後肢内側領域にフラップの下描きをする。膝蓋骨のやや近位に1本目の切開線を引き，下腿尾側縁と平行に2本目の切開線を引く。頭側の切開線は伏在動静脈の走行に沿わせながら，遠位になるにしたがって幅が狭くなるように描く。これは，下腿遠位には幅広いフラップを採取する皮膚の余裕がないからである（図658～660）。

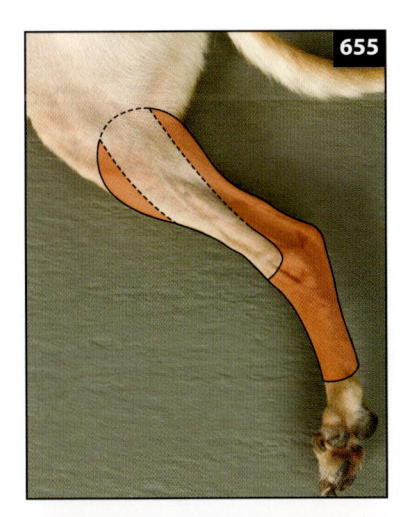

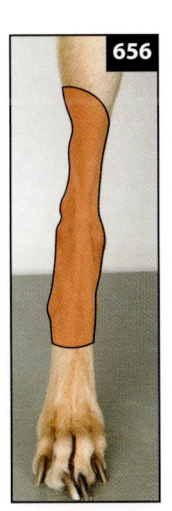

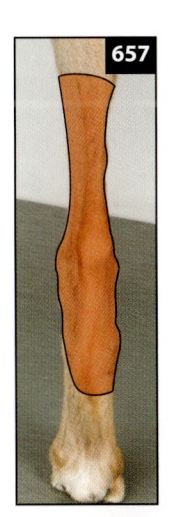

図655～657　逆行性伏在導管フラップの模式図を示す。フラップで覆うことが可能な範囲を着色してある。

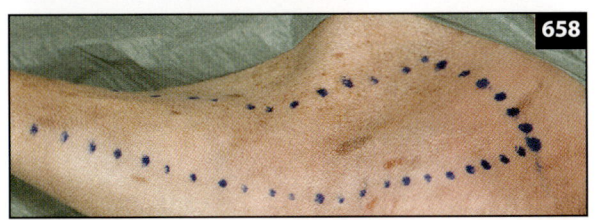

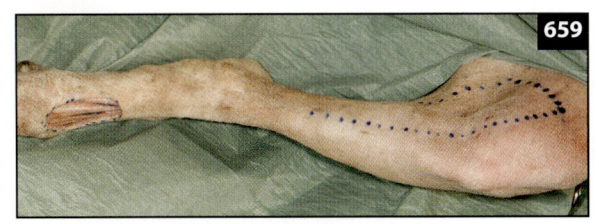

図658，659　フラップの下描き線（図658）と，フラップと欠損部との解剖学的な位置関係（図659）を示す。

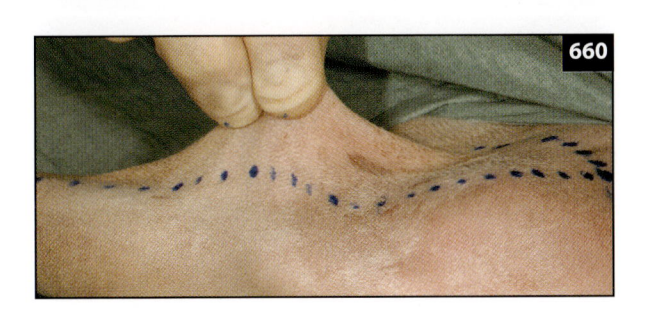

図660　フラップとして利用できる皮膚の量を確認する。

膝蓋骨の上方で切開し，伏在動脈と内側伏在静脈および伏在神経を確認する（図661）。次に，この動静脈および神経を結紮，切断し，残りの皮膚を切開してフラップを作成する（図662, 663）。鈍的および鋭的にフラップを剥離し，伏在静脈の側副枝を結紮する（図664, 665）。橋状切開（図666, 667）を入れる，もしくはフラップを筒状に縫い込む方法を用いて，フラップを欠損部上へ反転，移動させる（図668）。レシピエントサイトにドレーンを設置し，モノフィラメント縫合糸を用いてドナーサイトおよびレシピエントサイトの皮下織を縫合する。次いで，ドナーサイトおよびレシピエントサイトの皮膚を閉鎖する（図669）。

参考文献

Brière C (2002) Use of a reverse saphenous skin flap for the excision of a grade II mast cell tumor on the hindlimb of a dog. *Can Vet J* **43**: 620–622.

Cornell K, Salisbury K, Jakovljevic S *et al.* (1995) Reverse saphenous conduit flap in cats: an anatomic study. *Vet Surg* **24**: 202-206.

Degner DA, Walshaw R (1997) Medial saphenous fasciocutaneous and myocutaneous free flap transfer in eight dogs. *Vet Surg* **26**: 20–25.

Degner DA, Walshaw R, Lanz O *et al.* (1996) The medial saphenous fasciocutaneous free flap in dogs. *Vet Surg* **25**: 105-113.

Fossum TW, Hedlund CS, Hulse DA *et al.* (2002) (eds) *Small Animal Surgery*, 2nd edn. Mosby, St. Louis, p. 173.

Fowler D (2006) Distal limb and paw injuries. *Vet Clin North Am Small Anim Pract* **36**: 819–845.

Pavletic MM (2010) *Atlas of Small Animal Wound Management and Reconstructive Surgery*, 3rd edn. Wiley-Blackwell, Ames, pp. 394–395.

Pavletic MM, Watter J, Henry RW *et al.* (1983) Reverse saphenous conduit flap in the dog. *J Am Vet Med Assoc* **182**: 380–389.

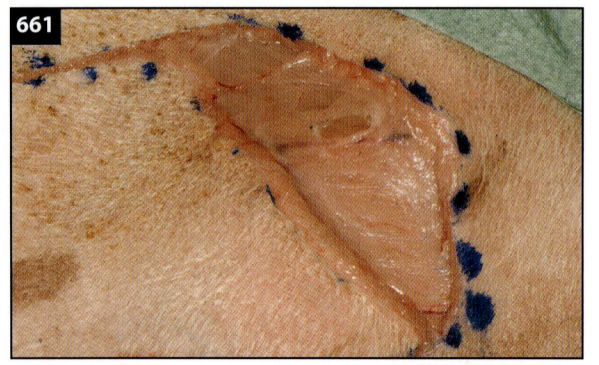

図661　膝蓋骨の上方から切開し，伏在動脈と内側伏在静脈および伏在神経を確認する。

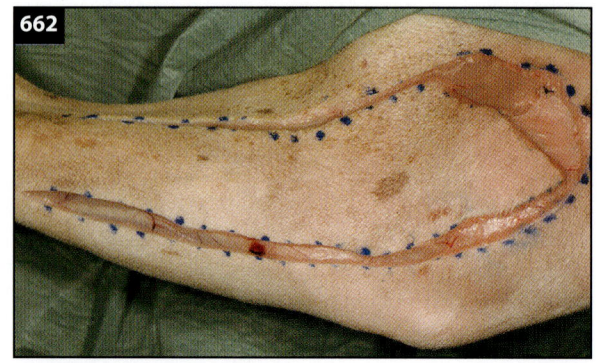

図662　残りの皮膚を切開する。

第9章 後肢の再建術　229

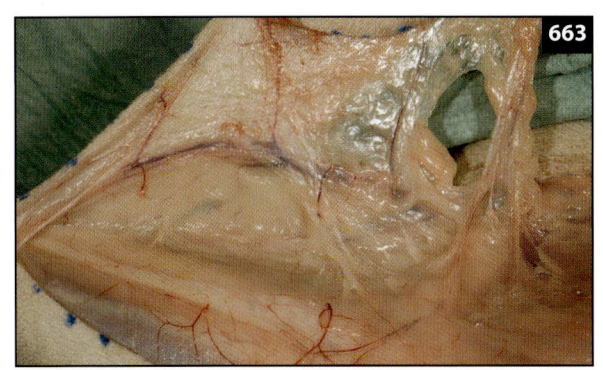

図663　フラップ下の深部に，伏在静脈が確認できる。

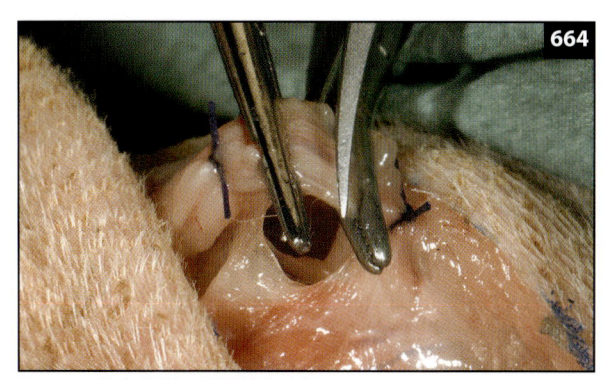

図664　伏在静脈の側副枝を分離する。

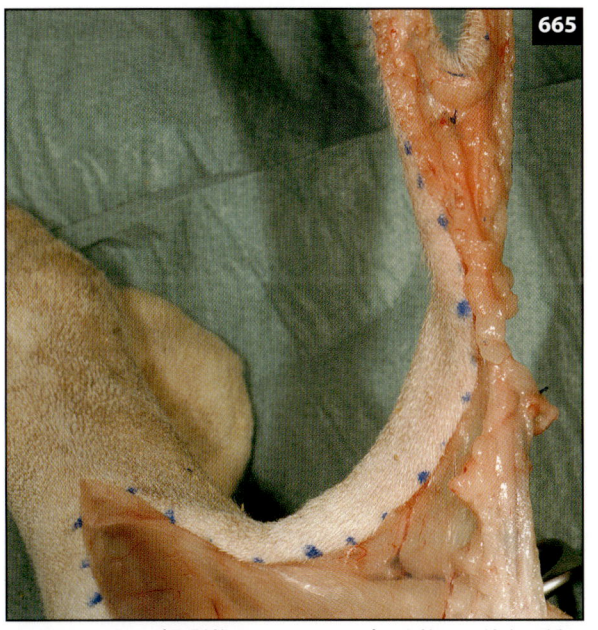

図665　フラップを剥離する。フラップと血管との結合が緩やかであることに注目。

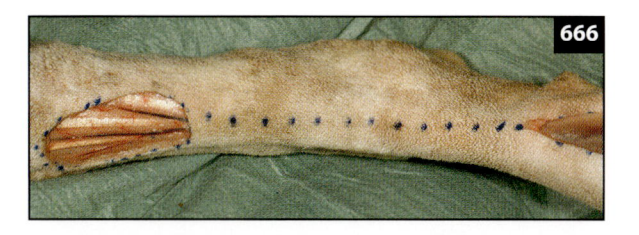

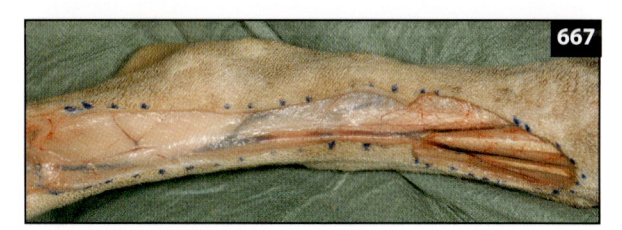

図666，667　橋状切開のための切開線を引き（図666），これを切開する（図667）。

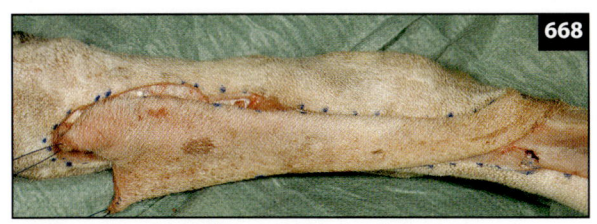

図668　フラップを反転して欠損部上へ移動させる。

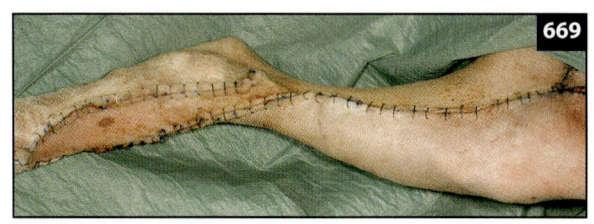

図669　ドナーサイトおよびレシピエントサイトを縫合する。

肉球（足底球）移植術

概要

肉球（足底球）移植術は，趾の深刻な損傷やその他の疾患に対して使用される。断趾した後，足底球により負重面としての役割が温存される。

方法

患者を横臥位もしくは仰臥位に寝かせ，後肢および欠損部の毛刈りをする。フラップ採取部位を洗浄し，常法にしたがって術前の準備をする（図670, 671）。

術中の出血をコントロールする目的で，止血帯を使用する。必要に応じて，趾骨および中足骨の一部を除去し，足底球フラップが無理なく欠損部を覆うことができるように剥離する（図672, 673）。フラップを目的の方向へ反転させる；必要であれば，肢端背側面の皮膚の一部を除去してもよい（図674, 675）。

肉球を欠損部に被せ，負重してもフラップ（＝肉球）が動揺しないことを確認した後，縫合する（図676）。続いて，皮下織および皮膚を閉鎖する（図677, 678）。

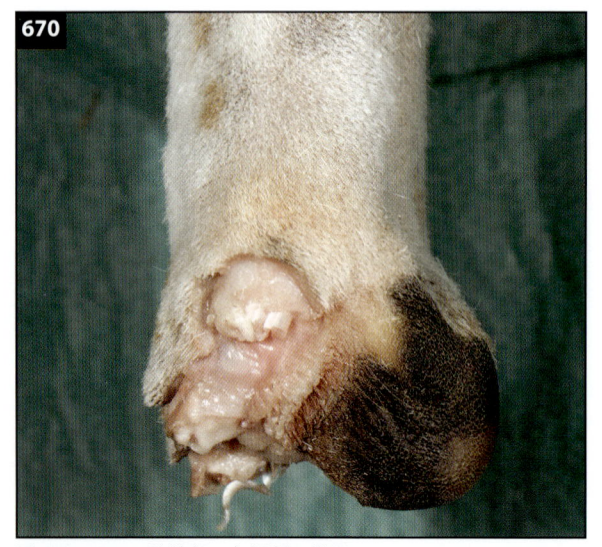

図670, 671　肢端部の欠損創の様子。

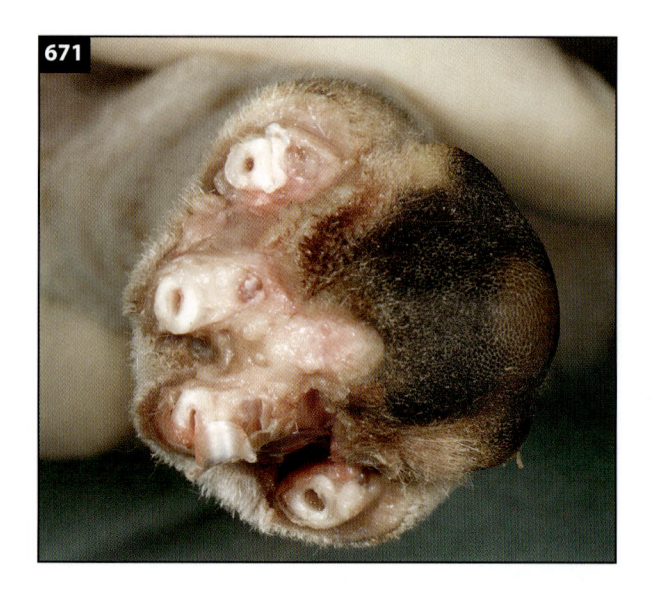

第9章 後肢の再建術　231

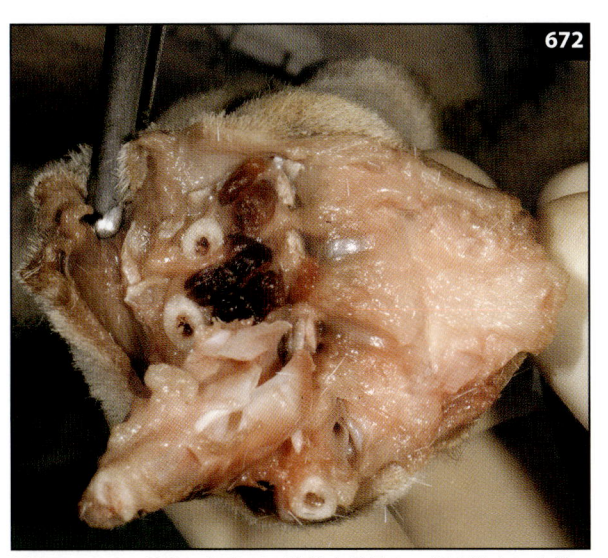

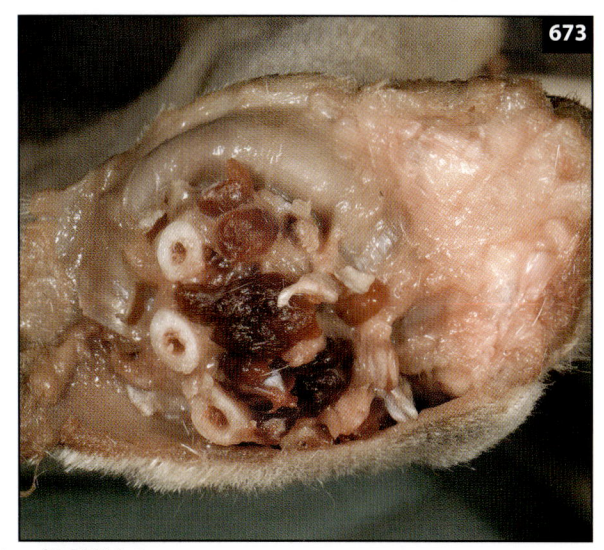

図672, 673　趾骨に加えて，遠位中足骨の一部を除去した後，フラップを剥離する。

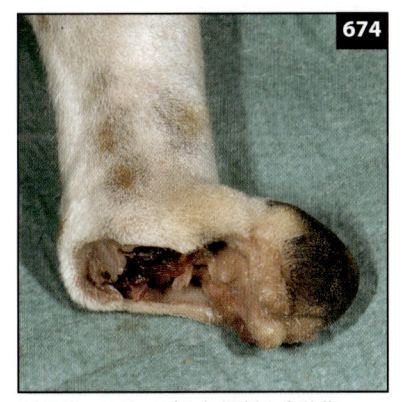

図674　フラップと欠損創の全体像。

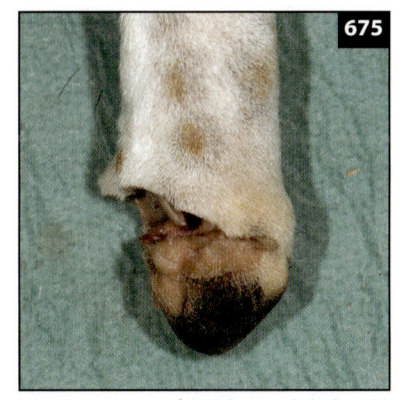

図675　フラップを反転して欠損部へ被せる。

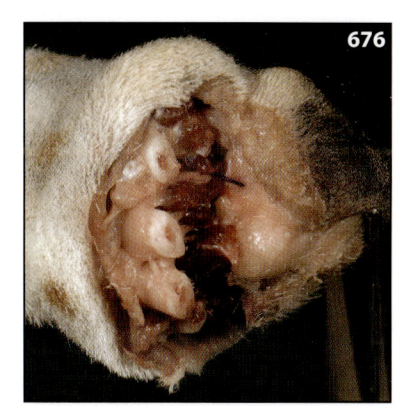

図676　肉球を肢端断面に縫合し，負重しても動揺がないようにする。

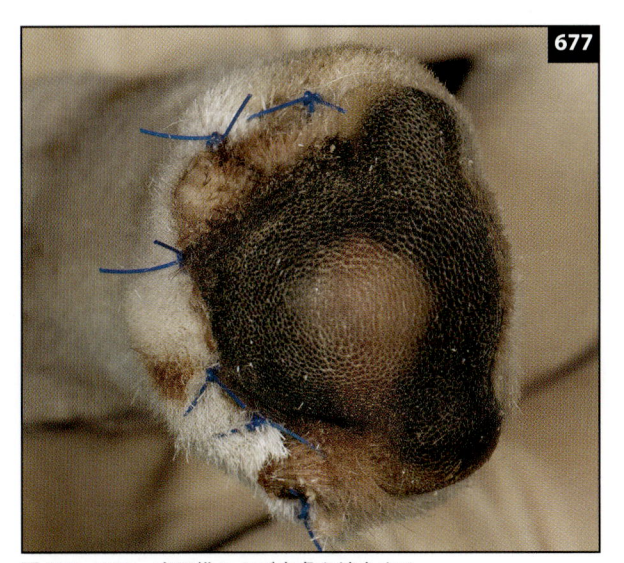

図677, 678　皮下織および皮膚を縫合する。

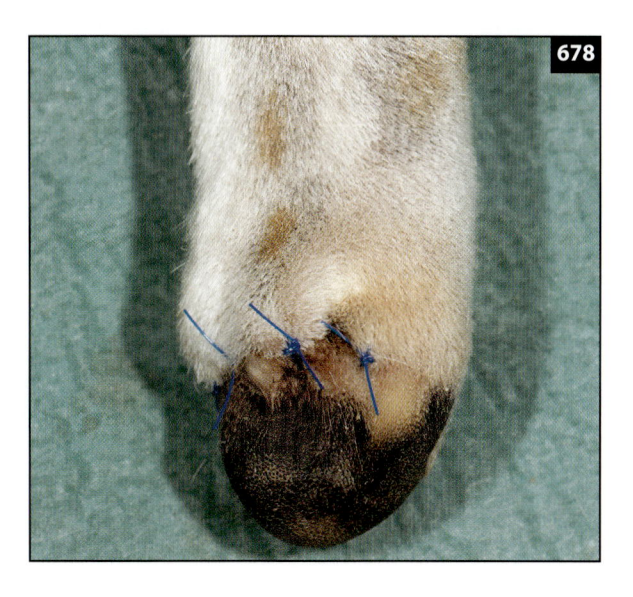

参考文献

Barclay CG, Fowler JD, Basher AW (1987) Use of the carpal pad to salvage the forelimb in a dog and cat: an alternative to total limb amputation. *J Am Anim Hosp Assoc* **23**: 527–532.

Bradley DM, Scardino MS, Swaim SF (1998) Construction of a weight-bearing surface on a dog's distal pelvic limb. *J Am Anim Hosp Assoc* **34**: 387–394.

Fowler D (2006) Distal limb and paw injuries. *Vet Clin North Am Small Anim Pract* **36**: 819–845.

Gibbons SE, McKee WM (2004) Spontaneous healing of a trophic ulcer of the metatarsal pad in a dog. *J Small Anim Pract* **45**: 623–625.

Gourley IM (1978) Neurovascular island flap for treatment of trophic metacarpal pad ulcer in the dog. *J Am Vet Med Assoc* **14**: 119–125.

Neat BC, Smeak DD (2007) Reconstructing weight-bearing surfaces: digital pad transposition. *Compend Contin Educ Pract Vet* **29**: 39–46.

Pavletic MM (2010) *Atlas of Small Animal Wound Management and Reconstructive Surgery*, 3rd edn. Wiley-Blackwell, Ames, pp. 552–553.

Swaim FS, Garret PD (1985) Foot salvage techniques in dogs and cats: options, do's and don'ts. *J Am Anim Hosp Assoc* **21**: 511–519.

Swaim SF, Henderson RA (1997) (eds) *Small Animal Wound Management*, 2nd edn. Williams & Wilkins, Philadelphia, pp. 357–362.

索 引

【あ】

亜鉛 ... 35
アキシャルパターンフラップ ... 11, 13
アキレス腱 ... 90
アセチルサリチル酸（ASA） ... 83
アセマンナン ... 35
アトニー性眼瞼内反症 ... 149
アルギン酸 ... 40
アロエベラ ... 35
アローヘッド法 ... 16, 144

【い, う】

異種移植 ... 14
一次閉鎖 ... 37
入換転移皮弁 ... 106
陰唇交連 ... 176
インターフェロン（IFN） ... 23
インターロイキン（IL） ... 23
陰嚢フラップ ... 17, 178
ウォーキングスーチャー ... 13, 54, 162, 190

【え, お】

腋窩動脈 ... 91
腋窩フォールド皮弁 ... 189
壊死組織 ... 23, 43
遠位大腿後動脈 ... 90
円回内筋 ... 89
遠隔皮弁 ... 14, 114
炎症期 ... 23
炎症伝達メディエーター（IM） ... 23
汚染創 ... 22

【か】

外陰形成術 ... 17, 176
外陰部周囲皮膚炎 ... 176
外陰部動脈 ... 178
外眼角 ... 121, 131, 134
外眼角眼瞼内反症 ... 144
外頸静脈 ... 88
外側顔面アクセス ... 88
外側胸動静脈 ... 184
外側胸動脈アキシャルパターンフラップ ... 184
外側大腿回旋動脈 ... 173
外側尾動静脈 ... 180
外側尾動脈アキシャルパターンフラップ ... 180
外側伏在静脈 ... 90
回転皮弁 ... 13, 50, 75, 131
外腹斜筋 ... 170, 214
外腹斜筋フラップ ... 14, 17, 170
解剖学 ... 10

開放創	22
改良型交差眼瞼フラップ	16, 131
化学的デブリードマン	29
下眼瞼	118, 126
下眼瞼外反症	149
角化重層扁平上皮	10
顎舌骨筋	88
顎二腹筋	88
角膜刺激	16, 144
下口唇	100
下唇動静脈	100
下唇動脈	108
割創	22
カデキソマー・ヨード	32
カテコラミン	23
カニュレーション処置	128, 130, 139
顆粒球-マクロファージコロニー刺激因子（GM-CSF）	23
眼窩下アクセス	86
眼窩下動脈	86
眼球摘出術	139
眼瞼	10, 15, 118
眼瞼の再建術	15
眼瞼裂	120, 146
感受性試験	30
感染創	22
顔面横動脈	108
顔面静脈	86
顔面動脈	88, 108
顔面動脈アキシャルパターンフラップ	108
眼輪筋	126, 144

【き】

機械的デブリードマン	29
基節骨	200
偽治癒	27
逆行性伏在導管フラップ	18, 227
吸収性マルチフィラメント糸	124
吸収性モノフィラメント糸	18, 96, 110, 160, 185, 210
急性創	27
胸鎖乳突筋	88
橋状切開	74, 112, 154, 174, 194, 228
胸背アキシャルパターンフラップ	156
胸背動静脈	156
胸背動脈	156, 166
局所陰圧（TNP）療法	41
銀化合物	32
筋線維芽細胞	25
筋皮動脈	10
筋皮弁	14, 163, 166
筋弁	14, 84, 170, 173, 193, 222, 224

【く】

楔状切開	146, 149
グラフト	14, 79
グラム染色	30
グリセロール	33
グルコン酸クロルヘキシジン	32
クロルヘキシジン溶液	32

【け】

頸部および体幹部の再建術	17
頸部外側アクセス	88
ケージレスト	82
外科的デブリードマン	28
血液供給	10
血管造影検査	82
血管内皮成長因子（VEGF）	23
血腫	18, 79
血小板	23
血小板因子	23
血小板由来成長因子（PDGF）	23
血栓症	92
結膜	132, 140
結膜円蓋	146
結膜嚢	136
ケモカイン	23
肩甲横突筋	88
肩甲棘	157
剣状突起	160
ゲンタマイシン	31
減張切開	13, 56

瞼板	123
瞼板縫合	15, 128
肩部外側アクセス	88
肩峰突起	88, 166

【こ】

高圧酸素療法（HBOT）	42
抗凝固剤	83
咬筋動脈	108
広頚筋皮弁	112
抗血栓療法	83
後骨間動脈	193
後耳介アクセス	88
後耳介動脈	88, 112
後耳介動脈アキシャルパターンフラップ	112
後肢の再建術	18
口唇－眼粘膜皮層皮下血管叢回転フラップ	16, 131, 134
抗生物質	30
咬創	22
酵素を用いたデブリードマン	29
好中球活性化ペプチド（NAP）	23
後殿動脈	91, 180
広背筋	166
広背筋フラップ	14, 17, 166
後部縫工筋フラップ	224
硬膜外麻酔	85
コラーゲン	24

【さ】

細菌培養検査	30
サイトカイン	23
挫創	22
擦過創	22
砂糖	34
三角形の創	50

【し】

自家移植	14
耳介の欠損	114
自家頬粘膜移植	118

自家結膜移植	118
指間皮膚炎	204
死腔	19, 37, 81, 100
止血	18, 28
自己融解を利用したデブリードマン	29
支持糸	52, 96, 154, 167, 190, 220
支持縫合	123, 128
指節骨フィレット法	17, 196, 200
刺創	22
膝蓋骨	228
湿潤保持性ドレッシング	39
膝動脈	220
膝部アキシャルパターンフラップ	220
歯肉	102
脂肪組織	10
島状フラップ	14, 83
尺側手根屈筋	193
尺側手根屈筋フラップ	17, 193
尺側反回動脈	89
銃創	22
出血	28
受動的ドレーン	37
腫瘍壊死因子（TNF）	23
循環障害	18
準清潔創	22
漿液腫	18, 79, 81
上顎切除術	102
上眼瞼	118, 126, 131
上眼瞼内反／睫毛乱生症	146
上眼瞼無形成	134
上口唇	102
上唇静脈	86
上唇動静脈	102
上唇動脈	108
消毒薬	30
上皮化	25, 31
上皮成長因子（EGF）	23
睫毛乱生	118, 121, 126, 134
上涙点	128, 139
上腕三頭筋	89, 163, 166
上腕動脈	89
上腕二頭筋	89
神経脈管束	170
人工涙液	131

唇交連 — 104, 108, 134
深腸骨回旋アキシャルパターンフラップ — 210
深腸骨回旋動脈 — 210, 216
伸展（U字型）皮弁 — 13, 59
深殿筋 — 91
伸展皮弁 — 13, 50
真皮 — 10

【す】

垂直耳道 — 108, 112
垂直マットレス縫合 — 13, 126
水平マットレス縫合 — 13
スキングラフト — 14, 84, 222, 226
スキンステープラー — 18, 62, 154, 212
スプラウト — 24
スリップノット — 54

【せ】

生菌酵母抽出物 — 36
清潔創 — 22
生検用パンチ — 207
成熟期 — 26
精巣挙筋動脈 — 178
精巣鞘膜 — 90
正中動脈 — 89
成長因子 — 23, 36
生物外科的デブリードマン — 30
生物学的ドレッシング — 41
正方形の創 — 51
舌下アクセス — 88
舌下静脈 — 88
切創 — 22
舌動脈 — 88
セファロスポリン — 32
セロトニン — 23
線維芽細胞 — 23, 25
線維芽細胞成長因子（FGF） — 23
遷延性一次閉鎖 — 37
遷延性閉鎖 — 19
浅頸アキシャルパターンフラップ — 15, 154
浅頸括約筋 — 112, 154
前脛骨筋 — 90

前脛骨神経血管束 — 90
前脛骨動脈 — 90
浅頸動静脈 — 154
浅頸動脈 — 88
浅頸リンパ節 — 154
前耳介静脈 — 88
前肢の再建術 — 17
浅上腕アキシャルパターンフラップ — 186
浅上腕動脈 — 186
全層頬部回転皮弁 — 104
全層グラフト — 14, 79
全層口唇伸展皮弁 — 100, 102
浅側頭動脈 — 88, 110
浅側頭動脈アキシャルパターンフラップ — 16, 110, 139
穿通枝動脈 — 10
浅殿筋 — 91
前頭筋 — 110
浅部血管叢 — 11
前部縫工筋フラップ — 222

【そ】

総頸動脈 — 88
双茎皮弁 — 56
総掌側指動脈 — 89
創傷の洗浄 — 30
増殖期 — 24
挿入成長（intussusceptive growth） — 25
創の閉鎖 — 36
総背側趾静脈 — 89
足底球／掌球 — 204
足底中足動脈 — 89
側頭部アクセス — 88
足背動脈 — 89
側腹フォールド皮弁 — 18, 216
鼠径輪 — 213

【た】

大円筋粗面 — 166
大眼瞼 — 149
大眼瞼裂症 — 146
体幹皮筋 — 10, 163

体幹皮筋フラップ	14, 17, 163
大結節	186
第3眼瞼	16, 140
大腿筋膜張筋フラップ	14, 17, 173
大腿動静脈	225
大腿動脈	90, 173
大腿二頭筋	90, 173
大転子	91, 173, 210
大網フラップ	14
多形核細胞	23
ダブル伸展（H字型）皮弁	13, 62
単球走化性タンパク質（MCP）	23
断趾	230
単純結節縫合	16, 18
弾性線維	10, 178
端－側吻合	84
端－端吻合	84
短頭種	110, 144
断尾	180

【ち】

恥骨筋	90
中間部血管叢	11
中節骨	200
超音波療法	42
腸骨翼	210
長趾伸筋	90
蝶ネクタイ法	52

【て】

ティシューエキスパンダー	13
低出力レーザー療法（LLLT）	41
デーキン溶液	33
デキストラン	83
デブリードマン	19, 28
デブリードマン期	23
デブリス	28
デマーケーション	23
転移皮弁	13, 70
殿筋群	173
テンションライン	12

【と】

同種異系移植	14
橈側手根屈筋	89
頭側浅腹壁アキシャルパターンフラップ	160
頭側浅腹壁動静脈	160
橈側皮静脈	89, 186
頭部の再建術	15
動脈吻合	227
読書をする人形成術	68
ドッグイヤー	50, 96
ドナーサイト	14, 80, 84
ドナー床	80
トランスフォーミング増殖因子（TGF）	23
トリス－エチレンジアミン四酢酸（Tris-EDTA）	33
トリペプチド－銅複合体（TCC）	35
ドレナージ	37

【な，に】

内眼角	128, 131, 139
内側伏在静脈	90
内側伏在動静脈	227
内側伏在動脈	220
二期的治癒	37
肉芽組織	25, 36, 148
肉球	204, 207, 230
肉球（足底球）移植術	18, 230
肉球融合術	17, 204
肉様膜	178
二次閉鎖	37
ニトロフラゾン	31
乳腺	160, 213

【ね，の】

熱傷	22
能動的ドレーン	38
膿皮症	176

【は】

ハイドロコロイド	40
ハイドロジェル	40
ハイドロファイバー	40
白線	170
剥皮創	22
蜂蜜	34
はめ込み皮弁	13, 72
半円形皮弁	126
半腱様筋	84
瘢痕	12, 18
瘢痕上皮	26
バンデージ	29, 38, 82, 114
半島状フラップ	14

【ひ】

皮下血管叢	11
皮下血管叢フラップ	13
皮下織	10
非吸収性モノフィラメント糸	18, 100, 162, 212
鼻鏡	96
微小血管外科	83
微小血管性フラップ移植	82
ヒスタミン	23
鼻尖部	96
尾側浅腹壁アキシャルパターンフラップ	213
尾側浅腹壁動静脈	213
尾側浅腹壁動脈	90
皮膚ストレッチ	13
皮膚テンションライン	12, 52, 68
尾フラップ（テールフラップ）	180
非閉鎖性ドレッシング	39
費用対効果	44
鼻梁	15, 96
鼻涙管	16, 128, 139
ピンチ法	144

【ふ】

フィブリン	24, 78
フォームドレッシング	40
フォールド	189, 216
腹横筋	172
伏在動静脈	225
伏在動脈	90, 220
腹直筋	174
腹直筋フラップ	85
腹壁ヘルニア	172
不潔創	22
浮腫	18
部分的肉球移植術	17, 207
フラップ	10, 78, 82
ブラジキニン	23
フリーグラフト	78, 82
フリーフラップ	78, 82
プロスタグランジン	23
プロントサン	33
分層グラフト	79

【へ，ほ】

閉鎖創	22
ヘパリンフラッシュ	83
片側の改良型鼻部回転皮弁	96
ペンローズドレーン	37, 100, 141, 168
縫合	16
縫工筋	90, 173, 222, 224
傍肋骨切開	171
ポビドンヨード	32
ポリウレタンフィルム	41
ポリヘキサニド	33

【ま】

マイボーム腺	16, 130, 147
埋没結紮	123, 132
埋没縫合	119
マクロファージ	23, 36
マクロファージ炎症性タンパク質（MIP）	23
麻酔学	85
末節骨	200
マットレススーチャー	18
マフェナイド	32
マルトデキストリン	34
慢性創	27, 36

【む，め，も】

無菌状態	16
無菌的操作	18, 42
メチシリン耐性 *Staphylococcus aureus*（MRSA）	32
メッシュグラフト	14, 79
メッシュ状減張切開	58
メッシング切開	58
モダン・ドレッシング	38, 45
モノカイン	23

【ゆ，よ】

有茎皮弁	13, 78, 114
誘導性タンパク質（IP）	23
ヨウ素化合物	32

【ら，り，る】

ラグ・フェーズ	24
リドカイン	85
菱形フラップ	16, 128
両側の改良型鼻部回転皮弁	98
リンフォカイン	23
涙液層	15
涙小管	16, 128
涙点	16, 139

【れ，ろ，わ】

レシピエント血管	83, 86
レシピエントサイト	14, 80
レシピエント床	80
裂創	22
連続縫合	16, 18
狼爪	196
ローカルフラップ	11, 14
肋間動脈	166
ワセリンを染み込ませたガーゼ	41
腕頭筋	88

【欧文，数字】

Bacillus subtilis	29
Burow の三角	96, 110, 119, 126
Celsus-Hotz 法	144
Clostridium botulinum	34
direct cutaneous artery および vein	10
dry-to-dry ドレッシング	29
En bloc デブリードマン	29
Escherichia coli	33
far-far-near-near 縫合	13
far-near-near-far 縫合	13
french flap	13
H-形成術	16, 118, 131
Kuhnt-Szymanowski/Fox-Smith 法	17, 149
Lucilia sericata	30
Munger-Carter フラップ	17, 149
Mustardé 法	134
Proteus vulgaris	33
Pseudomonas aeruginosa	33
skin fold advancement flap（SFAF）	13
SSD クリーム	32
Stades 法	17, 146, 149
Staphylococcus aureus	32
supramammarius muscle	160, 214
V-Y 形成術	13, 64
wet-to-dry ドレッシング	29
Z-形成術	16, 65, 120
3種抗生物質軟膏（TAO）	32
8の字縫合	16, 128, 150

山本 剛和(やまもと たかより)

1969年東京生まれ。1995年3月，日本獣医畜産大学(現・日本獣医生命科学大学)獣医学科卒業。卒業後は都内，東京近郊の動物病院にて勤務医および勤務院長を務める。1997年より日本獣医畜産大学付属家畜病院(現・動物医療センター)の研修生として1年半を過ごす。2005年2月，東京都大田区にて動物病院エル・ファーロを開設。

犬と猫の皮膚再建術と創傷管理

2014年9月20日　第1刷発行 ©

編著者	Jolle Kirpensteijn, Gert ter Haar (ヨル キルペンシュタイン，ヘルト テル ハール)
翻訳者	山本剛和
発行者	森田　猛
発行所	株式会社 緑書房 〒103-0004 東京都中央区東日本橋2丁目8番3号 TEL 03-6833-0560 http://www.pet-honpo.com
組版所	株式会社 真興社

ISBN 978-4-89531-174-8　Printed in China
落丁，乱丁本は弊社送料負担にてお取り替えいたします。

本書の複写にかかる複製，上映，譲渡，公衆送信(送信可能化を含む)の各権利は株式会社緑書房が管理の委託を受けています。

JCOPY 〈(一社)出版者著作権管理機構 委託出版物〉
本書を無断で複写複製(電子化を含む)することは，著作権法上での例外を除き，禁じられています。本書を複写される場合は，そのつど事前に，(一社)出版者著作権管理機構(電話03-3513-6969，FAX03-3513-6979，e-mail：info@jcopy.or.jp)の許諾を得てください。
また本書を代行業者等の第三者に依頼してスキャンやデジタル化することは，たとえ個人や家庭内の利用であっても一切認められておりません。